地理空间场景语义分类
方法与应用

陈占龙　龚　希　霍　然　徐永洋　编著

科学出版社

北　京

内 容 简 介

地理空间场景的语义分类在资源管理、环境治理、城市规划等多个领域发挥重要作用。本书围绕地理空间场景语义分类理论、方法与应用，系统展开对地理空间场景的概念与特点、语义分类关键技术与方法及发展与应用前景的论述。本书致力于系统全面地解释地理空间场景语义分类相关理论与技术，内容丰富广泛，涵盖经典的空间场景相似性理论与相似度计算方法、栅格影像语义特征表达与分类方法、多源地理空间数据聚类方法及最新的深度学习语义分类方法，以满足不同需求下的地理空间场景语义分类应用。

本书可为地理信息科学领域相关从业人员提供丰富的理论与技术学习资料，也可为其他读者认识地理空间语义信息、地理空间场景分类提供参考。

图书在版编目（CIP）数据

地理空间场景语义分类方法与应用/陈占龙等编著. —北京：科学出版社，2023.10
ISBN 978-7-03-076342-6

Ⅰ.① 地…　Ⅱ.① 陈…　Ⅲ.① 地理信息系统-研究　Ⅳ.① P208.2

中国国家版本馆 CIP 数据核字（2023）第 175148 号

责任编辑：杨光华　徐雁秋/责任校对：高　嵘
责任印制：赵　博/封面设计：苏　波

科 学 出 版 社 出版
北京东黄城根北街 16 号
邮政编码：100717
http://www.sciencep.com
北京厚诚则铭印刷科技有限公司印刷
科学出版社发行　各地新华书店经销
＊

开本：787×1092　1/16
2023 年 10 月第 一 版　印张：18 1/4
2025 年 3 月第二次印刷　字数：416 000
定价：169.00 元
（如有印装质量问题，我社负责调换）

前言

随着互联网技术、对地观测技术、传感器技术和移动计算技术的快速发展与迅速普及，时至今日，对地综合观测能力达到空前水平，积累了多样、多源、多尺度（粒度）、多模态、多维的含有丰富语义信息的地理空间大数据。海量的地理空间信息资源作为国家重要的基础性、战略性资源，已经成为推动信息化发展的重要基础，其蕴含的语义信息作为关键属性指标被广泛应用于资源管理、环境治理、灾害预防、区域规划、城市管理、科学研究、教育和国防等多个重要领域。为国民经济和社会发展提供可靠、适用、及时的保障服务是地理空间信息工作的出发点和落脚点，对地理空间大数据中语义知识的挖掘与利用则是有效推进地理空间数据在诸多领域实现"数据→信息→知识→智慧"智能转化的有力手段，在地理空间信息工作中占据举足轻重的地位。

我国地理信息产业形成于 20 世纪 90 年代末，21 世纪初开始关注对地理空间数据语义信息的研究，经过数十年发展，我国地理信息资源日渐丰富，对地理空间场景语义分类的理论、方法、应用等的研究也都取得了丰硕的成果，其影响渐渐渗透到诸多与国家发展、社会服务紧密相关的领域，受到了高度重视，引起了更多学者的关注与研究，形成了良好的"理论—实践"循环互动式发展模式，未来将进一步推动地理空间场景语义分类理论方法与应用的蓬勃发展。

本书从实际应用需求出发，基于地理空间场景语义信息的巨大应用价值，面向地理空间场景语义分类问题，系统论述地理空间场景语义分类的概念与特点、主要应用及关键技术方法，并对其未来发展与应用前景进行展望。全书共分为 7 章，从地理空间场景及场景语义的概述及相关理论出发，深入介绍各类地理空间场景下的语义分类方法与应用。陈占龙负责全书的统稿等工作，各章节主要内容由龚希和霍然共同组织撰写，徐永洋对第 3 章部分内容进行编辑与整理。

本书出版得到国家自然科学基金项目（41871305、41401443）、国家重点研发计划项目（2017YFC0602204-2）和国家重大专项项目（GFZX04040604-01）的联合资助。

书中疏漏之处在所难免，请读者朋友不吝赐教！

作　者

2023 年 2 月

目录

第1章 绪 论

近年来，随着互联网技术、对地观测技术、传感器技术和移动计算技术的快速发展，人类积累了海量多样、多源、多尺度、多模态、多维度地理空间数据，形成对地更全面的观测与认知。这些地理空间数据经过理解、分析、加工，可被应用到资源管理、环境治理、灾害预防、区域规划、城市管理、科学研究、教育和国防等多个重要领域中。如遥感影像具有时效性强、覆盖范围广泛等优点，通过遥感影像可观测、评估滑坡灾害，并对其发展趋势做出及时预测，对制定滑坡灾害调度方案、保障人民群众生命财产安全具有重要意义［图 1.1（a）］；再如通过出租车轨迹点数据推断停靠点的语义信息，从而挖掘居民活动规律和行为模式，为城市规划决策提供参考依据等［图 1.1（b）］。这些对地理空间数据的应用逐渐成为关系民生民计、影响人类发展的核心要素，同时可发现这些应用的实施都离不开对地理空间数据准确、高效的语义理解。所谓语义理解，其核心是对地理空间数据语义的分类，即通过自动学习、挖掘地理空间数据特征获取地表区域的重要属性信息与指标。为更好利用地理空间数据服务人类社会，地理空间数据的语义分类自然而然成为地理空间数据研究的重点和热点。

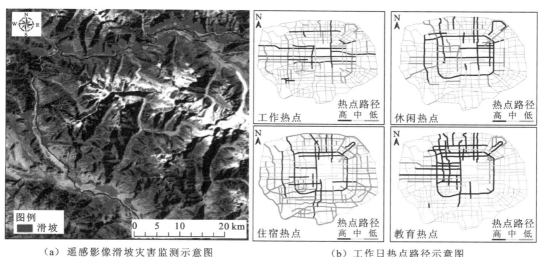

(a) 遥感影像滑坡灾害监测示意图   (b) 工作日热点路径示意图

图 1.1 地理空间数据应用示例

地理空间场景语义分类的主要目的是识别地理空间数据中不同区域数据呈现出的高层语义信息，也可视作是一类特殊的场景语义分类任务。语义本意指语言所蕴含的意义，在计算机科学领域，语义指数据对应的现实世界事物所代表的概念的含义。在视觉图像领域中，语义进一步产生底层、中层、高层的层次化结构，依次对应图像处理层（低级视觉特征）、图像分析层（中间语义特征）和图像认知层（高级抽样语义）。高层语义包含场景语义、行为语义和情感语义等，其中场景语义理解不仅可以获取图像的整体信息，还可以感知到目标出现的上下场景信息，因此成为图像语义分类中的关键课题。通常情况下所说的场景语义分类指对自然图像场景语义的分类，这类图像场景内容可包罗万象，而地理空间场景与之非常不同。一般而言，地理空间场景指由一定地表区域内的一组地物对象组成的集合，根据地理空间数据类型的不同，地理空间场景呈现的方式也有一定差异。

栅格类型的地理空间数据，如遥感影像，可通过规则切割产生描绘局部区域的遥感影像场景，其与图像场景的内容表达方式相同，通过不同的颜色、纹理、结构传递不同的语义信息，对这一类地理空间场景的语义表达一般可借鉴图像视觉方法进行。但遥感影像与自然图像相比存在特殊性（如成像角度、目标类型等），因此对其语义特征的抽象还存在优化空间。此外，对于高光谱影像，其与普通三原色（RGB）图像波段数目存在着差异，多波段带来的信息量也需要额外处理。相比之下，另一类地理空间数据——矢量空间数据的视觉特征传递的信息十分有限（图1.2）。由于矢量类型地理空间场景是由一组地理对象及其空间关系——拓扑、距离和方向关系组成的集合，对这一类型的地理空间场景语义的表达则需要通过对象的几何特征与对象间的空间关系特征进行描述，与栅格类型地理空间场景的语义表达方式有较大差异。矢量数据和栅格数据是目前应用最广泛的两类地理空间数据类型，因此为实现对地理空间场景的语义理解，须厘清地理空间数据的特点，根据不同应用需求建立相应的地理空间场景语义分类模型，提供更高效的语义分类结果。

（a）遥感影像数据   （b）矢量空间数据

图1.2 武汉地区遥感影像数据与矢量空间数据对比

总体而言，本书将围绕地理空间场景语义分类理论、方法与应用，系统论述地理空间场景的概念与特点，以及地理空间场景语义分类发展与应用，并重点展开对地理空间场景语义分类理论与关键技术的介绍，包括矢量空间场景的空间相似理论与分类方法、栅格影像场景的语义特征表达与相似度计算、融合多源地理空间数据的聚类方法及基于深度学习地理空间场景分类方法等。

1.1　地理空间数据基本概念

地理空间数据是以点、线、面等方式采用编码技术对地理空间实体进行特征描述及在实体间建立相互联系的数据集。对地理空间实体进行描述的方法有两种，分别是基于对象的描述和基于场的描述。基于对象的模型在计算机中常用矢量数据结构来表示，矢量数据结构用空间离散点坐标来描述地理空间实体。基于场的模型在计算机中常用栅格数据结构表示，栅格数据结构把地理空间划分为均匀的网格，以此来描述地理空间实体。

1.1.1 矢量数据

所谓矢量，就是有一定大小和方向的量，在数学和物理中也称其为向量。纸面上用笔绘制的一条线段、绘图机在纸面上绘制的一条线段、计算机图形中的一条有向线段等，这些都是直观的矢量。线段长度代表大小，线段端点排列顺序代表方向。有向线段是由一系列有序的特征点来表示的，有向线段的集合便形成图形。矢量数据是表示地图图形中各个离散点(x, y)平面坐标的有序集合，它主要用来表示地图图形元素中几何数据间及它们和属性数据间的对应关系，以记录坐标的方式尽可能准确无误地显示出点、线、面等地理实体，它的坐标空间被假定为连续空间而不需要像栅格数据结构一样被量化，因此矢量数据可以更准确地定位实体在空间中的位置。

1. 矢量数据结构编码的基本内容

1）点实体

点实体是指所有被独立的一对(x, y)坐标所定位的地理或者制图实体。矢量数据结构中除点实体(x, y)坐标之外，还要存储其他一些描述点实体类型、制图符号及显示要求的相关数据。点作为空间不可再分割的地理实体既可具体又可抽象，例如地物点、文本位置点或者线段网络中的节点，若该点为不涉及其他信息的标志，那么记录时就应该包含标志类型、大小、方向及其他相关信息；若该点为文本实体时，所记录数据应该包含字符大小、字体、排列方式、比例、方向及与其他非图形属性的联系方式等信息。对其他类型的点实体也应做相应的处理。图 1.3 是点实体矢量数据结构的一种组织方式。

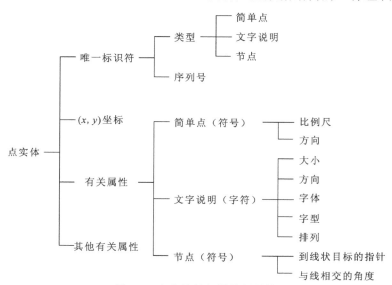

图 1.3　点实体的矢量数据结构

2）线实体

线实体可以定义为直线元素组成的各种线性要素，直线元素由两对(x, y)坐标定义。最简单的线实体仅储存其起止点坐标、属性、显示符和其他相关数据。比如线实体在输出过程中可使用实线或者虚线来刻画，这些信息都属于符号信息的范畴，表明了线实体是如何被输出的。尽管线实体没有用虚线来储存，但是仍然可以用虚线来输出。

弧和链由n组坐标对组成，它们可以描述任意连续且复杂的曲线。构成曲线的线元素越短，(x, y)坐标个数越多，则越接近一条复杂曲线。为了节约存储空间和更准确地画出曲线，唯一的方法就是加大数据处理工作量，即在线实体的记录上加一个指示字，开始显示程序后，该指示字通知程序要求数学内插功能（如样条功能）对数据点进行加密处理，并使之与原点相匹配，从而可以在输出设备上求出更准确的曲线，显然数据内插使工作量增大。弧和链存储记录还需添加符号类型和其他信息。

单纯的线条或链条并不承载着相互联系的空间信息，而这些联系信息是进行排水网与道路网分析时不可或缺的。因此，应在数据结构上设置指针系统，使计算机能够在错综复杂的线网结构上逐线跟踪各条线路。指针的设置应基于节点，例如在水网各支流间建立联系关系，就必须采用该指针系统。指针系统由一个节点指向一条直线的指针、每一条由该节点开始的直线汇到该节点上的角等组成，这样就完全定义了该直线网络中的拓扑关系。

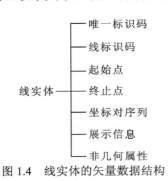

图 1.4 线实体的矢量数据结构

正如上所述，线实体多用于表达线状地物（公路、水系、山脊线），符号线及多边形的边界，有时也称"弧""链""串"，它们的矢量编码结构如图 1.4 所示。在这些矢量编码中，唯一的标识码为系统排列序号，线标识码能识别线条的种类，起始点和终止点能以点号或坐标来表达，展示信息为展示时的文字或者符号等，与线条相关联的非几何属性能直接保存在线条文件里，或者通过标识码连接查找。

3）面实体

多边形（也称区域）数据，是刻画地理空间信息的主要类型。就区域实体而言，既有名称属性又有分类属性，多采用多边形来表达，例如行政区、土地类型、植被分布等；而标量属性有时则采用等值线（例如地形、降雨量等值线）来描述。

多边形矢量编码，不但要表示位置和属性，更重要的是要能表达区域的拓扑特征，如形状、邻域和层次结构等，以便恢复这些基本的空间单元作为专题图的资料进行显示和操作。因为需要表达的信息非常丰富，同时多边形操作繁多且复杂，所以对多边形进行矢量编码远比对点实体和线实体进行矢量编码更复杂、更重要。

在探讨多边形数据结构编码时，对多边形网有以下要求：①构成地图的每一个多边形都应具有唯一的形状、周长、面积等特征，尽管它们不像栅格结构那样基本单元简单规范，对土壤或者地质图中的多边形而言，更无法具有同样形状与尺寸。②地理分析所需的数据结构应能将各多边形之间的邻域关系记录下来，方法和水系网所记录的连接关系相同。③在专题地图中，上层多边形不全是同一级多边形，而是多边形内部嵌套较少（次一级）。例如一个湖的水域线可以看作土地利用图中一个岛状多边形，这个湖的岛则是"岛中之岛"，这种被称为"岛"或者"洞"的结构，在多边形关系中难以处理。

2. 点、线、面实体坐标编码

任意一点、一条线和一个面的实体均可用一个直角坐标点(x, y)表示。此处，(x, y)既可与地面坐标的经度、纬度相对应，又可与数字化时建立起来的平面坐标系中的 x、y 相对应。对点而言，以一对(x, y)为单位；对线而言，以一组(x, y)有序坐标对为单位；对多边形而言，由一组有序但首尾相连且坐标一致、通过平滑的曲线间隔抽样得到。在曲线长度相同的情况下，取的点越多，后期复原时与原曲线越靠近，相反取的点太少，复原后变成一条折线。图 1.5 是点、线、面实体的坐标表示及坐标编码文件。

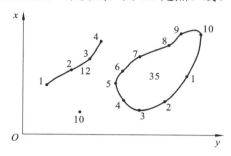

	特征值	位置坐标
点	10	(x, y)
线	12	(x_1, y_1)；(x_2, y_2)；(x_3, y_3)；(x_4, y_4)
面	35	(x_1, y_1)；(x_2, y_2)；(x_3, y_3)；(x_4, y_4)；(x_5, y_5)；(x_6, y_6)；(x_7, y_7)；(x_8, y_8)；(x_9, y_9)；(x_{10}, y_{10})；(x_1, y_1)

（a）坐标表示　　　　　　　　　（b）坐标编码文件

图 1.5　点、线、面实体的坐标表示及坐标编码文件

1.1.2　栅格数据

1. 栅格数据的基本概念

在工作区域平面表象上，按照某种分解力有规律地分割行、列，形成很多格网，每一个网格单元称作像素（也称像元）。栅格数据结构其实就是像元阵列，即像元以矩阵形式聚集在一起，栅格内每一个像元都是栅格数据信息存储的基本单位，它们的坐标位置可由行、列号来决定。栅格数据按照一定的规则进行排列，因此所代表实体的位置关系隐含于行和列中。网格上每一个要素的编码都表示一个实体的性质或者是对该性质的编码方式，基于被表示的实体表象信息的不同，每一个像元都可以用不同的"灰度值"表示出来。如果每一个像元指定 n 位（bit），那么它的灰度值区间可以是 $0 \sim 2^n - 1$；将白、灰、黑三种颜色的不断变化定量为 8 位，灰度值区间为 $0 \sim 255$，总共 256 个等级；如果每一个像元指定 1 位，那么灰度值只有 $0 \sim 1$ 个等级，这种图像称为二值图像，0 表示背景，1 表示前景。实体可以分为点实体、线实体和面实体三类。点实体代表栅格数据的像元，线实体代表沿某一方向相连成一串的相邻像元集合，面实体代表集聚成的相邻像元。该数据结构方便计算机处理面状要素。

2. 栅格数据的图形表示

栅格结构就是用规则像元阵列表达空间地物或者现象分布情况的一种数据结构，它所展示的每一个数据都代表了地物或者现象属性特征。也就是说栅格数据结构是一个像元阵列，它以各像元行列号来定位，以各像元数值来代表实体类型、级别等属性，如图 1.6 所示。

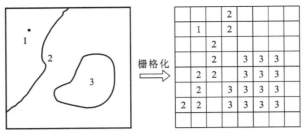

图 1.6　栅格数据的图形表示

（1）点实体，表示为一个像元。

（2）线实体，表示为在一定方向上连接成串的相邻像元的集合。

（3）面实体，表示为聚集在一起的相邻像元的集合。

栅格数据表示的是地理数据在二维表面的离散化值。栅格数据中将地表划分成彼此相邻且规则排布的地块，每一地块对应一个像元。因此栅格数据比例尺是指栅格（像元）尺寸和地表对应单元尺寸的比值，像元代表的区域越大，对长度、区域等量测的影响越大。每一个像元的性质都是地表对应地块地理数据的近似，在性质上存在偏差。

3. 栅格数据层的概念

地理信息系统（geographic information system，GIS）在描述现实世界时，根据地理空间位置，按照不同专题属性（如道路、行政区域、土地利用、土壤、住宅、地下管线和自然地形等）组织地理信息。栅格数据结构下，对象的空间位置由它在笛卡儿平面网格上的行、列号坐标来表达，对象的属性由像元值来表达，每一个像元值在单个网格上只能取 1 次，同一个像元需要表达多重属性的对象就需要由若干个笛卡儿平面网格来表达，而每一个笛卡儿平面网格都代表一个属性或者相同属性的不同特征，这类平面称为层。地理数据必须以栅格数据结构进行分层组织和储存，每层都组成一个单一属性数据层或者专题信息层。如同样用线性特征所代表的地理要素，河流可组织成一层，而道路则可组织成另一层。同为多边形特征所代表的地理要素中，湖泊可为一层，房屋也可为一层。按用途可决定要设置的层和要设置的描述性属性。在图 1.7 中，（a）是对现实世界按专题内容的分层表示，第三层为植被，第二层为土壤，第一层为地形；（b）是现实世界各专题层所对应的栅格数据层；（c）是对不同栅格数据层进行叠加分析得出的分析结论。

4. 栅格数据的组织方法

假设根据笛卡儿坐标系中一系列叠置层建立栅格地图文件，那该如何将这些数据组织到计算机中实现最优数据存取、最小存储空间和最短时间处理过程？若将各层每个像元作为数据库内独立单元即数据值，像元与位置一一对应，按照以上要求进行数据组织就有三种可能的方法，如图 1.8 所示。

方式一：以像元为记录的序列。不同层上同一像元位置上的各属性值表示为一个列数组。

方式二：以层为基础，每一层又以像元为序记录它的坐标和属性值，一层记录完后再记录第二层。这种方法较为简单，但需要的存储空间最大。

方式三：以层为基础，但每一层内则以多边形（也称制图单元）为序记录多边形的属性值和充满多边形的各像元的坐标。

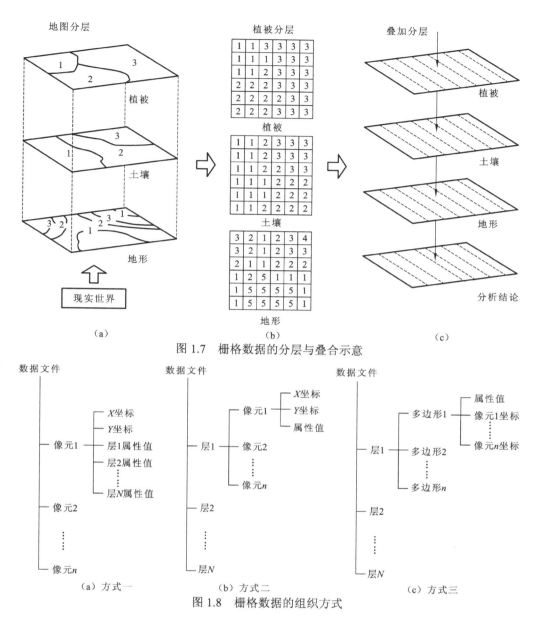

图 1.7　栅格数据的分层与叠合示意

图 1.8　栅格数据的组织方式

这三种方式中，方式一节省了许多存储空间，因为 N 层中实际只存储了一层的像元坐标；方式三则节省了许多用于存储属性的空间，同一属性的制图单元的 n 个像元只记录一次属性值。它实际上是地图分析软件包中使用的分级结构，这种多像元对应一种属性值的多对一的关系，相当于把相同属性的像元排列在一起，使地图分析和制图处理较为方便；方式二则是每层每个像元一一记录，它的形式最简单。

1.1.3　矢量数据与栅格数据的比较

地理信息系统（GIS）具有数据范围广、数据保存方式多样、数据结构种类繁杂等特点。其中矢量数据所描述的地理要素空间特征由离散位置坐标表示。矢量数据以矢量模型为基础，采用欧几里得几何学中点、线、面及它们的组合体表示地理实体空间分布，空间矢量数据能够准确地表示图形目标点、线及多边形在地图中的位置，将图形数据和属性数据密切地结合起来形成地物描述。该模型具有信息量丰富、信息能够叠加等特点，但是拓扑关系生成和矢量化过程耗时较长。而以栅格数据为代表建立空间栅格数据模型，则是把空间划分为规则网格，并在每个网格中赋予对应属性值以代表空间实体的数据组织形式。对空间数据来说，栅格数据主要由多种遥感数据、航测数据、航空雷达数据、多种摄影的影像数据组成，也可由网格化后的地图影像数据，例如地质图、地形图等专业影像数据组成。栅格数据具有不同种类空间数据层，无须复杂几何计算即可实现叠加操作，其表达形式更适合模型空间连接方式（刘晓洁，2005）。

总而言之，空间数据的矢量结构和栅格结构是模拟地理信息系统截然不同的两种方法，它们各有千秋，相互补充。矢量数据与栅格数据的优劣比较如表 1.1 所示。

表 1.1　矢量数据与栅格数据的比较

数据类型	优点	缺点	应用范围
矢量数据	1. 空间位置精度高 2. 用网络连接法能完整描述拓扑关系 3. 输出简单容易，绘图细腻、精确、美观 4. 便于对图形及其属性进行检索、更新和综合 5. 数据存储量大，存储空间小	1. 数据结构复杂 2. 获取数据慢 3. 数学模拟困难 4. 多种地图叠合分析困难 5. 不能直接处理数字图像信息 6. 空间分析不容易实现 7. 边界复杂和模糊的事物难以描述 8. 数据输出的费用较高	定量定性提取点、线、面数据
栅格数据	1. 输出速度快 2. 便于面状数据处理 3. 数据结构简单 4. 可快速获取大量数据 5. 数学模拟方便 6. 多种地图叠合分析方便 7. 能直接处理数字图像信息 8. 空间分析易于进行 9. 容易描述边界复杂和模糊的事物 10. 技术开发费用低	1. 空间位置精度低 2. 难于建立网络连接关系 3. 绘图粗糙、不美观 4. 数据存储量小，不适用小比例尺，保存空间大	模拟空间场做空间分析和图像数据格式的存储

1.2　地理空间场景语义分类

地图空间场景语义分类以场景为基本数据单元，展开对地理空间数据语义信息的理解分析。场景概念本泛指各类情景，在诸多应用领域中形成新的解读，但本质仍围绕某固定时刻人物、背景、音乐的元素组成的情景展开。在如影视剧戏剧中，场景指在一定的时间、空间（主要是空间）内发生的一定的任务行动或因人物关系所构成的具体画面；在游戏设计中，场景由游戏中的环境、建筑、机械、道具等元素构成；在设计营销领域，产品经理需要充分了解针对的用户场景以满足用户需求打造更有温度的产品，因而用户场景一般由时间、地点、人物、事物、情感等元素构成。地理空间场景描述的是类似的一个由地理空间对象组成的情景画面，具体描述上不同的学者有不同的理解与定义。

1.2.1　地理空间场景定义与语义形成

在地理空间数据的分析与应用中，场景的概念最早出现在针对矢量空间数据相关的研究中。Bruns 等（1996）提出空间场景的概念，并将其定义为一组地理对象及其空间关系——拓扑关系、距离关系和方向关系及可选的其他类型的空间特征，包括诸如形状之类的一元对象描述符，诸如相对大小（面积和长度）的比率类型关系，或指定空间对象语义的属性。简单地说，空间场景是一组地理对象及其空间关系——拓扑、距离和方向关系的集合（陈占龙 等，2018）。这是被广泛接收与认可的一种空间场景定义，在此定义基础之上，大量研究从空间场景的对象几何特征与对象间空间关系特征的相似度计算入手，进行空间场景间的相似性度量与检索，如图 1.9 所示。在国内的相关研究中，信息化与时空大数据时代的到来给地图学的表达和分析能力提出了新的需求。闾国年等（2008）提出场景学这一地图学的新概念，希望以多尺度嵌套、动静耦合、多要素相互作用的地理场景为基础，通过研究地理场景的理论、构建方法与应用技术，实现对地理对象和现象的空间分布及其时空分异、演化过程及其要素相互作用等信息的描述和表达，并以地理信息六要素（语义描述、空间定位、几何形态、演化过程、要素相互关系和属性特征）为基础建立统一的场景数据模型。

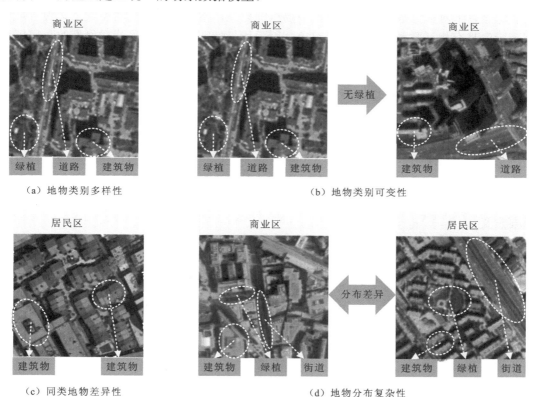

图 1.9　高分辨率遥感影像场景地物与分布特点

对于遥感影像数据，场景由一定范围内的影像地物对象组成，或者说是由不同类型地表覆盖对象组成的封闭区域，因此遥感影像场景既可能是一景大幅影像，也可能是其中的部分影像块。在遥感影像理解任务中，随着遥感影像的高层语义分类也逐步由基于光谱信息的像元解译、基于局部结构的特征提取、面向对象的解译向顾及上下文多重语义关系描述型的场景理解发展，同时在推进高分辨率遥感影像解译进入基于场景高层语义理解的新阶段过程中，基于机器学习的模式识别方法的快速发展，遥感影像场景分类的相关研究借鉴普通自然图像场景分类思想，对遥感影像场景的定义也接近自然图像场景的模式，因此可将遥感影像规则划分后的局部区域影像作为遥感影像场景。在同一个场景内同类别对象具有相似的个体特征及空间分布模式，相同的地物类型通过不同的空间语义关系可以组成不同的高层场景类别。

遥感影像场景以天对地的观测角度提供了对地表真实客观的记录，且随着遥感影像空间分辨率的不断提升，现阶段大量高分辨率遥感影像可提供对地表高精度的描述。相较中低分辨率遥感影像，相同区域的高分辨率遥感影像数据量显著增加，地物几何结构和纹理信息更明显，位置布局更清晰。但单个像素点或小型区域块仅能表示极小范围的地物光谱信息，对高分辨率遥感影像的分类自然而然发展到目标范围更大、蕴含信息更丰富的场景级。高分辨率遥感影像场景采样自高分辨率遥感影像中的一个局部子区域，由位于该区域范围内的一组地物目标组成，它继承了高分辨率遥感影像的光谱特点，地物及空间的分布具有地物类别多样性、地物类别可变性、同类地物差异性、地物分布复杂性等特点，如图 1.9 所示。

综合以上对矢量数据与栅格数据中场景的定义，本书将地理空间场景定义为一定地域范围内具有相互联系的一组地物对象，因而场景特征可通过对象或对象群的几何信息及空间信息进行描述。

1.2.2　地理空间场景语义分类方法

地理空间场景的语义分类是理解地理空间数据并挖掘数据价值的重要途径。地理空间场景语义分类通过对场景内的对象几何信息与空间信息进行分析，获取场景整体表达的高层语义信息，实现对数据在生态、环境、社会、经济等方面的深层次理解，这对了解土地利用现状、评估人类活动影响，以及协调未来人口、经济、资源环境的发展有着重要意义。

地理空间场景的语义理解通过对地理空间场景中各种地理要素的空间关系和语义进行综合推理与分析，消除空间、语义和关系上的不一致性，实现场景信息理解。对于空间场景，单一的地物对象数据传递的几何信息有限，单一空间对象的语义分类并未具有太多有效信息。从现实角度出发，很多地物对象如建筑物等，常以群组的形式出现，群组共同体现出一定语义信息，如建筑物群的社会功能信息（住宅区、商业区等），因此地理要素在特征空间具有不可分性，需要对多种地理要素的关系和语义进行综合处理。此外，当研究对象的数目增加，对象间多样的空间信息及对象群组的几何信息都会为场景语义的准确识别提供可能。对于遥感影像数据，目前研究者们对高分辨率遥感影像的像素分类、对象分类和场景分类等进行了大量研究。高分辨率遥感影像最基础、最底层的理解方式是像素级分类，其直接利用分类器对影像上的像素进行分类，获取分类结果；而对象分类则需要识别出多个像素点组成的共同区域所表示的地物对象类型。由于遥感影像空间分辨率逐步提升，影像中单个像素点不再能表达地表大片区的地物对象信息，仅能反映地物小范围内底层光谱信息，通过单个像素点或简单区域块难以描述地物的真实属性信息，也缺乏对空间信息的表达，无法描述影像的高层语义信息。这也导致传统面向像素和面向对象的分类方法不适用于高分辨率遥感影像的语义理解，对高分辨率遥感影像的高层语义解译历经像素级、对象级最终逐步发展到场景级，高分辨率遥感影像场景分类吸引众多学者的广泛关注，成为现阶段遥感领域的研究热点和前沿方向之一。

1.2.3　地理空间场景分类技术发展

依据数据类型的不同，地理空间场景分为矢量空间场景和遥感影像场景。两者数据组织形式不同，场景呈现方式不同，分类技术也有一定差异，现有的分类技术发展也经历了不同的演变。

在矢量空间场景语义分类方面，1963 年，自加拿大测量学家 Tomlinson 提出并建立了世界上第一个地理信息系统，地理信息系统进入高速发展阶段，此时矢量数据处理技术被引入地理信息系统中。直至近日，地理信息系统相关技术几经发展，越来越多成熟的 GIS 软件诞生并被应用到各行各业中，针对矢量数据的相关处理技术仍是地理信息系统的核心部分。地理空间场景语义分类作为一类重要的矢量数据分析技术，其核心是实现空间场景的特征描述及相似性度量。自地理空间系统出现的很长一段时间以来，地理学家一直在研究用于描述点集相似性的方法，将注意力放在了模式、密度和分散度等特性的表达上。而后随着基于内容的图像检索和用于地理数据库的基于草图的空间查询语言的出现，对空间相似性的度量演变为对空间关系变化的量化，如何准确描述空间关系是其关键。空间关系是研究通过一定的数据模型来描述与表达具有一定位置、属性和形态的空间目标之间的相互关系，它是指空间目标之间在一定区域上构成的与空间特性有关的联系。将空间场景定义为一组地理对象及其空间关系和可选的其他类型的空间特征后，针对地理空间场景相似性度量的研究离不开空间关系的支撑，第 2 章将展开详细介绍。

此外，近年来随着深度学习的大热，诸多领域引入深度学习方法打破自身局限，并取得令人振奋的成绩，矢量数据的研究者们同样也关注到这一热点技术。但将深度学习方法引入矢量空间数据分析领域并不容易，首要问题就是矢量空间数据的大小不一，如不同形状、面积的面状对象，例如体育馆和居民楼，它们的坐标点数据量可能存在巨大差异。这使得针对规律输入的深度学习方法难以直接被用在矢量空间数据中。一些学者尝试将矢量的建筑栅格化，将大小规模不一的矢量空间数据统一为同尺寸的图像，达到输入数据大小规范化的目的。如 Sester 等（2018）利用 U-net 提取栅格化后的矢量建筑的尺度变化特征。这种数据转换方式保留了空间对象的部分形状特征，但会使空间关系的表达比较困难，且这些针对图像为源数据设计的网络本身对空间信息的学习能力也极为有限。在尽可能保留源矢量空间数据信息量的前提下进行数据规范化处理，或对当前需要规范化输入的深度学习方法进行机制改造，看似成为在矢量空间场景分类中利用深度学习方法的改进思路。但图卷积的出现则是在这些思路中找到了一个平衡点，它将深度学习推广到非规范化图结构数据的分析和处理中。目前图卷积网络的实现包括空间方法和谱方法两种。空间方法直接在图的节点域构造卷积运算，谱方法是以图傅里叶变换理论为基础，在谱域执行卷积运算，具体将在第 5 章进行介绍。

总体而言，图卷积网络是深度学习方法的延伸，从图像、音频、自然语言处理等规范性数据处理，进一步推广到更为常见、更为广泛、更为通用的图结构数据，因此也得到了众多领域学者们广泛的支持和响应。相关研究成果已尝试应用于处理欧几里得结构数据（Euclidean structure data），如交通预测、3D 形状识别和检索、空间模式表达，以及非欧几里得结构数据，如社交媒体数据、大脑生物连接网络数据、化学分子结构数据等方面。

在遥感影像场景语义分类方面，随着遥感影像的空间分辨率不断提升，不同时期的影像分类研究单元发生了变化，由此产生了不同分类技术，其发展如图 1.10 所示。

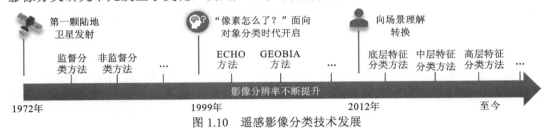

图 1.10　遥感影像分类技术发展

ECHO：extraction and classification of homogenous objects，同质对象提取与分类；
GEOBIA：geographic object-based image analysis，基于地理对象的图像分析

遥感是 20 世纪 60 年代初发展起来的一门新兴技术，初期以航空摄影技术为基础。自 1972 年美国发射第一颗陆地卫星后，航天遥感时代正式开启。但此时，卫星图像的空间分辨率较低，单个像素表示的范围已经接近兴趣对象的大小，因此 70 年代初期以来大多对遥感影像的分类都是基于像素的分析，甚至是亚像素的分析。影像中类似的区域内具有相似的宏观表现如颜色、亮度等，缺乏内部的细节和问题。因此通过提取像素的光谱特征送入分类器进行分类，在早期也取得比较成功的应用。常采用的分类方法分为监督分类和非监督分类两类。其中监督分类可充分利用先验知识，有选择地决定分类类别，但分类系统的确定、训练样本的选择会耗费较高人力时间，成本高，常用的这类分类器包括最大似然、支持向量机、决策树等。非监督分类则是对没有标识的数据进行学习，从而推断出像素类别，常用的分类器有 k 均值、迭代自组织数据分析（iterative self-organizing data analysis，ISODATA）、模糊 C 均值、均值漂移等。

随着遥感传感技术、制图技术的进步，遥感影像的空间分辨率越来越高，像素表示的区域越来越精细，兴趣对象往往由多个像素共同描述，这使得像素点的类间差异性大幅增加，此时，将像素点作为独立研究对象分开处理的方式已不再合适，它们已经成为相互关联共同描述同一对象的整体。在这种情况下，纯粹地在像素级别对场景图像进行分类已非常困难。21 世纪初，Blaschke 和 Strobl 提出了一个关键性问题："像素怎么了？"由此展开讨论得出一个重要结论，即研究者应该更关注像素产生的空间模式，而非基于单独像素进行统计分析，进而提出了基于对象的图像分析（object-based image analysis，OBIA）与基于地理对象的图像分析（GEOBIA），替代基于像素的分类方法完成对遥感

影像的分析。对象可以表示图像中可区分的场景成分或具有实际语义的实体对象，比如一棵树、一辆车、一座房子等。基于对象的图像分析通过生成一组不重叠的区域将场景划分为有意义的、具有地理属性的超像素，它们享有相对相同的光谱、颜色或纹理信息。面向对象处理的基本思想是利用对象（或图斑）所表现出的整体性质作为影像的分析单元，以对象为单位进行处理。这类方法最早可溯源到 1976 年 Kettig 等提出的 ECHO 方法，2000 年 Baatz 等首次提出面向对象的多尺度图像分析模式，结合影像对象的光谱、纹理、几何及上下文等特征进行分析。

与像素级分类方法相比，基于对象的分类方法有绝对优势，因而在出现之后一直主导着遥感影像分类任务。尽管如此，对象级分类与像素级分类两者传递的语义信息非常有限。尤其随着近年来遥感影像分辨率的显著性提高、大量高分辨率遥感影像被广泛投入不同应用中，高分辨率遥感影像传递更丰富的几何、结构、问题信息，地物间微小的差异和细小的结构都被呈现出来，这使得地物在图像中显得破碎，细节复杂。通过像元或对象区域的光谱特征已经难以提取地物对象的本质属性，更无法实现对图像场景内容的理解。2012 年，李德仁院士等在提出高分辨率对地观测的若干前沿科学问题中指出，当前高分辨率遥感影像信息提取已逐步从像素层的光谱解译、结构层的基元纹理分析和面向对象的分割处理向规则知识、语义识别和场景建模等图像高层理解与认识的方向发展，影像的机器理解问题转换为顾及上下文多重语义关系描述模型的场景理解问题。

当前，遥感影像场景分类成为高分辨率遥感影像解译的热点，积累了大量研究成果。简单来说，遥感影像场景分类经历了基于底层特征、中层特征和高层特征的发展，其中传统的中底层特征与高层语义间存在一定的"语义鸿沟"，分类表现不及近来大放异彩的深度学习类方法提取的高层特征，第 2 章将进行详细介绍。整体而言，目前遥感影像分类的解译单元由像素级、对象级向场景级发展，分类方法由传统的监督分类、非监督分类方法向集成学习、深度学习发展。

1.2.4 地理空间场景分类应用

1. 矢量空间场景分类应用

矢量数据的空间场景分类，包括空间场景聚类划分、空间场景功能区挖掘与识别等。空间场景聚类划分依据空间场景数据对象间的相似性，将满足相似性条件的空间场景数据对象划分在一组内，不满足相似性条件的空间场景数据对象划分在不同的组，最终生成一系列有一定意义的空间场景聚类簇，且簇内对象之间相似，而不同簇中的对象相异，聚类簇内的相似性和聚类簇间的相异性越大，聚类效果越好（邓敏，2011）。空间场景聚类分析既可以作为一种单独的工具来发现空间场景数据库中的隐藏知识，又可以结合其他空间场景数据挖掘方法进行更深层次的知识发现，从而实现更高效率和更高质量的空间场景数据挖掘（杨春成，2004）。当前，空间场景聚类划分已经被广泛运用到公共安全分析、公共卫生分析、全球气候变化分析、地震分析中，并且发挥着越来越重要的作用。如 Xin 等（2012）扩展了基于密度的空间聚类方法，以更好地处理检测犯罪分析犯罪热点分布问题中障碍物（高速公路和高速公路）和便利物（主要街道）对聚类结果的影响；

Kulldorff 等（1995）研究了纽约北部白血病的发生情况，提出了一种检测和推断疾病空间聚类的新方法，该方法能够识别与公共卫生问题相关的疾病暴发模式；Fovell 等（1993）通过对温度和降水数据进行分层聚类分析，完成了美国周边地区的区域划分；Zaliapin 等（2013）在地质探测研究中探测地震分布，以地震活动性统计分析的最新结果为实验数据，提出了一种可以稳定地检测和分析地震群新方法。

空间场景功能区挖掘与识别，主要应用于城市计算等领域。城市计算通过不断获取、处理、整合和分析城市中多源异构大数据，来解决城市发展所面临的挑战（郑宇，2015），深入理解各种可见的城市生活本质，挖掘城市发展的内在客观规律，并预测城市的发展。其中，对城市空间场景功能区域的挖掘与识别是城市计算的一个重要方向。城镇化发展加速、产业聚集作用和经济的引导作用使城市的结构愈加完善与复杂，同时也催生了不同的城市功能区域，如教育区、住宅区、商业区和旅游区等，满足人们日常生活的各项需求。对城市空间场景功能区的划分与识别进行研究，不仅有助于促进和完善现有城市功能区划分的研究理论发展，而且有助于优化城市空间格局，完善城市空间分布结构，促进城市快速、高效、平稳发展。近年来，许多学者利用手机数据、城市兴趣点（point of interest，POI）数据、浮动车轨迹数据、高分辨率遥感影像数据及社交媒体数据开展城市功能区划分、土地利用分类和土地利用监督等方面的研究。如宋雪涛等（2015）从行人移动规律和模式与城市功能分区之间高度相关的角度出发，通过机器学习的方法，从大量行人轨迹数据中挖掘隐含的城市功能属性与强度；池娇等（2016）通过对 POI 数据重分类，定量识别出城市单一功能区及混合功能区，选定基本颜色表示单一功能区，借鉴 RGB 颜色加色法对城市混合功能区进行可视化。Xi 等（2015）利用出租车出行数据来揭示出行规律和城市结构，在上海出租车出行数据的基础上，构建了空间嵌入式网络来模拟城市内部的空间互动，并将网络科学方法引入分析，该方法有助于制定和应用城市交通政策。Wu 等（2016）提出了一种高分辨率图像场景变化检测框架，该框架能够获得令人满意的精度，并且能够从语义角度有效地分析土地利用变化。

2. 遥感影像场景分类应用

随着社会发展水平的日益提升，各行业对智能地球观测的需求日益迫切，而遥感影像作为一种对地观测的数据结果受到了人们的广泛关注（宝音图，2021）。近年来，随着对地观测技术的飞速发展，遥感影像的分辨率得到了大大的提高，遥感影像的数量也开始激增（Cheng et al.，2020）。这些遥感影像数据在地质、林业和海洋等领域都发挥着极其重要的作用。但是，传统人工解译方法存在效率低下、精度低的问题，已经无法满足当前对地观测业务的要求。日益增多的光学遥感影像需要得到快速的加工和处理，因此，如何充分利用遥感影像进行对地观测已成为众多研究者关注的焦点，而对大量遥感影像进行科学有效的解析就显得尤为重要（宝音图，2021；Cheng et al.，2020；丁鹏，2019）。场景分类作为有效解释遥感影像的关键和具有挑战性的问题，一直是一个活跃的研究领域（Zhao et al.，2020）。所谓遥感影像场景分类即用预定义的语义类别正确标记给定的遥感影像，如图 1.11（Cheng et al.，2020）所示。在过去的几十年里，遥感影像场景分类的研究工作也受到现实世界应用的推动，如城市规划、自然灾害监测、环境监测、地理空间目标检测等。

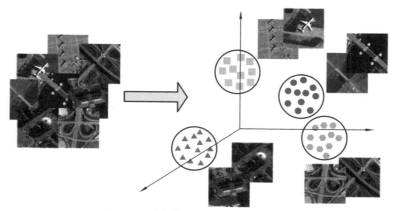

图 1.11　遥感影像场景分类示意图

具体地，在城市规划领域，Longbotham（2012）利用 WorldView-2 多角度高空间分辨率影像中的空间和光谱信息来提高城市分类精度，并通过实验表明添加高度数据和多角度多光谱反射率可以有效地提高城市分类精度。

在自然灾害监测领域，Martha 等（2011）结合不同的分割算法和统计优化技术来优化段边界，以自动描绘形状和大小可变的滑坡，并将数据驱动/无监督阈值技术应用于滑坡诊断参数，最大限度地减少人为干预，解决了自然景观中发生滑坡的规模依赖性和误报问题。Lv 等（2018）基于滑坡空间信息，通过灾后影像的多尺度分割与基于对象的多数投票方法相结合，利用高空间分辨率遥感影像绘制滑坡清单，提高了滑坡清查精度。

在环境监测领域，Zhang 等（2018）以深圳为研究区域，使用高分辨率遥感影像及其时间序列数据研究不透水表面特征，监测城市化进程中基础设施建设导致的不透水表面经常发生的微妙变化，以更深入地了解城市化过程中的城市发展模式。Ghazouani 等（2019）专注于变化解释的语义场景解释问题，提出了一种语义遥感图像场景解释的策略。该策略基于一个代表框架，该框架围绕几个解释级别构建：像素级别、视觉基元级别、对象级别、场景级别和变化解释级别，每个级别都集成了一个逻辑机制来提取有用的知识进行解释。所提出的模型已使用 2000 年 ETM+（enhanced thematic mapper plus，Landsat 增强型专题制图仪）和 2017 年 Landsat 8 获得的两幅 Landsat 场景图像进行了评估，以检查其与语义场景和变化解释的相关性，该模型为监测土地变化提供了重要信息。

在地理空间目标检测领域，Gong 等（2016b）将传统卷积神经网络应用到城市空间目标检测领域，并能够较好地处理目标旋转变化的问题。Li 等（2017）提出了一种新颖的基于深度学习的目标检测框架，包括区域建议网络和为遥感影像设计的局部上下文特征融合网络，可以更好地处理地理空间对象的多角度和多尺度特征，并解决外观模糊的问题。

简而言之，地理空间场景语义分类是一个十分重要且具有挑战性的问题，在其广泛应用的推动下，引起了大量的研究关注。虽然这些年已经有了令人惊喜的成就，但是现在机器的认知水平与人类还有很大的差距。因此在地理空间场景语义分类领域仍有大量工作需要开展，值得研究人员进行深入探讨，以优化和提高地理空间场景语义分类的效果。

第 2 章　相似性理论与分类方法

相似性原理是揭示自然界、人类社会和思维发展规律的一个基本原理，在人类的认知过程中扮演重要角色，是人类感知、判别、分类和推理等认知活动的基础。语义间的相似性同样是语义分类的基础，相似程度高的语义往往更容易被认定属于相同的语义类别。语义间的相似性程度可通过相应语义特征间的距离来反映，特征距离越大相似度越低，特征距离越小相似度越高。因此准确的语义特征表达成为影响语义相似性度量结果的关键。本章对相似性相关理论及常用的相似性度量方法进行介绍，并详细梳理矢量、栅格模态下地理空间场景的特征表达方法。

2.1　相似性理论及度量

2.1.1　相似的定义与性质

在科学技术快速发展的今天，相似性在诸多领域发挥至关重要的作用，地理空间数据研究领域也不例外。地理空间场景的语义相似性是地理空间场景语义分类的基本原则。为更好理解地理空间数据相似理论，本小节先对一般意义上的相似定义与性质进行梳理。

1. 相似的定义

在地理信息相关领域中，提及相似，人们会想到制图综合、场景检索等应用。在这些应用中，相似反映了某些地理空间数据之间存在着一定关联，例如：制图综合中，不同比例尺的地图描绘的可能是相同区域；场景检索中，检索出的场景与待检索场景中的地物对象形状可能类似。很多领域中都会出现类似这种对相似的解读及应用。实际上，相似概念离人类的生活并不遥远，甚至可以说深度融合在人们的生活中，如在日常交流谈话中出现的：①这家餐馆饺子的味道和我妈妈做的一样；②他的模仿太到位了，简直就是迈克尔本人；③这个电影桥段是在致敬成龙的电影《警察故事》；④上海就是东方的纽约；⑤小宝宝的手臂就像莲藕一样；⑥这首歌涉嫌抄袭，已经下架了；⑦中国地图就像一只大公鸡。此外，一些人们耳熟能详的传统诗词，如：①不知细叶谁裁出，二月春风似剪刀；②飞流直下三千尺，疑是银河落九天；③问君能有几多愁，恰似一江春水向东流；④嘈嘈切切错杂弹，大珠小珠落玉盘；⑤瞻望弗及，泣涕如雨等，更是以比喻的形式将相似概念体现得淋漓尽致。从这些对相似的举例中不难发现，相似判断使人类对事物的感知更具象，判别更清晰，分类更明确，在人类各项思维活动中扮演了十分重要的角色。

相似判断不仅影响着人类的思维活动，也关系着社会的发展。在城市面貌翻天覆地、技术发展日新月异、科技应用层出不穷的当代社会，诸多领域的发展都离不开相似理论的支撑，在人类享受的便捷生活中处处有体现。例如：高铁站、机场中的人脸识别检票系统可高效自动判断乘客是否为所持身份证本人，极大提升检票效率；媒体平台通过算法分析用户间的偏好相似度进行针对性的内容推荐，优化用户体验；指纹锁通过对比指纹信息判断来访者是否为合法住户，保护住户安全；医生借助相关技术对比新患者与大量确诊病患间的症状信息，辅助分析病患病情；论文审查中对比投稿论文和数据库中文献间的相似度，判断投稿文章是否存在抄袭等。总之，相似的应用已经渗透到人类生活的方方面面。但在不同的领域中，人们对相似的解读也存在些许不同。这里介绍几种常见领域的相似性解读。

1）语言学中的相似

语言是人类社会中不可或缺的一部分。认知语言学认为，现实决定思维，思维形成语言；语言反映思维，思维源于现实，语言与现实之间的关系导致语言的相似性。语言的相似性包含了词汇相似性和句法相似性等。以词汇相似性为例，词汇的相似性又有语音相似性和字形相似性，例如很多语言中"妈妈"的发音是相似的、英语和拉丁语字形有较高相似度等。词汇相似性可用于评估两种语言之间的遗传关系程度，若高于85%，通常表明被比较的两种语言很可能是相关的方言。

2）数学中的相似

数学中的相似包括代数中的相似和几何学中的相似。代数中的相似有矩阵的相似、行列式的相似等；几何学中的相似有三角形的相似、多边形的相似等。在代数中，相似的体现较为抽象。如相似矩阵的定义：设 A，B 为 n 阶矩阵，如果有 n 阶可逆矩阵 P 存在，使得 $P^{-1}AP=B$，则称矩阵 A 与 B 相似。相对而言，几何学中的相似体现得更直观，如果任意一个图形可通过平移、缩放、旋转和翻转之后与另一个图形完全重合，那么这两个图形相似。如相似多边形应满足对应边成比例、对应角相等。

3）计算机科学中的相似

计算机科学领域中相似的应用非常广泛，在前文已列举很多案例。目前计算机科学领域中广泛研究的图像识别、声纹识别、语音识别、字符识别的基本原理就是将被检测的数据与数据库中相应类型的数据进行相似性对比。例如：在银行业务办理、火车站进站检票、手机人脸解锁支付等日常生活场景中用到的人脸识别，就是一类图像识别，通过对比两幅人像间的五官特征判断是否为同一人；语音识别可以将一段语音转成文字，涉及对比文字发音与语音的声学特征间的相似度等。

4）地理（地图）学中的相似

地理学中，最著名的相似性应用是地球物理学家魏格纳根据大西洋两岸大陆轮廓线的相似性，分析提出了著名的大陆漂移学说，这是人类从定性的角度去感知和识别地理实体（或现象）之间相似性的经典案例。地理空间上的相似和地图上的相似都属于空间相似关系（闫浩文，2022），是地理空间信息科学中的基础理论问题（Egenhofer et al.，1995）。Yan（2010）认为相似是对两目标间各属性的对照对比，并对空间相似关系进行如下定义（闫浩文，2022）。

定义 2.1：假定 A_1 与 A_2 是地理空间（包括物理上的现实地理空间和地图空间）的两个目标，它们对应的属性分别是 P_1 与 P_2，且 $P_1 \neq \varnothing$、$P_2 \neq \varnothing$，则 $P_\cap = P_1 \cap P_2$ 被称为两个目标 A_1 与 A_2 的空间相似关系。

地理空间目标之间的相似程度可以用相似度来量化表达。相似度的取值区间为[0,1]。根据以上空间相似关系的定义和相似度的取值，可以得到如下的推论。

推论 2.1：$P_\cap$越大，两个目标的相似度越大。

推论 2.2：$P_\cap = \varnothing$，两个目标的相似度为 0。

推论 2.3：$P_\cap = P_1 = P_2$，两个目标的相似度为 1。

Yan（2010）也给出了地理空间目标在多尺度上的相似关系。

定义 2.2：假定 A 是地理空间的一个目标，在 k 个尺度 $S_1, S_2, \cdots, S_k$ 的地理空间中 A 被表达为 $A_1, A_2, \cdots, A_k$，k 个表达 $A_1, A_2, \cdots, A_k$ 对应的属性为 $P_1, P_2, \cdots, P_k$，则 $P_\cap = P_1 \cap P_2, \cdots, P_k$ 称为目标 A 在多尺度地理空间的相似关系。

5）结合心理学的空间场景相似

对于地理空间场景的相似，部分学者将其与心理学结合起来。Goldstone 等（1991）认为空间场景的相似匹配应由场景中的对象和关系共同支撑，才能获得与人类认知相符的匹配结果。因为在心理学上，人们认为相似空间场景的匹配有以下特点：①通过定位两个场景中可能匹配的对象来实现场景的对比，不管这种对象匹配是非常相似还是不太相似，同时非常不相似的对象会被忽略而不是强制匹配；②一旦确定了可匹配的候选对象，它们的相似关系自然而然就建立起来，没有匹配的对象其实也对应了不相似的关系；③随着可匹配对象或关系的相似性逐渐降低，非常不相似的场景实际上变得无关紧要，在某种意义上，可以认为它们与查询场景完全不相似，因为人们已无法对这些场景与查询场景间的相似度产生一致的相似性评价排名（Goldstone，1994）。

以上不同领域对相似的描述、定义与应用是基于相应领域知识而建立的。其中定义 2.1 和定义 2.2 均基于集合论，类似地，通过集合论可以对一般客观事物的相似性进行定义（安晓亚，2011）：

定义 2.3：设事物 A 的特征集合为 A_1，B 的特征集合为 B_1，且 $A_1 \neq \varnothing$，$B_1 \neq \varnothing$，则有：

（1）当 $A_1 \cap B_1 = C \neq \varnothing$ 时，称 A_1 与 B_1 特征相似，C 为其相似特征集合，$A_1 - C$ 为 A 的区分特征，$B_1 - C$ 为 B 的区分特征。特别地，若 $A_1 = B_1$，则说明两者具有相同的特征。

（2）当 $A_1 \cap B_1 = C = \varnothing$ 时，则 A_1 与 B_1 没有相似特征，二者不相似。

根据相似特征值来度量相似性大小的过程称为相似性度量。对相似性度量的结果有如下定义。

定义 2.4：相似程度大小的数值用相似度表示，记为 S，差异度记为 D，相似、差异、相同和相异的量化关系如图 2.1 所示。

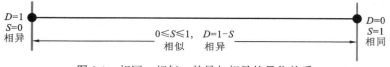

图 2.1　相同、相似、差异与相异的量化关系

S 和 D 的值域均为[0,1]，当 $S=1$、$D=0$ 时，表示两个事物特性相同，当 $S=0$、$D=1$ 时，表示两个事物特性均不同，即相异。相似度大则差异度小，相似度小则差异度大。

2. 相似的性质

相似性与人类认知活动的基础，尽管相似性的本质是系统间客观特性的相似性，但人对相似性的认识有很强的主观性，即相似性是因时、因地、因人而异的主观认知过程。安晓亚（2011）将相似性的性质总结为以下 8 点。

（1）相似性具有普遍性。

（2）相似性具有反身性。自身与自身的特征相似。

（3）相似性具有对称性。若 A 与 B 的特征相似，则 B 与 A 的特征相似。

（4）相似度具有模糊性和不确定性。A 与 B 相似度的大小因度量方法不同而具有不确定性。

（5）相似性是事物与事物之间的一种关系，而非事物自身的一种属性。

（6）相似性具有系统性与层次性。如果将事物看作系统，则事物之间的相似性便是系统之间的相似性，而系统又可以分为许多子系统，子系统之间也具有相似性，因此相似性具有层次性。

（7）相似性具有动态性。一切事物总是随着时间不断运动变化着，因此事物间的相似性及相似度会随着时间而变化。

（8）相似性度量具有目的性。相似判据必须因相似工程应用的不同而不同，必须紧密结合应用实际采用对应的度量方法。

相似的性质同样与不同领域有密切关联，如 Yan（2010）针对地理学领域中多尺度地图空间目标的相似，总结了以下 5 项性质。

（1）极大性或反身性。地理空间同一目标自身的相似程度总是不小于它与其他目标之间的相似程度，表示为

$$S(A,A) \geqslant S(A,B) \tag{2.1}$$

（2）对称性或非方向性。地理空间目标 B 与 A 之间的相似程度和 A 与 B 之间的相似程度是一样的，表示为

$$S(B,A) = S(A,B) \tag{2.2}$$

（3）非传递性。地理空间目标之间的相似性是不能传递的，由 $S(A, B) > 0$ 且 $S(B, C) > 0$ 不一定可以得到 $S(A, C) > 0$。如图 2.2 中的 3 个地理空间目标 A、B、C 依次为居民地、菜地、菜地。计算它们在形状、类型上的相似性，它们的属性可以表示为 $P_A =$｛矩形，居民地｝、$P_B =$｛矩形，菜地｝、$P_C =$｛多边形，菜地｝，可得 $S(A,B) =$｛矩形，$\varnothing$｝、$S(B, C) =$｛$\varnothing$，菜地｝，$S(A, C) =$｛$\varnothing$，$\varnothing$｝。

居民地　　　　　　　菜地　　　　　　　菜地

图 2.2　地理空间的相似关系非传递性示例

（4）尺度依赖性。包含两层含义：①地理空间的目标随着观察者距离的变化而变化，这些变化之间呈现出相似性。观察者距离目标越远，其观察到的目标与目标真实状况之间的相似度越小。②地图空间上的目标随着地图比例尺的变化（主要是变小）而变化，地图比例尺越小，地图上目标与原始地图上目标的相似度就越小。

（5）多尺度自相似性。表现在地图上的目标随尺度变化呈现自相似性。典型例子是海岸线的多尺度表达（Mandelbrot，1976）。地图上海岸线的长度与其曲线细节有很大的关联，这些曲线通常表现出具有无限长或者是无法定义的特性。所幸这些海岸线同时表现出了自相似性：取曲线的一小部分等比例放大，发现放大后的部分曲线形状与原来的整体具有很大的相似性。

2.1.2 相似度的计算方法

在获取样本特征后，对样本的相似性度量转换为对样本特征的相似度计算。根据样本数据类型与特点，可采用不同的度量学习方法对样本特征进行相似度计算。度量学习（metric learning）也可认为是相似度学习，通过学习特征间的距离反映特征间的相似性程度，在相似性度量中有至关重要的作用。一个度量函数（或距离函数）是一个定义集合中元素间距离的函数，一个具有度量的集合被称为度量空间。度量学习可初步划分为距离测度、相似测度、线性度量学习、非线性度量学习、深度学习度量5大类，如图2.3所示。其中距离测度和相似测度是基本距离度量函数，前者侧重特征间距离、差异度计算，后者侧重特征间相似度、相关度计算。下面对部分经典算法进行详细的介绍。

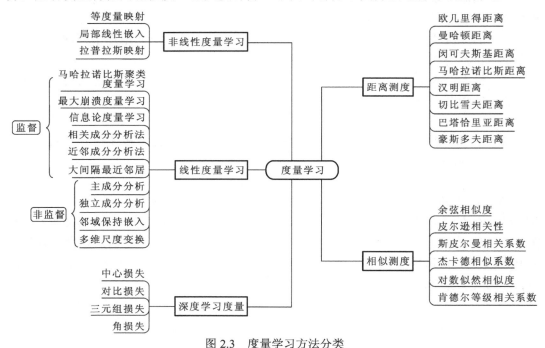

图2.3 度量学习方法分类

1. 基本距离函数与相似系数

距离函数是最基本的度量方法，通过特征空间中样本特征的距离的大小反映对应样本间相似度的高低。任意空间中特征 X，Y，Z 定义的距离 d 应满足如下三公理：①非负性：$d(X, Y) > 0$；②对称性：$d(X, Y) = d(Y, X)$；③三角不等式：$d(X, Y) \leqslant d(X, Z) + d(Z, Y)$。

常用的距离度量函数如下所示。

（1）欧几里得距离（Euclidean distance）：是最为常见的距离度量方法，源自欧几里得空间中两点的距离，任意两个 n 维点 $X=(x_1,x_2,\cdots,x_n)$ 和 $Y=(y_1,y_2,\cdots,y_n)$ 的距离可表示为

$$d(X,Y)=\sqrt{\sum_{i=1}^{n}(x_i-y_i)^2} \tag{2.3}$$

（2）曼哈顿距离（Manhattan distance）：又名城市距离，分别计算各个维度距离再求和。

$$d(X,Y)=\sum_{i=1}^{n}\left|x_i-y_i\right| \tag{2.4}$$

（3）闵可夫斯基距离（Minkowski distance）：是欧几里得距离的推广，如式（2.5）所示。

$$d(X,Y)=\left(\sum_{i=1}^{n}\left|x_i-y_i\right|^p\right)^{1/p} \tag{2.5}$$

式中：p 为一个参变量，$p=1$ 时为曼哈顿距离，$p=2$ 时为欧几里得距离，p 取无穷大时为切比雪夫距离。

（4）切比雪夫距离（Chebyshev distance）：是向量空间中的一种度量，两个点之间的距离定义为其各坐标数值差绝对值的最大值，切比雪夫距离即为 p 趋近于无穷大时的闵可夫斯基距离。

$$d(X,Y)=\lim_{p\to\infty}\left(\sum_{i=1}^{n}\left|x_i-y_i\right|^p\right)^{1/p}=\max\left|x_i-y_i\right| \tag{2.6}$$

（5）巴塔恰里亚距离（Bhattacharyya distance）：在统计学中，巴塔恰里亚距离测量两个离散或连续概率分布 p 和 q 的相似性，它与衡量两个统计样品或种群之间的重叠量的巴氏系数密切相关。

$$d(p,q)=-\ln\sum_{x\in X}\sqrt{p(x)q(x)} \tag{2.7}$$

（6）豪斯多夫距离（Hausdorff distance）：度量空间中真子集之间的距离，可度量两个点集间的最大不匹配程度。它是两个点集之间距离的一种定义形式：假设有两组集合 $A=\{a_1,\cdots,a_p\}$，$B=\{b_1,\cdots,b_q\}$，则这两个点集合之间的豪斯多夫距离定义为

$$H(A,B)=\max(h(A,B),h(B,A)) \tag{2.8}$$

式中

$$\begin{cases} h(A,B)=\max_{a\in A}\min_{b\in B}\|a-b\| \\ h(B,A)=\max_{b\in B}\min_{a\in A}\|b-a\| \end{cases} \tag{2.9}$$

其中：$\|\cdot\|$ 表示范数，一般采用 L2 范数。

距离度量量化样本间的差异，相似系数量化样本间的联系。两者可相互转换，但通过相似系数计算的距离并非严格意义上的距离，因为可能不符合距离三公理。本书介绍常用的相似系数。

（1）余弦相似度（cosine similarity）：通过计算两个特征向量的夹角余弦值来评估它们的相似度，更侧重两个特征在方向上的差度，而非在距离或长度上。计算方法如下：

$$similarity(X,Y) = \cos(X,Y) = \frac{X \cdot Y}{\| X \| \| Y \|} \qquad (2.10)$$

余弦相似度的取值范围是[-1, 1]，余弦相似度值为 1 时表示两个特征向量方向一致，而值为-1 时表示两个特征向量方向完全相反。通过余弦相似度可简单推算余弦距离，如式（2.11）所示，余弦距离取值范围为[0, 2]，它并非严格上的距离，因为其不满足距离三公理中的三角不等式。

$$d(X,Y) = 1 - \cos(X,Y) \qquad (2.11)$$

（2）杰卡德相似系数（Jaccard similarity coefficient）：给定两个集合 A、B 时，A 与 B 的杰卡德相似系数定义为 A 与 B 交集的大小与 A 与 B 并集的大小的比值。当 A 和 B 都为空时，杰卡德相似系数值为 1。两个 n 维向量 X、Y 间的杰卡德相似系数 J 定义为

$$J(X,Y) = \frac{\sum_i \min(x_i, y_i)}{\sum_i \max(x_i, y_i)} \qquad (2.12)$$

（3）皮尔逊相关系数（Pearson correlation coefficient）：用于度量两个变量 X 和 Y 之间的相关程度（线性相关），值介于-1 与 1 之间。皮尔逊相关系数定义为两个变量之间的协方差和标准差的商：

$$\rho_{X,Y} = \frac{\mathrm{cov}(X,Y)}{\sigma_X \sigma_Y} = \frac{E[(X - \mu_X)(Y - \mu_Y)]}{\sigma_X \sigma_Y} \qquad (2.13)$$

式中：$\mathrm{cov}(X,Y)$ 为 X 和 Y 之间的协方差；E 为期望；μ_X、μ_Y 为 X、Y 的期望值；σ_X、σ_Y 分别为 X、Y 的标准差。

通常情况下通过皮尔逊相关系数的以下取值范围判断变量的相关强度：(0.8, 1.0]极强相关，(0.6, 0.8]强相关，(0.4, 0.6]中等程度相关，(0.2, 0.4]弱相关，[0, 0.2]极弱相关或无相关。皮尔逊相关性条件约束有：①两个变量间有线性关系；②变量是连续变量；③变量均符合正态分布，且二元分布也符合正态分布；④两变量独立。

（4）斯皮尔曼相关系数（Spearman's correlation coefficient）：主要用于解决名称数据和顺序数据相关的问题，适用于两列变量，且具有等级变量性质及具有线性关系的数据资料。斯皮尔曼秩相关系数定义如下：

$$\rho = 1 - \frac{6 \sum d_i^2}{n^3 - n} \qquad (2.14)$$

式中：n 为样本数量；d_i 为两列的秩序之差。

此外，还有肯德尔等级相关系数、对数似然相似度、互信息、相对熵、词频-逆文档频率、词对相似度等相关及相似度分析系数与算法。针对不同的应用场景和不同的样本数据，采用的距离及相似系数也不相同。如一般空间中距离计算采用欧几里得距离，路径计算采用曼哈顿距离，国际象棋国王步数采用切比雪夫距离，编码差别采用汉明距离，排除量纲和依存时采用马哈拉诺比斯距离（又称马氏距离），计算向量相似度时采用余弦相似度，求取集合近似度时采用杰卡德相似系数，其他求取相关度根据样本情况采用各类相似系数。

2. 距离度量学习算法

在实际应用问题及丰富的样本数据的驱动下产生的各种数据处理任务，仅依靠基本的距离函数难以应对。为了处理各种各样的特征相似度，可以对特定的任务选择合适的特征并手动构建距离函数。然而这种方法往往需要很大的人工投入，一旦数据有改变也需要进行调整，因而鲁棒性一般。度量学习作为一个理想的替代，可以根据不同的任务自主学习针对某个特定任务的度量距离函数。度量学习算法可分为通过线性变换的度量学习和度量学习的非线性模型，其中线性度量学习具有简洁性和可扩展性，通过该方法可扩展为非线性度量方法。

1）线性度量学习

线性度量学习问题也称为马氏度量学习问题，可以分为监督的和非监督的学习算法。其中监督的线性度量又可分为监督的全局度量学习方法和监督的局部度量学习方法。监督的全局度量学习方法充分利用数据的标签信息学习马氏距离；而监督的局部的度量学习方法则同时考虑标签信息和数据点之间的几何关系。监督的全局算法致力将标签相同的数据点紧密地聚在一起，而标签不同的数据点离得尽量远。研究者们为实现这一目标提出很多算法，如最大坍塌度量学习（maximally collapsing metric learning，MCML）算法（Amir et al.，2005）旨在找到一个度量矩阵从而将同类别的所有数据点都坍塌在一起的同时又保证不同类别数据点之间的可分性。信息论度量学习（information-theoretic metric learning，ITML）方法（Davis et al.，2007）将信息论引入度量学习，定义两个分别基于待学习的马氏距离和先验信息的高斯概率分布，并构造一组相似/不相似的约束，通过优化两个高斯概率分布的 KL 散度（Kullback-Leibler divergences）学习最优马氏距离。基于信息几何的度量学习（information geometry metric learning，IGML）方法（Wang et al.，2009）利用理想核函数（Cristianini et al.，2001）定义第二个高斯分布，该理想核函数利用数据的标签来建立。全局算法在假定数据点服从单峰概率分布的前提下试图最小化所有属于相同标签的数据点之间的距离，因此难以适用于服从多峰概率分布的数据集，此时融合局部信息的度量算法应运而生。Weinberger 等（2009）提出同时利用数据的几何信息（局部信息）和数据的标签信息（全局信息），并应用大间隔最近邻（large margin nearest neighbor，LMNN）分类算法从局部近邻中学习到一个度量距离，该优化问题通过带有三点对约束的半正定规划来求解。为了避免烦琐地平衡全局和局部信息间的权重，Goldberger 等（2004）提出了近邻成分分析（neighbourhood components analysis，NCA）算法来最小化期望的 k 近邻分类错误率；Yang 等（2006）提出了局部距离度量（local distance metric，LDM）学习算法，LDM 在一个概率框架中优化局部紧密性和可分性。虽然 NCA 和 LDM 算法没有引入比重参数，但它们都是非凸的优化问题，因此容易陷入局部极值点，同时优化过程非常复杂，时间复杂度很高。

非监督的距离度量学习也称为流形学习，通过学习一个潜在的流形结构来保持数据点间的距离（几何）关系。一些经典的非监督线性降维算法也可看作非监督的马氏度量学习。为了从样本对象中提取更丰富全面的信息，往往选用高维特征作为载体，带来样本特征在理解分析、表达效率和计算处理上的困难。因此需要在保留样本重要信息的同时，降低特征维度，获得表达效率更高的低维特征。研究者们提出大量经典的非监督的线性降维算法。例如主成分分析（principal components analysis，PCA）通过线性映射将数据从原始空间映射到一个新的低维空间，使数据方差增大，提供更多信息（Jolliffe，1986）；多维尺度变换（multi-dimensional scaling，MDS）利用成对样本间相似性构建合适的低维空间，使样本在此空间的距离和在高维空间中的样本间的相似性尽可能地保持一致（Williams，2002）；非负矩阵分解（non-negative matrix factorization，NMF）将大矩阵分解成两个小矩阵，将描述问题的矩阵的维数进行削减，对大量的数据进行压缩和概括（Lee et al.，1999）；独立成分分析（independent components analysis，ICA）通过一个线性降维矩阵使降维后的数据之间最大限度地统计独立（Meinecke et al.，1994）。邻域保持嵌入（neighborhood preserving embedding，NPE）（He et al.，2005）是对局部线性嵌入（locally linear embedding，LLE）算法（Roweis et al.，2001）的线性近似。局部保留投影（locality preserving projections，LPP）通过建立数据的近邻图来计算映射矩阵，在降低空间维度的同时，较好地保持内部固定的局部结构，并且它对异化值不敏感（He et al.，2003）。

2）非线性度量学习

非线性度量学习广义上也包含了非线性降维算法。经典的算法有等距映射（isometric mapping，ISOMAP）（Tenenbaum et al.，2000）、局部线性嵌入（locally linear embedding，LLE）（Roweis et al.，2001），以及拉普拉斯特征映射（Laplacian Eigenmap，LE）（Belkin et al.，2001）等。对于给定的高维流形，为找到其对应的低维嵌入，使高维流形上数据点间的近邻结构在低维嵌入中得以保持，ISOMAP 采用微分几何中的测地线距离计算高维流形上数据点间的距离。LE 采用一个无向有权图描述一个流形，在保持图的局部邻接关系的情况下，通过用图的嵌入寻找低维表示。LLE 同样关注于降维时保持样本局部的线性特征（原有拓扑结构）。

3. 深度度量学习

深度学习的快速发展极大地提升了计算机视觉领域各项任务的表现，通过卷积神经网络对样本特征的非线性映射提取样本高度抽象的高层特征，实现高层语义特征的表达，结合端对端的训练优势，提升图像检索、分类等任务的效率和精度。深度学习中，距离的概念一直扮演重要角色并在各类任务中广泛运用。深度度量学习将度量学习融入神经网络模型训练的过程中，通过扩大类间距、缩小类内距，进一步提升网络提取特征的区分度。深度度量学习在样本类别多样而各类样本少的数据集中的作用尤为明显，这类数据集类间差异小、类内样本少、提供有限的信息难以构成有效约束，造成神经网络提取不到区分性强的信息，深度度量学习通过特定的约束定义损失函数，训练神经网络学习样本到特征的映射 $f_\theta(\cdot)$，使样本特征间的距离 $d(i,j) = \| f_\theta(i) - f_\theta(j) \|$ 符合类内距离尽可能小、类间距离尽可能大的分布规律，其中样本特征间的距离一般通过欧几里得距离计算。相较欧几里得距离，传统监督的度量学习，在马氏空间中约束相似样本马氏距离小、不相似样本马氏距离大，马氏距离考虑了特征之间的权重与相关性，凸问题易被优化。但仍有两个弊端：一是依赖原始输入空间进行距离度量；二是不能很好地映射与训练样本关系未知的新样本的函数。而在深度度量学习中，深度学习特征提取的优势被充分利用，将原始的输入空间映射到欧几里得空间，直接对类内特征和类间特征的分布特性进行约束。如下列举了深度度量学习中几种经典的约束损失。

（1）对比损失（contrastive loss）（Hadsell et al.，2006；Chopra et al.，2005）：是深度度量学习的开篇之作，它首次将深度神经网络引入度量学习。对比损失的主要目的是约束类内样本的特征尽可能接近而类间样本的特征足够远，式（2.15）表示任意特征 X_i、X_j 间的对比损失，$y_{i,j}$ 标记特征 X_i、X_j 的类别是否相同，若相同则 $y_{i,j}=1$，否则 $y_{i,j}=0$，$d(X_i,X_j)$ 为欧几里得距离，阈值 α 控制类间样本距离，max 表示取最大值。

$$l(X_i,X_j) = y_{i,j}d^2(X_i,X_j) + (1-y_{i,j})\max(0,\alpha - d^2(X_i,X_j)) \tag{2.15}$$

（2）三元组损失（triplet loss）（Schroff et al.，2015；Weinberger et al.，2009）：在对比损失约束的基础上，三元组损失进一步考虑了类内对与类间对之间的相对关系。固定一个锚点样本，希望包含该样本的类间对特征的距离能够比同样包含该样本的类内对特征的距离大一个间隔，如下：

$$l(X_a,X_i,X_j) = \max(0,d^2(X_a,X_i) + m - d^2(X_a,X_j)) \tag{2.16}$$

式中：X_a,X_i,X_j 依次为锚点样本特征、与锚点样本同类样本特征及异类样本特征；m 为间隔。

（3）提升结构化损失（lifted structured loss）（Song et al.，2016）：在三元组的基础上充分利用每个训练批数据里的所有样本，在一个训练批数据内建立稠密的对的连接关系，对于每个类内对如 X_i 和 X_j，同时选择两个与它们不同类的样本 X_k 和 X_l，X_k 距离 X_a 最近、X_l 距离 X_i 最近，则对应损失函数如下：

$$L = \frac{1}{2|P|}\sum_{(i,j)\in P}\max(0,l(X_i,X_j))^2 \tag{2.17}$$

$$l(X_i,X_j) = \max\left(\max_{(i,j)\in N}\alpha - d(X_i,X_k), \max_{(j,t)\in N}\alpha - d(X_j,X_l)\right) \tag{2.18}$$

式中：P 为 batch 内所有正样本特征对集合；N 为负样本特征对集合。通过这种设计实现在一轮 batch 中考虑所有可能的训练对或三元组。

（4）多类 N 元组损失（multi-class N-pair loss）（Sohn，2016）：同类样本的距离同时小于 $n-1$ 组间距离，从而实现类内对相似度显著高于所有类间对相似度，相较对比损失和三元组损失收敛更快，借鉴了 NCA 算法（Goldberger et al.，2004）的表达形式，具体如下：

$$l(X_i,y) = -\frac{1}{N}\sum_{(i,j)\in P}\log\frac{e^{S(X_i,X_j)}}{e^{S(X_i,X_j)+}\sum_{k,y[k]\neq y[j]}e^{S(X_i,X_k)}} \tag{2.19}$$

式中：X_j 为 X_i 的同类样本特征；X_k 为 X_i 的不同类样本特征；P 为一个训练批数据内的所有正样本；N 为 P 中样本数目；$S(X_i,X_j)$ 为 X_i、X_j 间的余弦相似度；$S(X_i,X_k)$ 为 X_i、X_k 间的余弦相似度。

（5）中心损失（center loss）（Wen et al.，2016）：结合了成对聚类损失（coupled clusters loss，CCL）和 softmax 损失的优势，用 CCL 约束类内，softmax 约束类间。为每一类特征学习一个聚类中心，随着训练的进行，同步更新类内中心及最小化特征与对应中心的距离。将聚类的损失与 softmax 联合训练，利用超参平衡两个监督信号的权重，对应的损失函数如下：

$$L = L_S + L_C = \sum_i^m \log \frac{e^{W_{y_i}^T x_i + b_{y_i}}}{\sum_{j=1}^n e^{W_j^T x_i + b_j}} + \frac{1}{2} \sum_{i=1}^m \| x_i - c_{y_i} \|_2^2 \tag{2.20}$$

式中：L_S 和 L_C 分别为 softmax 损失和成对聚类损失；特征 x_i 属于 y_i 类；m 为批处理大小；n 为样本总数；W 为最后一层全连接层权重，W_j 表示的第 j 列；b_j 为相应偏置；c_{y_i} 为 y_i 类的深度特征中心。

此外，成对聚类损失（Mishchuk et al.，2017）、设备定位损失（facility location loss）（Song et al.，2017）、代理损失（Movshovitz-Attias et al.，2017）及深度度量学习中产生的损失函数，利用训练批数据内更丰富的样本间结构关系来设计损失函数，约束特征。

2.2 矢量空间场景相似性理论与特征表达

2.2.1 空间场景相似性理论

矢量空间场景的相似性并未有统一的定义及评判标准，专家学者们对矢量空间场景的相似性进行了多种不同的释义。吴立新等（2003）将空间相似性定义为空间目标几何形态的相似与空间物体（群）结构上的相似。不同于这种专注在对象（群）的自身几何结构形态的定义，Bruns 等（1996）认为空间场景的相似性评估是一个非常复杂的问题，除去对象本身的属性约束，对象间的空间关系约束也非常重要。因其能捕捉到场景结构的本质，通过从一种空间关系变化为另一种空间关系所需的变化程度可实现对空间场景相似度的评估，其中拓扑关系、方向关系、距离关系是被广泛运用于相似度评估的三种空间关系（Li et al.，2006；Bruns et al.，1996）。针对图形层面上矢量空间相似性，闫浩文等（2009）将相似性度量方法分为两类：①单个对象的几何特征形态，如维数、大小、形状、长度、面积等；②群组对象间的空间关系，如拓扑关系、方向关系、距离关系等。安晓亚（2011）将这些相似性统一归纳为几何相似性，包括几何形态相似，如形状、位置、大小等，以及拓扑关系、方向关系等空间关系。实现空间场景的相似性度量通常是通过对上述属性及关系进行特征提取及表达，实现有效的数学描述，再利用特征间的相似度来衡量提取场景间的相似性。

2.2.2 空间场景特征表达

准确的空间场景相似性度量依赖高效的空间场景特征表达，对空间场景中对象几何形态及对象间空间特征的提取十分重要。针对不同的属性及空间关系的表达及相似性评估，研究学者们展开了多方面的研究。

1. 几何形状表达模型

在空间几何形状的表达方面，王斌等（2008）认为对形状特征适宜的描述子应满足：①不变性，即具有平移、旋转和缩放不变性；②唯一性，不同的形状具有不同的描述；

③对形状的全局特征和局部特征都能进行刻画；④紧致性和较低的计算复杂性。常见的简单形状描述算子如周长、面积、矩形度等仅能对形状进行粗粒度描述，能力有限。形状签名（shape signature）是一类将二维边界转为一维函数的方法，如 Zahn 等（1972）通过计算角度正切值对弧长的函数来表示边界。但这类方法过于专注局部，对噪声敏感。安晓亚等（2011）通过多级弦长和中心函数描述几何形状，实现从全局整体到局部细节的逐级描述，对噪声有较强的鲁棒性。傅里叶方法也是一种常用的描述形状轮廓线的方法，在复杂的带洞面状空间对象的相似性度量中，陈占龙等（2016b）提取面状对象的中心距离、轮廓线的多级弦长、弯曲度及凹凸性等特征，构造多级弯曲度半径复函数对对象的局部和整体特征进行描述，并将其转为傅里叶形状描述算子。Xu 等（2017b）利用位置图来描述复杂面状对象中洞的分布，保证角度和距离在几何变换中的不变性，并通过傅里叶算子快速描述简单多边形形状。

2. 空间关系表达模型

空间关系是对空间数据的约束。针对空间关系的分类目前并未有统一的认识，在广泛认知下，拓扑关系、方向关系和距离关系是空间关系中三种最基础的关系（Li et al.，2006；Bruns et al.，1996）。其中距离关系属于定量关系，对空间数据的约束最强；拓扑关系属于定性关系，对空间数据的约束最弱；方向关系属于定性关系，对空间数据的约束能力居两者之间。定性关系和定量关系并非绝对，而是可以相互转换的。针对这三类关系建立的模型既有定性模型也有定量模型。

在拓扑关系表达方面，Egenhofer 等（2007b）提出的九交模型（nine-intersection model，9IM）是较为经典的拓扑关系描述方法，很多方法依托九交模型进行扩展，如维扩展的九交模型（Clementini et al.，1995，1993）可实现对简单区域的 8 种基本拓扑关系的描述。但是现实中区域更为复杂（Schneider et al.，2006），如领土带有岛屿和洞的区域。为解决复杂的带洞区域的拓扑关系表达，欧阳继红等（2009）将九交模型的元素通过二进制编码表示，实现对双洞区域、单洞区域和简单区域之间拓扑关系的描述；陈占龙等（2015a）提出基于分解思想的九交模型，通过分解成简单区域和分解成点集的两类九交模型，实现对复合带洞面状对象的拓扑关系表达；不同维度对象间的拓扑关系也至关重要，杜晓初等（2007）对不确定线状目标与面状目标各组成部分相交程度组成部分间相交程度进行定量表达，结合九交模型确定线面间的拓扑关系；Clementini 等（1993）扩展基于几何点集方法表达了点、线、面对象间大量不同的拓扑关系。除了九交模型，Dube 等（2012）使用凸序结构对多边形间的拓扑关系进行了描述。

在方向关系表达方面，方向关系模型主要有定性模型和定量模型两类。定性模型仅可用于方向关系表达，这类模型又可分为基于点的模型和基于投影的模型，前者主要指类似人们熟知的东南西北方向划分，后者包括多种模型，如：Haar（1976）提出用三角模型，通过质替代对象进行方向关系判断；Allen（1983）提出一维间隔模型，用间隔表示了 13 种独立的关系；Guesgn（1989）将二维对象投影到 x 轴和 y 轴，再分别运用一维间隔模型从而得到了二维间隔模型等。定性模型仅可用于方向关系表达，因此相似性度量主要依赖定量模型完成。最简单的定量方向关系模型即通过方位角表达目标对象相对参考对象在正北方向沿顺时针方向的偏移角度。此外，Goyal（2000）提出由三种粒度的关系矩阵对空间对象间的方向关系进行描述，实现方向关系定性与定量的表达，通过目标对象在参考对象外包矩形延长线所划分的 9 个区域内的面积比，对面状对象间方向关系进行表示，计算方向关系矩阵间的最小转换代价实现方向关系的相似度评估；由于面积比引导下的矩阵相似度计算繁杂，郭庆胜等（2004）通过栅格化面状对象，简化面状对象间方向关系矩阵的相似度计算，实现了一定精度范围内的相似度计算；陈占龙等（2016a，2015b）将格网化方法应用于点、线、面多种类型的空间对象间的方向关系矩阵表达，实现了不同尺度空间对象的方向关系表达。

在距离关系方面，空间距离被认为是一切空间关系的基础，其他的空间关系都基于空间距离。对空间距离进行定量表达的模型有欧几里得距离和沃罗诺伊（Voronoi）距离，前者是常用的欧几里得空间距离度量方法，后者则是用对象间 Voronoi 区域数目度量。对空间距离的定性描述则与人们描述习惯接近，通常通过近、中、远等来描述。空间距离关系是这三种空间关系中最简单的关系，对其的模型表达也简单易理解。在空间推理中，不同于拓扑关系和方向关系，距离关系难以被用于单种空间关系推理，空间距离更多地出现在组合关系推理中，如 Papadias（2001）将方向关系和距离组合推理距离值的范围，Hong 等（1970）同样利用方向关系和近似距离组合推理，其中近似距离通过有序的间隔对距离空间划分得到。空间关系推理中的组合推理可利用不同空间关系进行互补推理，得到单种空间关系无法推理出的信息，其中拓扑关系和方向关系的组合被广泛研究（杜世宏 等，2010；何建华 等，2004）。

除了拓扑关系、方向关系、距离关系，学者对空间关系的分类进行了不同的扩充。王家耀（2001）根据空间关系的重要性与分析应用的需要，将空间关系划分为拓扑关系、方向关系和度量关系，其中度量关系包括对距离、角度、面积等的度量因子。郭仁忠（2001）则将空间关系划分为空间距离关系、空间方位关系、空间拓扑关系、空间相似关系和空间相关关系，其中空间相似关系涵盖了空间目标形态与对象（群）结构上的相似，反映更深层次上的信息，由于需要复杂的分析过程，早期研究并不多。近来随着 GIS 产业在各领域的蓬勃发展及地理数据应用的民用普及化，对空间相似性的关注度越来越高，但不限于在目标形态和对象（群）结构的相似性上，目前依托其他空间关系及其他目标几何特征，产生了脱离实例级（对象级）的场景级相似性。一定程度上，场景级相似性已经超越空间关系内定义的相似性范畴，更侧重运用目标形态、对象（群）结构等包含的几何属性及其他空间关系进行高层次的空间推理分析。空间场景相似性度量是完成场景级相似性分析的重要载体。

3. 空间场景表达模型

在获取对空间场景的特征表达后，通过计算特征间的相似衡量对应场景间的相似度。Bruns 等（1996）将空间场景定义为一组空间对象及对象间的空间关系。基于此，将空间场景成分定义为任一空间对象几何形态或空间关系，即几何形态如形状、维度、面积、长度，以及拓扑关系、方向关系、距离关系等都可视作空间场景的成分，空间场景的特征表达则通过对场景成分的特征提取实现。空间场景特征的表达能力和特征相似度的计算方法直接影响最终的结果。

空间场景相似性度量对地理空间数据应用有重要意义，它是多源数据匹配与融合、地理空间数据检索与查询、地理数据质量评估等任务的关键步骤。为对复杂的空间场景进行高效准确的相似性度量，许多研究融合多个场景成分特征，以顾及更多的场景信息。

　　针对不同的应用任务，选取合适的场景成分特征可避免冗余信息，实现更准确的场景描述。如当形状较复杂时，形状的辨识度就会略高于空间关系。安晓亚等（2011）利用多级弦长函数和中心距离函数从全局整体到局部细节逐级描述几何形状，实现不同尺度下的水系相似度匹配。田泽宇等（2017）提出一种应用三角形划分的形状相似性匹配方法，按形状主方向对面状空间对象进行分割，按串联、并联和组合形式对空间对象进行三角形划分，准确描述面状空间对象的形状特征，并应用到水系和草图检索。融合空间关系的特征则在应对复杂带洞面状对象场景更具竞争力，Xu 等（2017b）顾及区域形状及洞形状、洞间的空间关系及洞与外轮廓关系，通过位置图描述复杂面状对象中洞的分布，利用基于最远点距离的傅里叶算子快速描述区域形状，实现对几何形状的相似度匹配；Chen 等（2017）结合层次模型，将复杂带洞区域逐级分解，在实体层计算洞区的形状相似度和方向关系相似度，结合完整度反馈到上层的简单空间场景的相似度，结合该层区外轮廓及各个简单空间场景的比例，最终获得复杂带洞面状区域的相似度。在实际应用尤其是城市地理数据中，面状对象主要由建筑物构成，大部分的建筑物形状特点相对单一，区分度降低，因此利用空间关系可进一步提升场景间相似性度量准确率。如田泽宇等（2016）通过面状对象的形状相似度建立索引，结合对象间拓扑关系实现场景相似性检索；袁贞明等（2006）在九交拓扑模型基础上引入不变矩方法，建立拓扑不变量用于描述复杂空间场景，采用独立成分分析和模糊支持向量机降低空间场景高维拓扑关系的冗余度，建立了独立拓扑关系，应用于草图场景检索。针对复杂的城市场景，考虑多种空间关系可更准确地反映空间场景对象分布，提升后续任务准确率，如申世群等（2010）将九交拓扑模型和深度方向矩阵结合，引入基于草图的空间数据检索中，通过二元约束检索算法；Lewis 等（2013）采用混合拓扑及邻接关系对口头场景进行描述；陈占龙等（2017）利用对象的几何形状、拓扑关系、方向关系、距离关系等生成特征矩阵，通过场景间的特征矩阵生成的关联图，结合场景的完整度，对包含不同实体数目的空间场景进行相似性度量；Zhang 等（2014b）利用对象间的相对位置、相对朝向、相对大小、相对形状等上下文信息，结合松弛标记技术，权衡多项指标进行兼容度计算，实现对多尺度下面状对象的匹配。

2.3　遥感影像场景特征提取与表达

2.3.1　遥感影像场景特征提取

　　遥感影像中地物的多样性及地物空间分布的多边性使得从遥感场景中获取更高效特征表达更具挑战，提取鲁棒性更强的场景特征有利于提升对场景语义解析的准确性。得益于计算机视觉技术的发展，图像处理分析也更加智能化。就视觉领域而言，遥感影像也是图像的一种，栅格影像场景的特征提取同样可借鉴普通图像的特征提取方法。按照图像特征的发展及表达能力，可将遥感场景特征划分为底层特征、中层特征和高层特征三类，图 2.4 展示了各类别中部分经典的模型。

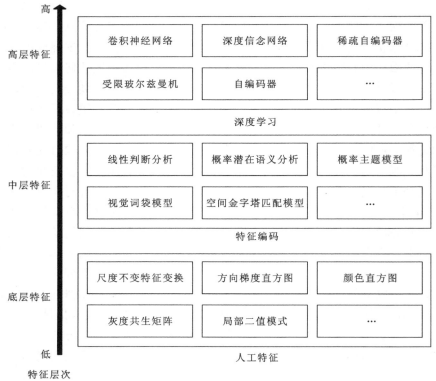

图 2.4　遥感影像场景特征表达中经典的方法

1. 底层特征

底层特征主要由人工特征构成，这是早期方法常用的一类特征。这类特征主要利用大量的工程技能和领域知识来实现，如影像的颜色、形状、纹理等。颜色直方图是一种常用的简单的全局图像表达特征，广泛应用于遥感影像检索及场景分类（Swain et al.，1991）。颜色特征具有较强的平移和旋转不变性，稳定性较好，且易于计算。但颜色特征对微小的光照变化较为敏感，同时对遥感影像场景的表达而言，丢失了空间信息。纹理特征一般是对图像的局部区域差异进行分析，对纹理特清晰的场景有较好的表达和区分能力，常用的纹理特征有灰度共生矩阵（gray-level co-occurrence matrix，GLCM）（Jain et al.，1997）、Gabor 特征（Haralick et al.，1973），以及局部二值模式（local binary pattern，LBP）（Ojala et al.，2002）。与颜色特征一样，纹理特征无法提取场景空间信息。GIST 特征通过对空间子区的特征输出的统计，实现对场景的空间结构及方向信息的全局描述，适用于各类场景的描述（Oliva et al.，2001）。尺度不变特征变换（scale-invariant feature transform，SIFT）则是一种局部描述子，对旋转、缩放和光照变化有较强的鲁棒性（Lowe，2004）。方向梯度直方图（histogram of oriented gradient，HOG）特征通过对图像局部区域的梯度方向直方图的分布统计得到，对边缘信息敏感，具有较好的几何不变性和光照不变性。这些描述子可对图像的主要特征进行描述，在遥感影像分类和检索任务中有广泛运用。Li 等（2010）将颜色结构代码用于遥感影像分割，并结合支持向量机（support vector machines，SVM）分类器实现对遥感地物对象的分类；Bhagavathy 等（2006）将纹理信息用于遥感影像地物检测；Huang 等（2014）将 GLCM 获取的遥感影像纹理信息通过（SVM）实现分类；Yi 等（2008）对比了 SIFT 特征和 Gabor 特征在遥感影像分类中的效果；张剑清等（2008）提取遥感影像纹理信息，将 LBP 特征应用于居民地变化检测；Yin 等（2015）通过 GIST 特征提取遥感影像中火山口的局部边缘信息和全局结构信息；Gong 等（2016b）根据遥感影像地物特点，对传统 HOG 特征进行改进，通过具有旋转不变性的 HOG 特征提取地物目标。不同于颜色、纹理、GIST 等全局特征，HOG 和 SIFT 特征作为局部特征，常被用于子特征以构建图像全局特征，实现底层特征向中层特征的转换。

2. 中层特征

常用特征编码类方法将底层特征抽象为中层特征，将图像各区域局部底层特征映射到参数空间，获取的区分度更强的特征即为中层特征。相较底层特征，中层特征学习能力更强，可提取更丰富的图像信息，在图像处理任务中广泛运用。视觉词袋（bag-of-visual-words，BoVW）模型是一种经典的编码方法，该模型衍生自自然语言处理领域的词袋（bag-of-words，BoW）模型（Yang et al.，2010）。BoVW 将图像子区域获取的局部特征视为独立的视觉词汇，将整幅图像映射到视觉词典空间，通过统计图像视觉单词分布词频，得到视觉分布直方图，形成对图像的全局描述。局部特征的选择是基于视觉词袋模型特征提取的关键，易于计算的低层次特征是一个较好的选择，SIFT 的诸多优点使它成为候选特征的首选，如 Yang 等（2010）将基于 SIFT 特征的 BoVW 特征表达方法引入遥感影像场景分类任务中；但 BoVW 仅利用局部特征，丢失了影像场景的全局和空间信息。为解决这一问题，Lazebnik 等（2006）将空间金字塔匹配（spatial pyramid matching，SPM）模型引入自然场景分类，通过统计图像在不同划分层次下的特征点分布情况，获取图像空间分布信息；Yang 等（2010）通过空间金字塔匹配模型提取场景空间分布信息，弥补 BoVW 模型的不足，进一步提升分类效果；但空间金字塔匹配模型仍有一些不足，如只考虑了视觉词汇中提取的绝对空间分布。基于此，改进的 SPM 模型——空间共生核（spatial co-occurrence kernel，SCK）（Yang et al.，2010）和空间金字塔共生核（spatial pyramid co-occurrence kernel，SPCK）（Yi et al.，2011）等同时顾及绝对和相对空间分布信息的方法被引入。但空间金字塔类匹配模型仍面临提取特征维度过高等问题，为解决这一问题，概率主题模型结合概率统计理论，将视觉词汇特征映射到主题特征，将挖掘的中层语义信息融入低维特征，提升对场景语义的理解能力。经典概率主题模型如概率潜在语义分析（probabilistic latent semantic analysis，pLSA）（Hofmann，2001）模型和潜在狄利克雷分配（latent Dirichlet allocation，LDA）（Blei et al.，2003）模型等被广泛应用于遥感影像场景解译，如 Zhao 等（2016）通过多特征主题模型提取遥感影像场景多类信息，提升对复杂遥感场景的识别能力；Zhong 等（2015）提出语义分配层面的融合，进一步提升多特征概率主题模型对遥感影像的表达能力。中层特征比底层特征考量的信息更全面，在语义理解方面有一定提升，但仍面临对底层人工特征的依赖，同时针对不同领域需要研究经验来涉及模型结构，难以实现全局自适应及对多领域自适应的特征学习。此外，中底层特征与图像场景的高层次语义特征间还存在一定的"语义鸿沟"，需要更高层次的特征来弥补。

3. 高层特征

近来随着机器学习特别是深度学习的发展，计算机自动学习图像特征的能力表现出极大的优势，逐步取代人工设计特征。深度学习方法通过大量的样本数据，学习样本的内在规律和表达层次，使机器的分析学习能力逼近人类。它的最终目标是让机器能够像人一样具有分析学习能力，能够识别文字、图像和声音等数据。深度学习是一个复杂的机器学习算法，在语音和图像识别方面取得的效果远超过先前相关技术。受限玻尔兹曼机（restricted Boltzmann machine，RBM）（Abdollahi et al.，2016）和深度信念网络（deep belief networks，DBN）是一种可通过输入数据集学习概率分布的随机生成神经网络；Chen等（2015）通过单层受限玻尔兹曼机和多层深度信念网络学习高光谱数据的浅层和深层特征；Midhun等（2014）将受限玻尔兹曼机应用于高光谱图像分类。自编码器（autoencoder）是一个对称的神经网络，用于无监督地从高维特征空间学习压缩特征表示，这是通过最小化编码层的输入数据与其解码层的重建之间的重建误差来实现的。如 Zhou等（2015）通过自编码器提取遥感影像稀疏特征，并应用于检索任务；Othmana等（2016）从预训练网络提取特征送入稀疏自编码器获取遥感场景特征；堆栈式自编码器（stacked autoencoder，SAE）是一个相对简单的深度学习模型，由多层自动编码器组成，其中每层的输出连接到连续层的输入，也被成功应用于遥感影像场景分类（Bo et al.，2017；Gomez-Chova et al.，2015）。卷积神经网络是一类包含卷积计算且具有深度结构的前馈神经网络（feedforward neural networks），是深度学习的代表算法之一。Castelluccio等（2015）通过两种不同的卷积神经网络框架从多方面证明了卷积神经网络模型对遥感影像场景分类的有效性。

2.3.2 遥感影像场景特征表达

遥感影像场景地物种类多样、地物分布复杂，蕴含丰富的信息，如何提取有用信息并对遥感影像场景进行高效表达是遥感影像解译的核心问题之一。遥感场景的特征表达也历经从底层到高层、从单一表达到复合表达的发展过程。

对于中底层特征，单一特征对复杂的遥感场景的表达效率并不高，尤其是底层特征，提取的往往是图像某一个方面的信息，如颜色、纹理、光谱、形状等。因此为了表达整幅图像内容，将多种特征融合，通过特征组合的方式传递更多信息是提升表达效果的优选策略。如在底层特征的结合方面：Yu等（2016）将光谱信息、纹理信息和结构信息通过分层的结构颜色二叉划分树编码并融合，对遥感影像场景进行表达；Zhao等（2005）通过多通道 Gabor 滤波器和马尔可夫随机场对纹理提取并融合，实现卫星影像分类；Li等（2011）将 GIST 全局特征与显著性分析的局部特征结合，对高分辨率广域卫星影像进行地物检测并分类；Mekhalfi等（2015）通过压缩感知将局部二值模式、梯度局部自相关、方向梯度直方图等特征通过压缩感知框架融合，实现对遥感影像紧凑的特征表达；Risojevic等（2013）将增强 Gabor 纹理信息与 SIFT 结合，从全局和局部两个层面描述遥感影像场景。多种底层特征可通过编码方法，形成中层特征。Zhao等（2016）通过多特征主题模型提取遥感影像场景多类信息，提升对复杂遥感场景的识别能力；Zhu 等（2016）通过 BoVW 对局部稠密 SIFT（dense SIFT）特征、局部光谱特征编码，并与基于形状的全局纹理特征融合实现高分遥感影像场景分类，同时顾及了遥感影像场景的全局和局部信息；Sheng 等（2012）提出一种基于局部三元模式改进的具有旋转不变性的局部三元模式直方图傅里叶（local ternary pattern histogram Fourier，LTP-HF）特征，并将 SIFT、LTP-HF 及颜色直方图三者生成的概率图融合进行场景分类；Zou 等（2016）通过空间金字塔匹配模型对局部区域特征进行组合，结合全局 Gabor 纹理特征，通过采用基于核协同表示的分类方法对全局和局部特征进行分类。相较中底层特征，尽管高层特征对图像的抽象和表达能力都有巨大提升，甚至达到多种中底层特征融合仍无法企及的表达效果，但不同网络提取的特征仍各有侧重，融合其他高层特征或中底层特征仍是提升特征区信息量与区分度的有效方法。如李学亮等（2019）将 SIFT 特征投入卷积神经网络中进一步抽象用于遥感影像变化检测；龚希等（2019）将卷积层特征重组成局部特征并通过 BoVW 编码整合，与全局全连接层特征融合，实现对遥感影像场景的高效表达；郑卓等（2018）通过多尺度网络提取遥感场景在不同尺度的特征并进行融合，顾及全局到局部的信息。

第 3 章　矢量空间场景特征表达与相似度计算

在地理信息系统中，矢量空间数据处理与分析有着举足轻重的地位，尤其在信息化时代下，矢量空间数据的应用已渗透到生活的方方面面。对矢量空间数据进行更高效、精确、充分的处理及分析是挖掘矢量空间数据知识、提升矢量空间数据服务质量的核心，也是当前开展矢量空间数据研究的最终目标。矢量空间场景特征表达与相似性计算作为地理空间场景相似性度量、空间场景检索查询、矢量地图合并、空间对象匹配、矢量地图数据质量评估等重要应用的核心问题，成为矢量空间数据研究的研究重点。本章对矢量空间场景的关键特征（如几何特征、空间关系特征）的提取与表达及矢量空间场景特征的相似度计算与评估等内容进行详细介绍。

3.1　几何形状表达与相似度计算

几何相似性指事务共有的几何属性之间的相似性，几何形状的相似性在很多情况下是空间相似性的分析依据和分析基础。基于几何形态相似的经典应用有：被称为"大陆漂移学说之父"的德国地球物理学家 Alfred Lothar Wegener，根据大西洋两岸，特别是非洲和南美洲海岸轮廓的相似吻合特征，提出了著名的大陆漂移学说。几何形状相似性度量通常先对目标对象的几何形状进行描述，再通过描述子之间的距离计算两个对象间的形状相似度。

3.1.1　几何形状相似性度量

在现实世界中大部分建筑物都是由简单多边形构成，比如矩形、梯形或者其他形式多边形。这些形式结构较为简单，不存在嵌套、组合等现象，如图 3.1（a）、（b）所示。

现实世界中还有一些建筑物是"回"字结构或者其他中间镂空形式，反映在图上就是一系列的带洞多边形表示，如图 3.1（c）、（d）所示。这些多边形形式复杂，而且相互嵌套，是一个整体，属性结构完全相同。实际上带洞区不只出现在建筑物的形状中，很多现实问题都会碰到带洞区，Egenhofer 等（1994）在描述 GIS 处理的现实问题时也提到了带洞区，如圣马力诺共和国被意大利包围，南非的休伦湖完全包围着岛屿莱索托（Lesotho）和马尼图林（Manitoulin）等。再如位于乌兹别克斯坦和哈萨克斯坦之间的咸海曾经是世界第四大湖（图 3.2），但目前面积只有原来面积的一半。随着咸海的干枯，其中的岛屿也发生了变化，裸露面积越来越大并最终成为陆地的一部分，为了对不同年份的咸海进行分析，则需要识别出不同年份对应的岛屿，这随之转化为两个带洞区之间的匹配问题。

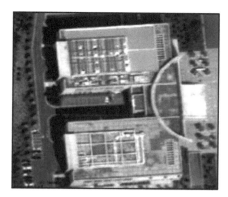

（a）实际建筑物1

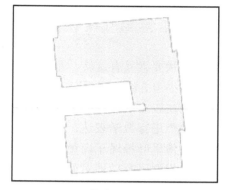

（b）简单多边形描述

（c）实际建筑物2

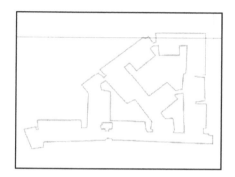

（d）带洞多边形描述

图 3.1　建筑物中简单多边形和带洞多边形描述

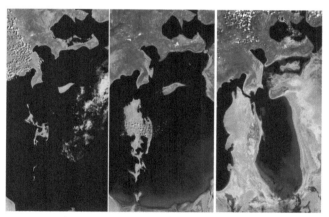

1977年　　　　　　1989年　　　　　　2006年

图 3.2　1977 年、1989 年及 2006 年的咸海

数据来自美国地质调查局；扫封底二维码可见彩图

对于不同复杂程度的区域，适用的几何特征表达方法不尽相同。常见的几何形状描述方法包括简单描述子描述法、中心距离对角度函数描述法、单一傅里叶变换描述法、小波描述法、形状上下文描述法、形状多级描述法等。基于对象的形状描述特征，再利用欧几里得距离、余弦距离等对不同对象间的差异进行度量，从而实现几何形状的相似性度量。接下来针对几何相似性度量中存在的不同问题介绍不同的方法。

3.1.2 基于傅里叶变换的面实体几何相似性度量

GIS 面状要素具有旋转、平移、缩放等形状不变特性导致相似性度量困难，针对这一问题，本小节介绍一种几何相似性度量模型。它采用基于顶点中间度的轮廓特征点提取方法，能在较小误差情况下充分表达原始图形，提高相似度计算效率；通过傅里叶描述方法对轮廓进行数学表达，截取能表达图形的前 n 阶因子，利用向量夹角余弦值理论度量归一化傅里叶描述子向量的相似度，顾及了图形的几何变换不变性。通过实验结果表明该描述模型可有效地对面状要素的几何相似性进行度量。

1. 特征点的提取

图形的大量形状信息都集中在能够代表其特征的特征点上，人的视觉系统通过这些特征点识别图形。对模型识别来说，特征点提供了准确的数字信息，保持了形状的有效性。移除图形中那些共线或者接近共线的冗余点对图形描述影响较小，但可大大提高图形形状相似性计算效率。仅考虑曲率来提取图形轮廓特征点会出现畸形（刘晓红 等，2005），本小节采用顶点中间度方法实现特征点提取。基于顶点中间度的特征点提取算法为给定误差标准求解最少顶点数的近似多边形问题（Min-#问题）（Imai et al.，1988；Kurozumi et al.，1982），即给定单点误差阈值和初始顶点，使近似多边形的顶点数尽量少。该算法以图的最短路径为基础计算多边形的近似求解，即利用顶点中间度来确定点的重要性，选取顶点中间度较高的点作为近似多边形的顶点。算法充分利用图中最短路径的分布特征来获取图形中的特征点，在计算最短路径时采用改进的贝尔曼-福特（Bellman-Ford）算法，根据每个顶点在最短路径中出现的次数来度量顶点的重要性，将原始弧段与其近似直线之间的误差作为权重，通过权重大小删除冗余点。

面状要素需按顺时针 $S = \{s_1, s_2, \cdots, s_i, \cdots, s_n\}$ 存储，其中 $s_i = \{x_i, y_i\}$ 为曲线中点的笛卡儿坐标，n 为点的个数，且点的顺序是环状的，即 s_1 可以看作 s_n 的后继点。近似目标是找到一个 $S' = \{s_{p_1}, s_{p_2}, \cdots, s_{p_m}, \cdots, s_{p_n}\}$ 能够充分表达 S，并且 $S' \subset S$、$3 \leqslant m \leqslant n$，其中 S' 为 m 个点按升序排列的环形队列（$s_{p_{m+1}} = s_{p_1}$），描述了 S 的主要信息。

以图论模型对 S 进行描述，S 中的点为图中的顶点，图形近似问题则转换为在图中寻找一条路径使其长度小于 e，其中 e 是 Min-#问题中误差阈值，通过 S 和 S' 之间的误差计算得出，即 S 中每一个点与其所在弧段对应 S' 中直线的垂直距离的平方和，表示为

$$e = \sum_{i=1}^{m} e\left(\overline{s_{p_i} s_{p_{i+1}}}, \overline{s_{p_i} s_{p_{i+1}}}\right) \tag{3.1}$$

并且有

$$e\left(\overline{s_{p_i} s_{p_{i+1}}}, \overline{s_{p_i} s_{p_{i+1}}}\right) = \sum_{s_j \in s_{p_i} s_{p_{i+1}}} d^2\left(s_j, \overline{s_{p_i} s_{p_{i+1}}}\right) \tag{3.2}$$

式中：$\overline{s_{p_i} s_{p_{i+1}}}$ 为两点之间的直线；$\overparen{s_{p_i} s_{p_{i+1}}}$ 为两点之间的弧段；$d\left(s_j, \overline{s_{p_i} s_{p_{i+1}}}\right)$ 为点 s_j 与其相似线段部分 $\overline{s_{p_i} s_{p_{i+1}}}$ 的垂直距离。图 3.3 展示了直线 $\overline{s_i s_j}$ 与其代表弧段 $\overparen{s_i s_j}$ 的近似误差计算。

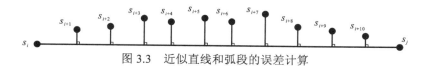

图 3.3　近似直线和弧段的误差计算

利用图 $G(V, E, A, W)$ 对 S 进行描述，其中 V 为点的组合，$E \subseteq V \cdot V$ 为边的子集，$A = \{s_1, s_2, \cdots, s_j, \cdots, s_n\}$ 为顶点子集，W 为权重函数。对于每一个顶点 $s_j \in S$，对应图 G 中顶点 $v_i \in V$，笛卡儿坐标 $s_i = \{x_i, y_i\}$ 为顶点的属性。只有当权重 $w(i, j) \leq t$ 时，图中两个点才能用有向线段 $e_{ij} \in E$ 连接。本方法将权重 $w(i, j)$ 定义为弧段 $\widehat{s_i s_j}$ 与直线 $\overline{s_i s_j}$ 之间存在的近似误差：

$$w(i, j) = e\left(\widehat{s_i s_j}\, \overline{s_i s_j}\right) \tag{3.3}$$

构建顶点图后，须计算每两个顶点 j、k 之间的最短路径。为此，利用边之间的相关性递归计算图中的起始点 j 与终点 k 之间的最短距离。在此过程中，须同时考虑顶点数目和总体权重：若只考虑顶点数目，则获取的特征点个数太少，导致产生较大误差；若只考虑总体权重，可能会使近似多边形中包含所有点，使近似误差接近 0。改进的 Bellman-Ford 算法在松弛过程中充分考虑了多边形误差，算法如下。

算法 1　Procedure relax (u, v, w)

　　if $d[v] > d[u] + 1$

　　　　$d[v] = d[u] + 1$

　　　　$er[v] = er[u] + w(u, v)$

　　else

　　　　if $(d[v] = d[u] + 1)$ and $(er[v] > er[u] + w(u, v))$

　　　　$er[v] = er[u] + w(u, v)$

其中：u 和 v 为多边形中的两个顶点；$d[v]$ 和 $er[v]$ 分别为顶点的数目及在路径中 u 和 v 之间的误差；$w(u, v)$ 为 u 和 v 之间边的权重。

顶点的中间度通过计算图中最短路径总数与穿过顶点 i 的个数之间的比值得到，其决定了顶点在图中的重要性，计算如下：

$$b_i = \sum_{j, k \in V} \frac{n_{jk}(i)}{n_{jk}} \tag{3.4}$$

式中：b_i 为第 i 个顶点的中间度；n_{jk} 为连接 j 和 k 的最短路径数目；$n_{jk}(i)$ 为最短路径中穿过顶点 i 的数目。

选出的前 m 个顶点中仍可能存有冗余，可将这些冗余分为两类：①点是共线的；②在误差允许范围之内的共线点。这两类点可迭代移除。当顶点 s_{p_i} 作为一个共线点移除时，误差 e 不会增加，则可将该点从多边形 S' 中移除。如：

$$w(s_{p_{i-1}}, s_{p_{i+1}}) \leq w(s_{p_{i-1}}, s_{p_i}) + w(s_{p_i}, s_{p_{i+1}}) \tag{3.5}$$

对于第②类，需对移除之后误差增加不超过最大允许误差 E 的顶点进行检查。如下列两式情况下，可以移除点 s_{p_i}：

$$\min_{s_{p_i} \in s} (w(s_{p_{i-1}}, s_{p_{i+1}}) - w(s_{p_{i-1}}, s_{p_i}) - w(s_{p_i}, s_{p_{i+1}})) \tag{3.6}$$

并且

$$(w(s_{p_{i-1}}, s_{p_{i+1}}) - w(s_{p_{i-1}}, s_{p_i}) - w(s_{p_i}, s_{p_{i+1}})) \leq (e - E) \tag{3.7}$$

2. GIS 面状要素的傅里叶描述

为了量化面状要素的相似性，需对提取的 GIS 面状要素轮廓线进行数学描述，将曲线转化成方程表达。本小节方法对傅里叶描述子进行归一化，顾及了面状要素的旋转、平移和尺度不变性（黄文骞，1999），使得描述子与多边形的位置无关。

用 C 表示矢量多边形，多边形上的动点 b 的坐标函数表示为一个周期函数，通过规范化之后这个函数可以进行傅里叶变换，利用傅里叶系数可描述整个图形（艾廷华 等，2009；王涛 等，2002），其中低频部分能很好地对图形整体形状进行描述，高频部分则对细节表达有较大影响。

如图 3.4 所示，假设多边形的周长为 L，多边形上起点 $P_0(x_0, y_0)$ 与任意一点 P_i 之间的弧段为 s，则 $P_i(x(s), y(s))$ 坐标可表示为 $(x(s), y(s))$，多边形的函数表示为 $F(s) = x(s) + iy(s)$，其中 $i = \sqrt{-1}$，函数周期为 L。原函数可转化为 $F(s+L) = x(s) + iy(s)$，其中 $0 \leq s \leq L$。该周期函数具有傅里叶变换的性质，可展开成傅里叶级数，从而利用傅里叶级数中的系数对矢量多边形进行描述。

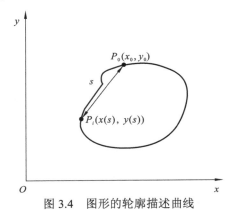

图 3.4　图形的轮廓描述曲线

令 $a = \dfrac{2\pi s}{L}$，则原方程可改写为 $F(a) = x(a) + iy(a)$，其中 $0 \leq a \leq 2\pi$，$F(a)$ 为以 2π 为周期的周期函数。将该函数进行傅里叶变换展开为

$$F(a) = \sum_{n=-\infty}^{\infty} p_n e^{ina}, \quad 0 \leq a \leq 2\pi \tag{3.8}$$

式中：e 为数学常数；傅里叶变换系数 p_n 表示为

$$p_n = \int_0^{2\pi} F a e^{-ina} da, \quad n = \pm 1, 2, 3\cdots\cdots \tag{3.9}$$

经过提取特征点之后的矢量多边形保持了原有矢量多边形的性质。该矢量多边形可用 $p_0, p_1, p_2, \cdots, p_m$ 表示，设其周长为 Z。弧段第 k 个顶点与其参考点之间的弧段 s_k 表示为

$$s_k = \begin{cases} 0, & k=0 \\ \sum_{\lambda=0}^{k=1} \sqrt{(x_{\lambda+1}-x_\lambda)^2 + (y_{\lambda+1}-y_\lambda)^2}, & k=1,2,3,\cdots,(m-1) \end{cases} \quad (3.10)$$

假设距离起点弧长为 s 的坐标为 $(x(s), y(s))$ 位于第 $k+1$ 条矢量边上，则此时有：$s = s_k + r$，其中 $r = \sqrt{(x_s - x_k)^2 + (y_s - y_k)^2}$，$k=1, 2, 3, \cdots, (m-1)$。令 $a = \dfrac{2\pi s}{L}$，则傅里叶变换系数 p_n 可以化简为

$$p_n = \frac{1}{Z}\int_0^Z F(s)\mathrm{e}^{-\mathrm{i}\frac{2\pi ns}{Z}}\mathrm{d}s = \frac{1}{Z}\sum_{k=0}^{m-1}\int_0^{l_k} F(s_k+r)\mathrm{e}^{-\mathrm{i}\frac{2\pi ns}{Z}}\mathrm{d}r = \frac{1}{Z}\sum_{k=0}^{m-1}A_k + \mathrm{i}B_k \quad (3.11)$$

其中

$$A_k = 180\int_0^{l_k}\left[(x_k + rK_x)\cos\left(-\frac{2\pi n(s_k+r)}{Z}\right) - (y_k + rK_y)\sin\left(-\frac{2\pi n(s_k+r)}{Z}\right)\right]\mathrm{d}r \quad (3.12)$$

$$B_k = 180\int_0^{l_k}\left[(x_k + rK_x)\sin\left(-\frac{2\pi n(s_k+r)}{Z}\right) - (y_k + rK_y)\cos\left(-\frac{2\pi n(s_k+r)}{Z}\right)\right]\mathrm{d}r \quad (3.13)$$

$$l_k = \sqrt{(x_{k+1}-x_k)^2 + (y_{k+1}-y_k)^2} \quad (3.14)$$

$$K_x = \frac{x_{k+1}-x_k}{l_k}, \quad K_y = \frac{y_{k+1}-y_k}{l_k} \quad (3.15)$$

傅里叶描述子为多边形形状描述函数变换后的傅里叶系数，该因子与多边形设定的起始点有关，为了实现多边形平移、旋转、缩放后相似性的对比，可将傅里叶描述子进行归一化，即可表示为

$$d_k = \frac{p_k}{p_1}, \quad k=1,2\cdots \quad (3.16)$$

傅里叶变换后为无穷级数的多项式，低阶次描述多边形的轮廓信息，高阶次表示多边形的细节。在进行相似性比较时，高阶次计算意义较小，可以将高阶次系数移除，截取前 n 阶次。基于系数描述多边形的向量可表示为

$$\boldsymbol{f} = (d_1, d_2, d_3, \cdots, d_n) \quad (3.17)$$

3. 描述子向量相似性计算

图形经过傅里叶变换后由归一化描述子组成向量，其低阶次表示图形的轮廓信息，高阶次表示图形的详细信息。可利用向量之间的"距离"对多边形的形状差异进行描述。在数学中向量共线表示相似，夹角越大表明向量的差异越大，故可通过计算向量之间的夹角得到向量之间的"距离"。由于夹角余弦值对绝对数值敏感度较小，可修正用户间可能存在的度量标准差异，同时余弦值度量方法弱化了向量之间的位置信息，故此处采用两个向量之间的余弦值作为相似性度量值。余弦值越大，图形之间的相似度越高。

$$\mathrm{sim} = \left|\frac{\boldsymbol{f}_1 \cdot \boldsymbol{f}_2}{\|\boldsymbol{f}_1\| \times \|\boldsymbol{f}_2\|}\right| \quad (3.18)$$

式中：sim 为两个多边形 A、B 之间的相似程度，$0 \leqslant \mathrm{sim} \leqslant 1$；$\boldsymbol{f}_1$ 为多边形 A 的傅里叶描述子向量；$\boldsymbol{f}_2$ 为多边形 B 的傅里叶描述子向量。分子为两个描述子向量的点积，分母为描述子向量模长的乘积，由于相似度非负，需对结果取绝对值。当 sim = 1 时，表示两个

多边形完全相似；当 sim＝0 时，表示两个多边形完全不同。

4. 案例分析

实验采用某地区 1：5 万和 1：25 万的面状数据的边界数值作为数据源，采用 C++
实现相似性算法，通过 C#编写开源 GIS 软件 MapWinGis 插件进行实验，实现轮廓数据
特征点提取和面状要素形状相似性计算。

1）实验数据特征点提取

在特征点提取时，对删除点的密度控制涉及阈值设定问题。将所有点的中间度降序
排列，移除冗余点之后，选取前 m 个作为特征点；两个顶点要连接成边时，权重须小于
阈值 t。阈值 t 对图形顶点为可见控制，它限制了组成近似弧段中被移除顶点的数目。小
的阈值不能构造出长边，构造出的图形中顶点数目较多。相反，阈值较大，将会改变顶
点中间度的分布，构造出的多边形与原图差别较大。因此需选择合适的 m 来构造图形使
误差最小。在误差最小的情况下，选择合适的阈值 t 和对应的 m。经过实验，本小节给
出了不同阈值 t 时 1：25 万数据下某水库的取值效果，如图 3.5 所示。

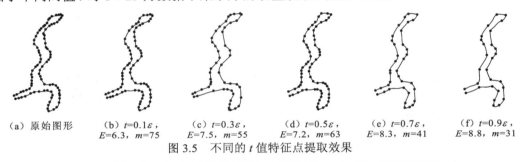

（a）原始图形　　（b）$t=0.1\varepsilon$，　　（c）$t=0.3\varepsilon$，　　（d）$t=0.5\varepsilon$，　　（e）$t=0.7\varepsilon$，　　（f）$t=0.9\varepsilon$，
　　　　　　　　$E=6.3$，$m=75$　　$E=7.5$，$m=55$　　$E=7.2$，$m=63$　　$E=8.3$，$m=41$　　$E=8.8$，$m=31$

图 3.5　不同的 t 值特征点提取效果

ε 为形状特征简化过程中允许的最大误差，经验确定取 9；扫封底二维码可见彩图

2）傅里叶描述子计算与相似性度量

选出顶点的数目会影响轮廓的表达准确度，删除的顶点越多，准确度越差。实验根据
顶点中间度，在图 3.5 数据基础上分析了顶点数目与轮廓表达准确度的关系，如图 3.6（a）
所示。在顶点数 55 之前曲线变化较小，而此之后随着顶点数目减少，表达准确度降低。
综合考虑，本实验选择 $t=0.3\varepsilon$，$m=55$ 时取得的特征点进行计算，既能充分表达原始面
状数据的几何信息，又能减少计算量。

此处通过 2 个实验对相似性度量模型进行验证。首先采用 1：25 万和 1：5 万的某水库
数据进行对比，然后对 1：25 万和 1：5 万的其他面状数据形状做相似性对比，分析算法的
稳定性与曲线变化规律。实验所用 1：25 万数据中原始图形共有 95 个点，1：5 万数据中共
有 221 个点，经过特征点提取后分别剩下 55 个和 117 个，得到近似图形 A 和 B。计算出图
形 A 的傅里叶描述子为（$Pa_1, Pa_2, Pa_3, \cdots, Pa_{n_1}$），图形 B 为（$Pb_1, Pb_2, Pb_3, \cdots, Pb_{n_1}$）。计算
图形 A、B 的归一化傅里叶描述子 Da、Db。计算面状要素之间的形状相似性，即转换成计
算两个傅里叶描述子向量 $\boldsymbol{Fa}=[Da(1), Da(2), \cdots, Da(n_1)]$ 和 $\boldsymbol{Fb}=[Db(1), Db(2), \cdots, Db(n_1)]$ 之
间的近似程度。比较两个向量的共线性，向量的维度必须相等，本方法选择最大终止阶
数 $n=\max\{n_1, n_2\}$ 作为两向量的共同维度，高阶表示图形的细节信息，n 越大表示的图
形越细化，相似性计算也会受到影响。相似度和阶数 n 的关系如图 3.6（b）所示，当

$n \geqslant 15$ 时，相似度随着阶数 n 的变化较小，说明当 $n = 15$ 时可充分将两个图形的细节描述出来。

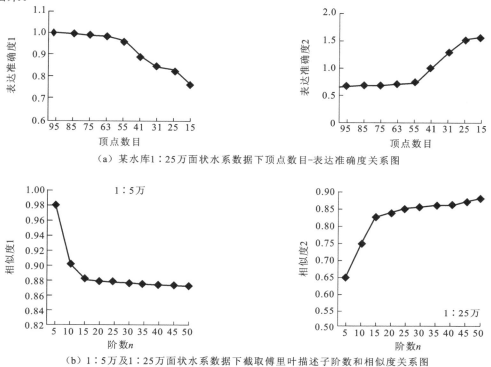

（a）某水库 1：25 万面状水系数据下顶点数目-表达准确度关系图

（b）1：5 万及 1：25 万面状水系数据下截取傅里叶描述子阶数和相似度关系图

图 3.6 傅里叶描述子计算与相似性度量过程中影响分析

实验同时选取该地区两个不同水域 1：5 万及对应的 1：25 万面状水系数据计算相似度，得到如图 3.7 所示的相似性与截取阶数关系图。图 3.7 与图 3.6 中曲线走势相似（曲线走势先陡峭后平缓），表明该方法在计算面状要素几何相似度时具有一定的稳定性。在曲线的转折点前，曲线的走势比较陡峭，随着截取阶数的变化相似度变化较大。截取阶数与表达精细程度成正比，阶数越低表达的面状数据越粗糙，两个比例尺下的图形相似度也越高（向量之间的距离越小）。当阶数达到某一值（转折点处）时，相似度随其变化较小。细节信息使表达图形的准确性增加，但对两个面状数据相似度的比较而言，当细节描述达到一定程度后，两个面状数据差异将趋于稳定，计算意义较小。

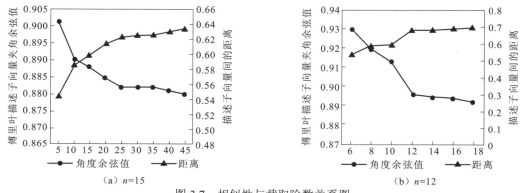

图 3.7 相似性与截取阶数关系图

3.1.3 基于多级弦长弯曲度复函数的面实体综合形状相似性度量

针对复杂带洞面实体空间对象的几何相似性度量，本小节介绍一种几何相似性方法，通过提取面实体的中心距离、轮廓线的多级弦长、弯曲度及凸凹性等特征，构造多级弯曲度复函数对其局部和整体特征进行描述，并通过傅里叶变换得到傅里叶形状描述子对面实体间的形状相似性进行度量。同时根据场景完整度和相似性度量模型计算复杂带洞多边形中每个场景的匹配度，利用多级特征完成复杂面实体间的几何相似性度量。不同空间复杂度面实体的几何相似性的度量实验表明，该方法简单可行且不失精度，结果符合认知。

1. 面实体轮廓的多级弦长弯曲度描述

从应用的观点出发，空间应用处理更多的是复合的几何结构，而不是当前空间数据库系统、空间查询语言和 GIS 中常见的简单点、线、区。开放地理空间信息联盟（Open Geospatial Consortium，OGC）在抽象规范及地理标记语言（geography markup language，GML）中提出了简单要素的几何结构，并对这些被称为 MultiPoint、MultiLineString 和 MultiPolygon 的几何结构进行了非正式的描述。

复合面状对象 A 是由 $n(n \geqslant 1)$ 个区域组成，这些区域或分离或相交于一个或多个边界点，或带洞，即 $A = \{A_1 \cup A_2 \cup \cdots \cup A_n\}$，如图 3.8 所示。

图 3.8 复合面状对象组成

1）多级弦长描述

本小节方法采用多级弦长的概念，将面实体的轮廓表示为一组有序点集 $C = \{P_i = (x_i, y_i) \mid i = 1, 2, 3, \cdots, N\}$，如图 3.9（a）所示，选取点 P_0 为起始点，则沿轮廓线逆时针方向得到的弧 $\overline{P_0P_i}$ 的长度 s_i 可以表示为以 P_i 为自变量的函数，从 P_i 出发，沿逆时针将 C 按弧长等分为 M 个弧段，M 大于 1，$H_t(t = 1, 2, 3, \cdots, M-1)$ 是对应的等分点。连接 P_i 和 H_t 可以得到 $M-1$ 条弦 $\overline{P_iH_1}, \overline{P_iH_2}, \cdots, \overline{P_iH_{M-1}}$，用 $L_t(P_i)$ 表示 P_i 对应的第 t 条弦 $\overline{P_iH_t}$ 的弦长。又由于 P_i 和 s_i 一一对应，所以可以将 s_i 作为因变量，得到 $M-1$ 个弦长函数 $L_1(s_i), L_2(s_i), L_3(s_i), \cdots, L_{M-1}(s_i)$，这里 $s_i \in [0, S]$，其中 S 为轮廓线周长。由此，轮廓线可以由自变量 s_i 和因变量 $L_t(s_i)$ 来描述。轮廓线的凸凹性在后文中会详细描述。

将有序集合 $A = \{L_1(s_i), L_2(s_i), L_3(s_i), \cdots, L_{M-1}(s_i)\}$ 称为 s_i 的多级弦长函数，函数 $L_t(s_i)$ 为多级弦长函数 A 中的第 t 级函数。由于 t 越小，$L_t(s_i)$ 能越好地描述轮廓的局部特征，故引入零级弦长的概念，用来更好地描述轮廓线的局部特征。零级弦长的定义如下：将有序点集 $C = \{P_i = (x_i, y_i) \mid i = 0, 1, 2, \cdots, N\}$ 和 P_i 对应的等分点集 $D = \{H_t = (x_t, y_t) \mid t = 1, 2, 3, \cdots, M-1\}$

合并为有序点集 $F = \{R_j = (x_j, y_j) \mid j = 1, 2, 3, \cdots, (M + N - 1)\}$，顺时针方向、逆时针方向离 P_i 最邻近的两点为 R_{j1} 和 R_{j2}，则弦长 $\overline{R_{j1}P_i}$、$\overline{R_{j2}P_i}$ 均记为 P_i 的零级弦长。

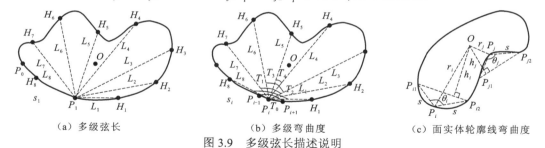

| （a）多级弦长 | （b）多级弯曲度 | （c）面实体轮廓线弯曲度 |

图 3.9   多级弦长描述说明

因为平移和旋转并不改变等分点在轮廓线上的相对位置，所以多级弦长函数满足旋转和平移不变性，但是并不满足缩放不变性。因此用轮廓线的周长 S 对弧长进行归一化，用各级弦长的平均值对函数值进行归一化，得到的 M 个弦长函数满足平移、旋转和缩放不变的特性。

2）多边形轮廓弯曲度

轮廓线的表示同上，此处不再赘述。设点 O 为几何图形轮廓线的几何中心点，则 O 坐标表示为

$$O(x_o, y_o) = \left(\frac{1}{n}\sum_{i=1}^{n} x_i, \frac{1}{n}\sum_{i=1}^{n} y_i \right) \tag{3.19}$$

式中：(x_i, y_i) 为轮廓线上点的坐标。将轮廓线上任意一点 P_i 到几何中心点 O 的距离称为轮廓线在该点的中心距离，记为 r_i，则有

$$r_i = \sqrt{(x_i - x_o)^2 + (y_i - y_o)^2} \tag{3.20}$$

将 P_i 沿轮廓线顺时针方向和逆时针方向分别扫描弧长为 $s(s \in [0, S])$，其中 S 为轮廓线周长，得到轮廓线上两点 P_{i_1}, P_{i_2}，记向量 $\overrightarrow{P_i P_{i_1}}$ 和向量 $\overrightarrow{P_i P_{i_2}}$ 的夹角为 θ_i，θ_i 即称为轮廓线在 P_i 处的弯曲度，如图 3.9（b）所示。θ_i 的计算公式为

$$\theta_i = \arccos \frac{\overrightarrow{P_i P_{i_1}} \cdot \overrightarrow{P_i P_{i_2}}}{\left| \overrightarrow{P_i P_{i_1}} \right| \left| \overrightarrow{P_i P_{i_2}} \right|} \tag{3.21}$$

由于仅凭 θ_i 的值无法判断轮廓线在该点的凹凸性，需计算几何中心点到向量 $\overrightarrow{P_{i_1} P_{i_2}}$ 的距离 h。若 $r_i > h$，则轮廓线在该点是外凸的；若 $r_i < h$，则轮廓线在该点是内凹的。从图 3.9（c）中可以看出，轮廓线在 P_i 点处是凸的，而在 P_j 点处是凹的。

弧长 s 取值的不同会导致弦长 $\left| \overrightarrow{P_i P_{i_1}} \right| \left| \overrightarrow{P_i P_{i_2}} \right|$ 的变化，从而影响弯曲度 θ_i 的大小，运用多级弦长的概念，$\left| \overrightarrow{P_i P_{i_1}} \right| \left| \overrightarrow{P_i P_{i_2}} \right|$ 分别对应点 P_i 的第 t 级和第 $M-t-1$ 级弦长。若 M 为奇数则可以得到任意一点 P_i 的 $M/2$ 个弯曲度函数 $\theta_1(P_i), \theta_2(P_i), \theta_3(P_i), \cdots, \theta_{M/2}(P_i)$，由零级弦长可得到 P_i 的零级弯曲度函数 $\theta_0(P_i)$，图 3.9（a）中的面实体轮廓线的多级弯曲度如图 3.9（b）所示。$\theta_t(P_i)$ $(t = 0, 1, 2, \cdots, M/2)$ 同样可表示为关于 s_i 的函数 $\theta_t(s_i)$ $(t = 0, 1, 2, \cdots, M/2)$。将有序集合 $B = \{\theta_0(s_i), \theta_1(s_i), \theta_2(s_i), \theta_3(s_i), \cdots, \theta_{M/2}(s_i)\}$ 称为 s_i 对应的多级弦长弯曲度函数。

复数的几何形式为 $z = a + b\mathrm{i}$，指数形式为 $z = r\mathrm{e}^{\mathrm{i}\theta}$。轮廓线在 P_i 处的中心距离为 r_i，

第 t 级弯曲度为 θ_t $(t=0,1,2,\cdots,M/2)$，由此可得复数 $z_i=r_i\mathrm{e}^{i\theta_i}$。当 s_i 改变时，P_i 的位置也随之发生改变，从而 z_i 也发生改变，因此，可以设以 s_i 为自变量、以 z_i 为因变量的复函数 $Z(s_i)$ 为多级弦长弯曲度复函数，为方便理解，将其记为 $Z_t(s_i)$ $(t=0,1,2,\cdots,M/2)$。

3）多级弦长弯曲度复函数描述能力

由多级弦长弯曲度复函数的定义可知，该函数满足旋转和平移不变性，用半径的最大值 $r_{\max}$、弯曲度绝对值最大值 $|\theta_{\max}|$ $(|\theta_{\max}|=\pi/2)$、轮廓线周长 S 分别对中心距离 r_i、多级弯曲度 θ_t 和弧长 s_i 进行归一化处理，使函数满足缩放不变性。下面通过实验对多级弦长弯曲度复函数的描述能力进行测试分析。图 3.10（a）为整体相似而局部有较大差别的两个面实体，分别记为 a、b，计算 $M=9$ 时的 0~4 级弦长弯曲度的余弦函数，并绘制曲线进行对比，结果依次如图 3.10（b）~（f）所示。两条曲线的差距越大，说明两形状越不相似。如图 3.10（b）所示，经第 0 级弯曲度描述的两形状最不相似，表明其能对形状的局部特征进行较好的刻画，对比图 3.10（c）~（f）可发现，第 1、2、3 级曲线的相似

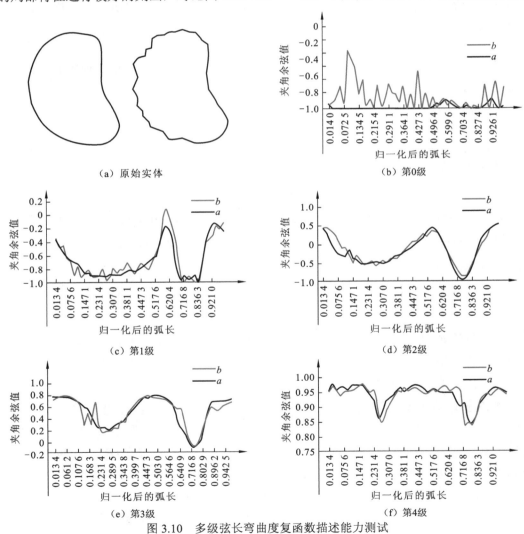

图 3.10　多级弦长弯曲度复函数描述能力测试

扫封底二维码可见彩图

程度逐渐增加，到第 4 级函数已非常接近，说明其描述的形状非常相似，能有效地描述形状的整体特征。由此可见，多级弦长弯曲度复函数随着级数的不同，可以较好地度量不同尺度空间形状的局部和整体特征。

上述方法只是对曲线进行大致比较，并没有对两面实体的相似程度进行精确计算，为使相似度的度量满足起始点的独立性及采样点个数的不一致性，并对面实体间的相似程度进行定量计算，对轮廓线上的点进行等间隔重采样 m 个点（近似表达轮廓线，其中 $m=2^j$，j 是满足 $2^j > n$ 的最小值）。对每一个 $Z_t(s_i)$ 进行快速傅里叶变换，公式为

$$g_t(n) = \frac{1}{m} \sum_{i=0}^{m-1} Z_t(s_i)\, \mathrm{e}^{\frac{-j2\pi ni}{m}}, \qquad n = 1, 2, \cdots, m-1 \tag{3.22}$$

以 $g_t(n)$ 描述第 t 级弦长弯曲度复函数，$|g_t(n)| = 1$，为了使每一级函数的个数一致方便比较，取 m 个系数的前 k 个，构造成向量 $\boldsymbol{u} = [|g_t(1)||g_t(2)||g_t(3)| \cdots |g_t(k)|]$，即向量 $\boldsymbol{u}$ 为基于第 t 级弦长弯曲度复函数的形状描述子。可证 $\boldsymbol{u}$ 满足边界起始点的独立性。至此，得到了满足平移、旋转和缩放不变性，独立于轮廓线起始点且满足紧致性的形状描述子 $\boldsymbol{u}$。设待匹配的两个面实体为 A 和 B，则它们所对应的形状描述子为 $\boldsymbol{u}_A$ 和 $\boldsymbol{u}_B$，用向量间的欧几里得距离来定义 A 和 B 之间的形状差异度，如式（3.23）～式（3.24）所示。

$$D(A,B) = \sqrt{\frac{1}{k} \sum_{i=0}^{k-1} \left| \boldsymbol{u}_{A_i} - \boldsymbol{u}_{B_i} \right|^2} \tag{3.23}$$

$$S(A,B) = 1 - D_{\mathrm{shape}}(A,B) \tag{3.24}$$

式中：$D(A,B) \in [0,1]$，为 A、B 间的形状差异度；$S(A,B) \in [0,1]$，为 A、B 间的形状相似度。

2. 复杂面实体形状相似度综合度量模型

1）复杂面实体的平均相似度

由于复杂面实体由 $n(n \geqslant 1)$ 个区域组成，为了更加有效地计算复杂面实体的匹配度，引入几何特征向量的平均相似度。单个实体间的相似度 $S_i(A_i, B_i)$ $(i=1, 2, \cdots, n)$，设 S_i 的权重为 W_i，可得复杂面实体的平均相似度为

$$\overline{S} = \frac{\sum_{i=1}^{n} S_i \times W_i}{\sum_{i=1}^{n} W_i} \tag{3.25}$$

2）复杂面实体形状完整度

当待匹配的两个复杂面实体 A_n 和 B_m 所包含的实体数目不相同（即 $n \neq m$）时，通过复杂面实体形状完整度 Q_A 和 Q_B 分别表示 A_n 和 B_m 的完整度，则有

$$Q_A = \frac{\sum_{i=1}^{m_1} W_{A_i}}{\sum_{i=1}^{n} W_{A_i}} \tag{3.26}$$

$$Q_B = \frac{\sum_{i=1}^{m_1} W_{B_i}}{\sum_{i=1}^{m} W_{B_i}} \tag{3.27}$$

式中：n 为复杂面实体 A_n 中的实体数目；m 为复杂面实体 B_m 中的实体数目；m_1 为复杂面实体 B_m 中与 A_n 匹配的实体数目；W_{A_i} 为复杂面实体 A_n 中的第 i 个实体在 A_n 中的权重；W_{B_i} 为复杂面实体 B_m 中第 i 个实体在 B_m 中的权重。$Q_A, Q_B \in [0, 1]$。

3）形状相似性综合度量模型

由于复杂面实体所包含的单个实体数目较多，一般为 $n : m (n \neq m)$ 型，并不能一对一进行完全匹配，设能够匹配的单个实体数目为 m_1，即 $m_1 \leqslant \min\{m, n\}$。本方法引入匹配完整度的概念来寻找最佳的匹配。通过计算出的向量平均相似度及复杂面实体的形状完整度，用式（3.28）来计算复杂面实体的完整匹配度。

$$S = \overline{S}[w_Q(Q-1)+1] \tag{3.28}$$

式中：w_Q 为完整度所占的权重；$S \in [0, 1]$。

然而，由式（3.26）和式（3.27）可以看出当 $n \neq m$ 时，Q_A 和 Q_B 的值并不相等，这样会导致 $S_{AB} \neq S_{BA}$，即 A_n 和 B_m 的相似度与 B_m 和 A_n 的相似度不相等，不满足对称性，显然是不合理的。因此，引入平均完整度 $\overline{Q}$，用来解决该问题，则

$$\overline{Q} = \frac{1}{2}(Q_A + Q_B) \tag{3.29}$$

至此，式（3.28）可改进为如下形式，即

$$S = \overline{S}[w_{\overline{Q}}(\overline{Q}-1)+1] \tag{3.30}$$

3. 案例分析

1）复杂面实体形状匹配步骤

设待匹配的两个复杂面实体分别为 $A = \{A_1, A_2, A_3, \cdots, A_n\}$ 和 $B = \{B_1, B_2, B_3, \cdots, B_m\}$，在整体的匹配过程中采用双向匹配法，即首先在 B 中查找和 A 中每一个复杂面实体匹配的目标，然后对 B 中未被匹配的复杂面实体，在 A 中查找与其匹配的目标。复杂面实体的匹配采用三原则：先外后内，先上后下，先左后右。其中，先外后内是指对于带洞的面实体，首先对外圈的相似性进行度量，若相似度高于一定值再比较内圈的相似度，否则即可与下一个候选实体进行匹配，这样可以节省大量的时间，提高匹配效率。复杂面实体的匹配以单个实体间的匹配为基础，单个实体间的匹配步骤如下：①对数据的坐标系进行统一；②提取待匹配实体 a 和 b 的轮廓线，并对轮廓线上的点进行等间隔重采样；③计算各个点的多级弦长弯曲度，并对弧长、各个点半径和弯曲度进行归一化处理；④对得到的实体的多级弦长弯曲度复函数进行快速傅里叶变换，并取傅里叶变换系数的模组成向量，计算两个实体特征向量的欧几里得距离，获取两个实体的形状相似度 $S(A, B)$。

在得到复杂面实体中单个实体之间的相似度后，需要：①确定各个权值及平均完整度的权重；②计算出复杂面实体的平均相似度 $\overline{S}$ 和平均完整度 $\overline{Q}$；③求出复杂面实体的完整匹配度 S，并与阈值进行比较，看其是否为最佳匹配。

2）实验分析

采用重庆市某地区 1 : 5 万和 1 : 25 万的水系数据进行多尺度形状相似性度量。重采样后的数据如图 3.11 所示。由于实验证明过 $t=4$ 时既能满足实验的正确性又能满足实验对效率的要求，实验过程中弯曲度级数 t 确定为 4。

 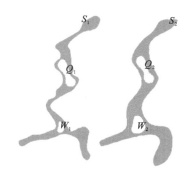

（a）1：5万和1：25万水系数据 （b）重采样后的水系数据

图 3.11 1：5 万和 1：25 万水系数据与重采样后结果

首先对外圈面实体 S_1 和 S_2 进行形状相似性度量，结果为 0.769 1>0.75，继续进行内圈相似性度量，度量结果见表 3.1。

表 3.1 内圈形状相似性度量结果

项目	Q_1	W_1
Q_2	0.910 1	0.676 3
W_2	0.671 9	0.777 9

可以发现，Q_1 与 Q_2 相互匹配，W_1 与 W_2 相互匹配，因此两复杂面实体的完整度均为 1。从而两个实体的相似度即为平均相似度。若单个面实体的权重相同，则有

$$S = \overline{S} = \frac{\sum_{i=1}^{n} S_i W_i}{\sum_{i=1}^{n} W_i} = \frac{0.769\,1 + 0.910\,1 + 0.777\,9}{3} = 0.819\,0 \tag{3.31}$$

3.2 拓扑关系表达与相似度计算

在某些研究领域如地理信息系统、图像检索或时空数据库中，拓扑关系为较重要的空间关系。拓扑关系描述了空间场景的本质，并保持了平移、旋转和缩放不变性。作为空间关系中重要的组成部分，拓扑关系的表达及相似性度量是地理信息科学的基础研究问题，对完善空间关系理论体系、空间推理、人工智能等具有重要意义。

3.2.1 拓扑关系模型

拓扑关系模型主要以结点、弧段、三角形和多边形为描述空间物体的最简化元素，运用数学领域中的组合拓扑学来实现对空间简单与复杂物体几何位置和属性信息的完整描述。在该模型中，0 维空间物体代表结点，1 维空间物体代表弧段或边，2 维空间物体代表三角形或其他多边形，3 维空间物体则代表四面体或其他多面体，各类型的空间物

体含有各自的坐标序列和属性值，并通过基本的邻接、关联、包含、几何和层次关系等建立之间的相互联系，而不同类型的物体相互组合又构成复杂的地理空间对象。除了结点没有方向性，弧段和多边形空间对象都具有方向性，如图 3.12（a）所示。

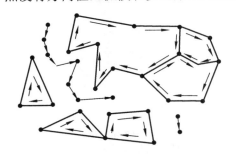 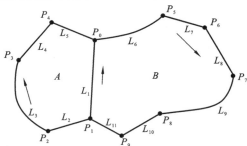

（a）拓扑关系数据模型描述　　　　　　　　（b）拓扑关系空间数据模型示例

图 3.12　拓扑关系数据模型描述及示例

拓扑关系数据模型中建立拓扑数据结构的关键是对元素间拓扑关系的描述，最基本的拓扑关系包括以下几种。

（1）邻接：借助不同类型拓扑元素描述相同拓扑元素之间的关系，如多边形和多边形的邻接关系。

（2）关联：不同拓扑元素之间的关系，如结点与链、链与多边形等。

（3）包含：面与其他拓扑元素之间的关系，如结点、线、面都位于某一个面内，则称该面包含这些拓扑元素。

（4）连通关系：拓扑元素之间的通达关系，如点连通度、面连通度的各种性质（如距离等）及相互关系。

（5）层次关系：相同拓扑元素之间的等级关系，如国家包含省、省包含市等。

拓扑数据结构中弧段和链都具有方向性，通常以顺时针、逆时针作为方向基准，或将坐标以顺序方式存储。拓扑元素间的各种拓扑关系构成了对地理空间实体的拓扑数据结构表达，如图 3.12（b）所示。

1. 四交模型表达拓扑关系

四交模型以点集拓扑学为基础，通过边界和内部两个点集的交进行定义，并根据其内容进行关系划分。由于它只通过点集交的"空"与"非空"来进行关系判别，方法简单，所以在一些商用数据库系统、GIS 软件设计中应用广泛。设有空间实体 A、B，$B(A)$、$B(B)$ 表示 A、B 的边界，$I(A)$、$I(B)$ 表示 A、B 的内部，二者之间的关系表示为

$$\begin{bmatrix} B(A)\bigcap B(B) & B(A)\bigcap I(B) \\ I(A)\bigcap B(B) & I(A)\bigcap I(B) \end{bmatrix} \tag{3.32}$$

$$\begin{bmatrix} I(A)\bigcap I(B) & I(A)\bigcap B(B) & I(A)\bigcap E(B) \\ B(A)\bigcap I(B) & B(A)\bigcap B(B) & B(A)\bigcap E(B) \\ E(A)\bigcap I(B) & E(A)\bigcap B(B) & E(A)\bigcap E(B) \end{bmatrix} \tag{3.33}$$

上式中的元素或为"空"（θ）或为"非空"（$\neg\theta$），总共可产生 16 种情形。排除现实世界中不具有物理意义的关系，即可得出 8 种面-面关系，13 种线-线关系、3 种面-点关系、16 种线-点关系、3 种点-线关系。这里列出它所能描述的 8 种面-面关系，如图 3.13 所示。

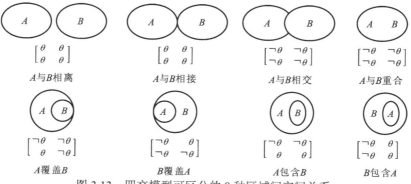

图 3.13　四交模型可区分的 8 种区域间空间关系

但是由于该方法具有普遍性，对于许多通过人眼可明显区分开的一些情形，该方法却无能为力，如图 3.14 所示。二者的四交模型取值完全相同，都为$(\neg\theta,\neg\theta,\neg\theta,\neg\theta)$，但是实际上二者的拓扑关系并不等价。

（a）相交模型示例1　　　　　　　（b）相交模型示例2

图 3.14　相交模型取值等价模式

2. 九交模型表达拓扑关系

九交模型将地理空间中的每个元素都分为内部、边界和余三部分，这样任意两个 n 维元素的空间关系可通过这三部分相互组合来详细描述。设地理空间中有两个地理元素 A、B，$I(A)$、$I(B)$ 表示 A、B 内部，$B(A)$、$B(B)$ 表示 A、B 边界，$E(A)$、$E(B)$ 表示 A、B 的余，这 6 部分相互组合求交可形成 $3\times3=9$ 种交集，并构成了拓扑关系描述的基本框架，即九交模型，如表 3.2 所示。

表 3.2　九交模型的基本框架

$I(A)\cap I(B)$	$I(A)\cap B(B)$	$I(A)\cap E(B)$
$B(A)\cap I(B)$	$B(A)\cap B(B)$	$B(A)\cap E(B)$
$E(A)\cap I(B)$	$E(A)\cap B(B)$	$E(A)\cap E(B)$

为表达方便，九交模型可用 3×3 的矩阵来描述，由于 9 种交集中的每一个交集有空与非空两种取值，9 种情况可产生 $2^9=512$ 种不同的空间关系。如地理元素 A、B 相互分离，则用矩阵可表示为

$$\boldsymbol{R}(A,B)=\begin{bmatrix} I(A)\bigcap I(B)=\theta & I(A)\bigcap B(B)=\theta & I(A)\bigcap E(B)=\neg\theta \\ B(A)\bigcap I(B)=\theta & B(A)\bigcap B(B)=\theta & B(A)\bigcap E(B)=\neg\theta \\ E(A)\bigcap I(B)=\neg\theta & E(A)\bigcap B(B)=\neg\theta & E(A)\bigcap E(B)=\neg\theta \end{bmatrix} \tag{3.34}$$

简记为

$$\boldsymbol{R}(A,B)=\begin{bmatrix} \theta & \theta & \neg\theta \\ \theta & \theta & \neg\theta \\ \neg\theta & \neg\theta & \neg\theta \end{bmatrix} \tag{3.35}$$

拓扑关系表达时侧重于多边形间的关系描述，尤其是在 2 维拓扑空间中，九交模型中多边形（有孔多边形和无孔多边形）间拓扑关系的存在需满足一定的条件。九交模型中任意多边形之间拓扑关系存在的基本条件有 9 个，而在地图表达时常常遇到无孔多边形间拓扑关系的描述，相对于有孔多边形，无孔多边形的边界是连续的，且多边形间的拓扑关系在满足 9 个基本条件的同时，还需更多限制条件，如：若两多边形的边界都与对方的内部相交，则两边界也相交等。

根据这些条件，得出任意两多边形（有孔或无孔）在 2 维拓扑空间中只存在 18 种拓扑关系，对于无孔多边形则只存在 8 种拓扑关系，其他拓扑关系并无实际意义或不存在。通过对大量空间关系进行归纳和分类，得出以下几种基本的空间关系：相离、相接、相交、重合、包含、覆盖，其表示如图 3.15 所示。

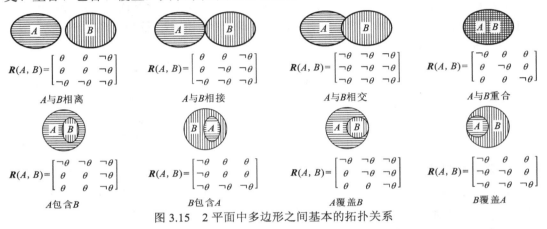

图 3.15　2 平面中多边形之间基本的拓扑关系

九交模型描述的拓扑关系只是拓扑关系的类别，每一类别又有多种情形，如两个面边界相交，交点可能是一个点也可能是一条线，这种关系用九交模型表示是一致的，但其拓扑关系并不同，而且这几种基本空间关系被定义为空间关系的最小集，并具有如下特点：①相互之间不能转化；②能表达所有的复杂空间关系；③能应用于不同维几何目标；④每一种拓扑关系对应唯一的九交模型矩阵。

由于地理对象分为点、线、面三类，而且其中任意两者的交集又有 6 种取值，九交模型的空间关系又可拓展成 6^9 种非常复杂的空间关系，形成九交扩展模型。

3.2.2　基于九交模型的复合对象拓扑关系表达模型

1. 复合面状对象的拓扑关系描述模型

针对复合面状对象，目标的九交模型虽然也能表达区域间的拓扑关系，但是其表达不够准确，无法将区域的子集、边界、补集与另一个区域的相交情况的细节区分开，无法保证复合面状对象间拓扑关系的唯一性，同一九交矩阵可能对应多种物理解释。例如，图 3.16 的两种拓扑关系是不同的，但却对应同一个九交矩阵，用经典九交模型表示为相离。经典九交模型出现这种问题的原因在于将区域划分为内部 A^0、边界 ∂A 和外部 A^- 三部分，而在复合面状对象中，这几部分包含了多个相离的子集，仅用这三部分的整体的相交程度无法区分各部分细节的拓扑关系。因此，研究复合面状对象间的拓扑关系的关键是如何描述复合面状对象各部分子集的拓扑关系。本小节采用"分解"的思想，将复合面状对象分解，以表现复合面状对象各部分细节的拓扑关系。

$$R_1 = R_2 = \begin{pmatrix} 0 & 0 & 1 \\ 0 & 0 & 1 \\ 1 & 1 & 1 \end{pmatrix}$$

（a）　　　　　（b）

图 3.16　不同拓扑关系对应同一个九交矩阵

1）分解成简单区域的九交模型

根据开放地理空间信息联盟抽象规范中对复合几何结构的描述，复合空间对象主要通过对基本空间对象或它们的拓扑部分进行几何组合生成。

根据复合面状对象的构成方法，可以将复合面状对象分解成多个简单区域，如图 3.17 所示。图中在计算复合面状对象 A 与 B 的拓扑关系时，可以分解成简单区域 A_1、A_2、A_3、A_4 与 B 的拓扑关系。以图 3.16 中几何对象为例，研究（a）与（b）中 A 与 B 的拓扑关系。先将几何对象 A 与 B 分解，A 分解后的简单区域包括 A_1、A_2、A_3、A_4，由于 B 是简单区域，分解后还是 B。故几何对象 A 与 B 的拓扑关系可以通过 A_1、A_2、A_3、A_4 与 B 的 4 个九交矩阵表示。就有 R_1、R_2、R_3、R_4 共 4 个九交矩阵，通过分析这 4 个九交矩阵的值就可以判断复合面状对象 A 与 B 的拓扑关系。则图 3.16（a）、（b）中，4 个九交矩阵分别为

$$R_1 = \begin{pmatrix} 0 & 0 & 1 \\ 0 & 0 & 1 \\ 1 & 1 & 1 \end{pmatrix} \quad R_2 = \begin{pmatrix} 0 & 0 & 1 \\ 0 & 0 & 1 \\ 1 & 1 & 1 \end{pmatrix} \quad R_3 = \begin{pmatrix} 0 & 0 & 1 \\ 0 & 0 & 1 \\ 1 & 1 & 1 \end{pmatrix} \quad R_4 = \begin{pmatrix} 0 & 0 & 1 \\ 0 & 0 & 1 \\ 1 & 1 & 1 \end{pmatrix} \quad (3.36)$$

$$R_1 = \begin{pmatrix} 0 & 0 & 1 \\ 0 & 0 & 1 \\ 1 & 1 & 1 \end{pmatrix} \quad R_2 = \begin{pmatrix} 0 & 0 & 1 \\ 0 & 0 & 1 \\ 1 & 1 & 1 \end{pmatrix} \quad R_3 = \begin{pmatrix} 0 & 0 & 1 \\ 0 & 0 & 1 \\ 1 & 1 & 1 \end{pmatrix} \quad R_4 = \begin{pmatrix} 1 & 1 & 1 \\ 0 & 0 & 1 \\ 0 & 0 & 1 \end{pmatrix} \quad (3.37)$$

图 3.17　复合面状对象分解成简单区域示意图

通过比较可以发现，虽然图 3.16（a）与（b）中复合面状对象 A 与 B 都对应同一个经典九交矩阵（相离），但通过分解表示后，R_1、R_2、R_3 相同，R_4 不同，也即（a）与（b）拓扑关系的不同点的细节通过 R_4 反映出来，区分了（a）与（b）的不同拓扑关系。

扩展到一般情况，复合面状对象 A 分解成 p 个简单区域，复合面状对象 B 分解成 q 个简单区域，则总共需要 $p \times q$ 个九交矩阵。通过比较这 $p \times q$ 个九交矩阵来判别复合面状对象 A 与复合面状对象 B 的拓扑关系细节。需要指出的是，复合面状对象分解成简单区域后，需要对每个区域设定一个标记，来指明简单区域是否是洞。

2）分解成点集的九交模型

按照空间区域划分方法（Egenhofer et al.，2007b），对任意区域 A，令 A^0、$\partial_{in}A$、

$\partial_{out}A$、A^-、A^h、$\overline{A}$（包括 A^- 和 A^h）分别表示其内部、内边界（当 A 不带洞时为空）、外边界、外部、洞（当 A 不带洞时为空）、补集。根据复合面状对象的定义，复合面状对象是由 n 个分离的可能带洞的区域组成，因此按照复合面状对象 A 分离的构成部分分解成 n 个子集区域（可能带洞）A_1、A_2、…、A_n，然后按照空间区域划分方法分解为 A_1^0、A_2^0、…、A_n^0、$\partial_{in}A_1$、$\partial_{out}A_1$、…、$\partial_{in}A_n$、$\partial_{out}A_n$、A_1^-、A_1^h、…、A_n^-、A_n^h、$\overline{A_1}$、…、$\overline{A_n}$，分别表示复合面状对象 n 个子集的内部、内边界、外边界、外部、洞、补集，如图 3.18 所示。

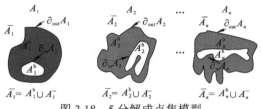

图 3.18　5 分解成点集模型

对于任意的复合面状对象 A、B，首先被分解成 n、m 个子集区域，并按照空间区域的划分方法，分解成其子集的内部、内边界、外边界、外部、洞、补集。

用一个 $4nm+1$ 位的二进制编码 $R_{ij}(1 \leqslant i, j \leqslant 3)$ 代替九交矩阵中的值，用这个二进制位中的每位数值来区分子集的相交关系，最后综合表示复合面状对象 A、B 的拓扑关系。即

$$\boldsymbol{R}(A,B) = \begin{pmatrix} R_{11} & R_{12} & R_{13} \\ R_{21} & R_{22} & R_{23} \\ R_{31} & R_{32} & R_{33} \end{pmatrix} \tag{3.38}$$

R_{ij} 的取值根据划分后的点集来确定。考虑 R_{11} 取代的是 $A^0 \cap B^0$，因此有 $A_1^0 \cap B_1^0$、$A_1^0 \cap B_2^0 \cdots A_1^0 \cap B_m^0$、$A_2^0 \cap B_1^0 \cdots A_n^0 \cap B_m^0$ 共 $n \times m$ 个数值，最后加上一个整体的相交情况 $A^0 \cap B^0$，为了区分整体与细节，本小节采用 $\neg(A^0 \cap B^0)$，即 R_{11} 需要 $n \times m + 1$ 位来表示。同理，R_{12} 取代的是 $A^0 \cap \partial B$，由于边界分成了内边界和外边界，∂B 共有 $2m$ 种情况，R_{12} 需要 $2nm+1$ 位来表示。以此类推，可以总结 R_{11} 需要 $nm+1$ 位（最小）；R_{12}、R_{13}、R_{21}、R_{31} 需要 $2nm+1$ 位；R_{22}、R_{23}、R_{32}、R_{33} 需要 $4nm+1$ 位（最大）。

为了使九交矩阵各元素的数值形式相同，则二进制编码 $R_{ij}(1 \leqslant i, j \leqslant 3)$ 需要 $4nm+1$ 位（最大）来表示，不足的用 0 来补充。$R_{ij} = X_{4nm}X_{4nm-1}, \cdots, X_{2nm}X_{2nm-1}, \cdots, X_{nm}X_{nm-1}, \cdots, X_1X_0$。$R_{ij}(1 \leqslant i, j \leqslant 3)$ 的取值如表 3.3 所示。

在实际情况中，根据分解后的 n、m 的值确定 R_{ij} 元素取值表，然后根据表格确定 R_{ij} 元素每位的值，形成二进制编码九交矩阵，为了表示方便，可以把二进制编码 R_{ij} 转换成十进制数值表示。

同样以图 3.16 中的几何对象为例，研究（a）与（b）中 A 与 B 的拓扑关系。将复合面状对象 A 与 B 分解，A 包括 A_1、A_2，B 分解后只有 B，故这里 $n=2$，$m=1$。因此，二进制编码 $R_{ij}(1 \leqslant i, j \leqslant 3)$ 需要 $4nm+1 = 4 \times 2 \times 1 + 1 = 9$ 位来表示，则 R_{ij} 元素取值表如表 3.4 所示。（a）中，二进制编码 $R_{ij}(1 \leqslant i, j \leqslant 3)$ 分别为

表 3.3　R_{ij} 元素的取值

项目	X_{4mm}	X_{4mm-1}	$\cdots$	X_{2mm}	X_{2mm-1}	$\cdots$	X_{nm}	X_{nm-1}	$\cdots$	X_1	X_0
R_{11}	0	0	$\cdots$	0	0	$\cdots$	$A_1^0 \cap B_1^0$	$A_1^0 \cap B_2^0$	$\cdots$	$A_n^0 \cap B_m^0$	$\neg(A^0 \cap B^0)$
R_{12}	0	0	$\cdots$	$A_1^0 \cap \partial_{in} B_1$	$A_1^0 \cap \partial_{out} B_1$	$\cdots$	$\cdots$	$\cdots$	$\cdots$	$A_n^0 \cap \partial_{out} B_m$	$\neg(A^0 \cap \partial B)$
R_{13}	0	0	$\cdots$	$A_1^0 \cap B_1^h$	$A_1^0 \cap B_1^-$	$\cdots$	$\cdots$	$\cdots$	$\cdots$	$A_n^0 \cap B_m^-$	$\neg(A^0 \cap \overline{B})$
R_{21}	0	0	$\cdots$	$\partial_{in} A_1 \cap B_1^0$	$\partial_{in} A_1 \cap B_2^0$	$\cdots$	$\cdots$	$\cdots$	$\cdots$	$\partial_{out} A_n \cap B_m^0$	$\neg(\partial A \cap B^0)$
R_{22}	$\partial_{in} A_1 \cap \partial_{in} B_1$	$\partial_{in} A_1 \cap \partial_{out} B_1$	$\cdots$	$\cdots$	$\cdots$	$\cdots$	$\cdots$	$\cdots$	$\cdots$	$\partial_{out} A_n \cap \partial_{out} B_m$	$\neg(\partial A \cap \partial B)$
R_{23}	$\partial_{in} A_1 \cap B_1^h$	$\partial_{in} A_1 \cap B_1^-$	$\cdots$	$\cdots$	$\cdots$	$\cdots$	$\cdots$	$\cdots$	$\cdots$	$\partial_{out} A_n \cap B_m^-$	$\neg(\partial A \cap \overline{B})$
R_{31}	0	0	$\cdots$	$A_1^h \cap B_1^0$	$A_1^h \cap B_2^0$	$\cdots$	$\cdots$	$\cdots$	$\cdots$	$A_n^- \cap B_m^0$	$\neg(\overline{A} \cap B^0)$
R_{32}	$A_1^h \cap \partial_{in} B_1$	$A_1^h \cap \partial_{out} B_1$	$\cdots$	$\cdots$	$\cdots$	$\cdots$	$\cdots$	$\cdots$	$\cdots$	$A_n^- \cap \partial_{out} B_m$	$\neg(\overline{A} \cap \partial B)$
R_{33}	$A_1^h \cap B_1^h$	$A_1^h \cap B_1^-$	$\cdots$	$\cdots$	$\cdots$	$\cdots$	$\cdots$	$\cdots$	$\cdots$	$A_n^- \cap B_m^-$	$\neg(\overline{A} \cap \overline{B})$

表 3.4　当 $n=2$、$m=1$ 时 R_{ij} 元素的取值

项目	X_8	X_7	X_6	X_5	X_4	X_3	X_2	X_1	X_0
R_{11}	0	0	0	0	0	0	$A_1^0 \cap B^0$	$A_2^0 \cap B^0$	$\neg(A^0 \cap B^0)$
R_{12}	0	0	0	0	$A_1^0 \cap \partial_{in} B$	$A_1^0 \cap \partial_{out} B$	$A_2^0 \cap \partial_{in} B$	$A_2^0 \cap \partial_{out} B$	$\neg(A^0 \cap \partial B)$
R_{13}	0	0	0	0	$A_1^0 \cap B^h$	$A_1^0 \cap B^-$	$A_2^0 \cap B^h$	$A_2^0 \cap B^-$	$\neg(A^0 \cap \overline{B})$
R_{21}	0	0	0	0	$\partial_{in} A_1 \cap B^0$	$\partial_{out} A_1 \cap B^0$	$\partial_{in} A_2 \cap B^0$	$\partial_{out} A_2 \cap B^0$	$\neg(\partial A \cap B^0)$
R_{22}	$\partial_{in} A_1 \cap \partial_{in} B$	$\partial_{in} A_1 \cap \partial_{out} B$	$\partial_{out} A_1 \cap \partial_{in} B$	$\partial_{out} A_1 \cap \partial_{out} B$	$\partial_{in} A_2 \cap \partial_{in} B$	$\partial_{in} A_2 \cap \partial_{out} B$	$\partial_{out} A_2 \cap \partial_{in} B$	$\partial_{out} A_2 \cap \partial_{out} B$	$\neg(\partial A \cap \partial B)$
R_{23}	$\partial_{in} A_1 \cap B^h$	$\partial_{in} A_1 \cap B^-$	$\partial_{out} A_1 \cap B^h$	$\partial_{out} A_1 \cap B^-$	$\partial_{in} A_2 \cap B^h$	$\partial_{in} A_2 \cap B^-$	$\partial_{out} A_2 \cap B^h$	$\partial_{out} A_2 \cap B^-$	$\neg(\partial A \cap \overline{B})$
R_{31}	0	0	0	0	$A_1^h \cap B^0$	0	$A_2^h \cap B^0$	$A_2^- \cap B^0$	$\neg(\overline{A} \cap B^0)$
R_{32}	$A_1^h \cap \partial_{in} B$	$A_1^h \cap \partial_{out} B$	0	0	$A_2^h \cap \partial_{in} B$	$A_2^h \cap \partial_{out} B$	$A_2^- \cap \partial_{in} B$	$A_2^- \cap \partial_{out} B$	$\neg(\overline{A} \cap \partial B)$
R_{33}	$A_1^h \cap B^h$	$A_1^h \cap B^-$	0	0	$A_2^h \cap B^h$	$A_2^h \cap B^-$	$A_2^- \cap B^h$	$A_2^- \cap B^-$	$\neg(\overline{A} \cap \overline{B})$

R_{11}=000000001（二进制）=1（十进制）　R_{12}=000000001（二进制）=1（十进制）

R_{13}=000001010（二进制）=10（十进制）　R_{21}=000000001（二进制）=1（十进制）

R_{22}=000000001（二进制）=1（十进制）　R_{23}=010101010（二进制）=170（十进制）

R_{31}=000001010（二进制）=10（十进制）　R_{32}=000100010（二进制）=34（十进制）

R_{33}=010101010（二进制）=170（十进制）

即可求得（a）（b）中的九交矩阵如式（3.39）所示。通过比较九交矩阵 $\boldsymbol{R}_1$ 与 $\boldsymbol{R}_2$，可以发现 $\boldsymbol{R}_1 \neq \boldsymbol{R}_2$，即（a）与（b）中的拓扑关系不同，区分了（a）与（b）的不同拓扑关系。

$$\boldsymbol{R}_1 = \begin{pmatrix} 1 & 1 & 10 \\ 1 & 1 & 170 \\ 10 & 34 & 170 \end{pmatrix} \qquad \boldsymbol{R}_2 = \begin{pmatrix} 1 & 1 & 10 \\ 1 & 1 & 170 \\ 12 & 40 & 170 \end{pmatrix} \qquad (3.39)$$

2. 两种扩展交集模型及经典九交模型表达能力的比较

针对同一组复合面状对象，通过两种扩展交集模型及经典九交模型来描述 8 种基本的拓扑关系，显示扩展交集模型对每一个九交矩阵的细化，这里仍然选取图 3.16 中所示的两个复合面状对象，讨论其 8 种基本的拓扑关系（由于同一拓扑关系可能的物理解释较多，只列举其中两种不同物理解释），如表 3.5 所示。

表 3.5　两种扩展交集模型及经典九交模型比较

经典九交模型	拓扑关系图	分解成简单区域模型	分解成点集模型
$\begin{pmatrix} 0 & 0 & 1 \\ 0 & 0 & 1 \\ 1 & 1 & 1 \end{pmatrix}$ 相离		$\boldsymbol{R}_1 = \begin{pmatrix} 0 & 0 & 1 \\ 0 & 0 & 1 \\ 1 & 1 & 1 \end{pmatrix}$ $\boldsymbol{R}_2 = \begin{pmatrix} 0 & 0 & 1 \\ 0 & 0 & 1 \\ 1 & 1 & 1 \end{pmatrix}$ $\boldsymbol{R}_3 = \begin{pmatrix} 0 & 0 & 1 \\ 0 & 0 & 1 \\ 1 & 1 & 1 \end{pmatrix}$ $\boldsymbol{R}_4 = \begin{pmatrix} 0 & 0 & 1 \\ 0 & 0 & 1 \\ 1 & 1 & 1 \end{pmatrix}$	$\begin{pmatrix} 1 & 1 & 10 \\ 1 & 1 & 170 \\ 10 & 34 & 170 \end{pmatrix}$
		$\boldsymbol{R}_1 = \begin{pmatrix} 0 & 0 & 1 \\ 0 & 0 & 1 \\ 1 & 1 & 1 \end{pmatrix}$ $\boldsymbol{R}_2 = \begin{pmatrix} 0 & 0 & 1 \\ 0 & 0 & 1 \\ 1 & 1 & 1 \end{pmatrix}$ $\boldsymbol{R}_3 = \begin{pmatrix} 0 & 0 & 1 \\ 0 & 0 & 1 \\ 1 & 1 & 1 \end{pmatrix}$ $\boldsymbol{R}_4 = \begin{pmatrix} 1 & 1 & 1 \\ 0 & 0 & 1 \\ 0 & 0 & 1 \end{pmatrix}$	$\begin{pmatrix} 1 & 1 & 10 \\ 1 & 1 & 170 \\ 12 & 40 & 170 \end{pmatrix}$
$\begin{pmatrix} 1 & 1 & 1 \\ 0 & 0 & 1 \\ 0 & 0 & 1 \end{pmatrix}$ 包含		$\boldsymbol{R}_1 = \begin{pmatrix} 1 & 1 & 1 \\ 0 & 0 & 1 \\ 0 & 0 & 1 \end{pmatrix}$ $\boldsymbol{R}_2 = \begin{pmatrix} 0 & 0 & 1 \\ 0 & 0 & 1 \\ 1 & 1 & 1 \end{pmatrix}$ $\boldsymbol{R}_3 = \begin{pmatrix} 0 & 0 & 1 \\ 0 & 0 & 1 \\ 1 & 1 & 1 \end{pmatrix}$ $\boldsymbol{R}_4 = \begin{pmatrix} 0 & 0 & 1 \\ 0 & 0 & 1 \\ 1 & 1 & 1 \end{pmatrix}$	$\begin{pmatrix} 4 & 8 & 10 \\ 1 & 1 & 170 \\ 2 & 2 & 170 \end{pmatrix}$
		$\boldsymbol{R}_1 = \begin{pmatrix} 0 & 0 & 1 \\ 0 & 0 & 1 \\ 1 & 1 & 1 \end{pmatrix}$ $\boldsymbol{R}_2 = \begin{pmatrix} 1 & 1 & 1 \\ 0 & 0 & 1 \\ 0 & 0 & 1 \end{pmatrix}$ $\boldsymbol{R}_3 = \begin{pmatrix} 0 & 0 & 1 \\ 0 & 0 & 1 \\ 1 & 1 & 1 \end{pmatrix}$ $\boldsymbol{R}_4 = \begin{pmatrix} 0 & 0 & 1 \\ 0 & 0 & 1 \\ 1 & 1 & 1 \end{pmatrix}$	$\begin{pmatrix} 2 & 2 & 10 \\ 1 & 1 & 170 \\ 8 & 32 & 170 \end{pmatrix}$

经典九交模型	拓扑关系图	分解成简单区域模型	分解成点集模型
$\begin{pmatrix}1&0&0\\1&0&0\\1&1&1\end{pmatrix}$ 被包含		$R_1=\begin{pmatrix}1&0&0\\1&0&0\\1&1&1\end{pmatrix}\quad R_2=\begin{pmatrix}1&0&0\\1&0&0\\1&1&1\end{pmatrix}$ $R_3=\begin{pmatrix}1&0&0\\1&0&0\\1&1&1\end{pmatrix}\quad R_4=\begin{pmatrix}1&0&0\\1&0&0\\1&1&1\end{pmatrix}$	$\begin{pmatrix}6&1&1\\30&1&1\\30&34&34\end{pmatrix}$
$\begin{pmatrix}1&0&0\\0&1&0\\0&0&1\end{pmatrix}$ 覆盖		$R_1=\begin{pmatrix}1&0&0\\0&1&0\\0&0&1\end{pmatrix}$	$\begin{pmatrix}0&1&1\\1&2&1\\1&1&2\end{pmatrix}$
		$R_{11}=\begin{pmatrix}1&0&0\\0&1&0\\0&0&1\end{pmatrix}\quad R_{21}=\begin{pmatrix}1&0&0\\1&0&0\\1&1&1\end{pmatrix}$ $R_{12}=\begin{pmatrix}1&1&1\\0&0&1\\0&0&1\end{pmatrix}\quad R_{22}=\begin{pmatrix}1&0&0\\0&1&0\\0&0&1\end{pmatrix}$	$\begin{pmatrix}0&1&1\\1&18&1\\1&1&18\end{pmatrix}$
$\begin{pmatrix}0&0&1\\0&1&1\\1&1&1\end{pmatrix}$ 相接		$R_1=\begin{pmatrix}0&0&1\\0&1&1\\1&1&1\end{pmatrix}\quad R_2=\begin{pmatrix}0&0&1\\0&0&1\\1&1&1\end{pmatrix}$ $R_3=\begin{pmatrix}0&0&1\\0&0&1\\1&1&1\end{pmatrix}\quad R_4=\begin{pmatrix}0&0&1\\0&0&1\\1&1&1\end{pmatrix}$	$\begin{pmatrix}1&1&10\\1&32&170\\10&34&170\end{pmatrix}$
		$R_1=\begin{pmatrix}0&0&1\\0&0&1\\1&1&1\end{pmatrix}\quad R_2=\begin{pmatrix}0&0&1\\0&0&1\\1&1&1\end{pmatrix}$ $R_3=\begin{pmatrix}0&0&1\\0&0&1\\1&1&1\end{pmatrix}\quad R_4=\begin{pmatrix}1&1&1\\0&1&1\\0&0&1\end{pmatrix}$	$\begin{pmatrix}1&1&10\\1&8&170\\12&40&170\end{pmatrix}$
$\begin{pmatrix}1&1&1\\0&1&1\\0&0&1\end{pmatrix}$ 覆盖		$R_1=\begin{pmatrix}1&1&1\\0&1&1\\0&0&1\end{pmatrix}\quad R_2=\begin{pmatrix}0&0&1\\0&0&1\\1&1&1\end{pmatrix}$ $R_3=\begin{pmatrix}0&0&1\\0&0&1\\1&1&1\end{pmatrix}\quad R_4=\begin{pmatrix}0&0&1\\0&0&1\\1&1&1\end{pmatrix}$	$\begin{pmatrix}4&8&10\\1&32&170\\2&2&170\end{pmatrix}$
		$R_1=\begin{pmatrix}0&0&1\\0&0&1\\1&1&1\end{pmatrix}\quad R_2=\begin{pmatrix}1&1&1\\0&1&1\\0&0&1\end{pmatrix}$ $R_3=\begin{pmatrix}0&0&1\\0&0&1\\1&1&1\end{pmatrix}\quad R_4=\begin{pmatrix}0&0&1\\0&0&1\\1&1&1\end{pmatrix}$	$\begin{pmatrix}2&2&10\\1&2&170\\8&32&170\end{pmatrix}$

经典九交模型	拓扑关系图	分解成简单区域模型	分解成点集模型
$\begin{pmatrix} 1 & 0 & 0 \\ 1 & 1 & 0 \\ 1 & 1 & 1 \end{pmatrix}$ 被覆盖		$R_1 = \begin{pmatrix} 1 & 0 & 0 \\ 1 & 1 & 0 \\ 1 & 1 & 1 \end{pmatrix}$ $R_2 = \begin{pmatrix} 1 & 0 & 0 \\ 1 & 0 & 0 \\ 1 & 1 & 1 \end{pmatrix}$ $R_3 = \begin{pmatrix} 1 & 0 & 0 \\ 1 & 0 & 0 \\ 1 & 1 & 1 \end{pmatrix}$ $R_4 = \begin{pmatrix} 1 & 0 & 0 \\ 1 & 0 & 0 \\ 1 & 1 & 1 \end{pmatrix}$	$\begin{pmatrix} 6 & 1 & 1 \\ 30 & 32 & 1 \\ 30 & 34 & 34 \end{pmatrix}$
		$R_1 = \begin{pmatrix} 1 & 0 & 0 \\ 1 & 0 & 0 \\ 1 & 1 & 1 \end{pmatrix}$ $R_2 = \begin{pmatrix} 1 & 0 & 0 \\ 1 & 1 & 0 \\ 1 & 1 & 1 \end{pmatrix}$ $R_3 = \begin{pmatrix} 1 & 0 & 0 \\ 1 & 0 & 0 \\ 1 & 1 & 1 \end{pmatrix}$ $R_4 = \begin{pmatrix} 1 & 0 & 0 \\ 1 & 0 & 0 \\ 1 & 1 & 1 \end{pmatrix}$	$\begin{pmatrix} 6 & 1 & 1 \\ 30 & 2 & 1 \\ 30 & 34 & 34 \end{pmatrix}$
$\begin{pmatrix} 1 & 1 & 1 \\ 1 & 1 & 1 \\ 1 & 1 & 1 \end{pmatrix}$ 相交		$R_1 = \begin{pmatrix} 1 & 1 & 1 \\ 1 & 1 & 1 \\ 1 & 1 & 1 \end{pmatrix}$ $R_2 = \begin{pmatrix} 0 & 0 & 1 \\ 0 & 0 & 1 \\ 1 & 1 & 1 \end{pmatrix}$ $R_3 = \begin{pmatrix} 0 & 0 & 1 \\ 0 & 0 & 1 \\ 1 & 1 & 1 \end{pmatrix}$ $R_4 = \begin{pmatrix} 0 & 0 & 1 \\ 0 & 0 & 1 \\ 1 & 1 & 1 \end{pmatrix}$	$\begin{pmatrix} 4 & 8 & 10 \\ 8 & 32 & 170 \\ 10 & 34 & 170 \end{pmatrix}$
		$R_1 = \begin{pmatrix} 1 & 1 & 1 \\ 1 & 1 & 1 \\ 1 & 1 & 1 \end{pmatrix}$ $R_2 = \begin{pmatrix} 1 & 1 & 1 \\ 1 & 1 & 1 \\ 1 & 1 & 1 \end{pmatrix}$ $R_3 = \begin{pmatrix} 1 & 1 & 1 \\ 1 & 1 & 1 \\ 1 & 1 & 1 \end{pmatrix}$ $R_4 = \begin{pmatrix} 1 & 1 & 1 \\ 1 & 1 & 1 \\ 1 & 1 & 1 \end{pmatrix}$	$\begin{pmatrix} 6 & 10 & 10 \\ 30 & 170 & 170 \\ 30 & 170 & 170 \end{pmatrix}$

注：由于图 3.16 的两个几何对象不可能存在相等的拓扑，但为了表现两种扩展交集模型及经典九交模型的表达能力的区别，这里的相等拓扑关系选取简单的区域与一个带洞的区域进行比较

由比较可知，相较经典的九交模型，两种扩展的交集模型都能更加准确地表达出复合面状对象各子部分之间的拓扑关系的细节。分析可知，分解成简单区域和分解成点集两种扩展方式均采用"分解"的思想，化繁为简，但分解成简单区域是按照 OGC 抽象规范中对复合几何结构描述分解的，简单区域是原子量；分解成点集是按照空间区域划分方法进行，点集是原子量。

3.2.3 复杂面实体的拓扑关系精细化表达

如图 3.19 所示，本小节从线面元拓扑关系模型出发，通过引入重叠面积、洞边界遍历定义和洞中面与洞关系定义扩展线面拓扑关系模型，实现对复杂面实体的拓扑关系精细化表达。

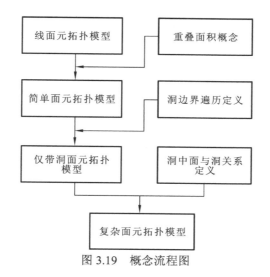

图 3.19　概念流程图

1. 复杂面实体及其拓扑关系

现实中的空间对象可能有若干组成部分，不同组成部分间可能会互相重叠，且面中可能有洞。带洞面的定性模型主要由 5 个互不相同的部分组成，如图 3.20 所示，B^0 是 B 的内部；B^{-1} 是 B 所围绕着的内部区域，同时也填充了 B 中的洞；B^{-0} 是 B 的外部区域；$\partial_1 B$ 是 B 的内部边界，分隔 B^0 与 B^{-1}；$\partial_0 B$ 是 B 的外部边界，分隔 B^0 与 B^{-0}。

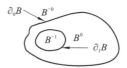

图 3.20　带洞面的定性模型

复杂空间对象可通过复合空间对象模型进行构建，主要思想是对简单对象进行几何组合生成，如合并和求差。例如：对于面 A 和 B，若 A 和 B 相离，则 $(A \cup B)$ 构成有两个子区的多区[图 3.21（a）]；在 A 包含 B 的限制条件下，结构 $(A-B)$ 形成一个带洞面[图 3.21（b）]；对于 A 包含 B，而 C 与 A、B 相离的情况，结构 $(A-B) \cup C$ 形成有 2 个子面的多面，其中一个子面为带洞面[图 3.21（c）]；在 A 包含 B，B 包含 C 的条件下，结构 $(A-B) \cup C$ 形成一个子面落在另一个子面洞内的多面[图 3.21（d）]。

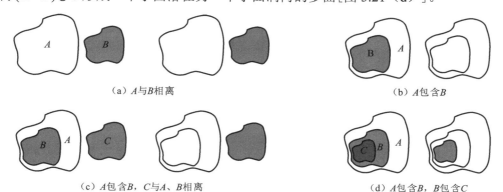

（a）A 与 B 相离　　　　　　　　　　　　　　（b）A 包含 B

（c）A 包含 B，C 与 A、B 相离　　　　　　　（d）A 包含 B，B 包含 C

图 3.21　复杂空间对象的构成

如图 3.21 中的复杂空间对象，虽然可以用 Vasardani 定性模型等方法对其进行描述，但对其拓扑关系的精细化表达仍存在一定不足。例如，图 3.22（a）和（b）中 A 和 C 所形成的复杂面通过 Vasardani 定性模型描述都是$(A-B)\bigcup C$，但二者的拓扑关系有着明显的不同。

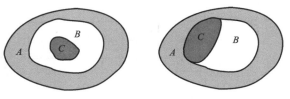

（a）A包含B，B包含C （b）A包含B，B覆盖C

图 3.22 复杂面拓扑关系

2. 复杂面实体的元拓扑边界交集描述

1）线面实体间拓扑关系

实体（包括直线、曲线等）间的拓扑关系可以有多种。实体间边界的交点可以有多个，故线实体间的拓扑关系又可细分多种。若考虑线元素集合的有序性和基本拓扑关系组合的任意性，顺序与组合方式不同，拓扑关系则不同。线实体间的拓扑关系可以非常简单，也可以非常复杂，为便于区分，可进行如下定义。

定义 3.1：把线实体之间相交次数为 0 或 1 的拓扑关系称为简单拓扑关系。

定义 3.2：把线实体之间相交次数大于 1 的拓扑关系称为复合拓扑关系。

复杂拓扑关系可由简单拓扑关系进行组合形成。

定义 3.3：若线 L_1 与线 L_2 的交集为空（不相交），则将其拓扑关系定义为相离。

定义 3.4：当线 L_1 与线 L_2 的交集不为空时，作线 L_1 与线 L_2 交集的领域 ε，则 ε 与线 L_1 及线 L_2 存在交点，依据交点数目可定义以下线 L_1 与 L_2 的拓扑关系。

定义 3.4.1：若交点为 2，则将其拓扑关系定义为包含或重合，如图 3.23（a）所示。

定义 3.4.2：若交点为 3，则将其拓扑关系定义为相接，如图 3.23（b）、（c）所示。

定义 3.4.3：若交点为 4，有两种情况：①按顺时针或逆时针方向，若 ε 穿越 L_1 或 L_2 连续两次，则将其拓扑关系定义为相切，如图 3.23（d）、（e）所示；②按顺时针或逆时针方向，若 ε 穿越 L_1 和 L_2 的顺序为交替进行，则将其拓扑关系定义为相交，如图 3.23（f）、（g）所示。

简而言之，在线实体间的拓扑关系中，当两个线实体发生接触时，每条线的两个端点在同一侧，则为相切关系；若线的两个端点跨越了接触部，则为相交关系；若线的一个端点位于接触部，一个端点不位于接触部，则为相接关系。

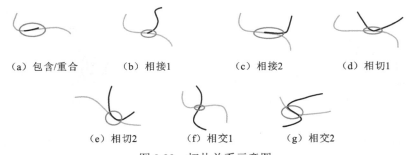

（a）包含/重合   （b）相接1   （c）相接2   （d）相切1

（e）相切2   （f）相交1   （g）相交2

图 3.23 拓扑关系示意图

另外，在线与线发生接触的情况下，根据线线之间交集的维数，相接有 0 维相接（0，M）[图 3.23（b）]和 1 维相接（1，M）[图 3.23（c）]；相切有 0 维相切（0，T）[图 2.23（d）]和 1 维相切（1，T）[图 2.23（e）]；相交有 0 维相交（0，C）[图 3.23（f）]和 1 维相交（1，C）[图 2.23（g）]；包含（重合）只有 1 维[图 3.23（a）]。

2）元拓扑关系

只有线与线发生接触时才有可能产生复合线拓扑关系，相离时不能构成复合线关系。而在发生接触的简单线关系中，包含（重合）可看成一条线，因此包含（重合）也不能构成复合线关系。因此，线与线之间的复合拓扑关系只能由相接、相切和相交关系组成。由此，可以定义元拓扑关系。

定义 3.5：把能够组成线复合关系的、最小不可分的线简单拓扑关系称为线元拓扑关系。易得，线元拓扑关系有 3 类 6 种，即 0 维相交 (C_0)、1 维相交 (C_1)、0 维相切 T_0、1 维相切 T_1、0 维相接 (M_0) 和 1 维相接 (M_1)。元拓扑关系具有如下特点。

（1）概括性。概括性是指元拓扑关系必须概括所有复合关系的基本特征。即任意一个复合关系都可以由若干元拓扑关系按照一定的排序、经过有限次组合而成。元拓扑关系作为基本组成元素存在，必须能概括复合关系的所有特征。

（2）"基本"不可分性。"基本"不可分性，是指一般情况下元拓扑关系就是组成复合拓扑关系的最小单元，不可再分。但元拓扑关系又不可过于具体，否则会导致过多的烦琐工作。元拓扑关系必须在保证概括性的前提下，保证其不可分性。

3）元拓扑关系的方位描述

在线与线发生接触时，若把其中一条线看成一个面的边界部分，则线线关系转变成线面关系。而线与面发生接触时，线可能在面的外部，也可能在面的内部，这就涉及线与面的内外方位问题。

对于每个元拓扑关系，设线的两个端点为 p_0 和 p_1，以 p_0 为起始点，沿着 L 向 p_1 前进，记下 L 与 ε 的第一个交点，若此交点在面 A 的内部，则记为 in；在面 A 的外部，则记为 out。当然，也可以以 p_1 为起点进行描述。纳入方位关系以后，分别以 p_0 和 p_1 为起点，线面关系会有 3 类 6 种，如图 3.24 所示。

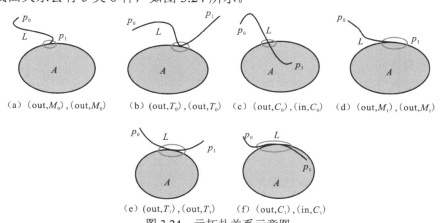

（a）(out, M_0)，(out, M_0)　　（b）(out, T_0)，(out, T_0)　　（c）(out, C_0)，(in, C_0)　　（d）(out, M_1)，(out, M_1)

（e）(out, T_1)，(out, T_1)　　（f）(out, C_1)，(in, C_1)

图 3.24　元拓扑关系示意图

记 ∂A 为面 A 的边界，$R(L, A)$ 表示面 A 和线 L 的关系，则有元拓扑关系的连接如下：

$$R(L, A) <=> R(L, \partial A) = (\text{Orie, MetaR}) \tag{3.40}$$

式中：Orie 表示元拓扑关系的方向，MetaR 表示元拓扑关系的类型，具体为

$$\text{Orie} = \{\text{in}, \text{out}\}, \quad \text{MetaR} = \{M_1, T_1, C_1, M_0, T_0, C_0\} \tag{3.41}$$

3. 元关系的连接

1）元关系的连接顺序

元拓扑关系的类型、内外方向的定义对元拓扑关系本身进行了描述，但元拓扑关系之间的连接关系则需要连接顺序和连接方向来进行约束。设线 L 与面 A 边界之间有 n 个元拓扑关系，如图 3.25 所示，线的两个端点分别为 p_0 和 p_n，p_0 为起点，每个交点依次被编号，以面 A 的边界 ∂A 为参考，从第 1 个元拓扑关系起，按顺时针方向跟踪，记下每个元拓扑关系的编号，直到最后一个元拓扑关系为止，则有

$$\text{Order}(L, A) = (k_1, k_2, k_3, \cdots, k_n), \quad n \geqslant 2 \tag{3.42}$$

将上式纳入元拓扑关系的连接中，有

$$R(L, A) \Leftrightarrow R(L, \partial A) = (\text{Order}, \text{Orie}, \text{MetaR}) \tag{3.43}$$

式中

$$\text{Order} = \{1, 2, 3, \cdots, n\} \quad \text{Orie} = \{\text{in}, \text{out}\} \quad \text{MetaR} = \{M_1, T_1, C_1, M_0, T_0, C_0\} \tag{3.44}$$

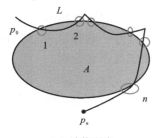

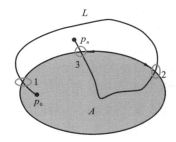

（a）连接顺序　　　　　　　　　　　　　（b）连接方向

图 3.25　连接顺序和连接方向

2）元关系的连接方向

在线 L 与面 A 边界相交的 n 个元拓扑关系中，第 i 个元拓扑关系的连接方向是从 i 个元拓扑关系到第 $i+1$ 个元拓扑关系之间的连接线对应于面边界投影线的方向，如图 3.25（b）所示，第 1 个元拓扑关系的连接方向是顺时针（clockwise），图中顺时针箭头所示，第 2 个元拓扑关系的连接方向是逆时针（anticlockwies），图中逆时针箭头所示，最后一个元拓扑关系没有方向。

进一步纳入元拓扑关系的连接中，有

$$R(L, A) \Leftrightarrow R(L, \partial A) = (\text{Order}, \text{Orie}_1, \text{Orie}_2, \text{MetaR}) \tag{3.45}$$

式中

$$\text{Order} = \{1, 2, 3, \cdots, n\} \quad \text{Orie}_1 = \{\text{in}, \text{out}\} \quad \text{Orie}_2 = \{c, a\} \quad \text{MetaR} = \{M_1, T_1, C_1, M_0, T_0, C_0\}$$
$$\tag{3.46}$$

（1）线面空间关系集成表达模型的约束性

线面空间关系集成表达模型有三个约束条件，分别是元拓扑关系的排序、元拓扑关系的形式和元拓扑关系的连接方式。元拓扑关系的排序是指每个元拓扑关系的访问次序，例如按顺时针来进行访问，第二个元拓扑关系不一定紧随第一个元拓扑关系之后，访问次序可根据元拓扑关系编号的排列顺序确定。元拓扑关系的形式可依据元拓扑关系的内

外方向（Orie_1）、元拓扑关系的类型（MetaR）来确定。元拓扑关系的连接方式是指元关系的连接方向，可通过 Orie_2 的值来判断。如图 3.26 所示，沿顺时针方向，将拓扑关系的描述式写成矩阵的形式，则有

$$\boldsymbol{R}(L,A)=\begin{bmatrix} 1 & 6 & 7 & 5 & 4 & 3 & 2 \\ \text{out} & \text{in} & \text{out} & \text{out} & \text{in} & \text{out} & \text{in} \\ a & c & - & a & a & a & c \\ C_1 & C_0 & M_1 & C_0 & C_1 & C_0 & C_0 \end{bmatrix} \tag{3.47}$$

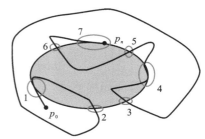

图 3.26　拓扑关系示例

矩阵的第一行表示元拓扑关系的编号，其排列顺序就是元拓扑关系的排序；矩阵的第二行和第四行则表示元拓扑关系的形式；第三行代表元拓扑关系的连接方式，其中第 7 个元拓扑关系处于最后，所以连接方式为空。

（2）复杂面边界间拓扑关系描述

面与面拓扑相交归根结底为面边界之间的相交，故面实体的边界交集问题可以通过对线实体之间的交集改进解决。

① 简单面边界拓扑关系描述

现用上述的元拓扑关系来描述不含洞的简单面实体间的拓扑关系。

定义 3.6：沿顺时针方向遍历面对象 R 的边界 ∂R 时存在 n 个交集 $\text{Inter}_{\partial R}$，每个交集可用相接（M）、相切（T）和相交（C）来描述，描述子如下：

$$\text{Inter}_{\partial R}=\{\text{Intersection}_1,\ \text{Intersection}_2,\cdots,\ \text{Intersection}_n\} \tag{3.48}$$

式中：$\text{Intersection}_n=S(\text{Order},\text{Orie}_1,\text{Orie}_2,\text{MetaR})$，$S$ 表示与 R 有交集的面。

在图 3.27（a）中，面 M 和面 N 的边界相交，对边界 ∂M 进行顺时针遍历时会得到两个 C_0 交集，即交集中没有边界重叠。在边界相交部分，第一个交集 N 的边界从外由内穿入 M，第二个交集 N 的边界从内到外穿出 M，因此完整的交集表达式可表示为

$$\text{Inter}_{\partial M}=\{N(1,\text{out},c,C_0),\ \ N(2,\text{in},-,C_0)\} \tag{3.49}$$

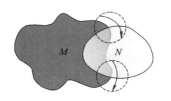

（a）拓扑关系示例1

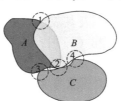

（b）拓扑关系示例2

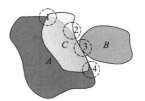

（c）拓扑关系示例3

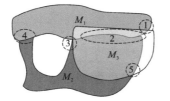

（d）拓扑关系示例4

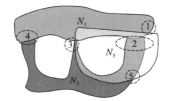

（e）拓扑关系示例5

图 3.27　拓扑关系示例

有时多条边界线会在一个点上交汇[图 3.27（b）中的交集 2]或边界交集中同时存在 1 维相交和 0 维相切[图 3.27（c）中的交集 3]。从图 3.27（b）可得到如下 3 条交集表达式，其中边界的遍历都以顺时针方向从区域外部开始。

$$\text{Inter}_{\partial A} = \{B(1, \text{out}, c, C_0), B(2, \text{in}, -, C_0), C(3, \text{out}, c, T_0), C(4, \text{out}, -, T_0)\} \quad (3.50)$$

$$\text{Inter}_{\partial B} = \{C(1, \text{out}, c, T_0), C(2, \text{out}, -, T_0), A(3, \text{out}, a, C_0), A(4, \text{in}, -, C_0)\} \quad (3.51)$$

$$\text{Inter}_{\partial C} = \{A(1, \text{out}, a, T_0), A(2, \text{out}, -, T_0), B(3, \text{out}, c, T_0), B(4, \text{out}, -, T_0)\} \quad (3.52)$$

图 3.27（c）中 A 和 C 在 2、3、4 的交集为 1 维相交，B 和 C 及 B 和 A 在 3 处的交集为 0 维相切，因此边界交集可表达为

$$\text{Inter}_{\partial A} = \{C(1, \text{in}, c, C_0), C(2, \text{out}, -, C_1), B(3, \text{out}, -, T_0)\} \quad (3.53)$$

$$\text{Inter}_{\partial B} = \{C(1, \text{out}, -, T_0), A(2, \text{out}, -, T_0)\} \quad (3.54)$$

$$\text{Inter}_{\partial C} = \{B(1, \text{out}, -, T_0), A(2, \text{in}, c, C_1), A(3, \text{out}, -, C_0)\} \quad (3.55)$$

② 重叠面积描述

图 3.27（d）中，面 M_1 和 M_2 相接，且它们之间形成一个外部分区，面 M_3 分别与面 M_1 和 M_2 交叠；图 3.27（e）中 N_1 和 N_2 相接，它们之间存在两个外部分区，面 N_3 分别与面 N_1 和 N_2 交叠。首先利用上述的元拓扑关系对两个实体组合中的关系进行描述。

$$\text{Inter}_{\partial M_1} = \{M_2(1, \text{out}, c, T_1), M_2(2, \text{out}, -, T_1), M_3(3, \text{out}, c, C_0), M_3(4, \text{in}, -, C_0)\} \quad (3.56)$$

$$\text{Inter}_{\partial M_2} = \{M_1(1, \text{out}, a, T_1), M_1(2, \text{out}, -, T_1), M_3(3, \text{out}, a, C_0), M_3(4, \text{in}, -, C_0)\} \quad (3.57)$$

$$\text{Inter}_{\partial M_3} = \{M_1(1, \text{out}, a, C_0), M_1(2, \text{in}, -, C_0), M_2(3, \text{out}, a, C_0), M_2(4, \text{in}, -, C_0)\} \quad (3.58)$$

$$\text{Inter}_{\partial N_1} = \{N_2(1, \text{out}, c, T_1), N_2(2, \text{out}, c, T_0), N_2(3, \text{out}, -, T_1), N_3(4, \text{out}, c, C_0), N_3(5, \text{in}, -, C_0)\} \quad (3.59)$$

$$\text{Inter}_{\partial N_2} = \{N_1(1, \text{out}, c, T_1), N_1(2, \text{out}, c, T_0), N_1(3, \text{out}, -, T_1), N_3(4, \text{out}, a, C_0), N_3(5, \text{in}, -, C_0)\} \quad (3.60)$$

$$\text{Inter}_{\partial N_3} = \{N_1(1, \text{out}, a, C_0), N_1(2, \text{in}, -, C_0), N_2(3, \text{out}, a, C_0), N_2(4, \text{in}, -, C_0)\} \quad (3.61)$$

在图 3.27（d）～（e）中，(M_2, M_3) 和 (N_2, N_3) 间的边界交集有着十分相似的表达式，但是它们有着不同的拓扑形态。故此元拓扑关系虽然可以描述面实体，但是仍不能精确地区分部分复杂面关系。

图 3.28（a）和（b）的元拓扑关系及其表达式完全相同，但是用眼睛判断二者的空间对象关系却不一样，原因在于图 3.28（a）中 A 和 B 重叠部分比图 3.28（b）中的少，故只用元拓扑关系来描述不能完全区分复杂面的关系。引入重叠部分的面积进行辅助描述，可进一步区分复杂面的关系。现引入重叠面积的概念，图 3.28 中阴影部分的面积可记为 Area，则 $\text{Area} = \text{area}(A \cap B)$。

在元拓扑关系中，相接和相切的重叠面积可记为 $\varnothing$，于是面实体间的描述子可进一步记为

$$\text{Inter}_{\partial R} = \{\text{Intersection}_1, \text{Intersection}_2, \cdots, \text{Intersection}_n, \text{Area}_1, \text{Area}_2, \cdots, \text{Area}_m\} \quad (3.62)$$

式中：$\text{Intersection}_n = S(\text{Order}, \text{Orie}_1, \text{Orie}_2, \text{MetaR})$。

此时图 3.27（d）和（e）中的拓扑关系可进一步表示为

$$\text{Inter}_{\partial M_1} = \{M_2(1, \text{out}, c, T_1), M_2(2, \text{out}, -, T_1), M_3(3, \text{out}, c, C_0), M_3(4, \text{in}, -, C_0), \text{area}(M_1 \cap M_3)\} \quad (3.63)$$

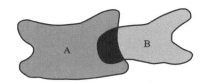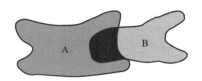

（a）拓扑关系示例1   （b）拓扑关系示例2

图 3.28　重叠面积示例

$$\begin{aligned}\text{Inter}_{\partial M_2} = \{&M_1(1,\text{ out, }a,T_1),M_1(2,\text{ out},-,T_1),M_3(3,\text{ out, }a,C_0),M_3(4,\text{ in},-,C_0),\\&\text{area }(M_2\bigcap M_3)\}\end{aligned}\tag{3.64}$$

$$\begin{aligned}\text{Inter}_{\partial M_3} = \{&M_1(1,\text{ out, }a,C_0),M_1(2,\text{ in},-,C_0),M_2(3,\text{ out, }a,C_0),M_2(4,\text{ in},-,C_0),\\&\text{area }(M_3\bigcap M_1),\text{ area }(M_3\bigcap M_2)\}\end{aligned}\tag{3.65}$$

$$\begin{aligned}\text{Inter}_{\partial N_1} = \{&N_2(1,\text{ out, }c,T_1),N_2(2,\text{ out, }c,T_0),N_2(3,\text{ out},-,T_1),N_3(4,\text{ out, }c,C_0),\\&N_3(5,\text{ in},-,C_0),\text{ area }(N_1\bigcap N_3)\}\end{aligned}\tag{3.66}$$

$$\begin{aligned}\text{Inter}_{\partial N_2} = \{&N_1(1,\text{ out, }c,T_1),N_1(2,\text{ out, }c,T_0),N_1(3,\text{ out},-,T_1),N_3(4,\text{ out, }a,C_0),\\&N_3(5,\text{ in},-,C_0),\text{ area }(N_2\bigcap N_3)\}\end{aligned}\tag{3.67}$$

$$\begin{aligned}\text{Inter}_{\partial N_3} = \{&N_1(1,\text{ out, }a,C_0),N_1(2,\text{ in},-,C_0),N_2(3,\text{ out, }a,C_0),N_2(4,\text{ in},-,C_0),\\&\text{area }(N_3\bigcap N_1),\text{ area }(N_3\bigcap N_2)\}\end{aligned}\tag{3.68}$$

在上述式（3.64）～式（3.68）中，(M_2,M_3) 和 (N_2,N_3) 的表达式十分相似，但它们的重叠面积却不相同，因此可以精确地区别出不同的复杂面拓扑关系。

③带洞面边界拓扑关系描述

以上是对非洞简单面边界拓扑关系的讨论，现在引入重叠面积辅助描述的简单面元拓扑关系表达模型的基础上讨论含洞的复杂面边界拓扑关系表达模型。

当洞中不含面时，先以定义 3.6 遍历并描述对象 R 的外边界 ∂R。再沿顺时针方向遍历对象 R 的内边界 $\partial R'$，会存在 n 个交集 $\text{Inter}_{\partial R'}$，每个交集可用相接（M）、相切（T）和相交（C）来描述，描述如下：

$$\text{Inter}_{\partial R'}=\{\text{Intersection}_1,\text{Intersection}_2,\cdots,\text{Intersection}_n,-R'\}\tag{3.69}$$

式中：$\text{Intersetion}=S(\text{Order, Orie, MetaR})$，$S$ 为与 R 的洞 R' 有交集的面；$-R'$ 为 S 与洞 R' 的重叠面积，但由于 R' 是洞，将重叠面积置为 $-R'$。

当洞中含有面时，为了在表达式中明确地体现出此关系，可以遍历内边界时将洞中面和洞的关系加入内边界所对应的表达式中。描述如下：

$$\text{Inter}_{\partial R'}=\{\text{Intersection}_1,\text{Intersection}_2,\cdots,\text{Intersection}_n,-R',R'\supseteq/=I\}\tag{3.70}$$

式中：R' 为带洞面的内边界；$-R'$ 为相交面与洞的重叠面积；I 为洞中所包含的面；$R'\supseteq I$ 代表面 I 完全被洞 R' 包含但没有完全重合；$R'=I$ 代表面 I 与 R' 完全重合。

现以图 3.29 为例进行说明：两图中面 A 的洞内分别存在与 A 完全相离的面 B 和与 A 相切的面 B；面 D 同时与这三个面相交，但在边界细节处的拓扑关系存在不同。若使用九交模型、方向矩阵或其他拓扑描述方法来描述，将会得到两个空间组合拓扑关系相同的结论，且实体间的方位关系一致，难以分辨两个组合间的差别。使用扩展（重叠面积辅助描述）的元拓扑定义可对两个实体组合间的拓扑关系进行辨认。

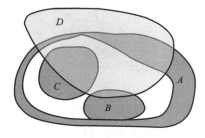 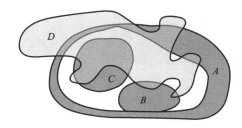

| （a）面实体组合1 | （b）面实体组合2 |

图 3.29　两个面实体组合示例

由上述的扩展元拓扑关系的定义可以得到图 3.29（a）的拓扑关系表达式，如下：

$$\text{Inter}_{\partial A} = \{D(1, \text{out}, c, C_0), D(2, \text{in}, -, C_0), \text{area}(A\cap D)\} \tag{3.71}$$

$$\text{Inter}_{\partial A'} = \{D(1, \text{out}, a, C_0), D(2, \text{in}, -, C_0), B(3, \text{out}, -, T_1), -, -, A'\supseteq B, A'\supseteq C\} \tag{3.72}$$

$$\text{Inter}_{\partial B} = \{D(1, \text{out}, a, C_0), D(2, \text{in}, -, C_0), A'(3, \text{in}, -, T_1), \text{area}(B\cap D, -, B\subseteq A')\} \tag{3.73}$$

$$\begin{aligned}\text{Inter}_{\partial D} = \{&A(1, \text{out}, a, C_0), A(2, \text{in}, -, C_0), A'(3, \text{out}, a, C_0), A'(4, \text{in}, -, C_0), B(5, \text{out}, a, C_0),\\ &B(6, \text{in}, -, C_0), C(7, \text{out}, c, C_0), C(8, \text{in}, -, C_0), \text{area}(D\cap A), -, \text{area}(D\cap B),\\ &\text{area}(D\cap C)\}\end{aligned} \tag{3.74}$$

由上述的扩展元拓扑关系的定义可以得到图 3.29（b）的拓扑关系表达式，如下：

$$\text{Inter}_{\partial A} = \{D(1, \text{out}, c, C_0), D(2, \text{in}, a, C_0), D(3, \text{out}, c, C_0), D(4, \text{in}, -, C_0), \text{area}(A\cap D)\} \tag{3.75}$$

$$\begin{aligned}\text{Inter}_{\partial A'} = \{&D(1, \text{out}, c, C_0), D(2, \text{in}, a, C_0), D(3, \text{out}, c, C_0), D(4, \text{in}, -, C_0),\\ &B(5, \text{out}, -, T_1) -, -, A'\supseteq B, A'\supseteq C\}\end{aligned} \tag{3.76}$$

$$\begin{aligned}\text{Inter}_{\partial B} = \{&D(1, \text{out}, a, C_0), D(2, \text{in}, c, C_0), D(3, \text{out}, a, C_0), D(4, \text{in}, -, C_0),\\ &A'(5, \text{in}, -, T_1), \text{area}(B\cap D), -, B\subseteq A'\}\end{aligned} \tag{3.77}$$

$$\begin{aligned}\text{Inter}_{\partial C} = \{&D(1, \text{out}, c, C_0), D(2, \text{in}, a, C_0), D(3, \text{out}, c, C_0), D(4, \text{in}, -, C_0),\\ &\text{area}(C\cap D), C\subseteq A'\}\end{aligned} \tag{3.78}$$

$$\begin{aligned}\text{Inter}_{\partial D} = \{&A(1, \text{out}, c, C_0), A(2, \text{in}, c, C_0), A(3, \text{out}, a, C_0), A(4, \text{in}, -, C_0),\\ &B(5, \text{out}, a, C_0), B(6, \text{in}, a, C_0), B(7, \text{out}, a, C_0), B(8, \text{in}, -, C_0),\\ &C(9, \text{out}, c, C_0), C(10, \text{in}, c, C_0), C(11, \text{out}, c, C_0), C(12, \text{in}, -, C_0),\\ &A'(13, \text{out}, a, C_0), A'(14, \text{in}, c, C_0), A'(15, \text{out}, a, C_0), A'(16, \text{in}, -, C_0),\\ &\text{area}(D\cap A), \text{area}(D\cap B), \text{area}(D\cap C), -\}\end{aligned} \tag{3.79}$$

分别比较上述图 3.29 两个子图间的拓扑关系表达式，可以看出两者的 $\text{Inter}_{\partial A}$、$\text{Inter}_{\partial A'}$、$\text{Inter}_{\partial B}$、$\text{Inter}_{\partial C}$、$\text{Inter}_{\partial D}$ 都有明显的差异，故本小节介绍的扩展的元拓扑关系可以很好地区分出复杂面实体边界的拓扑关系。且每一个表达式都可用矩阵表示。现将图 3.29（b）中的拓扑关系表达式转化为矩阵形式，如下：

$$\boldsymbol{R}_A = \begin{bmatrix} 1 & 2 & 3 & 4 \\ \text{out} & \text{in} & \text{out} & \text{in} \\ c & a & c & - \\ C_0 & C_0 & C_0 & C_0 \\ 0 & 0 & 0 & \text{area}_D \end{bmatrix} \qquad \boldsymbol{R}_{A'} = \begin{bmatrix} 1 & 2 & 3 & 4 & 5 & - & - \\ \text{out} & \text{in} & \text{out} & \text{in} & \text{out} & - & - \\ c & a & c & - & - & - & - \\ C_0 & C_0 & C_0 & C_0 & T_1 & - & - \\ 0 & 0 & 0 & -A' & -A' & \supseteq B & \supseteq C \end{bmatrix}$$

$$R_B = \begin{bmatrix} 1 & 2 & 3 & 4 & 5 & - \\ \text{out} & \text{in} & \text{out} & \text{in} & \text{in} & - \\ a & c & a & - & - & - \\ C_0 & C_0 & C_0 & C_0 & T_1 & - \\ 0 & 0 & 0 & \text{area}_D & -A' & \subseteq A' \end{bmatrix} \qquad R_C = \begin{bmatrix} 1 & 2 & 3 & 4 & - \\ \text{out} & \text{in} & \text{out} & \text{in} & - \\ c & c & a & - & - \\ C_0 & C_0 & C_0 & C_0 & - \\ 0 & 0 & 0 & \text{area}_D & \subseteq A' \end{bmatrix}$$

$$R_D = \begin{bmatrix} 1 & 2 & 3 & 4 & 5 & 6 & 7 & 8 & 9 & 10 & 11 & 12 & 13 & 14 & 15 & 16 \\ \text{out} & \text{in} & \text{out} & \text{in} & \text{out} & \text{in} & \text{out} & \text{in} & \text{out} & \text{in} & \text{out} & \text{in} & \text{out} & \text{in} & \text{out} & \text{in} \\ c & c & a & - & a & a & a & - & c & c & c & - & a & c & a & - \\ C_0 & C_0 & C_0 & C_0 & C_0 & C_0 & C_0 & C_0 & C_0 & C_0 & C_0 & C_0 & C_0 & C_0 & C_0 & C_0 \\ 0 & 0 & 0 & \text{area}_A & 0 & 0 & 0 & \text{area}_B & 0 & 0 & 0 & \text{area}_C & 0 & 0 & 0 & -A' \end{bmatrix}$$

上述矩阵中，每一列代表一个元拓扑关系，其中矩阵的第 5 行代表重叠面积；矩阵 R_A、$R_{A'}$、R_B、R_C、R_D 是图 3.29（a）中的面实体组合的拓扑关系矩阵。

3.2.4 拓扑关系相似度计算

本小节将基于边界交互记录的 O 标记式进行区组合间拓扑相似度计算。为了达到更高的效率，将运算过程划分为初始匹配步骤和准确匹配步骤。在初始匹配步骤中，对区组合间的 O 标记式进行评估，以确认是否需要执行准确匹配步骤，若在该步骤中发现两个区组合极不相似，则不需执行准确匹配步骤，这与执行整个程序相比消耗更少的计算资源，因此实现了优化目的。在准确匹配步骤中，进一步处理通过了初始匹配步骤的区组合对 O 标记式进行二进制编码并将其分解为维数序列和细节序列，然后根据序列校准计算区组合间的拓扑相似度。使用 C_R 和 C_P 分别表示参照区组合和候选区组合，C_R 和 C_P 中的区对象表示为 R_{Ri} 和 R_{Pj}。

1. 初始匹配步骤

使用初始匹配步骤来搜索与 C_R 相似的区组合。在两个相似的区组合间，相互匹配的区应具有相似的边界交互，其中一个因素是边界交集数量。如上所述，一个区边界与其他区边界间会存在若干交集；同时，由于空间对象的任意几何形状及随机分布属性，不同的区有不同的边界交集。基于上述客观事实，可通过对比每两个 O 标记式间的交集数量对区对象进行评估。本小节将某个区在其他 O 标记式中出现的总次数称为标记频率，并用来识别可能相似的区，包含了节点和边的关联图被用于描述区组合间的对应关系。

1）边界交集数量集对比

如果两个 O 标记式间具有同样数量的边界交集，则对应的区存在相似的可能性，从而可进行后继的对比工作。使用集合 Inter_R 和 Inter_P 来记录组合 C_R 和 C_P 中 O 标记式的交集数量，并对每个集合中的交集值进行从低到高的排序，从而实现对 Inter_R 和 Inter_P 的对比。假设 n 个区的组合中，存在 m 对具有相等交集数量的 O 标记式，则可计算基于交集数量的初始相似度，为

$$\text{sim}_{\text{inter}}(C_R, C_P) = \frac{m}{n} \tag{3.80}$$

基于 O 标记式中的交集数量对两个组合中的区进行关联，如若集合 Inter_{Ri} 与 Inter_{Pj} 相等，则组合 C_R 中的区 R_{Ri} 与组合 C_P 中的区 R_{Pj} 具有初始对应关系。

以图 3.30 中的区组合为例，C_{R1} 为参照区组合，C_{P1} 和 C_{P2} 为候选区组合，每个组合中都包含了 3 个区。

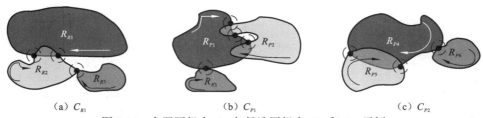

(a) C_{R1}　　　　　　(b) C_{P1}　　　　　　(c) C_{P2}

图 3.30　参照区组合 C_{R1} 与候选区组合 C_{P1} 和 C_{P2} 示例

区组合 C_{R1}、C_{P1} 和 C_{P2} 在九交模型下具有拓扑等价性，因为组合间具有分别对应的二进制拓扑关系：①R_{R1} 与 R_{R2} 交叠，R_{R2} 与 R_{R3} 相接，R_{R1} 与 R_{R3} 相离；②R_{P1} 与 R_{P2} 交叠，R_{P1} 与 R_{P3} 相接，R_{P2} 与 R_{P3} 相离；③R_{P4} 与 R_{P5} 交叠，R_{P4} 与 R_{P6} 相接，R_{P5} 与 R_{P6} 相离。然而这些原子级的拓扑关系是在忽略了区边界交互的情况下对全局的描述，并不能正确反映出拓扑细节。为了对区组合中的拓扑关系进行详细描述，对每个区的边界交互进行了记录。

$$C_{R1}:\begin{cases}\partial R_{R1}:O_{\{R_{R2},R_{R3}\}}\left(0,\varnothing,R_{R2}\right),O_{\{R_{R3}\}}\left(0,\varnothing,R_{R2}\right)\\\partial R_{R2}:O_{\{R_{R1},R_{R3}\}}\left(0,\varnothing,R_{R1}\right),O_{\{R_{R3}\}}\left(0,\varnothing,R_{R1}\right),O_{\{R_{R1},R_{R3}\}}\left(0,R_{R3},\varnothing\right)\\\partial R_{R3}:O_{\{R_{R1},R_{R2}\}}\left(0,R_{R2},\varnothing\right)\end{cases} \quad (3.81)$$

$$C_{P1}:\begin{cases}\partial R_{P1}:O_{\{R_{P2},R_{P3}\}}\left(0,\varnothing,R_{P2}\right),O_{\{R_{P3}\}}\left(0,\varnothing,R_{P2}\right),O_{\{R_{P2},R_{P3}\}}\left(0,\varnothing,R_{P2}\right),\\\qquad\qquad O_{\{R_{P3}\}}\left(0,\varnothing,R_{P2}\right),O_{\{R_{P2},R_{P3}\}}\left(0,R_{P3},\varnothing\right)\\\partial R_{P2}:O_{\{R_{P1},R_{P3}\}}\left(0,\varnothing,R_{P1}\right),O_{\{R_{P3}\}}\left(0,\varnothing,R_{P1}\right),O_{\{R_{P1},R_{P3}\}}\left(0,\varnothing,R_{P1}\right),\\\qquad\qquad O_{\{R_{P3}\}}\left(0,\varnothing,R_{P1}\right)\\\partial R_{P3}:O_{\{R_{P1},R_{P2}\}}\left(0,R_{P1},\varnothing\right)\end{cases} \quad (3.82)$$

$$C_{P2}:\begin{cases}\partial R_{P4}:O_{\{R_{P6},R_{P5}\}}\left(0,R_{P6},\varnothing\right),O_{\{R_{P6},R_{P5}\}}\left(0,\varnothing,R_{P5}\right),O_{\{R_{P6}\}}\left(0,\varnothing,R_{P5}\right)\\\partial R_{P5}:O_{\{R_{P4},R_{P6}\}}\left(0,\varnothing,R_{P4}\right),O_{\{R_{P5}\}}\left(0,\varnothing,R_{P4}\right)\\\partial R_{P6}:O_{\{R_{P4},R_{P5}\}}\left(0,R_{P6},\varnothing\right)\end{cases} \quad (3.83)$$

从式（3.81）～式（3.83）中可得每个区组合的交集数量分别为 $\mathrm{Inter}_{C_{R1}}(2,3,1)$、$\mathrm{Inter}_{C_{P1}}(5,4,1)$ 和 $\mathrm{Inter}_{C_{P2}}(3,2,1)$。对每个集合中的值进行从低到高的排序，可得 $\mathrm{Inter}_{C_{R1}}(1,2,3)$、

$\mathrm{Inter}_{C_{P1}}(1,4,5)$ 和 $\mathrm{Inter}_{C_{P2}}(1,2,3)$。明显地，根据集合 $\mathrm{Inter}_{C_{R1}}$ 与 $\mathrm{Inter}_{C_{P2}}$ 可推断出 C_{P2} 与 C_{R1} 具有匹配的可能性，且集合中的值暗示了 C_{R1} 和 C_{P2} 中区的可能对应关系，图 3.31 为描述对应关系的关联图。

图 3.31　区组合 C_{R1} 和 C_{P2} 的关联图

2）区的标记频率对比

若两个区互相匹配，那么它们之间的边界交集也应该相似，意味着它们在其他 O 标记式中出现的总次数（标记频率）应该相等。

在具有 n 个区的组合中，区 r_i 在其他 O 标记式中出现的总次数称为 r_i 的标记频率，并表示为 $\{f_O(r_i), f_T(r_i), f_C(r_i)\}$，变量 $f_O(r_i)$、$f_T(r_i)$ 和 $f_C(r_i)$ 分别与 O 标记式中的项 o_S、T 和 C 相对应（T 和 C 分别为与当前区相切和相交的区集合）。r_i 在区 r_j 的 O 标记式中的出现次数为 $\{I_O(r_j), I_T(r_j), I_C(r_j)\}$，函数 $F(r_i)$ 表示区 r_i 交集频率的计算过程。

$$F(r_i) = (f_O(r_i), f_T(r_i), f_C(r_i)) = \left(\sum_{j=1, j\neq i}^{n} I_O(r_j), \sum_{j=1, j\neq i}^{n} I_T(r_j), \sum_{j=1, j\neq i}^{n} I_C(r_j) \right) \quad (3.84)$$

使用集合 $\mathrm{FRE}_{C_R}\{F(R_{Ri}), i=1,\cdots,n\}$ 和 $\mathrm{FRE}_{C_P}\{F(R_{Pj}), j=1,\cdots,n\}$ 分别记录组合 C_R 和 C_P 中每个区的标记频率，并对比 FRE_{C_R} 和 FRE_{C_P}。假设 FRE_{C_R} 和 FRE_{C_P} 间存在 p 对相等的标记频率，则组合 C_R 和 C_P 在标记频率下的相似度表示为

$$\mathrm{sim}_{\mathrm{fre}}(C_R, C_P) = \frac{p}{n} \quad (3.85)$$

在初始匹配阶段对区组合 C_R 和 C_P 的相似度评估称为初始相似度。初始相似度粗略描述了 C_R 和 C_P 的对应情况，并提供了是否需要进行精确匹配的理由。假设交集数量准则和标记频率准则的权重分别为 α 和 β，那么 C_R 和 C_P 的初始相似度为

$$\mathrm{sim}_{\mathrm{Pre}}(C_R, C_P) = \alpha \mathrm{sim}_{\mathrm{inter}}(C_R, C_P) + \beta \mathrm{sim}_{\mathrm{fre}}(C_R, C_P) \quad (3.86)$$

作为快速过滤操作中的权重，α 和 β 的设定并不要求非常精确。假设将两个权重都设为 0.5，则表示两个准则有着同等重要性。

2. 精确匹配步骤

在精确匹配步骤中，对从上一步骤中得到的粗糙评估执行精确度量，详细对比从初始匹配步骤中得到的每对匹配区的 O 标记式。在这个步骤中，将 O 标记式分解为两个部分：①维数序列，包含每个交集中的维度；②细节序列，描述 O 标记式中的细节。维数描述了两个区边界间交集的大概情况，交互于点或是弧段，抽取 O 标记式中的所有维数组成维数序列，并将除维数外的所有项二进制编码为细节序列，维数序列和细节序列基本包含了边界交集中的所有信息。为对两个序列进行度量分析，采用生物信息学范畴中的序列校准（Pedro，2004）方法。

1）维数序列校准

边界交集主要分为两种类型，边界交互于点或弧段，这两种类型的维度分别为 0 和 1。因此，O 标记式中的维数序列粗略描述了某个区边界的总体交互情况，即维数序列校准可以为区组合间的相似度提供一个准确度量。

在某个区组合中，假设其中区 A 的边界与其他区存在 m 个交集，且边界交集的 O 标记式为 $\{\partial A : O_1(\mathrm{dimension}_1, T_1, C_1), \cdots, O_m(\mathrm{dimension}_m, T_m, C_m)\}$，因此 A 的维数序列为 $(\mathrm{dimension}_1, \cdots, \mathrm{dimension}_m)$，表示为 $\dim S(A)$。

在初始匹配步骤中，得到组合 C_R 和 C_P 间的初始匹配区实体对，每对匹配区中的区具有相等的边界交集数量集，因此下文处理的每对匹配区都有着同样数量的交集。

设两个分别有 n 个边界交集的区 R_1 和 R_2 的维数序列为 $\dim S(R_1) = (d_{R_1^1}, d_{R_1^2}, \cdots, d_{R_1^n})$ 和 $\dim S(R_2) = (d_{R_2^1}, d_{R_2^2}, \cdots, d_{R_2^n})$。度量 $\dim S(R_1)$ 和 $\dim S(R_2)$ 的相似度，首先需要对两个序列进行从小到大的排序，并根据排序后的维数序列改变 O 标记式中的交集顺序。假设 n 对维数元素中有 q 对可相互匹配，则区 R_1 和 R_2 的维数相似度为 q/n。假设区组合 C_R 和 C_P 间有 m 对相互匹配的区，则 C_R 和 C_P 间的维数相似度为

$$\text{sim}_{\dim}(C_R, C_P) = \frac{q_1}{n_1} \cdot \frac{q_2}{n_2} \cdots \cdot \frac{q_n}{n_m} \qquad (3.87)$$

在区 R_1 的 O 标记式中，由于边界交集以顺时针的方向进行记录，交集间的相对顺序是确定的；然而第一个被记录的交集是随机的，只要它满足从区的外部发生。只要第一个交集发生改变，O 标记式中剩余交集的顺序也会发生改变，然而两个相继交集间的相对顺序是保持不变的。如区 R_{R4}[图 3.32（a）]的 O 标记式中的第一个交集可从 k_1 或 k_3 中进行选择，同时必须保证 k_2 是 k_1 的后继交集，k_4 是 k_3 的后继交集。

对区 R 的 O 标记式中的维数序列进行从低到高排序时，应满足下列条件：①与维数顺序对应的交集顺序满足顺时针方向；②第一个交集从与区 R 有交集的区的外部发生；③维数 '1' 应尽可能排在序列后方。

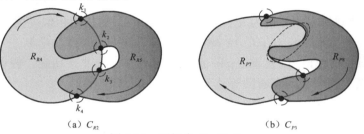

(a) C_{R2} (b) C_{P3}

图 3.32 区组合 C_{R2} 和 C_{P3}

如区 C_{R2} 和 C_{P3} 中分别存在 4 个交集（图 3.32），C_{R2} 中 4 个交集的类型都为 c_0，C_{P3} 中有 3 个交集的类型为 c_0，一个交集的类型为 c_1（区 R_{P7} 和 R_{P8} 的边界间存在一维相交交集），C_{R2} 和 C_{P3} 中的 O 标记式为

$$C_{R2}: \begin{cases} \partial R_{R4} : O_{\{R_{R5}\}}\{0, \varnothing, R_{R5}\}, O_{\{\varnothing\}}\{0, \varnothing, R_{R5}\}, O_{\{R_{R5}\}}\{0, \varnothing, R_{R5}\}, O_{\{\varnothing\}}\{0, \varnothing, R_{R5}\} \\ \partial R_{R5} : O_{\{R_{R4}\}}\{0, \varnothing, R_{R4}\}, O_{\{\varnothing\}}\{0, \varnothing, R_{R4}\}, O_{\{R_{R4}\}}\{0, \varnothing, R_{R4}\}, O_{\{\varnothing\}}\{0, \varnothing, R_{R4}\} \end{cases}$$

$$C_{P3}: \begin{cases} \partial R_{P7} : O_{\{R_{P8}\}}\{0, \varnothing, R_{P8}\}, O_{\{\varnothing\}}\{1, \varnothing, R_{P8}\}, O_{\{R_{P8}\}}\{0, \varnothing, R_{P8}\}, O_{\{\varnothing\}}\{0, \varnothing, R_{P8}\} \\ \partial R_{P8} : O_{\{R_{P7}\}}\{0, \varnothing, R_{P7}\}, O_{\{\varnothing\}}\{0, \varnothing, R_{P7}\}, O_{\{R_{P7}\}}\{1, \varnothing, R_{P7}\}, O_{\{\varnothing\}}\{0, \varnothing, R_{P7}\} \end{cases}$$

$$(3.88)$$

基于区 R_{R4}、R_{R5}、R_{P7} 及 R_{P8} 的 O 标记式，组合 C_{R2} 和 C_{P3} 中的交集数量集和标记频率集分别为 $\text{Inter}_{C_{R2}}(4,4)$、$\text{Inter}_{C_{R3}}(4,4)$ 和 $F(R_{R4}) = (2,0,4)$、$F(R_{R5}) = (2,0,4)$、$F(R_{P7}) = (2,0,4)$、$F(R_{P8}) = (2,0,4)$。显然，两个组合中的交集数量集和标记频率集分别互相等价，无法建立起 C_{R2} 和 C_{P3} 间的独特对应关系，因此组合区之间存在两种可能的匹配形式（图 3.33）。

从每个区的 O 标记式中提取维数组成维数序列：$\dim S(R_{R4}) = (0,0,0,0)$、$\dim S(R_{R5}) = (0,0,0,0)$、$\dim S(R_{P7}) = (0,1,0,0)$ 及 $\dim S(R_{P8}) = (0,0,1,0)$。根据上述性质对序

（a）方案1　　　　　　　　（b）方案2

图 3.33　组合 C_{R2} 和 C_{P3} 中两种匹配方案的关联图

列进行从低到高的排序，则 $\dim S(R_{P7})$ 和 $\dim S(R_{P8})$ 分别为(0, 0, 0, 1)和(0, 0, 1, 0)，相应地它们的 O 标记式也发生改变。

$$C_{P3}: \begin{cases} \partial R_{P7}: O_{\{R_8\}}\{0, \varnothing, R_{P8}\}, O_{\{\varnothing\}}\{0, \varnothing, R_{P8}\}, O_{\{R_{P8}\}}\{0, \varnothing, R_{P8}\}, O_{\{\varnothing\}}\{1, \varnothing, R_{P8}\} \\ \partial R_{P8}: O_{\{R_{P7}\}}\{0, \varnothing, R_{P7}\}, O_{\{\varnothing\}}\{0, \varnothing, R_{P7}\}, O_{\{R_{P7}\}}\{1, \varnothing, R_{P7}\}, O_{\{\varnothing\}}\{0, \varnothing, R_{P7}\} \end{cases} \right\} \quad (3.89)$$

对匹配方案{(R_{R4}, R_{P7}), (R_{R5}, R_{P8})}及{(R_{R4}, R_{P8}), (R_{R5}, R_{P7})}执行维数序列校准（图 3.34）。

（a）{(R_{R4}, R_{P7}), (R_{R5}, R_{P8})}　　　　　　（b）{(R_{R4}, R_{P8}), (R_{R5}, R_{P7})}

图 3.34　匹配方案{(R_{R4}, R_{P7}), (R_{R5}, R_{P8})}和{(R_{R4}, R_{P8}), (R_{R5}, R_{P7})}的维数序列校准

两种匹配方案的维数序列校准分数为(3, 3)，因此匹配方案{(R_{R4}, R_{P7}), (R_{R5}, R_{P8})}和{(R_{R4}, R_{P8}), (R_{R5}, R_{P7})}的维数序列相似度为

$$\text{sim}_{\dim}(C_{R2}, C_{P3}) = (3/4) \cdot (3/4) = 0.5625 \quad (3.90)$$

2）细节序列校准

作为边界交互记录的一部分，维数序列描述了区边界交互的总体情况。为了对两个区组合进行准确度量，需要对 O 标记式中的细节序列进行对比。除了交集维数，O 标记式记录了与当前区具有相交或相接交集的区，由于每个区组合中区的标记都不同，无法对 O 标记式进行直接对比。为了实现 O 标记式的可比性，将 O 标记式中的项 O_s、T 和 C 进行二进制编码，所得结果称为细节序列，分别记录着边界在当前区外部的区、与当前区相接及相交的区。

设区 A 的 O 标记式为

$$\{\partial A: O_1(\text{dimension}_1, T_1, C_1), O_2(\text{dimension}_2, T_2, C_2), \cdots, O_m(\text{dimension}_m, T_m, C_m)\}$$

将 O_s、T 和 C 中的空项编码为 0，非空项编码为 1，所得二进制序列称 O 标记式的细节序列表示为 $\det_s(A)$。如图 3.32 中的区 R_{R4}，其 O 标记式的细节序列为

$$\det_s(R_{R4}) = (1, 0, 1, 0, 0, 1, 1, 0, 1, 0, 0, 1)$$

假设区 R_1 和 R_2 的细节序列分别为

$$\det_s(R_1) = (\text{dt}_{R_1^1}, \text{dt}_{R_1^2}, \cdots, \text{dt}_{R_1^n}) \text{ 和 } \det_s(R_2) = (\text{dt}_{R_2^1}, \text{dt}_{R_2^2}, \cdots, \text{dt}_{R_2^n}),$$

且在序列校准中存在 t 对相互校准的元素，则 R_1 和 R_2 的细节序列相似度为 $t/3n$（每个交集中存在三个项）。假设组合 C_R 和 C_P 有 m 对匹配区，则其细节序列的相似度为

$$\text{sim}_{\det}(C_R, C_P) = \frac{t_1}{3n_1} \cdot \frac{t_2}{3n_2} \cdot \cdots \cdot \frac{t_m}{3n_m} = 3^n \cdot \frac{t_1 \cdot t_2 \cdot \cdots \cdot t_m}{n_1 \cdot n_2 \cdot \cdots \cdot n_m} \quad (3.91)$$

如对图 3.34 中区组合 C_{R2} 和 C_{P3} 的 O 标记式进行二进制编码，并获得细节序列为

$$\det_S(R_{R4}) = (1,0,1,0,0,1,1,0,1,0,0,1), \quad \det_S(R_{R5}) = (1,0,1,0,0,1,1,0,1,0,0,1)$$
$$\det_S(R_{P7}) = (1,0,1,0,0,1,1,0,1,0,0,1), \quad \det_S(R_{P8}) = (1,0,1,0,0,1,1,0,1,0,0,1)$$

细节序列的校准过程如图 3.35 所示。

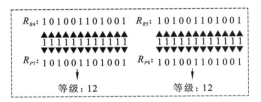 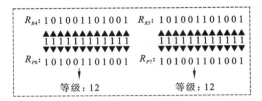

（a）$\{(R_{R4}, R_{P7}), (R_{R5}, R_{P8})\}$ 　　　（b）$\{(R_{R4}, R_{P8}), (R_{R5}, R_{P7})\}$

图 3.35　匹配方案 $\{(R_{R4}, R_{P7}), (R_{R5}, R_{P8})\}$ 和 $\{(R_{R4}, R_{P8}), (R_{R5}, R_{P7})\}$ 的细节序列校准

显然两个匹配方案中所有的元素对都互相校准，因此两种匹配方案的细节序列相似度都为 $\text{sim}_{\det}(C_{R2}, C_{P3}) = 1$。维数序列和细节序列基本覆盖了区边界交互信息的各个方面，通过设置维数序列和细节序列相似度的权重可以计算出两个区组合间的拓扑相似度。

最后，设区组合 C_R 和 C_P 间的维数序列及细节序列相似度分别为 $\text{sim}_{\dim}(C_R, C_P)$ 和 $\text{sim}_{\det}(C_R, C_P)$，维数序列和细节序列相似度的权重分别为 γ 和 ε，则 C_R 和 C_P 的拓扑相似度为

$$\text{sim}_{\text{top}}(C_R, C_P) = \gamma \cdot \text{sim}_{\dim}(C_R, C_P) + \varepsilon \cdot \text{sim}_{\det}(C_R, C_P) \tag{3.92}$$

3.3　方向关系表达与相似度计算

方向关系作为一类重要的空间关系，在空间相似性度量研究中引起广泛关注，方向关系的相似性度量不仅为矢量空间数据的检索、查询、匹配、质量评估等任务提供重要依据，在遥感影像检索任务中也有应用。如图 3.36 所示的制图综合评估中，通过方向关系可快速判断出正确的综合结果。

 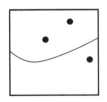 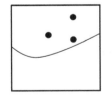 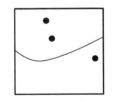

（a）综合前数据　　　（b）好的综合结果　　　（c）有误的综合结果1　　　（d）有误的综合结果2

图 3.36　方向关系评判制图综合结果

3.3.1　方向关系模型

方向关系模型可分为两类。一类是定量模型，使用方位角来表示一个点相对另一个点的方位角度数，以通过参考点的子午线的北方向为起始方向，以参考点为中心顺时针

一圈即为方位角的范围，在半闭合集合[0°，360°）之中。另一类是定性模型，分为点的定性方向模型和对象的方向模型，前者包含基于 Cone 的方向模型、基于投影的方向模型，后者包含三角模型（Haar，1976）、二维间隔模型（Guesgen，1989）、基于二维串的模型（Chang et al.，1987）、最小外接矩形（minimum bounding rectangle，MBR）模型（Papadias et al.，1995）和方向关系矩阵模型（Goyal，2000）。

三角模型、基于二维串的模型及最小外接矩形模型都是基于空间对象的近似对象进行建模的，因而空间对象本身形状对建模结果影响可能不大。然而实际上，空间对象形状的改变可引起对象间相对方向的变化，因而这些模型都不满足形状敏感这一特性。方向模型应该具备以下 5 个特性：可形式化、可推导、形状敏感、尺度中立、可比性。上述模型中完全满足这 5 个特性的唯有方向关系矩阵模型，该模型基于空间对象本身设计，且可通过计算方向关系矩阵间的相似度定量地评估方向关系间的相似性。方向关系矩阵由 Goyal 提出，它通过参考对象最小外包矩形边所在直线，将空间划分成 9 个非空区域 {N，S，E，W，NE，SE，SW，NW，O}，其中 O 区也记作 same 区，参考对象 A 所在的空间就被划分为 9 个方向区：北 N_A、东 E_A、东南 SE_A、南 S_A、西南 SW_A、西 W_A、西北 NW_A 及相同 O_A（图 3.37）。通过 3×3 矩阵记录目标对象与参考对象分区的关系。

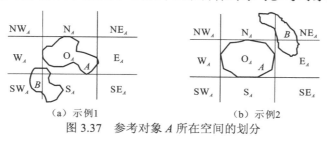

（a）示例1   （b）示例2

图 3.37 参考对象 A 所在空间的划分

方向关系矩阵可分为三种：粗糙方向关系矩阵、详细方向关系矩阵、深度方向关系矩阵。三种程度的关系矩阵中，只有详细方向关系矩阵的元素表达较直观且为量化信息，同时计算较简单，但仅适用于面对象之间方向关系的表达。一种优化方法是在详细方向关系矩阵的基础上引入格网划分，使其适用于任意对象间的方向关系表达，即格网方向关系矩阵被提出。下文针对格网方向关系矩阵及其衍生模型进行具体介绍。

3.3.2 基于格网方向关系矩阵的方向关系相似度计算

1. 格网方向关系矩阵表达

类似于栅格数据下的方向关系矩阵的表示，如图 3.38 所示，格网方向关系模型将地图上所涉及的区域划分为固定大小的格网阵列，量化信息通过对象所占的格网单元数目计算[式（3.93）]。即不论是点、线、面作为目标对象，它在各个分区的值不再通过面积比例来表示，而是通过对象在该分区的格网单元数目与对象所占的总格网单元数目之比来表示。本方法中点对象所占的格网单元数记为 1，当参考对象为点时，以该点所在的格网单元的延长线来进行分区。

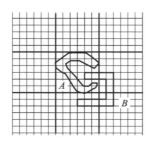 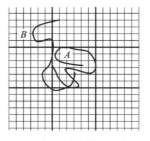

（a）面对象间方向关系　　　　　　（b）线对象间方向关系

图 3.38　两种不同情况下的对象分布

$$\mathbf{dir}(A,B) = \begin{bmatrix} \dfrac{\mathrm{Num}_{\mathrm{grid}}(\mathrm{NW}_A \bigcap B)}{\mathrm{Num}_{\mathrm{grid}}(B)} & \dfrac{\mathrm{Num}_{\mathrm{grid}}(\mathrm{N}_A \bigcap B)}{\mathrm{Num}_{\mathrm{grid}}(B)} & \dfrac{\mathrm{Num}_{\mathrm{grid}}(\mathrm{NE}_A \bigcap B)}{\mathrm{Num}_{\mathrm{grid}}(B)} \\[3mm] \dfrac{\mathrm{Num}_{\mathrm{grid}}(\mathrm{W}_A \bigcap B)}{\mathrm{Num}_{\mathrm{grid}}(B)} & \dfrac{\mathrm{Num}_{\mathrm{grid}}(\mathrm{O}_A \bigcap B)}{\mathrm{Num}_{\mathrm{grid}}(B)} & \dfrac{\mathrm{Num}_{\mathrm{grid}}(\mathrm{E}_A \bigcap B)}{\mathrm{Num}_{\mathrm{grid}}(B)} \\[3mm] \dfrac{\mathrm{Num}_{\mathrm{grid}}(\mathrm{SW}_A \bigcap B)}{\mathrm{Num}_{\mathrm{grid}}(B)} & \dfrac{\mathrm{Num}_{\mathrm{grid}}(\mathrm{S}_A \bigcap B)}{\mathrm{Num}_{\mathrm{grid}}(B)} & \dfrac{\mathrm{Num}_{\mathrm{grid}}(\mathrm{SE}_A \bigcap B)}{\mathrm{Num}_{\mathrm{grid}}(B)} \end{bmatrix} \quad (3.93)$$

利用所占格网单元数目替代面积，可极大地简化关系矩阵的计算。通过动态调整格网大小使对象落在某些格网中而非落在格网线上，而参考对象的分界线是与格网分界线重合的，因而用格网划分时，目标对象不会落在分界线上或分界线交点处。因此这种简化的详细方向关系矩阵就可表示任意对象之间的任意方向关系。

2. 空间参考对象的划分

格网方向关系模型可表示任意两个对象之间的方向关系，实际应用时仍有特殊情况需处理：目标对象全部落在 O 区，表示参考对象与目标对象重合。但在实际空间场景中，选定的两个对象为相离或相邻关系，不可能出现重叠的情况，需对参考对象进行划分处理。

当两个对象距离很近时，可能出现方向关系判断不准确的情况。如图 3.39（a）和（d）所示，两幅图中目标对象相对参考对象的方向是明确的，但都被划分到 O 区，此时需对参考对象进行划分，即以目标对象所占格网单元的延长线对参考对象截取的最小范围作为新的参考对象，判断目标对象与参考对象间的方向关系。图 3.39（b）、（c）和图 3.39（e）、（f）为用 B 所在的栅格线的延长线对 A 进行划分，选取所截范围最小的两条延长线，将这两条延长线与分区线截取出的部分作为新的参考对象重新进行分区。

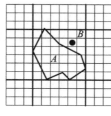 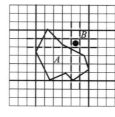 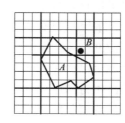

（a）对象被分入O区1　　　　（b）划分参考对象1　　　　（c）新的参考对象1

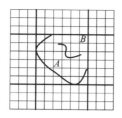
（d）对象被分入O区2

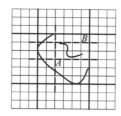
（e）划分参考对象2

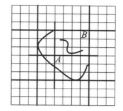
（f）新的参考对象2

图 3.39　用点对象对面对象进行划分

　　实际应用中的数据远比示例中数据多且复杂，参考对象的划分也更有必要。如线对象并不是只有上述示例中的一段，很可能是很长的一条路，如图 3.40（a）所示，当对路旁边的一个房屋的方位判断时，若使用整条线判断，得到房屋在公路上，不符合实际。因此，需对参考对象进行划分后再进行判断才符合实际，图 3.40（b）所示。

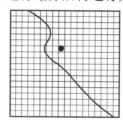
（a）实际中的路与房屋

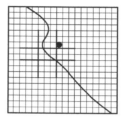
（b）对路进行划分后

图 3.40　实际应用中的划分示例

3. 格网方向关系矩阵间的距离计算

　　方向关系可通过方向关系矩阵表达，两个方向关系之间的相似度即可通过其对应的方向关系矩阵之间的相似度来反映。如图 3.41 所示，计算方向关系之间的相似度 s 首先需计算方向关系矩阵之间的距离 d，然后将 d 转换为相异度 δ：

$$\delta(\boldsymbol{D}^0,\boldsymbol{D}^1)=\frac{d(\boldsymbol{D}^0,\boldsymbol{D}^1)}{d_{\max}}\qquad（3.94）$$

最后通过 δ 求相似度 s：

$$s(\boldsymbol{D}^0,\boldsymbol{D}^1)=1-\delta(\boldsymbol{D}^0,\boldsymbol{D}^1)\qquad（3.95）$$

式中：$\boldsymbol{D}$ 为方向关系矩阵；$d_{\max}$ 为邻域图的最大距离。相似度取值范围为[0, 1]，取值越大表示两个方向关系越相似，若为 1 则表示两个方向关系完全相同。本方法将任意两个方向关系矩阵之间的距离定义为从源方向矩阵 $\boldsymbol{D}^0$ 转换成目的方向矩阵 $\boldsymbol{D}^1$ 的最小代价，该转换通过将 $\boldsymbol{D}^0$ 中的非零元素从原来的位置沿着邻域图的路径移动到 $\boldsymbol{D}^1$ 中非零元素的位置来实现。距离 d 的计算需分两种情况讨论：单元素方向关系矩阵间的距离与多元素方向关系矩阵间的距离。单元素方向关系矩阵只有一个非零元素，多元素方向关系矩阵中存在多个非零元素，单元素方向关系矩阵可看作一种特殊的多元素矩阵。

　　1）单元素方向关系矩阵间的距离

　　单元素方向关系矩阵对应 9 种不同单元素方向关系。单元素方向关系矩阵间的最小距离与邻域图有关。在 9 方向分区上建立合适的邻域图有利于提高距离的计算精确度。邻域图分为 4 邻域图和 8 邻域图，4 邻域图和 8 邻域图中各顶点之间的最小距离不同（图 3.42）。若采用 4 邻域图，式（3.94）中 $d_{\max}$ 取值为 4，若采用 8 邻域图则其取值为 2。

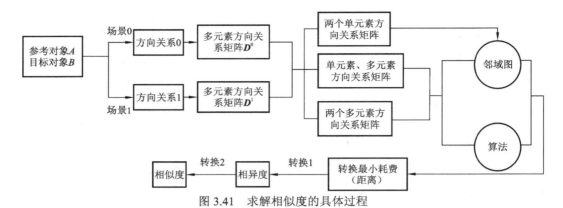

图 3.41　求解相似度的具体过程

邻域图距离	格1	格2	格3	格4	格5	格6	格7	格8	格9
格1	0|0	1|1	2|1	3|2	2|2	3|2	2|1	1|1	1|1
格2	1|1	0|0	1|1	2|2	3|2	4|2	3|2	2|2	2|1
格3	2|1	1|1	0|0	1|1	2|1	3|2	2|2	3|2	1|1
格4	3|2	2|2	1|1	0|0	1|1	2|2	3|2	4|2	2|1
格5	2|2	3|2	2|1	1|1	0|0	1|1	2|1	3|2	1|1
格6	3|2	4|2	3|2	2|2	1|1	0|0	1|1	2|2	2|1
格7	2|1	3|2	2|2	3|2	2|1	1|1	0|0	1|1	1|1
格8	1|1	2|2	3|2	4|2	3|2	2|2	1|1	0|0	2|1
格9	1|1	2|1	1|1	2|1	1|1	2|1	1|1	2|1	0|0

图 3.42　4 邻域图（左侧值）和 8 邻域图（右侧值）的单元素方向关系矩阵间距离

2）多元素方向关系矩阵间的距离

这种情况也包含两种情况。一是从多元素方向关系矩阵转换为单元素方向关系矩阵，即将多元素的非零元素值转移形成目的矩阵中唯一的非零元素，需计算多元素方向关系矩阵中每个非零元素按其权重与单元素方向关系矩阵中非零元素的距离之和，即

$$d = \sum_{i=1}^{9} d(\boldsymbol{D}_{0i}, \boldsymbol{D}_{1\text{des}}) \times \boldsymbol{D}_{0i} \tag{3.96}$$

式中：$\boldsymbol{D}_{0i}$ 为源矩阵 $\boldsymbol{D}^0$ 中的元素值；$\boldsymbol{D}_{1\text{des}}$ 为目的矩阵 $\boldsymbol{D}^1$ 中的非零元素；$d(\boldsymbol{D}_{0i}, \boldsymbol{D}_{1\text{des}})$ 为两个元素之间的距离，即两个对应位置非零的单元素方向关系矩阵之间的距离。由于距离是对称的，单元素源矩阵与多元素目的矩阵的距离可通过计算目的矩阵到源矩阵的距离获得。

二是从多元素方向关系矩阵转换为多元素方向关系矩阵，由于这种情况下不能明确源多元素矩阵各非零元素转入目的多元素矩阵各非零元素的比例，本方法利用方向矩阵间转换的最小代价计算距离。首先，了解几个与矩阵相关的概念。

定义 3.7：矩阵 $\boldsymbol{D}^0$ 和 $\boldsymbol{D}^1$ 的共性矩阵 $\boldsymbol{C}^{01}$ 为

$$\forall i, j : \boldsymbol{C}_{ij}^{01} := \min(\boldsymbol{D}_{ij}^0, \boldsymbol{D}_{ij}^1) \tag{3.97}$$

$\boldsymbol{C}^{01}$ 的每个元素的值取 $\boldsymbol{D}^0$ 和 $\boldsymbol{D}^1$ 相应位置上两个元素的较小值。同理，$\boldsymbol{D}^1$ 和 $\boldsymbol{D}^0$ 的共

性矩阵 $\boldsymbol{C}^{10}$ 元素的值也取两个矩阵中元素的较小值，因而 $\boldsymbol{C}^{01}=\boldsymbol{C}^{10}$。

定义 3.8：矩阵 $\boldsymbol{D}^0$ 与 $\boldsymbol{D}^1$ 的非对称相异矩阵 $\boldsymbol{R}^{01}$ 为矩阵 $\boldsymbol{D}^0$ 与共性矩阵之差

$$\boldsymbol{R}^{01} := \boldsymbol{D}^0 - \boldsymbol{C}^{01} \tag{3.98}$$

同理，矩阵 $\boldsymbol{D}^1$ 与 $\boldsymbol{D}^0$ 的非对称相异矩阵 $\boldsymbol{R}^{10}$ 为矩阵 $\boldsymbol{D}^1$ 与共性矩阵之差

$$\boldsymbol{R}^{10} := \boldsymbol{D}^1 - \boldsymbol{C}^{10} \tag{3.99}$$

定义 3.9：矩阵 $\boldsymbol{D}^0$ 与 $\boldsymbol{D}^1$ 的方向相异矩阵 $\boldsymbol{\varDelta}^{01}$ 定义为两个非对称相异矩阵的差值

$$\boldsymbol{\varDelta}^{01} := \boldsymbol{R}^{01} - \boldsymbol{R}^{10} \tag{3.100}$$

通过合并式（3.98）～式（3.100）可得

$$\boldsymbol{\varDelta}^{01} := \boldsymbol{D}^0 - \boldsymbol{D}^1 \tag{3.101}$$

式中：$\boldsymbol{\varDelta}^{01}$ 元素的值范围为[−1, 1]。

由于方向关系矩阵间的转换与平衡传输问题有一定的共性，借用平衡传输问题的解决方法可求解矩阵间转换的最小代价。首先了解普通的平衡传输问题及其求解思想。

平衡传输表（balance transportation tableau，BTT）如图 3.43 所示，已知仓库 W_i 能供给的货物量为 s_i，市场 M_j 的需求量为 d_j，c_{ij} 为从 W_i 到 M_j 运送单位货物的成本，已知仓库的总供给量等于市场的总需求量。如何分配货物才能使得运输成本最低，即平衡运输问题。

	M_1	M_2	…	M_n	
W_1	c_{11}	c_{11}	…	c_{1n}	s_1
W_2	c_{21}	c_{22}	…	c_{2n}	s_2
⋮	⋮	⋮		⋮	⋮
W_p	c_{p1}	c_{p2}	…	c_{pn}	s_p
	d_1	d_2	…	d_n	$\sum_{i=1}^{p} s_i - \sum_{j=1}^{n} d_j$

图 3.43　平衡传输表

假设最终解决方案中从 W_i 运送到 M_j 的货物为 x_{ij}，问题演变成确定特定的 x，使得代价 z 最小：

$$z = \sum_{i=1}^{p} \sum_{j=1}^{n} c_{ij} x_{ij} \tag{3.102}$$

且式中 x 需满足仓库供给量和市场需求量的约束

$$\begin{cases} \forall i \sum_{j=1}^{n} x_{ij} = s_i \\ \forall j \sum_{i=1}^{p} x_{ij} = d_i \end{cases} \tag{3.103}$$

西北角（northwest-corner）法为求解 x_{ij} 的一种方法。从平衡传输表的左上方开始，先清空一个仓库或填满一个市场，将实际运输量记下，并从相应的行列中减去运输量，然后删除已空的仓库（行）或已满的市场（列），如果两者同时满足且该行不是剩下的唯一行，则优先去掉行，直到所有的行列都删除，否则继续回到新表的左上方重新开始，每次记下的运输量即为最终 x_{ij} 的解。

方向关系矩阵间的转换与从仓库（源矩阵非零元素对应的分区）运输货物（非零元

素）到市场（目的矩阵非零元素对应的分区）类似，两矩阵若在同一位置都有非零元素，那么部分非零元素（两者中值较小的元素值）是不需运送的，即两者的共性矩阵中的非零元素无须运送，因此非零元素的运送实质是在两个非对称相异矩阵中进行。

4. 案例分析

选取制图综合中两种可能的情况作为示例进行分析。第一种是面面综合为面点的情况。图 3.44（a）为大比例尺下的两个面对象，图 3.44（b）～（d）为综合后的小比例尺地图，图 3.44（b）和（c）中目标对象 B 综合为点对象，图 3.44（d）中参考对象 A 综合为线对象。

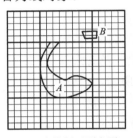 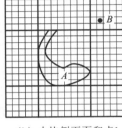 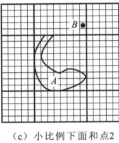 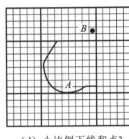

（a）大比例下面和面　　（b）小比例下面和点1　　（c）小比例下面和点2　　（d）小比例下线和点3

图 3.44　大比例下面和面转为小比例尺的情况

图 3.44（a）和（b）的关系矩阵如式（3.104）和式（3.105）所示，图 3.44（c）和（d）关系矩阵相同，如式（3.106）所示。

$$\mathbf{dir}_0(A,B) = \begin{bmatrix} 0 & 0.67 & 0.33 \\ 0 & 0 & 0 \\ 0 & 0 & 0 \end{bmatrix} \tag{3.104}$$

$$\mathbf{dir}_1(A,B) = \begin{bmatrix} 0 & 0 & 1 \\ 0 & 0 & 0 \\ 0 & 0 & 0 \end{bmatrix} \tag{3.105}$$

$$\mathbf{dir}_2(A,B) = \begin{bmatrix} 0 & 1 & 0 \\ 0 & 0 & 0 \\ 0 & 0 & 0 \end{bmatrix} \tag{3.106}$$

计算得到：（a）与（b）之间相似度 $S_0=1-0.67\times1/4=0.832\,5$，（a）与（c）之间相似度 $S_1=1-0.33\times1/4=0.917\,5$，（a）与（d）之间相似度 $S_2=1-0.33\times1/4=0.917\,5$。（b）和（c）相比较，（b）与（a）的相似度低于（c）与（a），（c）更符合制图综合的要求，（d）同样也较好地保持了方向间的相似性。

第二种为面面综合到面面的情况。如图 3.45 所示，将目标对象 B 向西移动，比较子图（b）、（c）与（a）的相似度。通过视觉可直观判断（b）与（a）的相似度更高，计算结果将对此进行验证。

图 3.45（a）～（c）的方向关系矩阵依次表示为

$$D^0 = \begin{bmatrix} 0 & 0 & 0 \\ 0 & 0.125 & 0.375 \\ 0 & 0.125 & 0.375 \end{bmatrix} \tag{3.107}$$

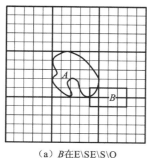
（a）B在E\SE\S\O

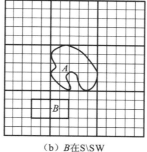
（b）B在S\SW

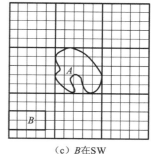
（c）B在SW

图 3.45　将目标对象 B 向西移动

$$D^1 = \begin{bmatrix} 0 & 0 & 0 \\ 0 & 0 & 0 \\ 0.5 & 0.5 & 0 \end{bmatrix} \tag{3.108}$$

$$D^2 = \begin{bmatrix} 0 & 0 & 0 \\ 0 & 0 & 0 \\ 1 & 0 & 0 \end{bmatrix} \tag{3.109}$$

（a）与（b）间的相似度计算先求得两者间的方向相异矩阵，再通过仓库即 SE、E、O 的供给量（正元素）和市场即 S、SW 的需求量（负元素）得到平衡传输表，如图 3.46 所示。

	SW	S	
E	3	2	0.375
SE	2	1	0.375
O	2	1	0.125
	0.5	0.375	0.875

图 3.46　矩阵 D^0 和 D^1 的平衡传输表

由解集 x_{ij}（$i \in \{1, 2, 3\}$，$j \in \{1, 2\}$）得到总代价 z，同时解集应该满足如下约束：

$$z = 3x_{11} + 2x_{12} + 2x_{21} + x_{22} + 2x_{31} + x_{32} \tag{3.110}$$

$$\begin{cases} x_{11} + x_{12} = 0.375 \\ x_{21} + x_{22} = 0.375 \\ x_{31} + x_{32} = 0.125 \\ x_{11} + x_{21} + x_{31} = 0.5 \\ x_{12} + x_{22} + x_{32} = 0.375 \end{cases} \tag{3.111}$$

然后用西北角法求解 x_{ij}。

（1）从平衡传输表的左上角[图 3.47（a）]开始，首先满足一个仓库（E）的供给或者市场（SW）的需求，先满足两者中较小的 0.375，取 $x_{11} = 0.375$，在仓库的供给量和市场的需求量中减掉 x_{11}，此时第一行的仓库清空，删掉行，继续对新表进行操作。

（2）现在表格[图 3.47（b）]左上方为 SE 和 SW，取 x_{21} 为两者中的较小值 0.125，同时两者减掉 x_{21}，此时只有该列为 0，因此去掉该列。

（3）现在表格[图 3.47（c）]左上方为 SE 和 S，SE 的值较小因此取 $x_{22} = 0.25$，将两者的值减掉 x_{22}，此时 SE 的值为 0，而 S 的值为 0.125，因此去掉该行。

（4）现在表格[图 3.47（d）]左上方为 O 和 S，两者都等于 0.125，因此直接取 $x_{32} =$

0.125，并同时将两者的值减掉 x_{32}，发现两者都为 0，优先删除该行，表格清空循环停止。

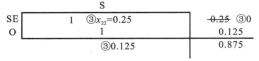

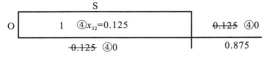

（a）第（1）步对应操作下的平衡传输表 　　　　（b）第（2）步对应操作下的平衡传输表

（c）第（3）步对应操作下的平衡传输表 　　　　（d）第（4）步对应操作下的平衡传输表

图 3.47　使用西北角法求解时的平衡传输表

循环得到最终解集如下：$x_{11}=0.375$，$x_{21}=0.125$，$x_{22}=0.25$，$x_{32}=0.125$，$x_{12}=x_{31}=0$。总代价为 $z=3x_{11}+2x_{12}+2x_{21}+x_{22}+2x_{31}+x_{32}=3\times0.375+2\times0+2\times0.125+0.25+2\times0+0.125=1.75$。因此方向关系矩阵 $\boldsymbol{D}^0$ 和 $\boldsymbol{D}^1$ 间的距离 $d(\boldsymbol{D}^0, \boldsymbol{D}^1)=z=1.75$，求得图 3.45（a）与（b）相异度 $\delta(\boldsymbol{D}^0, \boldsymbol{D}^1)=z/4=0.437\,5$，相似度 $S_0=s(\boldsymbol{D}^0, \boldsymbol{D}^1)=0.562\,5$。

根据 $\boldsymbol{D}^0$、$\boldsymbol{D}^2$ 求得图 3.45（a）与（c）之间相似度 $S_1=1-[0.125\times(2+1)+0.375\times(2+3)]/4=0.437\,5$。由计算结果可知，（a）与（b）的相似度高于（a）与（c），符合人们的实际认知。

3.3.3　顾及尺度差异复合空间对象的方向关系相似度计算

1. 复合对象空间对象方向关系描述与相似性度量

复合对象由单一类型的对象构成，有三种类型的复合对象：复合点对象、复合线对象、复合面对象，它们分别由 $n(n\geqslant1)$ 个点、线、区构成，点之间、线之间、区之间均不重合，线之间可相交或相邻，区之间不可相交可相邻。本小节方法采用 3.3.2 小节介绍的格网下的方向关系矩阵来表示单对象之间的方向关系。在此基础上，方法结合分解思想，使复合对象间的方向关系也能通过格网方向关系矩阵表示。根据参考对象 A 和目标对象 B 是否为复合对象，将分为三种情况对复合空间对象的格网方向关系矩阵进行介绍。

1）参考对象为复合对象

当参考对象 A 为由 n 个单对象组成的复合对象时，则分别以这 n 个单对象为参考对象，求取每个单参考对象与目标对象的方向关系矩阵，然后按照这 n 个单对象所占格网单元数目与对象 A 所占的格网单元数目的比值分配权重，将 n 个单对象与目标对象的关系矩阵相加，如式（3.112）所示，便得到复合对象与目标对象的方向关系矩阵，式中 $\mathbf{dir}(A_i, B)$ 为复合参考对象中第 i 个单对象与目标对象的方向关系矩阵，p_i 为复合参考对象中第 i 个单对象所占的格网单元数目比例。

$$\mathbf{dir}(A, B) = p_1\mathbf{dir}(A_1, B) + p_2\mathbf{dir}(A_2, B) + \cdots + p_i\mathbf{dir}(A_i, B) + \cdots + p_n\mathbf{dir}(A_n, B) \quad (3.112)$$

2）目标对象为复合对象

当目标对象 B 为由 m 个单对象组成的复合对象时，则分别以这 m 个单对象为目标对象，求取参考对象与每个单目标对象的方向关系矩阵，然后按照这 m 个单对象所占格网单元数目与对象 B 所占的格网单元数目的比值分配权重，将参考对象与这 m 个目标对象的关系矩阵相加，如式（3.113）所示，便得到参考对象与复合目标对象的方向关系矩阵，式中 $\mathbf{dir}(A, B_j)$ 为参考对象 A 与复合目标对象中第 j 的单对象的方向关系矩阵，q_j 为复合目标对象中第 j 个单对象所占的格网数目比例。

$$\mathbf{dir}(A,B) = q_1\mathbf{dir}(A,B_1) + q_2\mathbf{dir}(A,B_2) + \cdots + q_i\mathbf{dir}(A,B_j) + \cdots + q_m\mathbf{dir}(A,B_m) \quad (3.113)$$

3）参考对象和目标对象都为复合对象

当参考对象 A 与目标对象 B 分别为由 n 个和 m 个单对象组成的复合对象时，将参考对象划分为 n 个对象，逐个以 n 个单对象为参考对象，求参考对象与复合目标对象的方向关系矩阵，同时将复合目标对象 B 划分为 m 个单目标对象后逐个计算当前参考对象与目标对象间的方向关系矩阵，最后将求得的 n 个单参考对象与复合目标对象之间的方向关系矩阵按单参考对象格网单元数目的权重值相加，即为最终复合参考对象与目标对象之间的方向关系矩阵，如式（3.114）所示，式中 $\mathbf{dir}(A_i, B_j)$ 为复合参考对象 A 的第 $i(1 \leqslant i \leqslant n)$ 个单对象与复合目标对象 B 的第 $j(1 \leqslant j \leqslant n)$ 个单对象的方向关系矩阵，p_i 为 A 的第 i 个对象所占的格网单元数目比，q_j 为 B 的第 j 个对象所占的格网单元数目比。

$$\begin{aligned}
\mathbf{dir}(A,B) =\ & p_1\mathbf{dir}(A_1,B) + p_2\mathbf{dir}(A_2,B) + \cdots + p_i\mathbf{dir}(A_i,B) + \cdots + p_n\mathbf{dir}(A_n,B) \\
=\ & p_1(q_1\mathbf{dir}(A_1,B_1) + q_2\mathbf{dir}(A_1,B_2) + \cdots + q_i\mathbf{dir}(A_1,B_j) + \cdots + q_m\mathbf{dir}(A_1,B_m)) \\
& + p_2(q_1\mathbf{dir}(A_2,B_1) + q_2\mathbf{dir}(A_2,B_2) + \cdots + q_i\mathbf{dir}(A_2,B_j) + \cdots + q_m\mathbf{dir}(A_2,B_m)) + \cdots \\
& + p_i(q_1\mathbf{dir}(A_i,B_1) + q_2\mathbf{dir}(A_i,B_2) + \cdots + q_i\mathbf{dir}(A_i,B_j) + \cdots + q_m\mathbf{dir}(A_i,B_m)) + \cdots \\
& + p_n(q_1\mathbf{dir}(A_n,B_1) + q_2\mathbf{dir}(A_n,B_2) + \cdots + q_i\mathbf{dir}(A_n,B_j) + \cdots + q_m\mathbf{dir}(A_n,B_m))
\end{aligned}$$

$$(3.114)$$

方向矩阵的相似度量方法在 3.3.2 小节中已有介绍，此处介绍一种新的优化算法对平衡传输问题进行处理。它在西北角法的基础上进行优化，该方法需要通过平衡传输表 T 的子集循环表 C 来实现，且每一个行/列不含有或有且仅有 2 个 C 的单元格。

2. 算例分析

如图 3.48 所示，（a）为大比例尺下的点复合参考对象 A 和面复合目标对象 B，而（b）、（c）为（a）进行综合后的小比例尺地图，其中点复合参考对象 A 保持点状态不变，但是（a）中的面复合目标对象 B 在（b）、（c）中变成了点复合目标对象 B；（b）、（c）的不同之处在于点复合目标对象的单个点对象间的位置略有差别。先对（b）、（c）进行比较，计算两者与（a）之间的相似度。

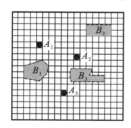 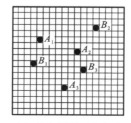 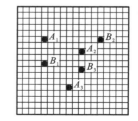

（a）大比例尺下点和面　　　　（b）小比例尺下点和点1　　　　（c）小比例尺下点和点2

图 3.48　大比例尺下点和面转为小比例尺下点和点

1）复合参考对象的方向关系矩阵表示

以图 3.48（a）为例，按照分解的思想，先将参考对象划分为 3 个单参考对象[图 3.49（b）~（d）]，分别求取参考对象与复合目标对象之间的方向关系矩阵。以划分后的 A_1 参考对象[图 3.49（e）为例，再将目标对象划分为 3 个单目标对象[图 3.49（e）、（f）]。依次求得单参考对象 A_1 与 3 个单目标对象的方向关系矩阵，根据目标对象所占格网单元的权重比值可得 A_1 与目标对象之间的方向关系矩阵。同理可求得单参考对象 A_2、A_3 与目标对象之间的方向关系矩阵，然后通过 A 的各单参考对象所占的格网单元比例权重，可求参考对象 A 与目标对象 B 间的方向关系矩阵。同样的方法可求得图 3.48 三个子图中 A 与 B 间的方向关系，依次如式（3.115）~式（3.117）所示。

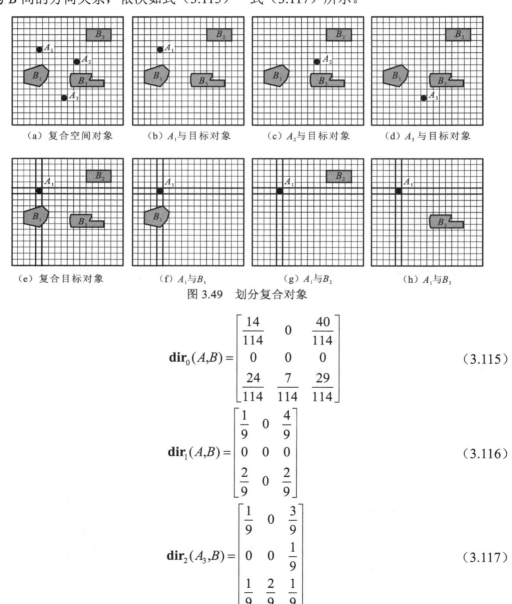

图 3.49　划分复合对象

$$\mathbf{dir}_0(A,B) = \begin{bmatrix} \dfrac{14}{114} & 0 & \dfrac{40}{114} \\ 0 & 0 & 0 \\ \dfrac{24}{114} & \dfrac{7}{114} & \dfrac{29}{114} \end{bmatrix} \tag{3.115}$$

$$\mathbf{dir}_1(A,B) = \begin{bmatrix} \dfrac{1}{9} & 0 & \dfrac{4}{9} \\ 0 & 0 & 0 \\ \dfrac{2}{9} & 0 & \dfrac{2}{9} \end{bmatrix} \tag{3.116}$$

$$\mathbf{dir}_2(A_3,B) = \begin{bmatrix} \dfrac{1}{9} & 0 & \dfrac{3}{9} \\ 0 & 0 & \dfrac{1}{9} \\ \dfrac{1}{9} & \dfrac{2}{9} & \dfrac{1}{9} \end{bmatrix} \tag{3.117}$$

2）复合参考对象方向关系相似度计算

图 3.48（a）～（c）的方向关系矩阵均为多元素矩阵，首先通过西北角法得到初始解，得到图 3.48（a）和（b），图 3.48（a）和（c）之间方向关系矩阵的方向相异矩阵依次如式（3.118）和式（3.119）所示。得到图 3.48（a）和（b）、图 3.48（a）和（c）之间平衡传输表如图 3.50 所示，通过西北角法得到解为：$x_{11}=21$、$x_{21}=11$、$x_{32}=4$。

$$\Delta^{ab}=\mathbf{dir}_0-\mathbf{dir}_1=\begin{bmatrix}\frac{4}{342} & 0 & \frac{-32}{342}\\ 0 & 0 & 0\\ \frac{-4}{342} & \frac{21}{342} & \frac{11}{342}\end{bmatrix}\tag{3.118}$$

$$\Delta^{ab}=\mathbf{dir}_0-\mathbf{dir}_2=\begin{bmatrix}\frac{4}{342} & 0 & \frac{6}{342}\\ 0 & 0 & \frac{-38}{342}\\ \frac{34}{342} & \frac{-55}{342} & \frac{49}{342}\end{bmatrix}\tag{3.119}$$

	NE	SW	
S	3|21	1	21|0
SE	2|11	2	11|0
NW	2	2|4	4|0
	32|11|0	4|0	36

（a）从图3.48（a）到（b）的平衡传输表

	S	E	
NW	3|4	3	4|0
NE	3|6	1	6|0
SW	1|34	3	34|0
SE	1|11	1|38	49|38|0
	55|51|45|11|0	38|0	36

（b）从图3.48（a）到（c）的平衡传输表

图 3.50　示例中平衡传输表

将这三个解所处的单元格标记为基本单元格（图 3.51），通过传输算法进行优化，首先给所有 a、b 赋值；赋值后用 $c_{ij}-a_i-b_j$ 替代 c_{ij}；非基本单元格中有负值存在，则还需继续优化，取最小值-4 所在单元格为“获取”单元格。

	$b_1=0$	b_2
a_1	③^{21}	1
a_2	②^{11}	2
a_3	2	②^{4}

（a）找到基本表

	$b_1=0$	$b_2=-2$
$a_1=3$	③^{21}	1
$a_2=2$	②^{11}	2
$a_3=0$	2	②^{4}

（b）给a、b赋值

	$b_1=0$	$b_2=2$
$a_1=3$	⓪^{21}	[−4]$^{+}$
$a_2=2$	⓪^{11}	−2
$a_3=0$	2	⓪^{4}

（c）替换c并确定“获取”格

图 3.51　优化算法

图 3.51 中基本单元格和“获取”单元格所在的单元格不能构成循环表，因为最后两行都只有 1 个可以形成循环表的单元格。因此，当前的解集已是最优。图 3.48（a）和（b）之间的运输代价 $z_1=(3\times21+2\times11+2\times4)/342=0.272$，相似度为 $s_1=1-0.272/4=0.932$。同理，对图 3.51 中的（a）和（c）的传输表进行优化，如图 3.52 所示，首先找到基本表的组成单元格；然后对所有的 a、b 进行赋值；再替换所有的 c 值；最后找到最小的 c 值所在的单元格并将其框住作为“获取”单元格，并在其他基本单元格中找到与该“获取”格可组成循环表的单元格，找到这些选中的基本单元格中最小的作为选定的“给予”格，将剩余的两个单元格交错地赋为“获取”和“给予”格；最后根据所赋予的符号加上或减去选定的“给予”格的解值，并将框格圈入基本格中，将选定的“给予”格从基

本格中剔出，将最初的 c 值替换回。

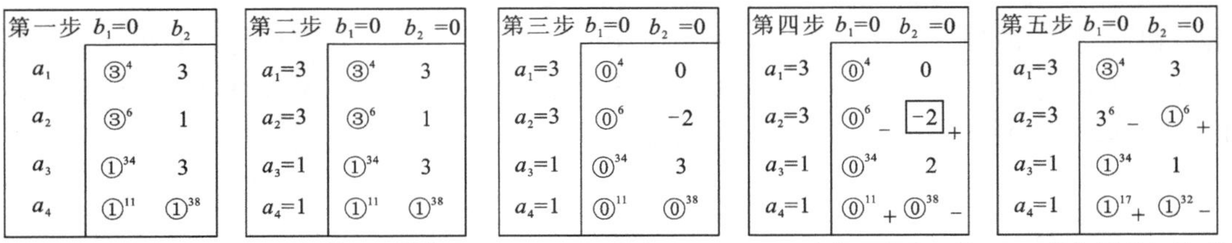

第一步 $b_1=0$ b_2			第二步 $b_1=0$ $b_2=0$			第三步 $b_1=0$ $b_2=0$			第四步 $b_1=0$ $b_2=0$			第五步 $b_1=0$ $b_2=0$		
a_1	③⁴	3	$a_1=3$	③⁴	3	$a_1=3$	⓪⁴	0	$a_1=3$	⓪⁴	0	$a_1=3$	③⁴	3
a_2	③⁶	1	$a_2=3$	③⁶	1	$a_2=3$	⓪⁶	-2	$a_2=3$	⓪⁶	-2₊	$a_2=3$	3⁶ — ①⁶₊
a_3	①³⁴	3	$a_3=1$	①³⁴	3	$a_3=1$	①³⁴	3	$a_3=1$	⓪³⁴	2	$a_3=1$	①³⁴	1
a_4	①¹¹	①³⁸	$a_4=1$	①¹¹	①³⁸	$a_4=1$	⓪¹¹	⓪³⁸	$a_4=1$	⓪¹¹₊ ⓪³⁸ —		$a_4=1$	①¹⁷₊ ①³²—

|（a）找到基本表|（b）给 a、b 赋值|（c）替换 c|（d）确定"获取"格和"给予"格|（e）替换回最初的 c 值|

图 3.52　示例优化算法流程

计算得出图 3.48（a）和（c）之间的运输代价 $z_2=(3\times4+1\times6+1\times34+1\times17+1\times32)/342=0.295$，相似度为 $s_2=1-0.295/4=0.926$。而 $s_1=0.932$ 大于 $s_2=0.926$，即在图 3.48 中，（a）和（b）之间的方向相似度大于（a）和（c）之间的方向相似度，结果表明（a）和（b）之间的方向相似度略高于（a）和（c）之间的方向相似度。（a）和（b）中 B_2 都在 A_1 的东北方向，而（c）中 B_2 在 A_1 的正东方向。因此，就这一点而言，从人的主观视觉上判断，（a）和（b）之间的方向相似度也应该是高于（a）和（c）之间的方向相似度的。

3.3.4　空间方向相似性二元组模型度量方法

上述方法针对经典方向关系矩阵模型的元素表达方式、距离计算方法、模型应用范围等进行针对性的改进，但仍存在以下问题：①对同一方向片区内的方向关系变化识别不足；②邻域图的定义与人类实际认知有差异，且计算粒度较粗；③方向关系矩阵距离的计算广泛借鉴运筹学方法，但仅采用初始基作为最终解，其结果并非最优解，一定程度上降低了相似性度量的准确性。

上述基于经典方向关系矩阵改进的模型中，格网方向关系矩阵具有表达简单快速、粒度可调且可灵活应用于多尺度对象等优点，因此为进一步探索对方向关系矩阵模型的高效改进，本小节以格网方向关系矩阵为基础，引入对象方向片区质心角度表示对象的位置分布，建立可同时记录目标对象分布比例及分布位置信息的方向关系二元组，实现粒度更高的方向关系表达，区分目标对象分布在同一方向片区内的方向关系；同时结合人类空间认知优化邻域图，建立适用于任意方向间的基准方向距离；并引入推土机距离（earth mover's distance，EMD）（Rubner et al.，1998）计算方向关系矩阵间的最小转化代价，实现对任意方向关系间相似度的精确度量。

1. 方向关系矩阵二元组

方向关系矩阵模型利用投影法将参考对象 A 所在空间划分为 9 个方向片区，并通过 3×3 矩阵记录目标对象 B 在 9 个方向片区的分布情况。格网方向关系矩阵引入规律格网单元将空间进一步划分，通过 B 在各方向片区所占格网单元数目比例，将 A、B 间的方向关系表示为

$$\mathbf{dir}_{(A,B)}^{0} = \begin{bmatrix} \dfrac{n_{\text{NW}}}{N_B} & \dfrac{n_{\text{N}}}{N_B} & \dfrac{n_{\text{NE}}}{N_B} \\[2mm] \dfrac{n_{\text{W}}}{N_B} & \dfrac{n_{\text{O}}}{N_B} & \dfrac{n_{\text{E}}}{N_B} \\[2mm] \dfrac{n_{\text{SW}}}{N_B} & \dfrac{n_{\text{S}}}{N_B} & \dfrac{n_{\text{SE}}}{N_B} \end{bmatrix} \tag{3.120}$$

矩阵各元素的分子为 B 在各方向片区所占格网单元数目，分母 N_B 为 B 所占格网单元总数，其中 A、B 对象不限尺度，点、线、面对象在各方向片区所占格网单元数目均可被快速计算出。但目前不论是经典方向关系矩阵模型，还是基于改进的各类模型，均无法区分同一方向片区内的方向关系变化。图 3.53（a）中，场景 2 与场景 3 的方向关系更相似；但图 3.53（b）根据方向关系矩阵模型划分场景空间后，场景 1 和场景 2 中 B 分布在同一方向片区，两者方向关系矩阵相同，方向关系相似度为 1，高于场景 2 与场景 3 间的方向关系相似度。这与人类的实际认知有一定偏差，因此方向关系矩阵模型对方向关系的表示及相似性度量仍存在一定缺陷。

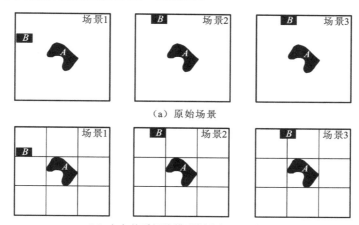

（a）原始场景

（b）方向关系矩阵模型划分场景方向片区

图 3.53　空间划分前后的场景对比

当目标对象在同一方向片区内变化时，可通过对象质心方位角间的差异对方向关系加以区分。目标对象的质心方位角 $\beta \in [0, 2\pi]$ 为参考对象外心的指北方向线，按顺时针方向至该点与目标对象质心连线的水平夹角。与方向关系矩阵类似，本方法建立 3×3 的质心方向矩阵，记录目标对象落在各方向片区内子部分的质心方位角，目标对象 B 相对参考对象 A 的质心方向关系矩阵表示为

$$\mathbf{dir}_{(A,B)}^{1} = \begin{bmatrix} \beta_{\text{NW}} & \beta_{\text{N}} & \beta_{\text{NE}} \\ \beta_{\text{W}} & \beta_{\text{O}} & \beta_{\text{E}} \\ \beta_{\text{SW}} & \beta_{\text{S}} & \beta_{\text{SE}} \end{bmatrix}, \quad \beta \in [0, 2\pi] \tag{3.121}$$

当应用格网划分对象空间时，质心方向关系矩阵的各元素可通过目标对象在各方向片区所占格网单元质心方位角的平均值获取，如图 3.54 所示。将参考对象 A 的外心与目标对象 B 所占格网单元的质心相连后，可求 B 所占格网单元的质心方位角为集合 $\alpha_A^B = \{\alpha_1, \alpha_2, \cdots, \alpha_{N_B}\}$，

其中分布在 NW 方向片区的格网单元质心如图 3.54（c）中实线箭头所指，它们对应的质心方位角集合为 $\{\alpha_1,\alpha_2,\cdots,\alpha_{n_{NW}}\}\subseteq\alpha_A^B$，则 B 在该片区的质心方位角 $\beta_{NW}=\sum_{i=1}^{n_{NW}}\alpha_i/n_{NW}$，可表示为图 3.54（d）中实线箭头方向的方位角，同理可求得 β_N 为图 3.54（d）中虚线箭头方向的方位角，依此类推求得其他元素值。其中 B 未落入的方向片区对应的矩阵元素值记为 0。由于点、线、面对象均可求取质心方位角，质心方向关系矩阵同样适用于多尺度对象。

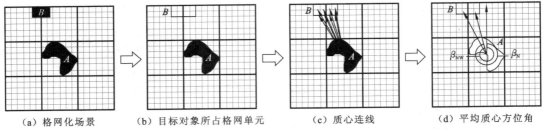

（a）格网化场景　　（b）目标对象所占格网单元　　（c）质心连线　　（d）平均质心方位角

图 3.54　基于格网单元求取目标对象在不同方向片区内的质心方位角

扫封底二维码可见彩图

在格网方向关系矩阵 $\mathbf{dir}_{(A,B)}^0$ 的基础上，融入表征目标对象在各方向片区质心分布情况的质心方向关系矩阵 $\mathbf{dir}_{(A,B)}^1$，即为目标对象 B 相对参考对象 A 的方向关系二元组

$$\mathbf{dir}_{(A,B)}=\{\mathbf{dir}_{(A,B)}^0,\mathbf{dir}_{(A,B)}^1\}=\left\{\frac{1}{N_B}\begin{bmatrix}n_{NW}&n_N&n_{NE}\\n_W&n_O&n_E\\n_{SW}&n_S&n_{SE}\end{bmatrix},\begin{bmatrix}\beta_{NW}&\beta_N&\beta_{NE}\\\beta_W&\beta_O&\beta_E\\\beta_{SW}&\beta_S&\beta_{SE}\end{bmatrix}\right\},\beta\in[0,2\pi]\quad（3.122）$$

3.3.3 小节结合分解思想将格网方向关系矩阵应用到复合对象间的方向关系表达，同理可将方向关系二元组应用于复合对象。设任意复合参考对象 A 和复合目标对象 B 分别由 n 个和 m 个子对象组成。则 B 相对 A 的格网方向关系矩阵表示如下：

$$\begin{aligned}\mathbf{dir}_{(A,B)}^0=&p_1(q_1\mathbf{dir}_{(A_1,B_1)}^0+q_2\mathbf{dir}_{(A_1,B_2)}^0+\cdots+q_n\mathbf{dir}_{(A_1,B_m)}^0)\\&+p_2(q_1\mathbf{dir}_{(A_2,B_1)}^0+q_2\mathbf{dir}_{(A_2,B_2)}^0+\cdots+q_n\mathbf{dir}_{(A_2,B_m)}^0)+\cdots\\&+p_n(q_1\mathbf{dir}_{(A_n,B_1)}^0+q_2\mathbf{dir}_{(A_n,B_2)}^0+\cdots+q_n\mathbf{dir}_{(A_n,B_m)}^0)\end{aligned}\quad（3.123）$$

式中：p_i 为 A 中第 $i(1\leqslant i\leqslant n)$ 个子对象 A_i 相对 A 所占的格网单元数目比；q_j 为 B 中第 $j(1\leqslant j\leqslant n)$ 个子对象 B_j 相对 B 所占的格网单元数目比；$\mathbf{dir}_{(A_i,B_j)}^0$ 为子目标对象 B_j 相对子参考对象 A_i 的格网方向关系矩阵。

利用分解思想计算复合对象间的质心方向关系矩阵时，由于质心方向关系矩阵中各元素值仅与对象在单一方向片区所占格网单元相关，不涉及在其他方向片区所占格网单元。因此质心方向关系矩阵中各元素不共享权重，各元素的权重为该方向片区内子对象与复合对象所占格网单元数目比。B 相对 A 的质心方向矩阵表示如式（3.124）所示，其中 3×3 矩阵 $\boldsymbol{P}_i$ 为 $\mathbf{dir}_{(A_i,B)}^1$ 的权重，$\boldsymbol{P}_i$ 中各元素值为子对象 A_i 相对复合对象 A_X 所占格网单元数目比，A_X 为 X 方向片区有目标对象落入的子参考对象集合，B_j 相对 A_i 的质心方向

关系矩阵 $\mathbf{dir}^1_{(A_i,B_j)}$ 的权重 $\boldsymbol{Q}_{ij}$（3×3 矩阵）可通过 $\mathbf{dir}^0_{(A_i,B_j)}$ 与 $\mathbf{dir}^0_{(A,B)}$ 间点除运算得到。

$$\begin{aligned}
\mathbf{dir}^1_{(A,B)} = &\ \boldsymbol{P}_1(\boldsymbol{Q}_{11}\mathbf{dir}^1_{(A_1,B_1)} + \boldsymbol{Q}_{12}\mathbf{dir}^1_{(A_1,B_2)} + \cdots + \boldsymbol{Q}_{1m}\mathbf{dir}^1_{(A_1,B_m)})\\
&+ \boldsymbol{P}_2(\boldsymbol{Q}_{21}\mathbf{dir}^1_{(A_2,B_1)} + \boldsymbol{Q}_{22}\mathbf{dir}^1_{(A_2,B_2)} + \cdots + \boldsymbol{Q}_{2m}\mathbf{dir}^1_{(A_2,B_m)}) + \cdots\\
&+ \boldsymbol{P}_n(\boldsymbol{Q}_{n1}\mathbf{dir}^1_{(A_n,B_1)} + \boldsymbol{Q}_{n2}\mathbf{dir}^1_{(A_n,B_2)} + \cdots + \boldsymbol{Q}_{nm}\mathbf{dir}^1_{(A_n,B_m)})
\end{aligned} \tag{3.124}$$

2. 基于方向关系二元组的方向关系相似性度量

方向关系二元组间的相似性度量同时考虑目标对象在各方向片区内分布比例及质心方位角的变化。传统方向关系矩阵模型在计算矩阵距离时所使用的基准方向距离粒度较粗，仅定义了 9 个方向片区间的距离，未能描述任意方向间的距离，且方向片区间距离定义与人类实际认知存在部分偏差。故本方法先对传统邻域图进行改进，提出符合人类认知的综合邻域图，并在此基础上将其扩展为适用于任意方向间距离计算的质心方向距离，从而可通过质心方向关系矩阵获取不同对象分布间更精细的基准方向距离，联合格网方向关系矩阵记录的对象分布比例差异，指导 EMD 计算方向关系二元组间的最小转换代价，即方向关系二元组间的距离，实现对方向关系相似性的评估。

方向关系二元组模型通过二元组间的距离量化两个方向关系间的变化量，距离越小，方向关系相似度越高。式（3.125）表示任意场景对 (s,t) 的方向关系相似度，两场景对应的方向关系二元组间的距离 $D(\mathrm{dir}_s,\mathrm{dir}_t)$ 越小，它们之间的相似度 $S(s,t)\in[0,1]$ 越大。式中 $d_{\max}$ 表示不同方向片区间的最大距离，其取值与方向片区间的基准方向距离定义相关。

$$S(s,t)=1-\frac{D(\mathrm{dir}_s,\mathrm{dir}_t)}{d_{\max}} \tag{3.125}$$

1）基于邻域图的基准方向距离定义

经典方向关系矩阵模型为 9 个方向片区定义了 2 种基准方向距离，分别以 4 邻域图和 8 邻域图为向导，如图 3.55（a）和（b）所示。图中连线表示距离 1，两方向片区间的距离定义为两者间最短路径经过的连线数目。两类邻域图的差别在于斜对角线方向片区间是否有连线，这使得两者相同方向片区间的距离略有不同，如(SW, NE)的距离在两者中都取得最大值，但在 4 邻域图中为 4，在 8 邻域图中为 2，因此两类邻域图的 $d_{\max}$ 的值分别为 4 和 2。

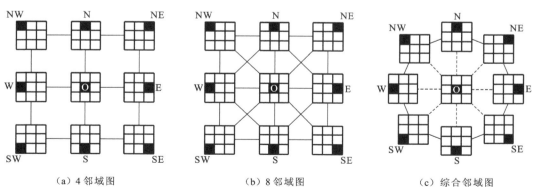

（a）4 邻域图　　　　　　　（b）8 邻域图　　　　　　　（c）综合邻域图

图 3.55　4 邻域图、8 邻域图及综合邻域图

4 邻域图和 8 邻域图为方向关系矩阵的距离计算提供重要依据，但两者仍存在与实际认知不完全相符的问题。在人的方向认知中，相对原始方向偏移角度更小的方向具有更高的方向相似度，偏移角度增大时相似度逐渐降低，当偏移角增至 180° 时达到人类认知中完全相反的方向，相似度最低。因此当目标对象围绕参考对象旋转 180° 时，方向关系最不相似，方向距离最大。4 邻域图中斜对角方向如 $d_4(\mathrm{NW,SE}) = d_4(\mathrm{NE,SW}) = 4$，满足最大值，但正方向上相差 180° 方向片区间距离 $d_4(\mathrm{N,S}) = d_4(\mathrm{W,E}) = 2$，仅与对象旋转 90° 后的距离相等；8 邻域图满足任意方向与相反方向的距离为其最大值 2，如 $d_8(\mathrm{NW,SE}) = d_8(\mathrm{N,S}) = 2$，但它对方向变化不敏感，仅能区分 {0,1,2} 三个程度的方向距离变化，导致有明显差异的方向关系未被区分，如 $d_8(\mathrm{N,NE}) = d_8(\mathrm{N,E}) = 1$，NE 到 E 的变化被忽视。综上可见，两种邻域图的定义并未完全与人的实际认知一致。

本方法结合空间认知提出图 3.55（c）所示的综合邻域图，实线和虚线均表示距离 1，规定方向片区间的最短路径最多经过 1 条虚线，可得方向片区间的基准距离（图 3.56）。中心片区到其他方向片区的距离均为 1，其他 8 个方向片区中任意两者的距离随它们与中心片区外心连线夹角的增大呈现先增大后减小的趋势，夹角为 180° 时，距离达到最大距离值 4，如 $d_c(\mathrm{N,E}) = d_c(\mathrm{SW,NE}) = 4$；综合邻域图对方向片区间的距离更具区分性，可识别 {0,1,2,3,4} 5 种方向距离变化。相较 4 邻域图和 8 邻域图，综合邻域图对方向片区间的距离定义更符合人对空间方向的实际认知。

方向片区间距离	N	NE	E	SE	S	SW	W	NW	O
N	0	1	2	3	4	3	2	1	1
NE	1	0	1	2	3	4	3	2	1
E	2	1	0	1	2	3	4	3	1
SE	3	2	1	0	1	2	3	4	1
S	4	3	2	1	0	1	2	3	1
SW	3	4	3	2	1	0	1	2	1
W	2	3	4	3	2	1	0	1	1
NW	1	2	3	4	3	2	1	0	1
O	1	1	1	1	1	1	1	1	0

图 3.56　综合邻域图中方向片区间的距离

2）任意方向关系间的基准方向距离定义

邻域图定义了 9 个方向片区间的基准方向距离，但相同方向片区间的方向距离为 0，因此仍无法区分同一方向片区内的变化。此时，目标对象质心方位角间的差异可有效区分两个目标对象间的方向变化。记场景对 (s,t) 中目标对象的质心方位角为 β_s 和 β_t，将两者的质心方位角距离 θ 定义如下：

$$\theta = |\beta_s - \beta_t| \tag{3.126}$$

式中：$\theta \in [0, 2\pi]$。

在综合邻域图定义的方向片区间距离的基础上，引入基于 θ 的质心方向距离 $f_d(\theta)$，如式（3.127）所示。$f_d(\theta)$ 将 θ 映射至综合邻域图的值域范围[0, 4]内，从而将基准方向距离由 9 个方向片区间扩展到任意方向关系间，获取粒度更细的基准方向距离。图 3.57 为 $f_d(\theta)$ 相对 θ 的分布变化，可发现两个目标对象质心方位角间距离 θ 由 $0°$ 增至 $180°$ 再至 $360°$ 时，对应质心方向距离先单调递增再单调递减，并在 $180°$ 时取得最大值，与人的认知相符。质心方向距离 $f_d(\theta)$ 是定义在 $[0, 2\pi]$ 内的连续函数，可反映任意方向间的距离，综合邻域图定义的基准方向距离为该基准方向距离的子集，两者最大方向距离值 $d_{\max}$ 均为 4。

$$f_d(\theta) = d_{\max} \text{acrcos}(\cos\theta) / \pi = 4\text{acrcos}(\cos\theta) / \pi, \quad \theta \in [0, 2\pi] \tag{3.127}$$

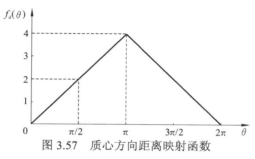

图 3.57　质心方向距离映射函数

3）方向关系二元组间的 EMD 计算

方向关系二元组间的距离计算是以二元组中的格网方向关系矩阵为实施主体，因此其计算方法与格网方向关系矩阵的距离计算类似。根据矩阵中非零元素数目的情况，格网方向关系矩阵的距离计算可分为如下三种。①单元素格网方向关系矩阵间的距离：查询邻域图获取。②单元素与多元素格网方向关系矩阵的距离：将多元素方向关系矩阵拆分为多个单元素子矩阵后，依次计算它们与单元素方向关系矩阵的距离，再以各自的单元素值为权重加权求和获得最终距离。③多元素方向关系矩阵间的距离：因不能明确元素在矩阵中转移的情况，常借鉴运输问题解决方法如西北角法（Strayer，2012）计算两个矩阵间的最小耗费作为距离。

同理，通过方向关系二元组中的格网方向关系矩阵计算方向关系二元组间的距离，但此时各元素间的距离不再通过邻域图定义的基准距离表示，而是采用质心方向距离 $f_d(\theta)$ 表示，通过各元素在二元组中质心方向关系矩阵的对应位置元素值即可求取 $f_d(\theta)$，从而完成更准确的方向关系二元组距离的计算。

特别地，在多元素方向关系矩阵间的距离计算中，西北角法由于简单易实施而被广泛采用，但运筹学中认为它并未注意到运输成本的影响，计算结果往往并非最优值（Hillier et al.，1995），这影响了方向关系相似性度量的准确性。Rubner 等（1998）提出 EMD 表示不同分布间相互转换的最小代价，并被广泛应用于视觉领域和自然语言领域中的特征相似性度量，本方法将 EMD 引入方向关系二元组间最小转换代价的计算中。

EMD 源自运输模型。设有 m 个供应者 $P = \{(p_1, w_{p1}), \cdots, (p_m, w_{pm})\}$ 和 n 个需求者 $Q = \{(q_1, w_{q1}), \cdots, (q_m, w_{qn})\}$，其中 p_i 和 $w_{pi}(1 \leq i \leq m)$ 为第 i 个供应者及其供应量，q_j 和 $w_{qj}(1 \leq j \leq n)$ 为第 j 个需求者及其需求量。各供应者到各需求者的运输距离及

运输量分别通过 $m \times n$ 的运输距离矩阵 $\boldsymbol{C} = [c_{ij}] (1 \leqslant i \leqslant m, 1 \leqslant j \leqslant n)$ 和运输方案矩阵 $\boldsymbol{E} = [e_{ij}] (1 \leqslant i \leqslant m, 1 \leqslant j \leqslant n)$ 表示，可得总运输代价 $\mathrm{cost}(P,Q)$ 为

$$\mathrm{cost}(P,Q) = \sum_{i=1}^{m} \sum_{j=1}^{n} c_{ij} e_{ij} \qquad (3.128)$$

式中：运输方案矩阵的元素 $e_{ij} (1 \leqslant i \leqslant m, 1 \leqslant j \leqslant n)$ 为第 i 个供应者运往第 j 个需求者的货物量，且满足如下约束：

$$e_{ij} \geqslant 0, \qquad 1 \leqslant i \leqslant m, \ 1 \leqslant j \leqslant n \qquad (3.129)$$

$$\sum_{i=1}^{m} e_{ij} \leqslant w_{qj}, \qquad 1 \leqslant j \leqslant n \qquad (3.130)$$

$$\sum_{j=1}^{n} e_{ij} \leqslant w_{pi}, \qquad 1 \leqslant i \leqslant m \qquad (3.131)$$

当找到一个最优运输方案 $\boldsymbol{E}_{\mathrm{opt}} = [e_{ij}^{\mathrm{opt}}] (1 \leqslant i \leqslant m, 1 \leqslant j \leqslant n)$ 时，$\mathrm{cost}(P,Q)$ 取得最小值，即为 P 与 Q 间的 EMD，表示为

$$\mathrm{EMD}(P,Q) = \min[\mathrm{cost}(P,Q)] = \sum_{i=1}^{m} \sum_{j=1}^{n} c_{ij} e_{ij}^{\mathrm{opt}} \qquad (3.132)$$

采用 EMD 计算任意方向关系二元组 dir_s 与 dir_t 间的最小转换代价时，将两者的格网方向关系矩阵 $\mathbf{dir}_s^0, \mathbf{dir}_t^0$ 分别视作供应者集合和需求者集合，$\mathbf{dir}_s^0, \mathbf{dir}_t^0$ 中非零元素分布的 $m(1 \leqslant m \leqslant 9)$ 个方向片区 $\{p_1, \cdots, p_m\}$ 和 $n(1 \leqslant n \leqslant 9)$ 个方向片区 $\{q_1, \cdots, q_n\}$ 分别为 m 个供应者和 n 个需求者，其元素值 $\{w_{p1}, \cdots, W_{pm}\}$ 和 $\{w_{q1}, \cdots, w_{qn}\}$ 为各自的供应量与需求量。同时 dir_s 与 dir_t 的质心方向关系矩阵 $\mathbf{dir}_s^1$ 和 $\mathbf{dir}_t^1$ 中相应位置的元素值 $\{\beta_{p1}, \cdots, \beta_{pm}\}$ 及 $\{\beta_{q1}, \cdots, \beta_{qn}\}$ 分别为各供应者和需求者的质心方位角，则 $p_i (1 \leqslant i \leqslant m)$ 到 $q_j (1 \leqslant j \leqslant n)$ 的运输距离通过两者的质心方向距离表示，即 $c_{ij} = f_{\mathrm{d}}(\theta_{ij}) (1 \leqslant i \leqslant m, 1 \leqslant j \leqslant n)$，其中 $\theta_{ij} = |\beta_{pi} - \beta_{qj}|$ 为两者的质心方位角距离。由此可得方向关系二元组间的 EMD 为

$$\mathrm{EMD}(\mathrm{dir}_s, \mathrm{dir}_t) = \min(\mathrm{cost}(\mathrm{dir}_s, \mathrm{dir}_t)) = \sum_{i=1}^{m} \sum_{j=1}^{n} f_{\mathrm{d}}(\theta_{ij}) e_{ij}^{\mathrm{opt}} \qquad (3.133)$$

从而可得任意两个方向关系二元组间的相似度最终为

$$S(s,t) = 1 - \frac{\displaystyle\sum_{i=1}^{m} \sum_{j=1}^{n} f_{\mathrm{d}}(\theta_{ij}) e_{ij}^{\mathrm{opt}}}{d_{\max}} \qquad (3.134)$$

式中：$d_{\max}$ 为质心方向距离的最大值 4。

EMD 的计算最终转化为对运输问题的求解，可通过运输单纯形法高效计算，这是一种流线型单纯形法，可充分利用约束矩阵的稀疏结构降低运算量。实施过程主要包括：①初始化获取基可行解；②最优性检验；③迭代获取新的基可行解，具体过程可参考 Hillier 等（1995），其时间复杂度为 $O(n^2)$。现阶段 EMD 算法在视觉领域发展较为完善，通常利用 Russell 近似法（Russell，1969）计算初始基可行解，它相较西北角法更易获取最优解，且更易在计算机上快速完成计算（Hillier et al.，1995）。本方法采用经典的 C 语言 EMD 算法库（Rubner，1998）完成方向关系二元组距离的计算。

3. 实验与讨论

进一步对方向关系二元组的表达能力、综合邻域图和质心方向距离的完备性及 EMD 的可行性进行分析,并探究本方法在基于方向关系的制图综合结果评估等任务中的表现。

1)方向关系二元组模型基本可行性分析

(1)方向关系二元组的表达能力分析。图 3.58 为目标对象 B 以 NW 片区为起点围绕参考对象 A 平移,得到的 12 幅表现不同方向关系的场景。

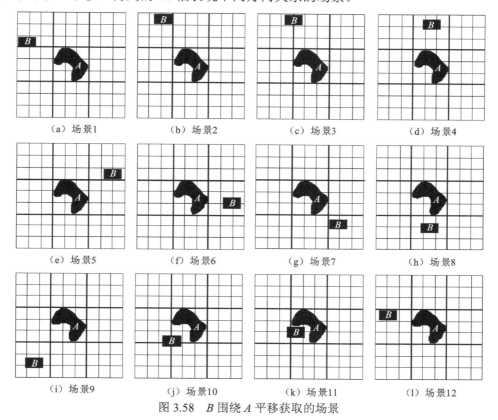

(a) 场景1	(b) 场景2	(c) 场景3	(d) 场景4
(e) 场景5	(f) 场景6	(g) 场景7	(h) 场景8
(i) 场景9	(j) 场景10	(k) 场景11	(l) 场景12

图 3.58 B 围绕 A 平移获取的场景

图 3.59 对比了场景 1 与其他场景在方向关系二元组模型和格网方向关系矩阵模型中的方向关系相似度,两种模型均采用综合邻域图定义的基准距离。可发现两种相似度结果都呈先降低后上升的形态,整体趋势符合人对方向关系的认知,但具体到各场景可发现两者区分度的差异。如场景 1 与场景 2 在格网方向关系矩阵模型中方向关系相似度 $S_{grid}((a),(b))=1$,但在方向关系二元组模型中 $S_{tuple}((a),(b))=1-0.626/4=0.844$,表明两者的方向关系具有较高的相似度,但并非完全相同。逐个观察图 3.59 中的结果,可发现格网方向关系矩阵仅能体现方向片区间的差异,忽视了具体方向偏移角度间的差异,相比之下方向关系二元组对任意方向关系变化都有较好的识别和区分能力。

(2)综合邻域图区分能力分析。为验证综合邻域图对基准方向距离定义更完备且符合认知,通过格网方向关系矩阵对比图 3.58 中 12 个场景在采用 4 邻域图、8 邻域图、综合邻域图这 3 种基准方向距离定义时的矩阵距离。

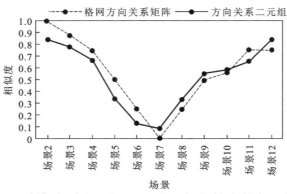

图 3.59　两种模型下各场景与场景 1 的方向关系相似性度量结果对比

如图 3.60 所示，各子图中距离值均在本场景附近取得较小值，沿着坐标轴往两侧发散时，最初均呈递增趋势，整体上均满足偏移角度越大距离越大、偏移角度越小距离越小的基本规律。对比图中各颜色柱体的值域，可发现表示 8 邻域图结果的柱体分布范围及变化幅度最小，值域仅在 [0,2] 且走势大多较为平稳，如图 3.60（i）中场景 9 与场景 1～7 这 7 个场景间的距离均为 2，这不符合实际认知。4 邻域图和综合邻域图对方向变化的识别粒度有很大的提升，图中两者值域均为 [0,4] 且走势接近，差异主要体现在相反方向间的距离。如图 3.60（d）中场景 4 与场景 8 在 4 邻域图中的距离 2，小于场景 4 与场景 7 间的距离 3，即相较场景 7，场景 8 与场景 4 更相似，这与空间认知中相反方向最不相似的认知相悖；而图中综合邻域图柱体的分布表明，它的方向片区间的距离随着偏移角度变化规律地增大或减小，对不同方向角度变化的距离判断均与人的空间认知一致。相较 4 邻域图和 8 邻域图，综合邻域图具有更完备、更符合认知的距离定义。

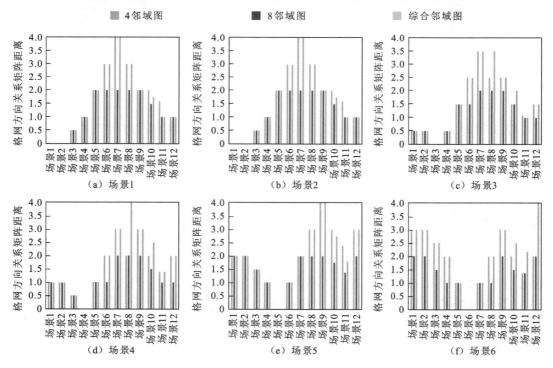

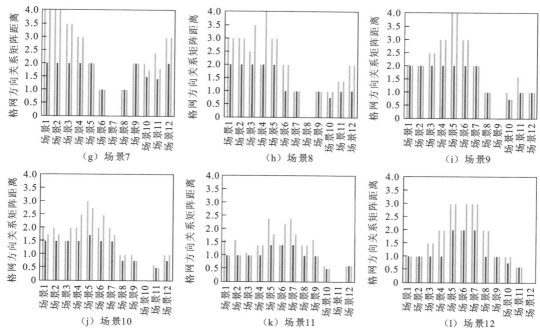

图 3.60　4 邻域图、8 邻域图、综合邻域图下的格网方向关系矩阵距离分布

扫封底二维码可见彩图

（3）EMD 距离最优性分析。传统方向关系矩阵模型常采用西北角法（Strayer，2012）计算两个矩阵间的最小耗费，西北角法每次迭代优先计算平衡传输表的西北角即左上角元素，因此其计算结果会因表中行列位置不同而变化，往往并非最优值。以图 3.61 为例，图中两个场景的方向关系二元组均由多元素方向关系矩阵组成。依次通过西北角法和 EMD 计算两个场景在不同基准方向距离下的格网方向关系矩阵距离和方向关系二

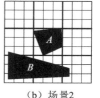

（a）场景1　　　（b）场景2

图 3.61　目标对象分布在多个方向片区的场景示意图

元组距离，结果如表 3.6 所示。可发现不论采用何种方向表达模型及基准方向距离定义，两者间的 EMD 均小于或等于西北角法的计算结果。仅采用基于 8 邻域图的格网方向关系矩阵时两种距离计算方法的结果相同，这也与 8 邻域图定义的基准距离范围小，不同方向片区间距离值变化不大有关。整体 EMD 距离值均更小、结果更优。

表 3.6　西北角法计算距离和 EMD 对比

方向关系模型	西北角法计算距离	EMD
格网方向关系矩阵（4 邻域图）	2.929	1.929
格网方向关系矩阵（8 邻域图）	1.909	1.909
格网方向关系矩阵（综合邻域图）	3.111	2.707
方向关系二元组（质心方向距离）	3.083	2.767

2）方向关系二元组模型的应用能力分析

方向关系相似性是多尺度地图空间相似关系的重要部分（闫浩文 等，2009），可作为制图综合结果的评价指标之一。方向关系二元组可表达多尺度对象间的方向关系，并可通过分解思想应用于复合对象。因此，可通过方向关系二元组对制图综合前后多尺度对象间及复合对象间方向关系的合理性进行评估。图 3.62 中 4 个子图分别展示了 4 个大比例场景的 2 种制图综合结果，通过该模型和格网方向关系矩阵模型计算制图综合前后场景的方向关系相似度。

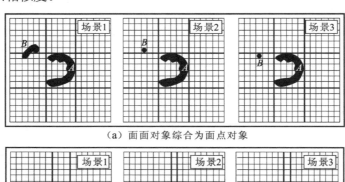

（a）面面对象综合为面点对象

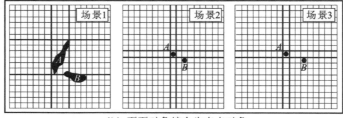

（b）面面对象综合为点点对象

（c）线面对象综合为线点对象

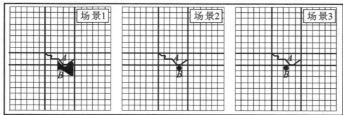

（d）复合点面对象综合为复合点点对象

图 3.62　4 个大比例场景的制图综合结果

结果如表 3.7 所示，对比可发现格网方向关系矩阵仅能判断图 3.62（a）中这类目标对象明显分布在不同方向片区的综合结果的优劣，对图 3.62（b）和（c）的综合结果无法做出准确评估，而方向关系二元组可判断出 4 个子图中均为场景 2 的制图综合结果更合理。特别地，图 3.62（d）复合对象制图综合案例及相应结果来自 3.3.3 小节，方向关系二元组模型的判断结果与其一致，即场景 2 更合理。

表 3.7　两种方法下的综合制图结果评估

综合案例	场景对	格网方向关系矩阵模型	方向关系二元组模型
图 3.62（a）	（场景 1，场景 2）	0.929	0.966 0
	（场景 1，场景 3）	0.822	0.946 0
图 3.62（b）	（场景 1，场景 2）	0.875	0.839 0
	（场景 1，场景 3）	0.875	0.794 0
图 3.62（c）	（场景 1，场景 2）	0.929	0.977 0
	（场景 1，场景 3）	0.929	0.823 0
图 3.62（d）	（场景 1，场景 2）	0.932	0.924 5
	（场景 1，场景 3）	0.926	0.916 6

3.4　距离关系表达与度量

距离即两个物体在空间或时间上相隔或间隔的长度。地理学中研究的距离是一种空间关系，关注不同位置上地理现象的空间相互作用和行为的空间轨迹，而不是简单的长度度量。本节将展开介绍距离关系的表达与度量。

3.4.1　距离空间

距离在描述空间位置之间的关系中是一个十分重要的概念。实际上地理空间中距离的种类有多种，与之对应的抽象数学理论是本节的主要内容。

定义 3.10：设 X 为任意一个非空集合，$d: X \cdot X \rightarrow R$ 为一个函数，使得对于 X 的任何点 x、y、z 满足下列性质：

$$\begin{aligned} &M_1: d(x,y) \geqslant 0 \\ &M_2: d(x,y) = 0 \Leftrightarrow (x = y) \\ &M_3: d(x,y) = d(y,x) \\ &M_4: d(x,y) \leqslant d(x,z) + d(z,y) \end{aligned} \tag{3.135}$$

则 (X, d) 称为以 d 为距离的距离空间。若 $x, y \in X$，则实数 $d(x, y)$ 称为从点 x 到点 y 的距离。

在上面的性质中，M_3 称为对称性，M_4 称为三角不等式。

例如，对于可数无限维实数空间 R^{x_0}，定义距离函数 d：对空间中的任意两点 $p(x_1, x_2, \cdots)$ 和 $q(y_1, y_2, \cdots)$，$d(p,q) = \sqrt{\sum_{i=1}^{\infty} (x_i - y_i)^2}$，这里 $\sum_{i=1}^{\infty} x_i$ 和 $\sum_{i=1}^{\infty} y_i$ 均收敛。

可以证明，$d(p,q)$ 一定收敛，(R^{x_0}, d) 满足距离空间定义。(R^{x_0}, d) 称为希尔伯特（Hilbert）空间。

在地理空间中，两点间的距离度量可以沿着实际的地球表面进行，也可以沿着地球球体的距离量算，具体地，距离可以表现为以下几种形式（以地球上两个城市之间的距离为例），如图3.63所示。

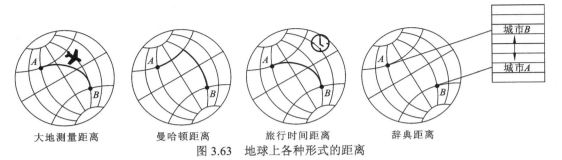

图 3.63 地球上各种形式的距离

（1）大地测量距离：该距离即沿着地球大圆经过两个城市中心的距离。设点 A 的经纬度坐标为 (x_1, y_1)，点 B 的经纬度坐标为 (x_2, y_2)，地球半径为 r，则大地测量距离可用公式表示为

$$d(A,B) = r \cdot \arccos(\sin x_1 \sin x_2 + \cos x_1 \cos x_2 \cos(y_1 - y_2)) \qquad (3.136)$$

（2）曼哈顿距离：纬度差加上经度差（被命名为"曼哈顿距离"是由于在曼哈顿街道的格局可以被模拟成两个垂直方向的直线的一个集合）。设点 A 的经纬度坐标为 (x_1, y_1)，点 B 的经纬度坐标为 (x_2, y_2)，地球半径为 r，假设 $x_2 > x_1$，以 x_2 所在纬线（半径为 R_2）为基准，则曼哈顿距离可做如下计算：

$d_1 = 2\Pi R_2 |y_2 - y_1| / 360$，东经为正，西经为负，若 $|y_2 - y_1| > 180$，则实际的 $d_1^* = 2\Pi R_2 - d_1$；若 $|y_2 - y_1| < 180$，则 $d_1^* = d_1$。$d_2 = 2\Pi R |x_2 - x_1| / 360$，北纬为正，南纬为负，$d = d_2 + d_1^*$。

（3）旅行时间距离：从一个城市到另一个城市的最短的时间可以用一系列指定的航线来表示（假设每个城市至少有一个飞机场）。

（4）辞典距离：对于一个固定的地名册，辞典距离是指一组城市在字典中位置的绝对差值。

考虑上述距离定义，讨论其与距离空间的关系，M_1 和 M_2 显然为这 4 种距离所满足。大地测量距离、曼哈顿距离和辞典距离都满足距离空间的对称性。但是旅行时间距离则不一定，若考虑路面状况、地理特性（坡度等）、交通规则（单行线）等，则对称性不能满足。

三角不等式性质为大地测量距离所满足。对于旅行时间距离，三角不等式也不一定满足。如图 3.64 所示，城市 a 与 b 及 b 与 c 间有高速公路，而 a 与 c 之间只有低等级公路，则就旅行时间而言，$T(a, b) + T(b, c) \geqslant T(a, c)$ 不一定成立。

由上面的讨论可以知道，球面上的辞典距离、大地测量距离，以及曼哈顿距离均构成距离空间，而旅行时间距离则不能构成距离空间。这说明传统的距离空间（也称度量空间）不能完全适应 GIS 的需要。特别需要说明的是，旅行时间这类的距离在 GIS 应用中有很重要的意义。图 3.65 所示为地震后的救灾问题，急救中心 M 需要在最短时间内赶到灾区 A、B、C、D、E，此时通常意义下的距离已不重要，对称性、三角不等式难以满足，时间是最重要的。

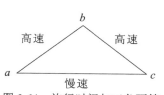

图 3.64 旅行时间与三角不等式

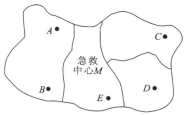

图 3.65 灾区与急救中心的位置

3.4.2 距离量算

1. 两点之间的距离

二维矢量空间中的两点(x_1, y_1)和(x_2, y_2)之间的欧几里得距离 D_2，以及三维矢量空间中的两点(x_1, y_1, z_1)和(x_2, y_2, z_2)之间的欧几里得距离 D_3 分别定义为

$$D_2 = \sqrt{(x_2 - x_1)^2 + (y_2 - y_1)^2} \tag{3.137}$$

$$D_3 = \sqrt{(x_2 - x_1)^2 + (y_2 - y_1)^2 + (z_2 - z_1)^2} \tag{3.138}$$

2. 点到直线的距离

已知直线 L 和任意一个点 P，设 $d(P, L)$ 表示点 P 到 L 的距离。这是点 P 到直线 L 的最短距离。如果 L 是一个有限的线段，那么 P 在 L 上的基点（过 P 点作 L 的垂线，垂线和 L 的交点称为 P 在 L 上的基点）可能在线段之外，这就需要一个不同的计算最短距离的方法。首先要考虑点到直线的垂直距离。

1）两点定义的直线

在二维和三维空间中，如果 L 是通过两个点 P_0、P_1 给出的，可使用矢量积直接计算出点 P 到 L 的距离。两个矢量的矢量积的模等于两个矢量构成的平行四边形的面积，因为 $|\boldsymbol{v} \times \boldsymbol{w}| = |\boldsymbol{v}|\,|\boldsymbol{w}||\sin\theta|$，其中 θ 是两个矢量 $\boldsymbol{v}$ 和 $\boldsymbol{w}$ 的夹角。但是平行四边形的面积也等于底和高的乘积。令 $\boldsymbol{v}_L = P_0P_1 = (P_1 - P_0)$，$\boldsymbol{w} = P_0P = (P - P_0)$，如图 3.66（a）所示，点 P 到直线 L 的距离就是底 P_0P_1 的高。那么，$\boldsymbol{v}_L \times \boldsymbol{w} =$ Area（平行四边形$(\boldsymbol{v}_L, \boldsymbol{w})$）$= |\boldsymbol{v}_L| d(P, L)$，得出以下公式：

$$d(P, L) = \frac{|\boldsymbol{v}_L \times \boldsymbol{w}|}{\boldsymbol{v}_L} = |\boldsymbol{u}_L \times \boldsymbol{w}| \tag{3.139}$$

式中：$\boldsymbol{u}_L = \boldsymbol{v}_L / |\boldsymbol{v}_L|$ 为直线 L 的单位矢量。若要计算多个点到同一条直线的距离，则首先计算 $\boldsymbol{u}_L$ 是最高效的。这里未计算分子的绝对值，这就使公式计算出的结果是带有符号的距离，正号表示点在直线的边，负号表示在直线的另一边。在其他情况下，可能希望获得绝对值。同时可以看出，分子的形式与直线隐式方程的形式相似。

2）二维隐式方程定义的直线

在二维空间中，许多情况下直线 L 很容易通过一个隐式方程 $f(x, y) = ax + by + c = 0$ 来定。对于任意二维点 $P = (x, y)$，距离 $a(P, D)$ 可以直接用这个方程计算出。

矢量 $\boldsymbol{n}_L(a, b)$ 是直线 L 的法线矢量，利用 $\boldsymbol{n}_L$ 可以计算任意点 P 到 L 的距离。首先在 L 上任意选一点 P_0，然后将矢量 P_0P 投影到 $\boldsymbol{n}_L$ 上，如图 3.66（b）所示。具体如下：①因为 a 和

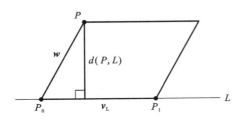
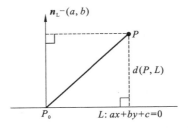

（a）点到显式二维方程定义的直线的距离　　　　（b）点到隐式二维方程定义的直线的距离

图 3.66　点到显式、隐式二维方程定义的直线的距离示意图

b 不同时为 0，设 $a<0$ 或 $a>0$，则 $P_0=(-c/a,0)$ 位于直线 L 上；相反，如果 $a=0$，则 $b<0$ 或 $b>0$，$P_0=(0,-c/b)$，最后的结果是相同的。

②对在 L 上的任意点 P_0，有

$$\boldsymbol{n}_{\mathrm{L}}\cdot\boldsymbol{P}_0\boldsymbol{P}=|\boldsymbol{n}_{\mathrm{L}}|\,|\boldsymbol{P}_0\boldsymbol{P}|\cos\theta=|\boldsymbol{n}_{\mathrm{L}}|\,d(P,L)$$

③对选定的点 P_0：

$$\boldsymbol{n}_{\mathrm{L}}\cdot\boldsymbol{P}_0\boldsymbol{P}=(a,b)(x+c/a,y)=ax+by+c=f(x,y)=f(P)$$

等同于②。最后得出以下公式：

$$d(P,L)=\frac{f(p)}{|\boldsymbol{n}_{\mathrm{L}}|}=\frac{ax+by+c}{\sqrt{a^2+b^2}} \tag{3.140}$$

进一步可以用 $|\boldsymbol{n}_{\mathrm{L}}|$ 除 $f(x,y)$ 的每个系数，使隐式方程规范化，即 $|\boldsymbol{n}_{\mathrm{L}}|=1$，得出非常高效的公式：

$$d(P,L)=f(p)=ax+by+c,\quad a^2+b^2=1 \tag{3.141}$$

对每个距离的计算，式（3.141）只用了 2 次乘法运算和 2 次加法运算。因此，在二维空间中，若需要计算多个点到同一条直线 L 的距离，那么先得出规范化的隐式方程，然后使用式（3.141）计算。同时注意，如果只是比较距离（即寻找离直线最近或最远的点），则不需要规范化。因为它只是通过乘以一个常数因子来改变距离的值。

若 θ 为 L 与 x 轴的夹角并且 $P_0=(x_0,y_0)$ 是 L 上的点，则规范化后的隐式方程有：$a=-\sin\theta$，$b=\cos\theta$ 和 $c=x_0\sin\theta-y_0\cos\theta$。

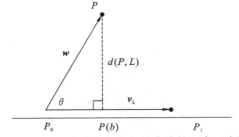

图 3.67　点到参数方程定义的直线的距离示意图

3）参数方程定义的直线

在 n 维空间中，已知直线 L 的参数方程为 $P(t)=P_0+t(P_1-P_0)$，P 为任意 n 维空间中的任意一点。为了计算点 P 到直线 L 的距离 $d(P,L)$，从点 P 作直线 L 的垂线，交于点 $P(b)$，则向量 $\boldsymbol{P}_0\boldsymbol{P}(b)$ 是矢量 $\boldsymbol{P}_0\boldsymbol{P}$ 在线段 P_0P_1 上的投影，如图 3.67 所示。

设 $\boldsymbol{v}_{\mathrm{L}}=(P_1-P_0)$ 和 $\boldsymbol{w}=(P-P_0)$，则得到

$$b=\frac{d(P_0,P(b))}{d(P_0,P_1)}=\frac{|\boldsymbol{w}|\cos\theta}{|\boldsymbol{v}_{\mathrm{L}}|}=\frac{\boldsymbol{w}\boldsymbol{v}_{\mathrm{L}}}{|\boldsymbol{v}_{\mathrm{L}}|^2}=\frac{\boldsymbol{w}\boldsymbol{v}_{\mathrm{L}}}{\boldsymbol{v}_{\mathrm{L}}\boldsymbol{v}_{\mathrm{L}}} \tag{3.142}$$

因而

$$d(P,L)=|P-P(b)|=|\boldsymbol{w}-b\boldsymbol{v}_{\mathrm{L}}|=|\boldsymbol{w}-(\boldsymbol{w}\boldsymbol{u}_{\mathrm{L}})\boldsymbol{u}_{\mathrm{L}}| \qquad (3.143)$$

式中：$\boldsymbol{u}_{\mathrm{L}}$ 为直线 L 的单位方向矢量。式（3.143）适于在 n 维空间中使用，同时在计算基点 $P(b)$ 时也很有用。在三维空间中，式（3.143）和矢量积公式同样高效。但在二维空间中，当 $P(b)$ 不是必需时，隐式公式的方法更好，尤其是在计算多个点到同一条直线的距离时。

4）点到射线或线段的距离

射线以某个点 P_0 为起点，沿某个方向无限延伸。它可以用参数方程 $P(t)$ 表达，其中 $t \geqslant 0$，$P(0)=P_0$ 是射线的起点。一个有限的线段由一条直线上两个端点 P_0、P_1 间的所有点组成，同样也可以用参数方程 $P(t)$ 表达，其中 $P(0)=P_0$，$P(1)=P_1$ 为两个端点，并且点 $P(t)$ $(0 \leqslant t \leqslant 1)$ 是线段上的点。

计算点到射线或线段的距离与点到直线的距离不同的是，点 P 到直线 L 的垂线与 L 的交点可能位于射线或线段之外。在这种情况下，实际的最短距离是点 P 到射线的起点的距离［图 3.68（a）］或是线段的某个端点的距离［图 3.68（b）］。

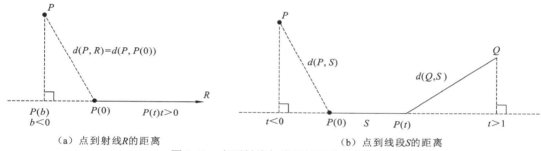

（a）点到射线 R 的距离 　　（b）点到线段 S 的距离

图 3.68　点到射线与线段的距离示意图

对于图 3.68（a），只有一个选择，就是计算 P 到射线端点的距离；而对于一条线段，则必须判断哪个端点离 P 更近。可以分别计算点到两个端点的距离，然后取最短的，但这不是最高效的办法。而且，同时要判断点 P 在直线 L 上的基点，是否在线段外。有一个简便的方法：考虑 P_0P_1、P_0P 的夹角，P_1P、P_0P_1 的夹角，如果其中有个角为 90°，则对应的线段的端点是 P 在 L 上的基点 $P(b)$。如果不是直角，则 P 的基点必然落在端点的一边或另一边，这时要看角是锐角还是钝角，如图 3.69 所示。这些考虑可以通过计算矢量的数量积为正、负或零来判断。最终决定应该计算点 P 到 P_0 还是点 P 到 P_1 的距离，或者是点 P 到直线 L 的垂直距离。这些技术可以用到 n 维空间中。

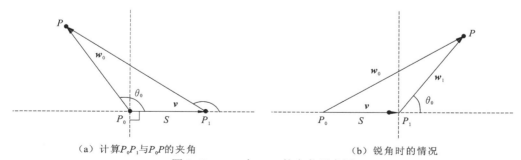

（a）计算 P_0P_1 与 P_0P 的夹角 　　（b）锐角时的情况

图 3.69　P_0P_1 与 P_0P 的夹角示意图

5）三维空间中点到直线的距离

点 $M_0(x_0, y_0, z_0)$ 到直线 L：$\dfrac{x-x_1}{l} = \dfrac{y-y_1}{m} = \dfrac{z-z_1}{n}$ 的距离为

$$\frac{\begin{bmatrix} \boldsymbol{i} & \boldsymbol{j} & \boldsymbol{k} \\ x_0-x_1 & y_0-y_1 & z_0-z_1 \\ l & m & n \end{bmatrix}}{\sqrt{l^2+m^2+n^2}} \qquad (3.144)$$

其中取直线 L 上两个相异点的坐标 (x_1, y_1, z_1) 和 (x_2, y_2, z_2)，则 $l = x_2 - x_1, m = y_2 - y_1$，$n = z_2 - z_1$。

3. 三维空间中线到线的空间距离

算法的理论基础为用空间解析几何法求两条异面直线之间的距离。

如图 3.70 所示，直线 k_1 通过点 $P_1(x_1, y_2, z_1)$ 和点 $P_2(x_2, y_2, z_2)$，直线 k_2 通过点 $P_3(x_3, y_3, z_3)$ 和点 $P_4(x_4, y_4, z_4)$，则 k_1 的方程为

$$(x-x_1)/(x_2-x_1) = (y-y_1)/(y_2-y_1) = (z-z_1)/(z_2-z_1)$$

k_2 的方程为

$$(x-x_3)/(x_4-x_3) = (y-y_3)/(y_4-y_3) = (z-z_3)/(z_4-z_3)$$

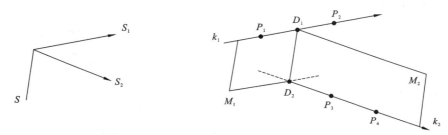

图 3.70　两条异面直线 k_1 与 k_2

设 $S = S_1 \times S_2$，其中 $S_1 = \{l_1, m_1, n_1\} = \{x_2-x_1, y_2-y_1, z_2-z_1\}$，$S_2 = \{l_2, m_2, n_2\} = \{x_4-x_3, y_4-y_3, z_4-z_3\}$，$S = \{l, m, n\}$，则 $l = m_1 n_2 - m_2 n_1, m = n_1 l_2 - n_2 l_1, n = l_1 m_2 - l_2 m_1$。

如图 3.70 所示，两条异面直线 $k_1 : P = P_1 + tS_1$，$k_2 : P = P_3 + tS_2$，过 k_1 和 k_2 分别作平面 M_1 和 M_2，使它们都与 S 平行，则 M_1 和 M_2 的交线必平行于 S。但这条交线分别与 k_1 及 k_2 共面，因此它与 k_1 及 k_2 垂直，且分别交于 D_1 及 D_2，于是直线 $D_1 D_2$ 就是 k_1 及 k_2 的公垂线，且 $|D_1 D_2|$ 就规定为两条异面直线 k_1 和 k_2 之间的距离。设公垂线方程为 $P = Q + tS$，利用两条直线共面的充要条件，即 $k_1 : P = P_1 + tS_1$ 与 $k_2 : P = P_3 + tS_2$ 共面的充要条件是 $(P_1 - P_3, S_1, S_2) = 0$，得出如下结论：

$$\begin{cases} (Q-P_1, S_1, S) = 0 \\ (Q-P_3, S_2, S) = 0 \end{cases} \qquad (3.145)$$

也就是说，公垂线上任意一点的位置向量要同时符合

$$\begin{cases} (P-P_1, S_1, S) = 0 \\ (P-P_3, S_2, S) = 0 \end{cases} \qquad (3.146)$$

矩阵形式如下：

$$\begin{vmatrix} x-x_1 & y-y_1 & z-z_1 \\ l_1 & m_1 & n_1 \\ l & m & n \end{vmatrix}=0 \quad \begin{vmatrix} x-x_3 & y-y_3 & z-z_3 \\ l_2 & m_2 & n_2 \\ l & m & n \end{vmatrix}=0 \qquad (3.147)$$

如图 3.70 所示，$|D_1 D_2|$ 等于 $P_1 P_3$ 在 S 上投影的数值，即 $|P_1 P_3| \cdot S / |S|$，于是得

$$|D_1 D_2|=|(P_3-P_1) \cdot S/|S||=|l(x_3-x_1)+m(y_3-y_1)+n(z_3-z_1)|/\sqrt{l^2+m^2+n^2} \qquad (3.148)$$

4. 线目标的长度计算

线目标的长度公式为

$$l=\sum_{i=1}^{n-1}[(x_{i+1}-x_i)^2+(y_{i+1}-y_i)^2]^{\frac{1}{2}}=\sum_{i=1}^{n}l_i \qquad (3.149)$$

线目标的长度主要通过合理地选择曲线坐标点串及适当地加密坐标点来改善其精度。

3.5 矢量空间场景相似性度量

3.1～3.4 节提出的方法实现了对矢量空间场景中单一类特征的描述。而整个空间场景一般定义为一组空间对象及对象间的空间关系，因此为更准确地描述空间场景，往往需要结合多类特征，可包含对象的几何形态特征如形状、维度、面积、长度，以及对象间空间关系特征如拓扑关系、方向关系、距离关系等。空间场景特征的表达能力和特征相似度的计算方法直接影响最终的相似性度量结果。为了解决空间场景相似性度量中空间对象数目不一致、相似度计算约束过强、相似度结果与人的实际认知存在差异等问题，本节将介绍几种场景相似性度量方法。

3.5.1 基于特征矩阵和关联图的空间场景相似性度量

为了解决包含不同实体数目的空间场景相似性度量问题，利用特征矩阵对空间场景进行描述，根据查询场景和数据库场景的特征矩阵生成场景关联图，利用关联图中的各种匹配圈获取空间场景集合，然后根据场景完整度和相似性度量模型计算场景集合中每个场景的匹配度，最后计算出最佳匹配场景，并对匹配结果进行分析评价。实验表明，该方法能够较好地度量不同实体数目的空间场景的相似性。

1. 空间场景的描述

1）空间场景的特征矩阵

几何特征通过 freeman 链码或傅里叶算子来获取，空间关系特征通过实体间的方位关系、距离关系、拓扑关系来获取，其中方位关系特征向量可以通过方向关系矩阵获取，距离关系特征向量通过距离关系矩阵获取，拓扑关系特征向量通过九交矩阵获取。以方向关系特征向量的提取为例，根据方向关系的 9 种方向，可以从包含两个实体 A、B 的

空间场景 S 中获取方向关系特征向量 $P_{AB}=\{P_{AB1}, P_{AB2}, \cdots, P_{AB9}\}$。

图 3.71（a）中的空间场景 S 有 4 个实体 A、B、C、D，以方向关系特征向量为例，可以获取空间场景的特征向量 $P_{AB}=\{P_{AB1}, P_{AB2}, \cdots, P_{AB9}\}$，根据两两配对原则，再加上实体本身，可以得到场景 S 的特征向量 P_{AB}、P_{AC}、P_{AD}、P_{BC}、P_{BD}、P_{CD}、P_{AA}、P_{BB}、P_{CC}、P_{DD}，即可得到空间场景特征矩阵 S[见图 3.71（b）]，其中 P_{AB}、P_{AC}、P_{AD}、P_{BC}、P_{BD}、P_{CD} 描述两实体之间的空间关系，P_{AA}、P_{BB}、P_{CC}、P_{DD} 描述空间实体几何特征。通过包含 N 个实体的场景可以得到 $N(N-1)/2$ 个九交矩阵，加上实体本身 N 个特征向量，可以构建一个行×列 $=9\times[N(N-1)/2 + N]$ 的空间场景特征矩阵。

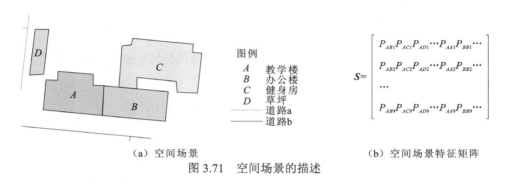

（a）空间场景   （b）空间场景特征矩阵

图 3.71　空间场景的描述

2）空间场景的关联图

场景关联图是建立查询场景特征矩阵和数据库场景特征矩阵之间的关联匹配关系图，其目的是将检索问题转化为图的搜索问题。在空间场景特征矩阵[图 3.71（b）]中，其列向量可分为两大类：第一类为 P_{AA}、P_{BB}、P_{CC} 和 P_{DD}，即几何特征向量；第二类为 P_{AB}、P_{AC}、P_{AD}、P_{BC}、P_{BD} 和 P_{CD}，即空间关系特征向量。场景关联图的生成过程如下：首先根据查询场景和数据库场景中几何特征向量的匹配度生成场景关联图的结点（是否匹配由几何松弛化条件决定），每个结点代表查询场景实体与数据库场景实体的匹配关系；然后根据两场景空间关系特征向量的匹配度生成结点与结点之间的边，边指结点中两对实体之间相似的空间关系（是否匹配由空间关系松弛化条件决定）。现以图 3.72 中的查询场景和数据库场景为例，当查询场景中的实体 X 与数据库场景中的实体 A 匹配时，即可生成场景关联图结点，记作 (X, A)，同理可生成场景关联图结点 (Y, B)，当两场景的空间关系特征向量 P_{XY} 与 P_{AB} 匹配时，即可生成场景关联图中两结点间的边，记作 (XA, YB)。通过不断地匹配，即可生成相应的场景关联图（图 3.72）。

生成场景关联图后，可在图中搜索各种匹配圈，其匹配圈可分为三类：完全匹配圈、不完全匹配圈和完全不匹配圈。完全匹配圈指能够全部包含查询场景中的实体，且图的边能围成一个闭合回路的搜索结果；不完全匹配圈指能够部分包含查询场景中的实体，或者能够全部包含查询场景中的实体，但边不能围成一个闭合回路的搜索结果；完全不匹配圈指通过空间关系特征向量匹配的单个实体对，且不能够成为完全匹配圈或不完全匹配圈中结点的搜索结果。通过获取场景关联图中的完全匹配圈和不完全匹配圈，来获取初始的空间场景集合。

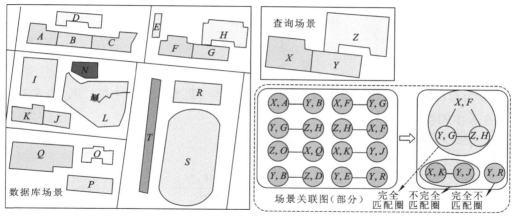

图 3.72 空间场景的获取

2. 空间场景的相似度计算

1）向量平均匹配度

对于空间场景 S' 的几何特征向量 $\boldsymbol{P}_{AA}=\{P_{AA1},P_{AA2},\cdots,P_{AAi}\}$，根据查询场景 S 中与之对应的向量 $\boldsymbol{P}_{A'A'}=\{P_{A'A1'},P_{A'A2'},\cdots,P_{A'Ai'}\}$，利用向量间的余弦公式［式（3.150）］，可计算出两向量 $\boldsymbol{P}_{AA}$ 和 $\boldsymbol{P}_{A'A'}$ 的匹配度 L_{AA}，同理可计算其他向量的匹配度 N_i（$0<i<M$，其中 M 为场景 S 中匹配的几何实体的数目）。

$$L_{AB}=\frac{\boldsymbol{P}_{AB}\times\boldsymbol{P}_{A'B'}}{|\boldsymbol{P}_{AB}|\times|\boldsymbol{P}_{A'B'}|}=\frac{\sum\limits_{i=1}^{n}P_{AB_i}\times\sum\limits_{i=1}^{n}P_{A'B_i'}}{\sqrt{\sum\limits_{i=1}^{n}P_{AB_i}^2}\times\sqrt{\sum\limits_{i=1}^{n}P_{A'B_i'}^2}} \qquad (3.150)$$

根据每个匹配度的相对权重 W_{N_i}，可计算出实体几何特征向量的平均匹配度 N_{ave}。

$$N_{\text{ave}}=\frac{\sum\limits_{i=1}^{M}N_i\times w_{N_i}}{\sum\limits_{i=1}^{M}w_{N_i}} \qquad (3.151)$$

对于向量 $\boldsymbol{P}_{AB}=\{P_{AB1},P_{AB2},\cdots,P_{ABi}\}$，根据查询场景 S 中与之对应的向量 $\boldsymbol{P}_{A'B'}=\{P_{A'B1'},P_{A'B2'},\cdots,P_{A'Bi'}\}$，利用下列公式计算向量 $\boldsymbol{P}_{AB}$ 和 $\boldsymbol{P}_{A'B'}$ 的匹配度 L_{AB}，同理可计算其他向量的匹配度 L_i（$0<i<M(M-1)/2$，其中 M 为场景 S 中匹配的几何实体的数目），然后根据每个匹配度的相对权重 W_{L_i}，计算空间关系特征向量的平均匹配度 L_{ave}。

$$L_{\text{ave}}=\frac{\sum\limits_{i=1}^{M\times(M-1)/2}L_i\times W_{L_i}}{\sum\limits_{i=1}^{M\times(M-1)/2}W_{L_i}} \qquad (3.152)$$

2）空间场景完整度

当提取的空间场景 S' 与查询场景 S 中包含的实体数目不相同时，通过空间场景完整度 C 来表示 S' 在 S 中的完整性。空间场景完整度的公式如下：

$$C = \frac{\sum_{i=1}^{M} W_{N_i}}{\sum_{i=1}^{n} W_{N_i}} \tag{3.153}$$

式中：n 为查询场景 S 所包含实体的个数；M 为 S 与 S' 匹配实体的个数；W_{N_i} 为 S 中的实体 N_i 在 S 中的权重。

3) 空间场景相似度

场景的近似匹配度 S'_{scene} 为

$$S'_{scene} = \frac{W_L L_{ave} + W_N N_{ave}}{W_L + W_N} \tag{3.154}$$

式中：N_{ave} 和 L_{ave} 为空间场景矩阵中两类向量的平均匹配度；W_N 和 W_L 为 N_{ave} 和 L_{ave} 的权重。

结合场景完整度 C 和它的权重 W_C，利用式（3.155）计算场景完整匹配度 S_{scene}，当计算出空间场景集合中所有空间场景的匹配度后，即可计算出最佳的匹配场景。

$$S_{scene} = S'_{scene}[W_C(C-1)+1] \tag{3.155}$$

3. 案例分析

1) 实验数据的提取

采用武汉某高校局部地区的矢量化数据进行实验，查询场景如图 3.72 所示，包含 X、Y、Z 三个实体对象。实验通过 GIS 软件提取场景中实体轮廓点和空间关系特征向量。几何关系特征向量根据实体轮廓点的分布情况通过傅里叶变换获得。空间关系特征向量的提取以区 A 和区 B 为例，利用区 A 的外包矩形将平面划分成 9 个区域，计算出区 B 在 9 个区域中各部分的面积与区 B 总面积的比值，获取方位关系特征向量；距离关系特征向量通过区 A 的面积与区 A、区 B 总外包矩形面积的比值来度量；对于拓扑关系特征向量，由于该场景中不存在相交和包含的关系，仅通过相邻和相离两种拓扑关系表示，相邻的情况可通过相邻两区公共边的长度与区 A 周长的比值进行量化。

表 3.8 为部分实验数据，列项 **XX**、**YY**、**ZZ** 表示查询场景中 X、Y、Z 的几何特征向量，列项 **XY**、**XZ**、**YZ** 依次为 X 与 Y、X 与 Z、Y 与 Z 间的空间关系特征向量，对于后者，第 1～9 行为方向关系特征向量，第 10 行为距离关系特征向量，第 11 行为量化后的拓扑关系特征向量。

表 3.8　空间关系特征向量和实体几何特征向量

序号	XY	XZ	YZ	XX	YY	ZZ	AB	AD
1	0	0	0	1	1	1	0	0
2	0	0	0.567 5	0.004 8	0.024 2	0.476	0	0.050 9
3	0	0.630 9	0.386 7	0.276 1	0.248 3	0.776 8	0	0.785 1
4	0	0	0	0.069	0	0.894	0	0
5	0.027	0	0.011	0	0	0	0.026 2	0.009 2
6	0.868 2	0.369 1	0.035				0.865	0.154 8
7	0	0	0				0	0

序号	XY	XZ	YZ	XX	YY	ZZ	AB	AD
8	0	0	0				0	0
9	0.104 6	0	0				0.108 8	0
10	0.354 3	0.186 7	0.219 6				0.332 8	0.203 6
11	0.155 2	0	0.097 2				0.159 5	0

2）空间场景的提取

在计算空间关系特征向量的匹配度时，分别计算方向、距离、拓扑关系的匹配度，对三者分配相同的权重，根据上一小节介绍的方法计算出每对空间关系特征向量的匹配度，以及几何特征向量的匹配度。为了最大限度地提取空间场景，实验分别选取 0.75、0.65 作为几何特征向量和空间关系特征向量的最小匹配度，以此生成匹配关联图，并选取 0.65 作为场景完整度的最小值，以此提取空间场景。表 3.9 和表 3.10 为部分匹配数据，如表 3.9 中 X 和 A 的几何特征向量匹配度为 0.979 0，表 3.10 中实体对 XY 和 AB 间的空间关系特征向量匹配度为 0.999 6。最后从上述场景关联图提取 4 个空间场景，如图 3.73 所示。

表 3.9　几何特征向量匹配度

项目	X,A	X,C	X,E	X,F	X,G	X,I	X,J
匹配度	0.979 0	0.965 5	0.964 2	0.874 8	0.985 4	0.965 0	0.984 8
项目	Y,A	Y,B	Y,C	Y,E	Y,F	Y,G	T,I
匹配度	0.9791	0.862 0	0.896 0	0.986 3	0.853 8	0.983 7	0.983 1
项目	Z,B	Z,D	Z,F	Z,G	Z,H	Z,J	Z,K
匹配度	0.868 8	0.832 5	0.966 1	0.768 7	0.830 4	0.772 5	0.874 5

表 3.10　空间关系特征向量匹配度

项目	XY,AB	XY,AD	XY,FG	XY,FH	XY,KJ	XY,QP	XY,QO
匹配度	0.999 6	0.683 3	0.999 7	0.788 1	0.999 7	0.653 0	0.747 2
项目	XZ,AB	XZ,AD	XZ,FG	XZ,FH	XZ,KJ	XZ,QP	XZ,PO
匹配度	0.706 0	0.999 9	0.700 2	0.997 2	0.707 6	0.707 1	0.719 8
项目	YZ,BD	YZ,GH	YZ,FE	YZ,KI	YZ,JI	YZ,PQ	YZ,PO
匹配度	0.812 9	0.999 6	0.614 3	0.753 1	0.596 7	0.577 3	0.814 1

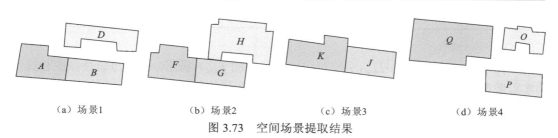

（a）场景1　　　（b）场景2　　　（c）场景3　　　（d）场景4

图 3.73　空间场景提取结果

3）场景相似度计算

计算出上述 4 个场景的几何特征向量平均匹配度：$N_{ave1}=0.891\,1$、$N_{ave2}=0.896\,3$、$N_{ave3}=0.960\,2$ 和 $N_{ave4}=0.960\,6$；为了更好地分析方向、距离、拓扑关系对空间关系特征向量平均匹配度 L_{ave} 的影响，分别对三者分配不同的权重（表 3.11），表 3.12 展示了计算结果，其中列项"匹配度 1"是在方向、距离、拓扑关系的权重取"权重 1"即"0.33-0.33-0.33"时计算得到的 L_{ave}，以此类推，行项 L_{ave1}、L_{ave2}、L_{ave3} 和 L_{ave4} 分别对应场景集合中 4 个空间场景的 L_{ave}。

表 3.11　空间关系权重分配

项目	方向关系	距离关系	拓扑关系
权重 1	0.33	0.33	0.33
权重 2	0.50	0.25	0.25
权重 3	0.25	0.50	0.25
权重 4	0.25	0.25	0.50

表 3.12　空间关系特征向量平均匹配度

项目	匹配度 1	匹配度 2	匹配度 3	匹配度 4
L_{ave1}	0.937 4	0.970 0	0.969 8	0.858 2
L_{ave2}	0.998 8	0.999 2	0.999 1	0.998 9
L_{ave3}	0.999 7	0.999 7	0.999 7	0.999 8
L_{ave4}	0.819 4	0.841 4	0.915 9	0.676 3

分别对实体的几何特征和空间关系特征分配不同的权重（表 3.13），可计算出在不同权重下不同场景的近似匹配度 S'，同时根据 N_{ave} 和 L_{ave} 的不同权重分配可以计算出 4 个场景的近似匹配度。由于场景 3 的实体数目为 2，其他 3 个场景的实体数目都为 3，可计算出 4 个场景的场景完整度 C，分别为 $C1=C2=1$、$C3=2/3$、$C4=1$，根据场景完整度 C 和 4 个场景的近似匹配度 S'，取场景完整度权重 $W_C=1/3$，可计算出 4 个场景的完整匹配度 S。

表 3.13　权重分配表

项目	N_{ave}	L_{ave}	项目	N_{ave}	L_{ave}
权重 1	0.2	0.8	权重 5	0.6	0.4
权重 2	0.3	0.7	权重 6	0.7	0.3
权重 3	0.4	0.6	权重 7	0.8	0.2
权重 4	0.5	0.5			

4）评估分析

如图 3.74（a）（$L_{ave1}\sim L_{ave4}$ 分别对应 4 个场景的 L_{ave}）所示，通过分析曲线图和具体的实验数据，当权重发生变化时，4 个场景与查询场景的匹配度有较大波动，根据不同权重下的曲线变化趋势，可以得出如下结论：场景 2、场景 3 与查询场景的方向关系、距离关系、拓扑关系都保持很高的匹配度；场景 1 与查询场景的方向关系、距离关系的匹配度较高，但拓扑关系匹配度较低；场景 4 与查询场景的距离关系匹配度很高，但拓扑关系匹配度非常低。综合分析，当三者权重分配为 "0.50-0.25-0.25" 时匹配效果最佳。

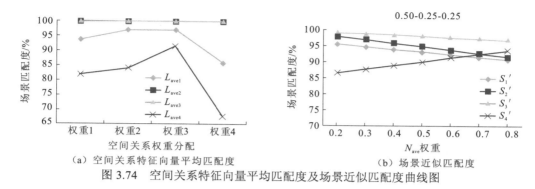

图 3.74　空间关系特征向量平均匹配度及场景近似匹配度曲线图

当三者权重分配为 "0.50-0.25-0.25" 时，场景近似匹配度结果如图 3.74（b）（S_1'-S_4' 分别对应 4 个空间场景的近似匹配度）所示。当 N_{ave} 的权重增加时，场景 1、场景 2 和场景 3 的匹配度会逐渐降低，但场景 4 的匹配度会逐渐升高；当 N_{ave} 的权重增加到 0.7 时，其匹配度有反超的趋势。由此可知，场景 1、场景 2 和场景 3 的 L_{ave} 比 N_{ave} 的匹配度要高，而场景 4 则刚好相反。

如图 3.75（横坐标轴表示几何特征、空间关系的权重分配，纵坐标轴表示场景完整匹配度，S_1～S_4 分别对应 4 个空间场景的完整匹配度）所示，通过 4 幅曲线图的对比，可以明显看出不同权重分配对场景完整匹配度的影响。从图 3.75（b）中可以看出，当 N_{ave} 和 L_{ave} 的权重分配为 "0.2-0.8"，即方向、距离、拓扑、几何特征的权重分配为 "0.40-0.20-0.20-0.20" 时，场景完整匹配度为场景 2>场景 1>场景 3>场景 4；当为 "0.3-0.7"，即权重分配为 "0.35-0.175-0.175-0.30" 时，场景完整匹配度为场景 2>场景 1>

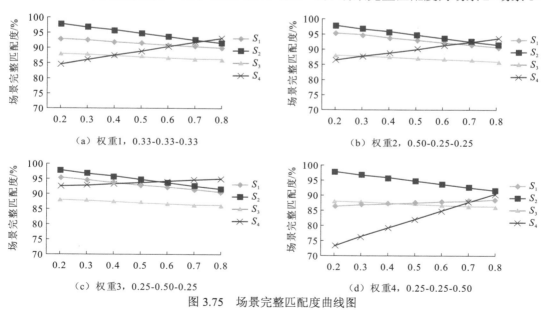

（a）权重1，0.33-0.33-0.33

（b）权重2，0.50-0.25-0.25

（c）权重3，0.25-0.50-0.25

（d）权重4，0.25-0.25-0.50

图 3.75　场景完整匹配度曲线图

场景 3=场景 4；当为"0.4-0.6"，即权重分配为"0.30-0.15-0.15-0.40"时，场景完整匹配度为场景 2>场景 1>场景 4>场景 3；至于 N_{ave} 和 L_{ave} 其他的权重分配，即 N_{ave} 的权重大于 0.4，场景 4 的完整匹配度几乎接近或超过场景 1 和场景 2，其研究意义不大，在此不做分析。经过上述分析，可得到如下结论：最佳匹配场景是场景 2，其次是场景 1，而场景 3 和场景 4 会随着 N_{ave} 和 L_{ave} 的权重分配而发生相应变化。

3.5.2 基于多等级相关性反馈的空间场景匹配

1. 空间场景的自适应匹配

根据 3.5.1 小节方法，对任意空间场景可提取空间场景特征向量。对于在有 m 个实体的数据库场景中搜索出匹配场景 Q 中的 n 个对应实体，可先计算出场景间的实体对基于任意特征向量的距离，得到初始匹配矩阵。在匹配场景 Q 和数据库场景 D 间进行全局的相似性度量通常是对特征向量距离进行线性结合，场景匹配相似度计算公式为

$$S(D,Q)=\sum_{i=1}^{N_F}\sum_{j=1}^{N_P}w_i d_{ij}(v_{ij}^D,v_{ij}^Q) \tag{3.156}$$

式中：v_{ij} 为特征子向量；i 为特征向量序号；j 为空间实体对序号；d_{ij} 为场景间特征子向量 v_{ij} 的距离；w_i 为特征向量 v_i 的权重；N_F 为特征向量数目；N_P 为实体对数量。

2. 多等级相关性用户反馈

用户反馈过程至少包含 3 个步骤：①系统向用户展示一系列结果；②用户标记每个结果与当前检索行为的相关性；③系统根据反馈结果调整其检索行为。若将相关和不相关结果分别标记为正、负样本，则当前用户的相关性反馈方式主要有 3 种：①对样本进行正、负的二元反馈（Tong et al.，2001；Rui et al.，2000）；②进行正样本反馈（Chen et al.，2001；Zhou et al.，2001）；③对正、负样本进行相关（不相关）度的评估（Rui et al.，1998）。

将多等级的相关性用户反馈算法与空间场景匹配相结合，提出交互式空间场景匹配的运算框架，并对该算法在空间场景匹配中的有效性和效率进行分析。相关和不相关两个概念可细化为高度相关、相关、一般相关、不相关和极不相关 5 个等级。各个等级的相关性分数 s 为

$$s=\begin{cases} 3, & \text{高度相关} \\ 1, & \text{相关} \\ 0, & \text{一般相关} \\ -1, & \text{不相关} \\ -3, & \text{极不相关} \end{cases} \tag{3.157}$$

在第一次迭代中，用户只基于一个检索场景来进行数据库的搜索，在检索开始前将权重 $W=\{w_i\}$ 初始化为一组无偏差的权重集 w^0，即每个特征向量都初始地拥有同等的重要性。

$$w_i = w_i^0 = \frac{1}{N_F} \tag{3.158}$$

基于用户反馈，对返回场景的特征向量距离值进行分析以决定特征向量权重。设模型返回的结果集为 R，并用 $R^t(t=1,2,\cdots,5)$ 描述 5 个等级的结果集，l 为集合 R^t 中结果的数量。在特征向量距离的计算过程中，为避免大数量级的特征向量削弱其他特征向量，假设每个距离都有相同的波动范围（从 0 到 1），设特征向量集

$$v^k = \{\boldsymbol{v}_{ij}^k, i=1,2,\cdots,N_F, j=1,2,\cdots,N_P, k=1,2,\cdots,l\}$$

则 R^t 中特征子向量间的平均距离值为

$$\mu_{ij} = \frac{2}{l(l-1)} \sum_{p=k}^{l} \sum_{q=p+1}^{l} d_{ij}(\boldsymbol{v}_{ij}^p, \boldsymbol{v}_{ij}^q) \tag{3.159}$$

根据平均距离值可以计算出 R^t 中任意结果 p 和 q 间的标准化距离向量 $\boldsymbol{d}$：

$$\boldsymbol{d}(v^p, v^q) = \left[\frac{d_{11}(\boldsymbol{v}_{11}^p, \boldsymbol{v}_{11}^q) - \mu_{11}}{k\sigma_{11}}, \cdots, \frac{d_{ij}(\boldsymbol{v}_{ij}^p, \boldsymbol{v}_{ij}^q) - \mu_{ij}}{k\sigma_{ij}}, \cdots, \frac{d_{nm}(\boldsymbol{v}_{nm}^p, \boldsymbol{v}_{nm}^q) - \mu_{nm}}{k\sigma_{nm}} \right]^T \tag{3.160}$$

式中：标准偏差 σ_{ij} 为

$$\sigma_{ij} = \frac{2}{l(l-1)} \sum_{p=1}^{l} \sum_{q=p+1}^{l} [d_{ij}(\boldsymbol{v}_{ij}^p, \boldsymbol{v}_{ij}^q) - \mu_{ij}]^2 \tag{3.161}$$

对特征向量的标准化距离进行分析，可以重算特征向量的权重值，而通过重算权重值可以实现在全局匹配操作中对特征向量影响值的增强或减弱。设 $d_{ij}^t = \{d_{ij}^t(\boldsymbol{v}_{ij}^1, \boldsymbol{v}_{ij}^2) \cdots d_{ij}^t(\boldsymbol{v}_{ij}^{l-1}, \boldsymbol{v}_{ij}^l)\}$ 为结果集 R^t 中特征向量的标准化距离集，可得

$$\mu_i^t = \frac{1}{|d_{ij}^t|} \sum_{p=1}^{k} \sum_{q=p+1}^{k} d_{ij}(\boldsymbol{v}_{ij}^p, \boldsymbol{v}_{ij}^q) \tag{3.162}$$

若某场景被标记为相关场景，其必然存在与匹配场景相似的特征；反之，则不存在相似之处。对于特征向量 $\boldsymbol{v}_i$，将其在 5 个结果集中的标准化距离与相关分数的乘积相加，并求平均值得

$$\mu_i = \mathrm{avg}\left(\sum_{t=1}^{5} s_t \mu_i^t \right) \tag{3.163}$$

若此值大于 0，则表明其在场景匹配中发挥了相应的作用；若小于 0，则表明此次匹配中对应的特征向量没有影响，则将其权重设置为 0。对于其他如平均值为 0 的模糊情况，则取匹配开始时的初始权重值，即

$$w_i = \begin{cases} \dfrac{1}{\mu_i}, & \mu_i > 0 \\ 0, & \mu_i < 0 \\ \dfrac{1}{N_F}, & \text{其他} \end{cases} \tag{3.164}$$

3. 反馈实验与分析

基于上述方法从武汉居民地域数据中选择匹配场景，并从该数据中定位匹配场景的空间位置（图 3.76），武汉市居民地域数据从武汉数据集中获取。

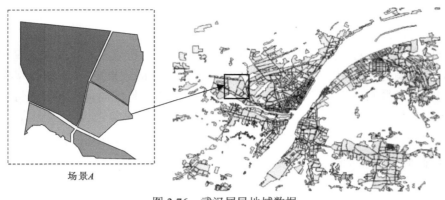

图 3.76　武汉居民地域数据

对图 3.76 中的居民地域数据进行分析可知，地理对象间的拓扑关系构成单一，只存在相离关系，对象形状都较为规范（大部分为四边形），因此选择方向关系和对象几何形状作为场景的描述参数，并使用笛卡儿方向模型获取空间对象间的方向关系 v_1，通过傅里叶算子描述空间对象的几何特征 v_2。

$$v = \{v_i\} = \{v_1, v_2\} = \{C, F\} \qquad (3.165)$$

式中：v 为特征向量集合；C 为方向关系特征；F 为对象几何形状的傅里叶描述子。影响空间场景算法检索的 3 个参数为用户反馈次数 Iteration、相关集合中的对象数量及检索参数权重集。对于参数 Iteration，若用户反馈次数越多，权重的确定就能更精准，但不能期望用户一直进行反馈，因此在实验中设置 Iteration＝3，并研究每次用户反馈后检索的收敛情况。

在检索过程中，假设每次进行用户的相关性反馈操作时，系统会返回 10 个根据当前权重计算出的最相似的场景，检索场景处于左上角，在初始权重的情况下，10 个最佳的返回场景以从上至下和从左至右的顺序进行排列。系统通过比较数据库场景与检索场景的总体相似度，即基于所有特征向量进行计算的总相似度，以此确定返回的结果。某些返回场景与检索场景的形状较为相似，其他的可能与检索场景中的方向关系较为相似。假设用户的真正需求是基于方向关系寻找相似的空间场景，则在基于用户反馈的空间场景检索框架中，用户不再需要将其所需信息一一映射到特征向量上，而只需要对返回的空间场景进行相关度的评估，并以此来表达自身的需求。

图 3.77 展示了强调方向关系用户反馈前后的场景检索。在用户反馈前，每幅场景都被默认为与当前检索场景非常相关，用户可以根据自己判断，在相关场景下的相关度下拉列表中进行选择。在这个例子中场景（1）、（4）被标记为非常相关，场景（2）、（3）、（5）、（6）、（7）、（8）、（9）、（10）被标记为相关，如图 3.77（a）所示。基于用户的反馈信息，系统动态地调整权重并强调方向要素，改进后场景（1）与匹配场景一致。

相似地，图 3.78 则展示了典型的基于几何形状检索场景的过程，检索场景同样位于左上角，最佳的 10 个返回场景按照从左至右和从上至下的顺序排列。用户根据检索场景中的形状对返回场景进行评估，场景（4）、（5）、（8）由于具有与检索场景中相似的空间实体而被标记为非常相关，其他场景则被标记为不相关，如图 3.78（a）所示。基于用户的反馈信息，系统动态地调整权重并强调形状要素，用户反馈后的检索结果如图 3.78（b）所示，场景（1）与检索场景一致。

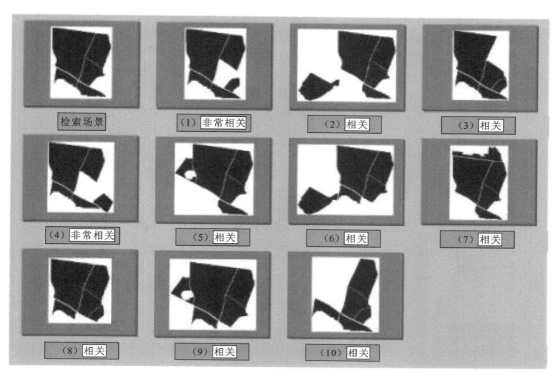

（a）用户反馈前

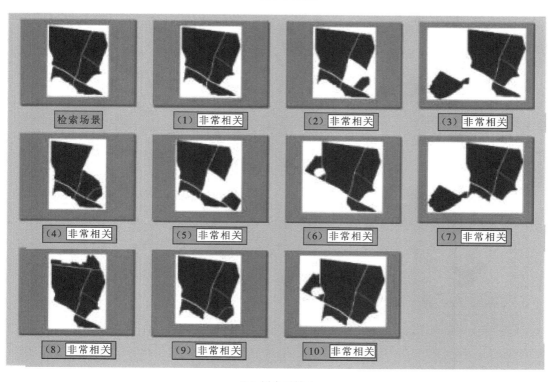

（b）用户反馈后

图 3.77　方向相似性匹配结果

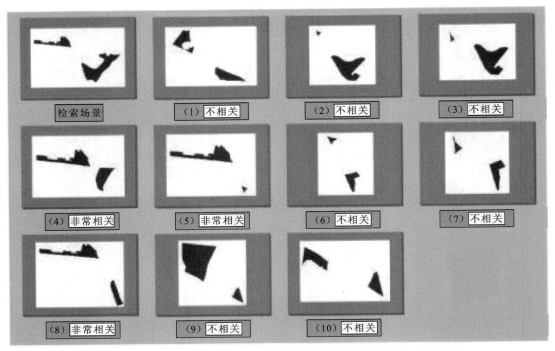

（a）用户反馈前

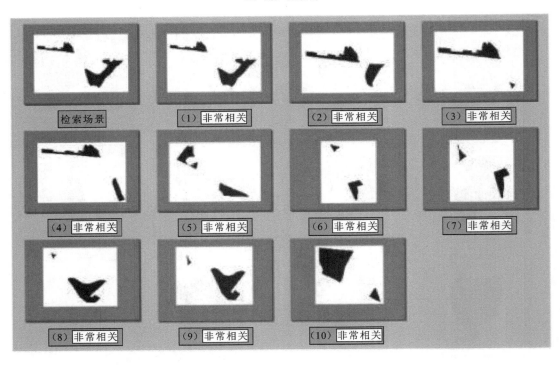

（b）用户反馈后

图 3.78　形状相似性匹配结果

3.5.3 顾及上下文特征的点模式相似度计算

在空间相似关系研究过程中，对现实世界对象而言，多个要素构成的群组所具有的模式（如密度分布模式）往往比单一对象的位置信息更加重要。因此，如何度量群组要素分布模式相似性是研究的重点和难点。本小节介绍对点群组模式的相似性度量方法。

1. 点模式提取

图论是一种用来表示一系列点之间关联的方式。通常，一个简单的图 G 是由节点 $V(G)$和边 $E(G)$的有限非空集构成。同时每条边 $E_{ij}(V_i, V_j)$连接图 G 的节点 V_i和 V_j。拉普拉斯矩阵是具有重要意义的一种矩阵，对于一个图 $G=(V, E)$，包含 N 个顶点，如图 3.79 所示，其拉普拉斯矩阵被定义为

$$\boldsymbol{L}=\boldsymbol{D}-\boldsymbol{W} \tag{3.166}$$

式中：$\boldsymbol{W}$ 为图的邻接矩阵，若节点 V_i和 V_j之间有边连接，则边 $E_{ij}(V_i, V_j)$上的权值为 1，否则为 0；一般可任意选择某个指标来衡量两个点的相似度，权值 W_{ij}不是 1 而是具体的相似度值，得到更复杂的矩阵 $\boldsymbol{W}$。$\boldsymbol{D}$ 为对角矩阵，其第 i 个对角元素

$$D_{ii}=\sum_{j\in Q}W_{ij} \tag{3.167}$$

式中：Q 为点 V_i在图 G 中邻点的集合；W_{ij}为连接节点 V_i和 V_j边 $E_{ij}(V_i, V_j)$上的权值。

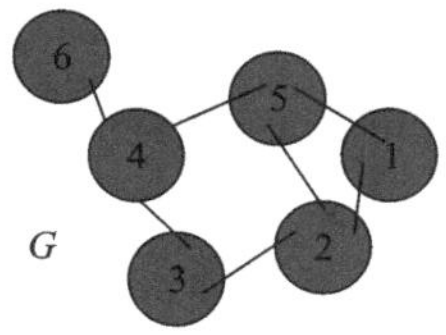

$$\boldsymbol{W}\begin{pmatrix}0&1&0&0&1&0\\1&0&1&0&1&0\\0&1&0&1&0&0\\0&0&1&0&1&1\\1&1&0&1&0&0\\0&0&0&1&0&0\end{pmatrix}\quad \boldsymbol{D}\begin{pmatrix}2&0&0&0&0&0\\0&3&0&0&0&0\\0&0&2&0&0&0\\0&0&0&3&0&0\\0&0&0&0&3&0\\0&0&0&0&0&1\end{pmatrix}\longrightarrow\begin{pmatrix}2&-1&0&0&-1&0\\-1&3&-1&0&-1&0\\0&-1&2&-1&0&0\\0&0&-1&3&-1&-1\\-1&-1&0&-1&3&0\\0&0&0&-1&0&1\end{pmatrix}$$

拉普拉斯矩阵 $\boldsymbol{L}$

图 3.79 拉普拉斯矩阵求解过程示意图

在求得 $N\times N$ 的拉普拉斯矩阵 $\boldsymbol{L}$ 后，可计算得到矩阵对应的特征值及特征向量对 $\{(\lambda_l,\boldsymbol{\mu}_l),l=0,1,\cdots,N\}$，且具有如下性质：①拉普拉斯矩阵是半正定矩阵；②拉普拉斯矩阵的最小特征值λ_0为 0，对应的特征向量$\boldsymbol{\mu}_0$为全 1 列向量；③拉普拉斯矩阵有 N 个非负实特征值；④对任意向量$\boldsymbol{f}$，有式（3.168）成立。

$$\boldsymbol{f}^{\mathrm{T}}\boldsymbol{L}\boldsymbol{f}=\frac{1}{2}\sum_{i=1}^{n}\sum_{j=1}^{n}W_{ij}(\boldsymbol{f}_1-\boldsymbol{f}_2)^2 \tag{3.168}$$

在初始点群模式图中，图 G 的节点集 $V(G)$中的每个成员都对应着一个特定的点实体。在节点 V_i和 V_j之间的每个边 $E_{ij}(V_i, V_j)$表明对应点实体之间存在一定的联系。这里采取德洛奈（Delaunay）三角剖分，生成点实体间连接关系的邻接关系图 $G=(V, E)$。如果两个点实体间有一条边连接起来，表示它们相邻。

利用 Delaunay 三角剖分方法生成的点实体间连接关系的简单邻接图 G，仅考虑了点群目标中包含的拓扑信息。在对点群模式进行提取的过程中，度量结构信息和拓扑结构

信息都是空间分布特征保持的关键。此处采用了自适应核密度估计方法来表示点群的度量信息，比较相邻点实体间的相似度，最终通过计算体现在每条边 $E_{ij}(V_i, V_j)$ 的权重上。每一点 x 的核密度计算过程可表示为

$$f(x) = \sum_{i=1}^{K} \left[1 - \left(\frac{d(x, X_i)}{h(X_K)} \right)^2 \right] \qquad (3.169)$$

式中：$d(x, X_i)$ 为点 x 到其第 i 近邻 X_i 的欧几里得距离；h 为分配给点 x 的带宽，即点 x 到它的第 k 近邻的距离，在低密度区域，h 会很大，核会展开，在高密度地区，相反的情况会发生。K 的值会根据点的密度和研究的空间规模而变化。

考虑点对之间的邻近关系，在计算得到点群核密度后，可规定图 G 中每条边 $E_{ij}(V_i, V_j)$ 上的权重计算如下：

$$W(V_i, V_j) = \frac{1}{d(V_i, V_j)} \cdot \frac{f(V_i) - f(V_j)}{R(f(V))} \qquad (3.170)$$

式中：$d(V_i, V_j)$ 为点 V_i、V_j 间的欧几里得距离，为方便后续处理，定义 $R(f(V))$ 为点群核密度的极差。

另外，若两点间没有连接边，则相应的权重为 0。最终能得到一个 $N \times N$ 的权值矩阵 $\boldsymbol{W}$，N 为点群中点的个数，在图边权重确定后，便构建了完整的点群邻接图模型，在该邻接图的基础上可进行群点化简，达到模式提取的目的，同时较好地保持了点群的空间分布特征。此处采用一种点群邻接图的化简算法，其基于最大拉普拉斯特征向量极性和 Kron 约简，最终可得到不同尺度下尽可能保持原始群点空间分布特征的点。算法的详细步骤如下。

（1）计算初始点群邻接图 G 的拉普拉斯矩阵 $\boldsymbol{L}$ 及矩阵对应的特征值及特征向量对 $\{(\lambda_l, \boldsymbol{\mu}_l), l = 0, 1, \cdots, N\}$，假设特征值是单调有序的，那么 $0 = \lambda_0 < \lambda_1 \leqslant \lambda_2 \leqslant \cdots \leqslant \lambda_{N-1}$，则用 $\lambda = \lambda_{N-1}$ 表示最大特征值，相应的特征向量 $\boldsymbol{\mu}_{\max} = \boldsymbol{\mu}_{N-1}$ 为最大特征向量。

（2）利用最大特征向量的极性选择点群中需要保留的点。最大特征的极性把邻接图分成两个分量，$V_+ = \{i \in V : \boldsymbol{\mu}_{\max}(i) \geqslant 0\}$ 和 $V_- = \{i \in V : \boldsymbol{\mu}_{\max}(i) < 0\}$，在对点群选取时保留 V_+ 中的点删除 V_- 中的点。

（3）比较保留点与预定阈值 n 的数目大小，若 n 小，则利用 Kron 约简方法得到原始点群邻接图 G 的简化加权图 $G^{\mathrm{Kron}}\{V_+, E^{\mathrm{Kron}}\}$。先将原始点群集合上的图拉普拉斯矩阵 $\boldsymbol{L}$ 变换到选定保留点子集 V_+ 上的一个新的图拉普拉斯矩阵 $\boldsymbol{L}^{\mathrm{Kron}}$，变换过程可表示为

$$\boldsymbol{L}^{\mathrm{Kron}} = \boldsymbol{L}_{V_+, V_+} - \boldsymbol{L}_{V_+, V_-} (\boldsymbol{L}_{V_-, V_-})^{-1} \boldsymbol{L}_{V_-, V_+} \qquad (3.171)$$

式中：对 V 任意点子集 A、B，$\boldsymbol{L}_{A,B}$ 为拉普拉斯矩阵 $\boldsymbol{L}$ 的一个 $|A| \cdot |B|$ 子矩阵，由行索引在子集 A 中、列索引在子集 B 中的元素组成。变换后其权值矩阵元素表示为

$$W_{ij}^{\mathrm{Kron}} = \begin{cases} -L_{ij}^{\mathrm{Kron}}, & i \neq j \\ 0, & \text{其他} \end{cases} \qquad (3.172)$$

边集 E^{Kron} 则是式（3.172）中权重为非零的边的集合。得到完整的简化加权图 G^{Kron} 后，再重复（2）、（3）步骤，直到点的数目满足选取结果。

（4）若保留点与预定阈值 n 的数目大小相同，则进入步骤（5）；否则，将上一轮集

合 V_+ 中的点按照最大特征向量元素 $\boldsymbol{\mu}_{\max}(i)$ 降序排序，从前向后依次对点进行保留，直至保留的点的数目与 n 值相同时进入步骤（5）。

（5）最终的保留点构成选取结果，算法结束。

2. 相似性度量

1）空间点群目标方向关系

在真实的地理环境下，点群目标数据集的方向分布往往与真实地理实体的走向具有相关性。如某种流行病的分布方向与附近的河流走向紧密相关，又如某种类型的犯罪事件分布方向与某条街道走向紧密相关等。这些方向特性可以通过对点群目标数据的方向分布统计来计算。本方法引进标准差椭圆的概念来描述空间点群目标的这种方向分布。

椭圆的长半轴表示的是数据分布的方向，短半轴表示的是数据分布的范围，中心点则表示了整个数据的中心位置。对两个点群目标进行空间相似度计算，其标准差椭圆长轴方向与原坐标轴的 X 方向分别为 θ_1 和 θ_2，则定义其方向相似度如下：

$$\text{sim}_{\text{dir}} = |\cos(\theta_1 - \theta_2)| \tag{3.173}$$

由式（3.173）可知，当两点群的标准差椭圆夹角呈 90° 时，两点群之间的方向相似度为 0，当两点群的标准差椭圆夹角相等或者相差 180° 时，两点群之间的方向相似度为 1。同时该式具有旋转不变性，比较符合直观认知。

2）空间点群目标距离关系

为对点群分布集中程度进行描述，在本小节中，对空间点群目标距离关系进行定义，在点群目标生成一个标准差椭圆后，其距离关系可以表示为椭圆短轴和长轴的比值。对标准差椭圆长轴、短轴分别为 a_1、b_1 和 a_2、b_2 的两个点群来说，定义其距离相似度如下：

$$\text{sim}_{\text{dist}} = 1 - \frac{\left| \dfrac{b_1}{a_1} - \dfrac{b_2}{a_2} \right|}{\max\left(\dfrac{b_1}{a_1}, \dfrac{b_2}{a_2} \right)} \tag{3.174}$$

式（3.174）以点群的标准差椭圆的短轴、长轴的距离之比作为点群距离相似度的度量，实际上是描述了点群分布的集中程度，或者说描述了点群之间的距离集中程度。长短半轴的值差距越大（扁率越大），表示数据的方向性越明显。反之，如果长短半轴越接近，表示方向性越不明显。如果长短半轴完全相等，等同于一个标准圆，则表示没有任何的方向特征，且此时点群之间的距离集中程度最低。从信息论的角度，此时的"熵"最大，包含的信息量最多。另一个极端的情况就是椭圆的短轴为 0，椭圆变成了"线"，此时点群目标全部集中在一个分布方向上即长轴方向，或线的分布方向，点群之间的距离集中程度最高。

3. 案例分析

1）实验数据

本方法用到的数据有深圳市的银行、宾馆 POI 数据和北京市的宾馆 POI 数据。不同城市的 POI 点群具有不同的分布模式，相同城市的 POI 点群整体上具有类似的分布特征，如沿城市路网密集分布或聚集在城市热点附近，同时在不同位置仍有局部差异，如密集型、分散型等。因此，通过对不同地区不同类型具有不同分布模式的数据进行实验，可以避免算法出现偶然性差异，突出算法的强健性。

2）实验结果分析

在讨论提出的相似性度量算法在具体城市空间中的应用时，将实验分成两组，第一组比较北京和深圳两座城市之间 POI 数据的空间相似关系，第二组比较同城市（深圳市）不同类型 POI 数据的空间相似关系。分组实验的目的在于证明方法能很好地形式化和提取不同的点模式特征结构及区别模式中的细小差别。

首先，利用自适应核密度估计方法依次计算三类数据中 POI 的核密度大小，并通过 Delaunay 三角剖分方法生成各点群目标间连接关系的邻接图，并为邻接图边赋予权重。然后，计算邻域图的拉普拉斯矩阵 L 和矩阵对应的特征值及特征向量。

由于三类 POI 数据量过大且不一致，需要对点群目标模式进行提取，得到保持整体点群的分布模式的点群特征结构，降低计算的复杂度。在该实验中规定每类数据最终化简得到 700 个 POI。利用点群特征选取算法，根据求得的拉普拉斯特征矩阵中最大特征向量的极性和 Kron 约简方法进行提取，得到的提取结果如图 3.80 所示。

（a）北京市宾馆　　　　　　　（b）深圳市宾馆　　　　　　　（c）深圳市银行

图 3.80　700 个保留 POI 数据

在对点群目标模式提取后，对空间点群目标方向关系和距离关系进行相似性度量。首先依次生成三个点群的标准差椭圆（图 3.81），得到具体的椭圆中心、转角、长轴、短轴的值，三个空间点群的方向关系和距离关系度量值如表 3.14 所示。基于表 3.14 的结果，对三个点群进行两两之间的相似度计算，得到相似度结果如表 3.15 所示。

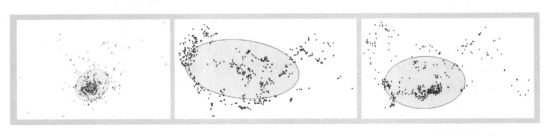

（a）北京市宾馆　　　　　　　（b）深圳市宾馆　　　　　　　（c）深圳市银行

图 3.81　标准差椭圆

表 3.14　三个空间点群的空间关系度量值

类别	方向关系	距离关系
北京市宾馆	58.170	0.784
深圳市宾馆	96.577	0.489
深圳市银行	88.433	0.606

表 3.15　点群之间的空间关系相似度结果

类别	方向相似度	距离相似度
北京市宾馆 深圳市宾馆	0.783	0.626
北京市宾馆 深圳市银行	0.863	0.767
深圳市宾馆 深圳市银行	0.989	0.810

结合表 3.14 和表 3.15 的度量值和相似度，可分析得出如下结论。

（1）在对点群空间相似关系的比较中，评价结果与人的认知是一致的。具体来说，北京市与深圳市的点群结构具有明显的差异性，而相同城市之间的 POI 数据分布模式更相似，实验结果也证明相同城市间的相似度更高。另外，虽然深圳市宾馆与银行 POI 数据整体分布相似，但实际上局部存在一定差异，相似性的度量结果也体现了这一点。

（2）由实验结果可以发现方向相似度与距离相似度存在一定的差异，但本小节实验只进行了简单的定量分析，后续可通过大量实验或机器学习的方法对不同相似性指标之间的影响因子进行确定，从而得到更为精确的实验结果。

第4章 矢量空间场景语义分类与应用

第 3 章介绍了矢量空间场景的特征度量与相似性评估，它们作为矢量空间数据分析中的关键技术，支持空间场景相似性检索、矢量地图合并、空间场景匹配、矢量数据质量评估等矢量空间数据分析任务的顺利展开。但这一类分析任务聚焦于对已有数据间的对比与相似性分析，对数据本身蕴含的知识挖掘不足，未能充分关注矢量空间场景语义信息的挖掘，而地理空间场景的语义是人们了解土地利用现状、评估人类活动影响、协调未来人口、经济、资源环境发展的重要依据。因此，本章将进一步介绍矢量空间场景语义分类与应用方法，主要对矢量空间场景语义分类与应用中涉及的矢量空间场景的划分、语义/功能挖掘、语义/功能识别等技术进行详细的介绍。

4.1 矢量空间场景划分

地理空间场景的划分是空间数据挖掘技术的一个主要的研究课题，它是一个无监督分类的过程，旨在根据地理空间数据对象间的相似性，将满足相似性条件的对象划分在一个组内，不满足相似性条件的对象划分在不同的组，最终生成一系列有一定意义的空间聚类簇。本节将展开介绍几种矢量空间场景的划分方法。

4.1.1 TAZ 划分

路网通常主要由高速公路和环形道路等一些基本的道路组成，图 4.1 展示了北京市的高速公路、城市快速通道及城市干道。这些道路在城市中纵横分布，对研究区域的城区形成了自然的分割。将道路对城市划分形成的区域定义为交通分析区（traffic analysis zone，TAZ），客观上，可以认为每个分割区域都是承担社会功能的基本单位，因为 POI 通常位于区域的内部，人类也在区域内进行社会经济活动满足日常生活娱乐、购物等需要。TAZ 是承载人类社会经济活动的基本单位，POI 位于 TAZ 里面，是城市区域功能划分的基本单位，本小节主要以路网数据为例介绍 TAZ 划分方法。

在地理信息系统中，通常有两种模型用于表示地理数据，分别为矢量数据模型和栅格数据模型。基于矢量的模型使用点、线、面等几何图形来表示由笛卡儿坐标系引用的空间对象，而基于栅格的模型将一个区域量化为小的离散网格单元。在表达数据时，两者数据模型各有优缺点。例如：矢量数据模型在查找最短路径方面功能强大，但是在执行拓扑分析时需要进行大量的计算，因为它是完全非确定性多项式时间问题，而栅格数据模型在地域分析方面具有更高的计算效率，但是准确性受到离散化道路和网格像元数量的限制。

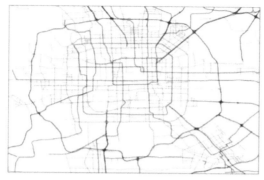

图 4.1　城市道路网

通过对矢量道路网络设置合适的投影（墨卡托投影），使其在平面上得以展示，通过对投影图像进行网格化，使道路网络由矢量数据模型转变为栅格数据模型。因此道路网络变成二值图像，其中 1 代表路段，0 为空白区域。

基于此，考虑各种情况，在本小节中采用形态学图像分割技术来解决城市区域划分问题，其基本步骤如下。

（1）道路简化。去除原始矢量道路地图中的干扰地理要素，如铁路、航空线、地铁线及级别过低的细碎道路如人行道、小路等，留下城市的主要道路，保存为栅格图像，如图 4.2（a）所示。

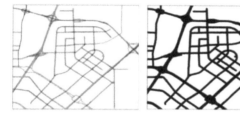   

（a）原始道路网　　　　（b）扩张后的道路网　　（c）细化后的道路网　　　　（d）连通区域

图 4.2　城市区域划分过程

（2）道路扩张。如图 4.2（a）所示，获取的道路地图中存在很多噪声区域，如公路的分支路、立交桥中的环形区域等，这些区域会对区域划分结果造成干扰。因此，采用形态学运算操作中的膨胀法（张铮 等，2014）来加厚道路，填补图像上的小洞和一些不必要的细节，如图 4.2（b）所示。

（3）道路细化。从图 4.2（b）可以看出，通过膨胀操作获得的道路网变得很粗糙，因此，在这一步骤中，主要对上述膨胀操作后的加厚道路采用细化操作以获取道路网的骨架（张铮 等，2014），使原始二值图像的拓扑关系不变，保持道路网的整体结构不变，并且此操作可以恢复因膨胀操作而减少的区域大小，如图 4.2（c）所示。

（4）连通区域标记（connected component labeling，CCL）。最后一步为连接组件标签，旨在连接细化操作后二值图像中的 0 像素（空白区域），采用 Stockman 等（2001）提出的方法聚类 0 像素，形成 TAZ，如图 4.2（d）所示。

4.1.2　多级图聚类划分

多级图划分算法是由 Karypis 等（1998）提出的，该算法主要分为 4 个阶段：数据组织与存储阶段、粗化阶段、初始划分阶段和细化阶段，主要流程如图 4.3 所示，其中主要阶段（即粗化阶段、初始划分阶段和细化阶段）的操作步骤及示意图如图 4.4 所示，经过这几个阶段后，得到空间聚类簇全局最优的划分结果。

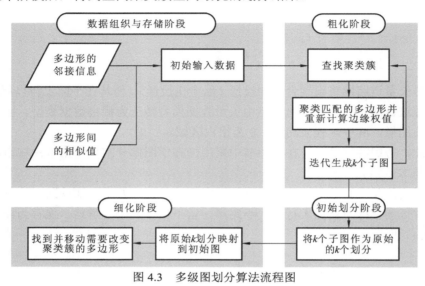

图 4.3　多级图划分算法流程图

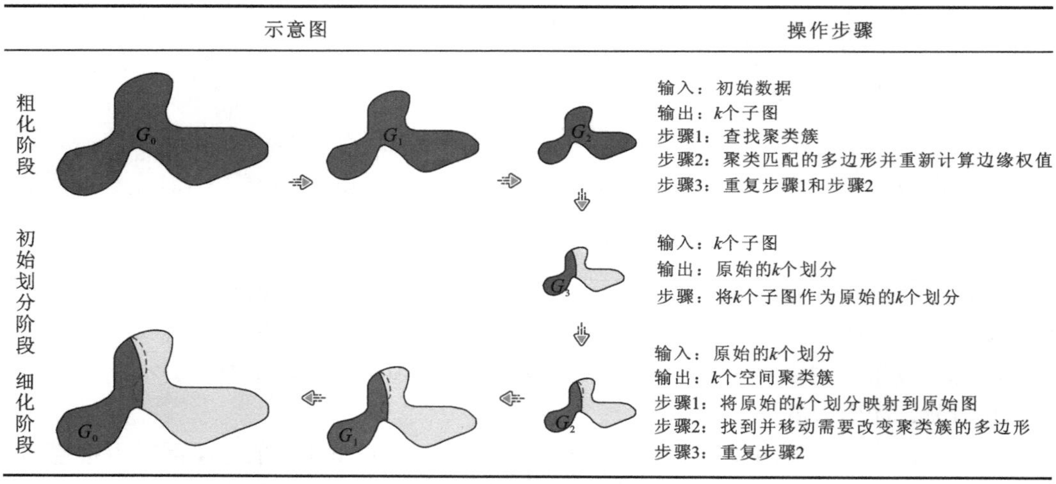

图 4.4　多级图划分算法主要阶段的操作步骤及示意图

1. 数据组织与存储阶段

给定图 $G' = (V', E')$，其中 $V' = \{v_i'\}_{i=1}^{n}$，存储着第 t 个划分子图中的所有顶点 v 的信息，E 则存储着相互邻接的点之间的边的信息，即通过 Delaunay 三角网得到的居民地多边形之间的邻接信息，记为 Adj。

在该阶段，将数据组织成如表 4.1 所示的形式，在表 4.1 的示意图中，总共有 7 个实体目标，即图中用数字标注的多边形实体，它们之间的连线代表相互间存在着邻接关系，线段上的数字即为二者之间的空间相似性数值。数据的组织及存储形式：第一行代表与实体目标 1 有邻接关系的实体目标，奇数位上的数字为与之邻接的目标的编号，偶数位上的数字则为二者之间的相似性数值，例如对于空间实体 1，与之有邻接关系的空间实体则均存储在第一行，奇数位的数字 2 和偶数位的数字 0.5 则代表着空间实体 1 与空间实体 2 之间的空间相似性数值为 0.5，同理，奇数位的数字 4 和偶数位的数字 0.6 则代表着空间实体 1 和空间实体 4 之间的空间相似性为 0.6。同理可知，第二行则代表与实体目标 2 有邻接关系的空间实体及它们之间的空间相似性，数据组织形式与第一行类似，依次类推。

表 4.1　数据组织形式

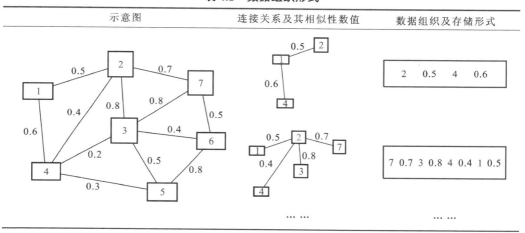

2. 粗化阶段

在粗化阶段将会生成一系列原图的子图，与原图相比，每级子图含有的点的数目都会逐步减少，但图的形状并不发生大的变化，这主要是通过图的粗化匹配和重构两部分实现的。

一个图形的匹配过程，即为一系列的边的匹配，且这其中任意两条边都不共用同一个顶点。生成一个粗化图 G_{i+1} 是通过在其父图 G_i 中进行匹配并将匹配到的顶点合并成多节点而实现的，对于未被匹配到的点，则直接复制到粗化图 G_{i+1} 中。考虑使用匹配进行顶点合并的目的是减小图 G_i 的大小，那么就需要匹配时尽可能地包含更多的边。在图的随机匹配过程中，为达到粗化图的目的，采用最大化匹配准则，即当图形中的任意一条边都没有被匹配时，至少有一个终点被匹配以实现最大化。在这一操作过程中，记 Map[v] 为被匹配并存储到粗化图 G_{i+1} 中的顶点 v，一般将这种点称为多节点，Match[v] 则为那些未被匹配的顶点。

在重构阶段，图 G_i 按照一定的准则并结合在匹配过程中生成的 Map[v]和 Match[v] 以生成其粗化图 G_{i+1}，进行重构的准则即为多节点 v 的边的权值为 V_i^v 的权值的总和，这是为了使边与边之间的权值达到最大，以使粗化图保持原图的特性。

总而言之，粗化阶段就是首先在匹配过程中进行随机匹配，并将匹配到的顶点合并生成多节点，然后在重构过程中，依据在匹配过程中生成的多节点粗化图，计算粗化图中边的权值，使边与边之间的权值达到最大，其示意图如图 4.5 所示。

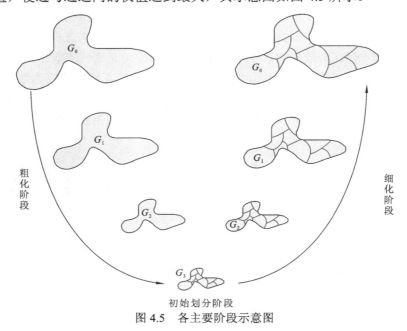

图 4.5　各主要阶段示意图

假设顶点 v_1、v_2 为两个被匹配的顶点，则重构顶点 $u_1 = \mathrm{Map}[v_1]$，那么与 u_1 邻接的顶点为

$$\mathrm{adj}(u_1) = (\{\mathrm{Map}[x] \mid x \in \mathrm{adj}(v_1)\} \bigcup \{\mathrm{Map}[x] \mid x \in \mathrm{adj}(v_2)\}) - \{u_1\} \qquad (4.1)$$

且边 (u_1, u_2) 之间的权值为

$$w(u_1, u_2) = \sum_x \{w(u_1, x) \mid \mathrm{Map}[x] = u_2\} + \sum_x \{w(u_2, x) \mid \mathrm{Map}[x] = u_2\} \qquad (4.2)$$

3. 初始划分阶段

在初始划分阶段，使用 Kernighan-Lin 算法来计算最粗糙和最小图形的初始划分（Kerninghan，1970）。假设 P 为图 $G = (V, E)$ 原始划分的顶点，gain 值表示将点 v 从当前聚类簇中移动到其他聚类簇时边界权值的减少值，通过代价函数 g_v 计算，其数学定义为

$$g_v = \sum_{(v, u) \in E \wedge P[v] \neq P[u]} w(v, u) - \sum_{(v, u) \in E \wedge P[v] = P[u]} w(v, u) \qquad (4.3)$$

式中：$w(v, u)$ 为边 (v, u) 的权重值。若一个顶点 v 从一个聚类划分中被移动到另一个聚类划分，那么与顶点 v 相邻接的其他顶点的 gain 值也会相应地发生变化。因此，在每移动一个顶点之后，都需要重新计算并更新与之相邻接的其他顶点的 gain 值。

4. 细化阶段

通过遍历图形 $G_{m-1}, G_{m-2}, \cdots, G_1$，粗化图形 G_m 的划分 P_m 被映射到原始图形上。由于子图 G_{i+1} 中每个顶点都包含有其父图 G_i 中顶点的不同的子集，可以通过将分解成为

$v \in G_{i+1}$ 的点集 V_i^v 分配到划分 $P_{i+1}[v]$ 中去，以实现根据子图 P_{i+1} 得到其父图 P_i（如：$P_i[u] = P_{i+1}[v], \forall u \in V_i^v$）。

虽然 P_{i+1} 是划分 G_{i+1} 的局部最小划分，但是映射的划分 P_i 却不一定是 G_i 的局部最小划分。由于 G_i 所包含的信息更加全面，G_i 拥有更多的自由度来改善 P_i，并且可以降低边界权值的减少。因此仍然存在通过局部细化来提高 G_{i-1} 划分的可能。鉴于上述论述，在初始划分阶段之后，仍然需要一个细化算法对划分结果进行完善和提升。

在细化阶段，多级图划分算法使用了 Kernighan-Lin 细化算法，这一过程通过控制顶点的 gain 值来计算实现，gain 值则是通过计算每一个顶点的 ID 和 ED 两个值来表示，其中，ID 和 ED 的定义如下：

$$ID[v] = \sum_{(v,u) \in E^\wedge P[v]=P[u]} w(v,u) \tag{4.4}$$

$$ED[v] = \sum_{(v,u) \in E^\wedge P[v]\neq P[u]} w(v,u) \tag{4.5}$$

式中：ID[v] 为与顶点 v 在同一个聚类簇内且与顶点 v 相邻接的点连线的边的权值的总和，该数值是用来度量聚类簇内部紧密度的一项指标；ED[v] 为与顶点 v 不在同一个聚类簇内且与 v 相邻接的点之间的边的权值的总和，该数值是用来度量聚类簇之间分离度的一项指标，则有 $g_v = ED[v] - ID[v]$。

4.1.3　直觉模糊集多边形聚类划分

多边形相似性是聚类的基础。然而，以往的多边形聚类方法在空间对象间相似性不明显的情况下没有很好地表达出相似性，从而限制了空间多边形数据挖掘的结果。本小节介绍一种模糊相似性方法来解决此问题。在介绍的扩展直觉模糊集插值布尔代数（extend intuitionistic fuzzy set-interpolation Boolean algebra，EIFS-IBA）相似性方法中，首先利用插值布尔代数（interpolating Boolean algebra，IBA）理论以直觉模糊集（intuitionistic fuzzy set，IFS）依赖的方式描述多边形的空间特性，然后测量多边形之间的空间特性以获得整体相似性。在测量多边形相似度的过程中，采用 Relief-F 算法生成各指标对应的权重，代替了试错法（Kononenko，1994）。最后，得到包含相邻多边形间相似性的邻接图模型，应用多级图划分方法完成聚类（Wang et al.，2015）。

1. 多边形的提取与预处理

基于对象的建模一直是多边形研究领域的热点。Yu 等（2010）研究表明基于对象的模型是一种有效的数据结构，更符合人和计算机对城市场景的解释方法。因此，将多边形视为对象。在将多边形用于聚类之前，需要进行识别和描绘。多边形的构造被简化为两个步骤：第一步是分配对象标识符，为每个多边形对象分配一个唯一的 ID 号；第二步是获取每个对象的属性（图 4.6）。

考虑多边形的构造和已有文献的相关研究（Sinan et al.，2015），模糊化以下多边形信息特征来构造邻接图模型。多边形的形状由长宽比（length-width ratio，LWR）、立体度（solid degree，SD）和边数（edge number，EN）3 个指标描述。多边形的方向由其方向（O）来描述，它主要指逆时针测量的 x 轴和最小外接矩形的主轴之间的角度

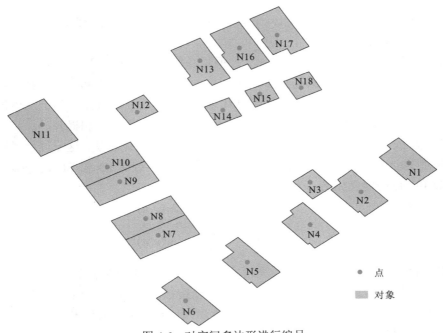

图 4.6 对空间多边形进行编号

［图 4.7（a）］。通过计算多边形的面积（A）和周长（P）来描述多边形的大小。用距离（D）和连通度（C）描述多边形的邻域关系。用连通度（C）来表达相邻多边形之间的骨架线长度：$C(x, y) = \text{Len}(\text{Skeleton}(x, y))$［图 4.7（b）］。

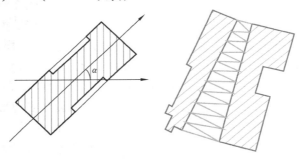

（a）最小边界矩形和方向　　　（b）相邻多边形之间的骨架
图 4.7　相关概念的解释

从城市多边形中提取的指标具有尺度差异，因此，进行如下归一化：

$$x^* = \frac{x - \min}{\max - \min} \tag{4.6}$$

式中：x^* 为某个属性的原始清晰度；x 为某个索引的属性；min 和 max 为该特定属性的最小值和最大值。这种标准化方法是针对 min-max 标准化的，min-max 是原始数据的线性转换，由此产生的原始数据被映射到 0～1。这一转换可统一指标属性的维数，有利于指标属性的模糊化。

2. 多边形中的 EIFS-IBA 相似性方法

具有严格数学逻辑公理的 IBA 理论在测量非空间对象之间的相似性/距离方面表现

良好（Milošević et al.，2017）。然而，多边形在很大程度上不同于非空间对象，其包含额外的接近度和空间距离。此外，在测量多边形之间的相似性时，不同空间属性的作用明显不同。扩展直觉模糊集插值布尔代数相似性方法可解决这一问题。与原始 IFS-IBA 相比，EIFS-IBA 相似性方法的主要优点是提供了更完整、形式化和显式的集合。EIFS-IBA 的形式化描述可以表示为

$$EIFS\text{-}IBA = \{P_o^A, P_o^B, S, W, R, G\} \tag{4.7}$$

式中：P_o^A 为多边形的性质，如形状、方向和大小等属性；P_o^B 为相邻多边形之间的属性，如接近度和空间距离；S 为多边形对之间的相似性，如多边形 O_A 和 O_B；W 为每个多边形属性的相应权重；R 为邻接多边形的邻接关系图；G 为最终的相似图模型。在式（4.7）中，P_o^A 和 S 的集合是原始 IFS-IBA 方法的元素。与 EIFS-IBA 相似性方法相比，传统的 IFS-IBA 没有提供足够的多边形性质和配置信息。

为了在 EIFS-IBA 相似性方法中描述多边形 P_o^A 的空间性质（如方向和面积），首先通过数据预处理将提取的空间性质归一化为[0, 1]区间原始的 μ_o^F。然后，将得到的原始值 μ_o^F 变换为隶属 μ_o^A 和非隶属 v_o^A。在各种变换方法中，最大的直觉模糊熵原理在 0 以上，证明适于描述对象（Milošević et al.，2017）：

$$\begin{cases} \mu_o^A = 1 - (1 - \mu_o^F)^\lambda \\ v_o^A = (1 - \mu_o^F)^{\lambda(1+\lambda)} \end{cases} \tag{4.8}$$

多边形 P_o^A 属性按以下方式推导出：

$$P_o^A = (\mu_o^A, v_o^A) \tag{4.9}$$

不同于多边形 P_o^A 的空间属性，相邻多边形 P_o^B 之间的属性获得方式不同。相邻多边形 P_o^B 之间的属性使用公式如下：

$$P_o^B = (D_o^{AB}, C_o^{AB}) \tag{4.10}$$

式中：D_o^{AB} 和 C_o^{AB} 分别为两个多边形之间的距离和连通性。在 EIFS-IBA 相似性方法中，s_{dis} 和 s_{con} 分别等于 D_o^{AB} 和 C_o^{AB}，并由 Delaunay 三角形和骨架线导出（Deng et al.，2011）。其中，s_{dis} 为距离相似性，用于衡量两个多边形之间的距离相似程度；而 s_{con} 为形状相似性，用于衡量两个多边形之间的形状相似程度。

对于多边形对象 $O_A\{\mu_A, v_A\}$ 和 $O_B\{\mu_B, v_B\}$，相似性度量（仅包含多边形属性）满足 IFS-IBA 等价关系。众所周知的恒等式（Milošević et al.，2017）仍然适用于多边形：

$$A <=> B = (A \char`\^ B) \lor (\neg A \char`\^ \neg B) \tag{4.11}$$

因此，可以用如下方式推导出操作（$\otimes = \min$）：

$$\begin{aligned} (O_A <=> O_B)^\otimes &= (O_A \char`\^ O_B) \lor (\neg O_A \char`\^ \neg O_B)^\otimes \\ &= \{(<\mu_A, v_A>\char`\^<\mu_B, v_B>) \lor (\neg<\mu_A, v_A>\char`\^\neg<\mu_B, v_B>)\} \otimes \\ &= <\min(\mu_A, \mu_B) + \min(v_A, v_B), v_A + v_B - 2 \cdot \min(v_A, v_B)> \end{aligned} \tag{4.12}$$

在测量多边形之间的相似性时，只有 IFS 的成员关系是至关重要的。非空间属性的相似性可以使用如下公式求得：

$$S_I(O_A, O_B) = \begin{cases} 1, & O_A = O_B \\ \min(\mu_A, \mu_B) + \min(v_A, v_B), & 其他 \end{cases} \qquad (4.13)$$

式中：S_I 为多边形相似度；对于多边形对象 O_A 和 O_B，当两者的属性重合时，相似度可以表示为 1。否则，可以使用 IFS-IBA 操作测量相似性。相似性 S_I 仅包含 IFS 理论的多边形属性，它不能表示多边形之间的属性（如空间距离和邻近度）。图 4.8 解释了 IFS-IBA 相似性理论。对于对象 O_A 和 O_B，使用 IFS-IBA 相似性方法获得的相似性为 C（C 是属于 A 和 B 的属性）。

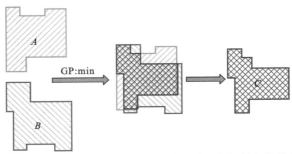

图 4.8　IFS-IBA 相似性方法计算出的两个多边形之间的相似的部分图示

多边形的空间性质不能提供足够的信息来描述它们之间的相似性。因此，其他空间特性，如距离和连通性，是必不可少的。然而，距离和连通性都代表了多边形之间的关系，而 IFS-IBA 相似性方法不能直接描述这种关系。本小节介绍的 EIFS-IBA 相似性方法中的 S 解决了这个问题，公式如下：

$$S(O_A, O_B) = w_i \cdot S_I(O_A, O_B) + w_2 \cdot s_{dis} + w_3 \cdot s_{con} \qquad (4.14)$$

式中：w_i 为多边形属性在形状、方向和大小上的总权重；$S_I(O_A, O_B)$ 为每个属性在形状、大小和方向上的相似性；w_2 和 w_3 分别为距离和连接属性的权重。w_i、w_2 和 w_3 的总权重是 1。当 $w_i = 1$ 时，IFS-IBA 相似性方法中的 S 与 EIFS-IBA 相似性方法中的 S 一致。

不同的属性对多边形的聚类有不同的作用。因此，为每个多边形属性提供合理的权重至关重要。在本节中，使用 Relief-F 算法（Wang et al.，2014）来自动优化权重并减少时间消耗。EIFS-IBA 相似性方法中的 W 可以用以下方式表示：

$$W = (w_i, w_2, w_3) \qquad (4.15)$$

每个属性的权重可以用样本数据训练。一般来说，不同数据集中的 W 略有不同。

3. 多边形的图形模型和划分

图论是表示一组多边形之间关系的一种常用方法。一般来说，一个简单图 G 由有限的非空节点集 $N(G)$ 和边 $E(G)$ 组成。同时，图 G 中的每个边 $E_{ij}(N_i, N_j)$ 连接节点 N_i 和 N_j。

在多边形的邻接图模型中，图 G 中集合 $N(G)$ 的每个成员对应于一个独特的城市对象，节点 N_i 和 N_j 之间的边 $E_{ij}(N_i, N_j)$ 表示对应多边形之间存在关系。从多边形粗化为节点（N）开始，构造多边形之间的邻接图模型。在此过程中，多边形的质心可以选择为粗化节点（N）。然后构造节点的 Delaunay 三角剖分，生成包含多边形间连接关系的邻接关系图。最后，计算邻接关系图中的边（E）的值，并建立一个竞争邻接图（G）。计算相邻多边形之间的相似度即各边 $E_{ij}(N_i, N_j)$ 的值，对构造邻接图模型具有重要意义。在

EIFS-IBA 相似性方法中,利用矩阵可以得到对应于 R 的邻接关系图模型(adjacency graph model,AGM):

$$AGM = \begin{pmatrix} a_{11} & \cdots & a_{1j} \\ \vdots & \ddots & \vdots \\ a_{i1} & \cdots & a_{ij} \end{pmatrix} \tag{4.16}$$

式中:a_{ij} 为两个多边形(或多边形对)之间的相似性。如果多边形不相邻,使用 0 表示它们之间的相似性。AGM 用来识别两个多边形是否相邻。由于由节点的 Delaunay 三角剖分得到多边形对,AGM 矩阵模型的存储效率较低。为了解决这一难题,在 EIFS-IBA 相似性方法中建立一个对应于 G 的扩展邻接关系图模型(EAGM),该模型只包含相邻多边形的相似性,即

$$EAGM = (w_{ij}) \tag{4.17}$$

式中:w_{ij} 为两个多边形之间的相似性,对应于 EIFS-IBA 相似性方法中的 S。图 4.9 描述了多边形邻接图模型的构造。例如,$w_{12}(a_1,a_2)$ 是多边形 a_1 和 a_2 之间的相似性;$w_{13}(a_1,a_3)$ 不会出现在 EAGM 中,因为 a_1 和 a_3 不相邻。

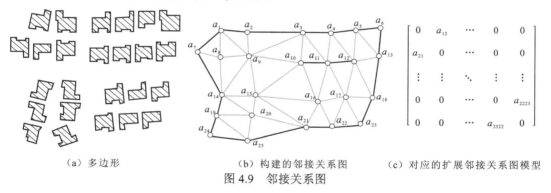

(a)多边形   (b)构建的邻接关系图   (c)对应的扩展邻接关系图模型

图 4.9 邻接关系图

划分过程是聚类的最后一步。由于多级图划分方法在多属性多边形聚类分析中表现良好,采用多级图划分方法对获得的多边形间具有相似性的图模型进行划分(Wang et al.,2015)。

4.2 空间场景功能区挖掘

城市化发展使城市产生不同功能的区域,通过人们在这些区域间的移动规律可挖掘区域的功能性质,挖掘并理解功能区域和人类移动规律有助于实现更好的城市规划,提升人们生活质量。此外,各项技术的发展及城市应用的巨大需求,产生了大量城市空间数据,形成了对城市场景及居民行为细致完备的描述,这些数据是挖掘城市功能区域和人类移动规律等城市高层语义信息的基础。如何充分利用丰富的城市空间场景数据,挖掘其蕴含的高层语义信息也成为当前研究热点。本节介绍几种与人类自身密切相关的语义信息挖掘,即城市场景语义、人类活动轨迹分析等。

4.2.1 顾及兴趣点潜在上下文关系的城市功能区识别

兴趣点（POI）数据作为城市设施的代表，被广泛应用于城市功能区提取。以往对城市功能区研究大多只考虑了 POI 统计信息，忽略了 POI 中丰富的空间分布信息，而 POI 空间分布特征与区域功能密切相关。本小节首先介绍一种顾及兴趣点潜在上下文关系的城市功能区识别方法，它利用空间共位模式挖掘方法挖掘 POI 潜在上下文关系，提取 POI 空间分布信息，构建区域特征向量，并进行区域聚类；然后利用 POI 类别比例、居民的出行特征等对聚类结果进行识别；最后实验以北京市核心城市功能区为例，将研究结果与百度地图、居民出行特征进行对比验证分析，结果表明该方法能识别出具有明显特征的城市功能区，如成熟的娱乐商业区、科教文化区、居住区等。

1. 研究区域和数据

研究区域位于北京市核心功能区，其总面积为 302 km^2，是我国经济最发达的地区之一，同时作为我国政治、文化、科教中心，其另一特征是人口密度大、道路网密集且发达、城市结构复杂、包含有多种混合的土地利用类型，如居民地、娱乐场所、科教区等。

道路数据采用 OpenStreetMap（http://download.geofabrik.de/asia/china.html）下载的 2018 年道路网数据。POI 数据集是通过百度地图服务（http://map.baidu.com）提供的应用程序编程接口（application programming interface，API）获取的，包含 258 820 条 POI 记录，几乎涵盖了所有的设施类型。浮动车轨迹数据每隔 5 s 左右采集一次，记录的基本信息包括出租车的车牌号码、时间、经纬度、速度、方位和载客状态等。为防止 GPS 数据的不稳定性，本小节采用 2012 年 11 月 5 日（周一）到 11 月 25 日（周日），历时三周的 GPS 数据（表 4.2）。

表 4.2 研究数据说明

数据	数量	详细说明
北京市区划图	—	选取北京市五环内为研究对象
道路网数据	293 446 段	选取高速公路、省道、城市主干道及城市次干道的不同等级道路功能为道路分割对象
兴趣点数据	258 820 个	包括商务住宅、餐饮设施、风景名胜、公共设施、公司企业、购物服务、交通设施、金融服务设施、科教设施、生活服务设施、休闲体育设施、医疗服务设施、政府机构等各种类型的 POI
浮动车轨迹数据	12 000 辆（约 8 亿条）	选取研究对象范围内的所有 GPS 点

2. 思路与方法

本方法的详细过程如图 4.10 所示，考虑不同功能区的 POI 配置不同，而空间共位模式可以找出现实世界中具有强空间关系的空间子集。方法采用空间共位模式挖掘 POI 空间组合模式，以此表征 POI 间的空间分布关系，并计算出可以反映 POI 组合关系的指标，然后构建区域表达来感知在交通分析区（TAZ）尺度下的城市功能结构。该过程主要包括以下 4 个部分：①通过城市道路网构建 TAZ；②根据空间共位模式，挖掘 POI 潜在上下文关系；③提取 POI 空间信息，构建区域特征向量；④功能区标注。其中 TAZ 的构建在 4.1.1 小节中已进行介绍，以下将其他三部分进行详细介绍。

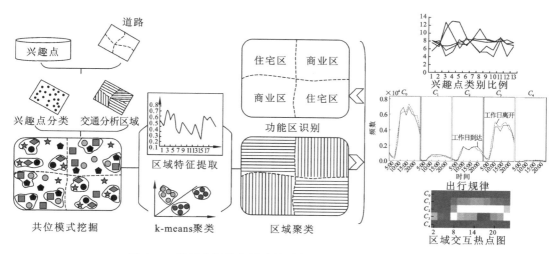

图 4.10 基于空间共位模式的城市功能区识别的详细过程

1）POI 的空间上下文关系挖掘

在早期的大多数研究中，由于缺乏合适的模型，研究者在研究区域功能时仅仅考虑 POI 统计信息，忽略了 POI 空间分布特征对区域功能的影响。受此影响，本小节方法引入空间共位模式挖掘算法（Shekhar et al.，2001），其主要作为空间数据分析和地理上下文感知的重要手段，来发现现实世界中具有空间临近关系的地理实体对象或事件。在计算机领域，它属于空间数据库中的关联规则挖掘。本方法利用空间共位模式这一性质来挖掘 POI 潜在上下文关系，提取 POI 空间信息。

空间共位模式是指在同一区域内频繁关联的特征集合，用于发现在现实世界中具有强空间关系的特征子集。在 TAZ 内 POI 空间分布也有很强的关联性，如大型商场里有 ATM、学校边上有饭店等。基于此，本小节方法采用空间共位模式来挖掘区域内 POI 潜在上下文关系，提取空间信息，构建区域表达。共位模式挖掘取决于空间类型和空间邻域的定义。基于此，挖掘 POI 潜在上下文关系分为 3 个步骤：①确定空间类型，根据预定义的邻域阈值构建邻域关系图，确定上下文关系；②生成共位模式，挖掘 POI 潜在上下文关系；③根据最小参与指数阈值，对生成的共位模式进行筛选，获得频繁共位模式，提取空间信息。通过对实验数据的分析与验证，方法选择共位模式的大小为 3。

（1）空间上下文关系

POIs 上下文关系取决于空间类型和空间距离阈值的定义，在传统研究中，研究者们通常将现实世界抽象成无限均匀和各向同性的空间，采用欧几里得距离来计算两个对象间的分离程度，确定邻域距离（Flouvat et al.，2015）。需要注意的是，如图 4.11 所示，城市设施点常沿道路分布，城市空间中的物理运动通常受到道路网络约束。因此，POI 上下文关系挖掘应考虑具体的道路情况，使用道路网络距离来分析和研究社会经济功能将更可靠和更有意义。

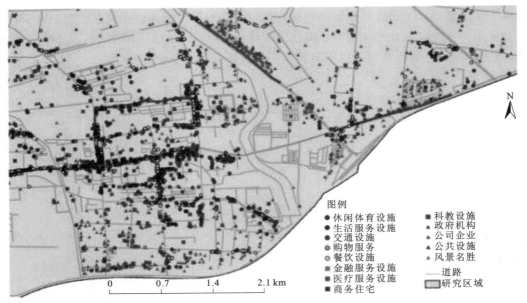

图 4.11 POI 设施点沿路网分布图

扫封底二维码可见彩图

如图 4.12（a）所示，现将现实世界道路网络抽象为由 $G=(N, E)$ 表示的图结构，其中街道被抽象为边的集合（即 E），街道的交叉点对应于一组节点（即 N）。通过最近邻搜索树将地理实体映射到道路网络的边上，并通过线性参考表示。如实体 O_i 通过元组 $\langle e, \text{pos}\rangle$ 来描述，其中 e 表示距离实体 O_i 最近的边，pos 代表从 e 的起点到实体投影处的网络距离。在这样的网络结构中，网络空间的邻近关系可以被进一步定义为：对于两个网络对象 O_i、O_j，若从 O_i 的映射处到位置 O_j 的最短网络距离小于或等于用户指定的阈值，则相邻。考虑到地理研究专家曾指出人在城市环境下最适宜的步行距离为 200～300 m，在研究中通过计算研究区域内所有地理实体的 k 近邻为基础来确定邻域距离。即：在计算出所有设施的 k 近邻网络距离后，选择这些距离的平均值作为邻域阈值。本小节方法通过计算确定距离阈值为 300 m。

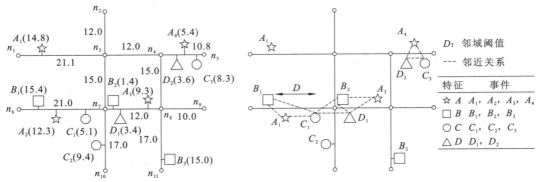

（a）基于线性参考的道路网络模型　　　　（b）网络空间共位模式挖掘的简单说明

图 4.12　网络空间下的距离度量及共位模式挖掘简单说明

定义 4.1：对于给定 I、J、K 三种类型的 POI，根据网络距离定义其空间上下文关系 Spatial_relationship，构建共位模式 P，挖掘出 POI 的潜在上下文关系。具体定义如下：

$$P(f_i, f_j, f_k) = \sum_{i,j,k=1}^{n} \text{Spatial\_relationship}(\max(\text{road\_distance}(f_i, f_j), \text{road\_distance}(f_j, f_k),$$
$$\text{road\_distance}(f_i, f_k))) \leqslant 300\,\text{m}, \qquad f_i \in I, f_j \in J, f_k \in K \tag{4.18}$$

式中：对任意地理实体 m、n，road_distance(m,n) 为它们之间的网络距离；Spatial_relationship 为满足网络距离条件的 I、J、K 三种 POI 类型的空间分布关系；$P(f_i, f_j, f_k)$ 为共位模式。

（2）挖掘上下文关系

城市空间中的 POI 总是以聚集状态分布，一个 POI 位置的选择受其相邻 POI 的影响，并且不同区域内 POI 共位关系有所差异。对于商业区域，超市、餐饮店、ATM 更容易分布在一起；而对于教育区域，研究楼、小卖部、操场的组合则更明显。此处通过空间共位模式挖掘 POI 的共位模式来反映 POI 空间分布的潜在非线性上下文关系，同时根据 POI 组合的差异来反映区域的功能差异。为衡量不同空间共位模式间频繁性的差异，引入 Huang（2004）提出的参与指数来衡量空间共位模式的普遍性。在解释参与指数指标前，先介绍与其密切相关的指标——参与率的概念。

定义 4.2：给定道路网络中特定类型的 POI 如 $f_1, f_1, \cdots, f_k$ 和共位模式 $P\{f_i, f_j, f_k\}$，则类型 f_i 在模式 $P\{f_i, f_j, f_k\}$ 中的参与率 $\text{PR}(P\{f_i, f_j, f_k\}, f_i)$ 为

$$\text{PR}(P\{f_i, f_j, f_k\}, f_i) = \frac{|I(P\{f_i, f_j, f_k\}, f_i)|}{|I(f_i)|} \tag{4.19}$$

式中：$|I(P\{f_i, f_j, f_k\}, f_i)|$ 为处于共位模式 $P\{f_i, f_j, f_k\}$ 中且类型为 f_i 的对象数量，同一对象不重复计入；$|I(f_i)|$ 为类型 f_i 的对象总数。若 PR 值较高，则表明一个空间特征与模式中的其他空间特征具有强空间共位关系。基于参与率指标，参与指数 PI 的正式定义如下。

定义 4.3：对于一个网络共位模式 $P\{f_i, f_j, f_k\}$，结合参与率定义可得参与指数的定义如下：

$$\text{PI}(P\{f_i, f_j, f_k\}) = \min(PR((P\{f_i, f_j, f_k\}, f_i)), PR((P\{f_i, f_j, f_k\}, f_j)), PR((P\{f_i, f_j, f_k\}, f_k)))$$
$$\tag{4.20}$$

定义 4.4：对于一个网络共位模式 $P\{f_i, f_j, f_k\}$，若 $\text{PI}(P\{f_i, f_j, f_k\})$ 大于用户指定的最小参与指数，则该模式为频繁模式，即

$$\text{PI}(P\{f_i, f_j, f_k\}) \gg \min \text{PI} \tag{4.21}$$

如图 4.12（b）所示，在同一 TAZ 中存在空间特征 A、B、C、D，共位模式有 $\{A, B, C\}$、$\{A, B, D\}$、$\{A, C, D\}$、$\{B, C, D\}$，根据式（4.19）可知：$\text{PR}(A, \{A, B, C\}) = 1/4$、$\text{PR}(B, \{A, B, C\}) = 1/3$、$\text{PR}(C, \{A, B, C\}) = 1/3$；$\text{PR}(A, \{A, B, D\}) = 1/4$、$\text{PR}(B, \{A, B, D\}) = 1/3$、$\text{PR}(D, \{A, B, D\}) = 1/2$；$\text{PR}(A, \{A, C, D\}) = 1/4$、$\text{PR}(C, \{A, C, D\}) = 1/3$、$\text{PR}(D, \{A, C, D\}) = 1/2$；$\text{PR}(B, \{B, C, D\}) = 1/3$、$\text{PR}(C, \{B, C, D\}) = 1/3$、$\text{PR}(D, \{B, C, D\}) = 1/2$。同时根据式（4.20）可求得 $\text{PI}(\{A, B, C\}) = 1/4$、$\text{PI}(\{A, B, D\}) = 1/4$、$\text{PI}(\{A, C, D\}) = 1/4$、$\text{PI}(\{B, C, D\}) = 1/3$。本方法主要利用空间共位模式挖掘 TAZ 中不同类型 POI 的潜在上下文关系，采用参与指数来量化 POI 空间关系，提取 POI 的空间分布信息。

2）区域特征表达

为更好度量区域间相似性，构建区域表达尤为重要，本节方法根据定义 4.1 发现 TAZ

中的共位模式，挖掘 POI 空间上下文关系，并根据定义 4.2、定义 4.3 量化空间共位模式，提取 POI 空间分布信息。根据定义 4.4 获取频繁共位模式，结合式（4.18）～式（4.21）构建 TAZ 的特征表达如下：

$$\text{Vector\_of\_TAZ}_m = [\text{PI}_1(f_i, f_j, f_k), \text{PI}_2(f_i, f_j, f_k), \text{PI}_3(f_i, f_j, f_k), \cdots, \text{PI}_n(f_i, f_j, f_k)]$$

$$i, j, k = 1, 2, \cdots, 13 \text{且} i \neq j \neq k \text{ 且 } P_1(f_i, f_j, f_k) \neq P_2(f_i, f_j, f_k) \neq \cdots \neq P_n(f_i, f_j, f_k) \quad \text{PI} \geqslant \text{minPI}$$

$$(4.22)$$

式中：Vector_of_TAZ_m 为第 m 个 TAZ 的区域特征向量；$\text{PI}_t(f_i, f_j, f_k)$ 为该 TAZ 中第 m 个模式 $P_t(f_i, f_j, f_k)$ 的参与指数。

3）标注功能区

对于 TAZ 特征向量，通过聚类实现相同功能区域的聚类，之后需要根据区域实际功能进行区域标识，城市功能区的分类标准很多，功能区的划分也各不相同，本小节方法主要根据社会功能和居民需求结合 POI 的语义信息进行划分，主要可以分为居住区、风景名胜区、商业娱乐区等。通过结合 POI、出租车轨迹数据及人为标注从三个方面来识别功能区。

（1）构建频数密度（frequency density，FD）和类型比例（category ratio，CR）作为研究单元内 POI 的统计特征（李娅 等，2019），识别区域的功能性质，计算公式如下：

$$F_i = \frac{n_i}{N_i} \tag{4.23}$$

$$C_i = \frac{F_i}{\sum_{i=1}^{n} F_i} \times 100\% \tag{4.24}$$

式中：i 为 POI 类型；n_i 为 TAZ 中第 i 种类型 POI 数量；N_i 为第 i 种类型 POI 总数；F_i 为第 i 种类型 POI 占该类型 POI 总数的频数密度；C_i 为第 i 种类型 POI 的频数密度占单元内所有类型 POI 频数密度的比例。

（2）计算不同类型功能区在周末和工作日的 O 值和 D 值，即在不同时间离开和到达该功能区的频次，探索该类型区域人群移动规律，从而推测功能区类型。

另外计算不同类型功能区在周末和工作日的移动模式频率，即计算从 00:00 开始到 24:00 结束的时间段内，从其他类型功能区到该功能区及从该功能区到其他类型功能区的频次，并形成热点分布图，以此来研究不同功能类型区域间的交互。其中，横坐标表示一天内时间变化，纵坐标代表不同的功能区，颜色越深表示交互频次越高。

（3）经验标注。对于一个长久居住在一个城市中的经验者，他们非常清楚地知道城市的地标建筑和最能体现城市特色的区域，例如，区域中包含北京大学、清华大学，大家肯定会认同这个区域是一个教育用地。在实验中完成聚类，得到城市功能区后，有经验的人可以更好地标注、识别功能区，得到更详细、准确的城市功能分区结果。

3. 功能区识别

1）交通分析区尺度上的区域聚合

如图 4.1（在 TAZ 划分中）所示，道路网共有路段 293 446 条，从中挑选出主要道路 52 751 条，采用形态学图像分割技术对研究区域进行划分，生成 424 个 TAZ，同时根据语义信息及社会功能等信息，将 POI 数据分为 13 个类别，满足人们日常生活的基本需求。利用 ArcGIS 中内置的交集制表工具，确定 POI 落在哪个单元内，采用空间共位模式，在 TAZ 的尺度上挖掘 POI 潜在的上下文关系，提取 POI 空间信息，构建区域表达向量，如表 4.3 所示，由于篇幅原因，本小节只列举部分 TAZ 的表达形式，通过聚类算法进行区域聚类，使同一簇内的 TAZ 具有相似功能，不同簇表示的功能不同。

表 4.3 部分 TAZ 的区域表达形式

TAZ	PI（餐饮设施, 公司企业, 交通设施）	PI（公司企业, 交通设施, 金融服务设施）	PI（餐饮设施, 交通设施, 科教设施）	……
102	0.895 348 837	0.767 441 86	0.813 953 488	……
103	0.930 041 152	0.901 234 568	0.913 580 247	……
104	0.670 025 189	0.362 720 403	0.627 551 02	……
105	0.960 264 901	0.792 857 143	0.909 090 909	……
……	……	……	……	……

2）识别功能区

根据前文介绍的城市功能区识别方法，结合 POI 类型比例和功能区排序（表 4.4）、工作日/周末各个时间段的流量特征（图 4.13）及工作日/周末的到达/离开每个功能区的热点图（图 4.14、图 4.15），对聚类结果进行功能识别。

表 4.4 POI 类型比例和功能区排序

POI	C_0		C_1		C_2		C_3		C_4	
	CR	排序	CR	排序	CR	排序	CR	排序	CR	排序
商务住宅	7.584	9	7.482	5	8.201	3	8.058	5	5.353	9
餐饮设施	8.047	7	6.408	10	6.783	13	7.562	9	7.431	6
风景名胜	4.097	13	12.819	1	6.927	12	5.483	13	11.213	3
公共设施	5.060	12	9.744	2	7.064	11	6.428	12	13.190	1
公司企业	8.393	4	6.178	11	7.770	8	7.364	10	12.819	2
购物服务	6.920	11	8.960	4	8.499	1	7.202	11	9.123	4
交通设施	8.638	3	7.469	6	8.346	2	8.762	1	7.120	7
金融服务设施	11.358	1	4.956	13	8.048	4	8.472	3	5.197	11
科教设施	8.193	5	6.942	9	7.784	6	8.621	2	5.250	10
生活服务设施	8.050	6	5.711	12	7.779	7	8.036	6	4.028	12
休闲体育设施	8.754	2	8.983	3	7.999	5	7.867	7	8.231	5
医疗服务设施	7.181	10	7.303	7	7.669	9	8.464	4	3.983	13
政府机构	7.725	8	7.044	8	7.130	10	7.681	8	7.061	8

（1）商业服务设施及娱乐用地（C_0）。从该区域 POI 数据的类型占比可以看出，该功能区域具有以餐饮、购物、交通设施、金融服务及公司企业（主要为写字楼、商业大厦等）为主的兴趣点分布特征。北京市著名的商业购物地区西单和国贸也分布在其中，

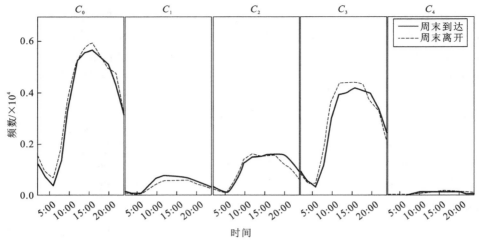

（a）周末到达/离开功能区的频数

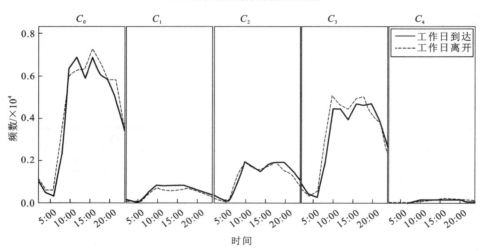

（b）工作日到达/离开功能区的频数

图 4.13　周末和工作日到达/离开功能区域的频数

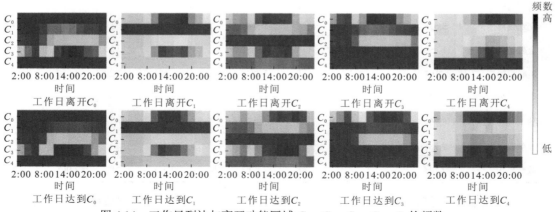

图 4.14　工作日到达与离开功能区域 C_0、C_1、C_2、C_3、C_4 的频数

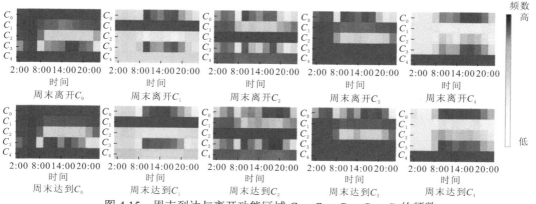

图 4.15　周末到达与离开功能区域 C_0、C_1、C_2、C_3、C_4 的频数

同时从具有交通流量特征的图 4.13 可以看出该区域在工作日的下班时间段（17:00～20:00）会出现到达的流量高峰，说明很多居民下班后会来到该地区消费购物，参加娱乐活动，以释放工作压力。

（2）风景名胜旅游区（C_1）。通过表 4.4 可知在该区域内分布比例最高的兴趣点是风景名胜，同时从设施配置角度来看，该区域内公共设施、购物服务、交通设施等类型 POI 占有较大比率，符合风景名胜区存在较多公共厕所、购物超市和停车场分布的情况，是典型的风景区 POI 配置模式。同时通过流量分析，发现该区域的工作日和休息日的出行流量差别不大，早上基本没有出行高峰期，周末 10:00～15:00 存在较高的到达峰值。

（3）公共管理及科研教育用地（C_2）。在该区域内存在较多科研机构和学校（例如清华大学、北京大学等）等 POI 信息，与学校师生生活相关的购物服务、金融（主要为银行、ATM 等）、住宅及运动相关的休闲体育等 POI 在该区域内也有一定的占比率。该分布模式满足学校师生日常购物、存取钱、运动等基本生活需求。从流量分析来看，发现在工作日到达 C_2 的峰值出现在 8:00～10:00，而离开的峰值主要分布在 17:00～18:00，这与学校学生的上下学的出行行为一致。同时从区域间的流量分析来看，周末前往 C_0 的人流比工作日略小但也相差不大。且在工作日和休息日，前往 C_0 的人流主要集中在 10:00～18:00，这与当前大学生的生活情况较为一致。

（4）成熟居住区（C_3）。该区域内兴趣点分布较广，且为居民生活服务的医疗保健、教育（科教文化）、交通设施、政府机构及社会团体、住宿等兴趣点配套均衡；满足居民日常生活的购物、餐饮和生活服务等设施也有一定的分布，是典型城市居民居住区的兴趣点分布。从流量分析来看，工作日 8:00～9:00 是居民出行高峰期，晚上 20:00～21:00 是居民回程高峰期。对于周末，居民的出行高峰主要在 12:00～16:00，回程高峰主要集中在下午。同时从区域间移动模式来看，工作日从 C_0 到 C_3 的人流量主要集中在 17:00～20:00，符合居民下班后会进行购物、娱乐等活动的情况。从 C_0 到 C_2 的流量主要集中在早上 8:00～9:00，该时间段是学生上学高峰期。

（5）待开发工业区（C_4）。该区域主要分布在城区外围，沿城市的周边分布，符合待开发工业区的分布情况。同时该区域内具有以公司企业、购物和公共设施等为主的兴趣点分布特征，从交通流量来看，该区域内的流量较少，符合工业区对出租车吸引力较弱的特性。

（6）未识别区域（C_5）。因区域内的 POI 数目数据过少，不足以挖掘出共位模式和训练模型，所以未分析该类型区域。

4. 结果分析

1）结果验证

为了检验空间共位模式应用于城市功能区识别的效果，参考百度在线地图地理信息，将本研究实验得到的功能区划分结果与百度地图、居民的出行特征进行对比分析。实验结果表明，引入空间共位模式的城市功能区识别方法对北京市主要功能分区能进行有效的识别，其中若干典型的对比区域如表4.5所示。

表4.5 识别结果与百度地图对照区域的对比分析

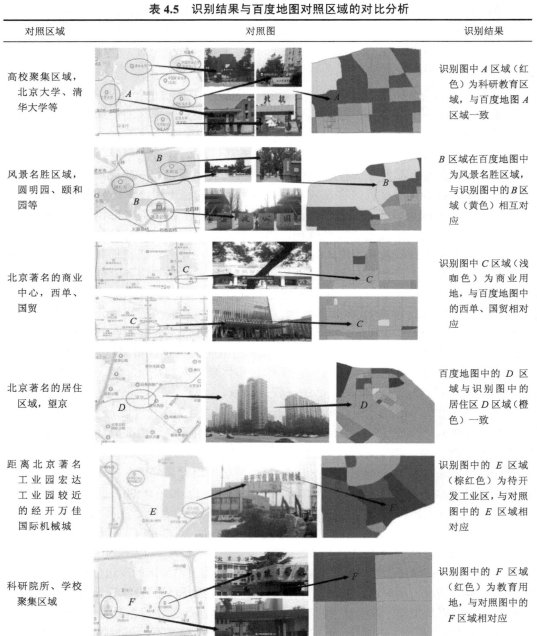

对照区域	对照图	识别结果
高校聚集区域，北京大学、清华大学等		识别图中A区域（红色）为科研教育区域，与百度地图A区域一致
风景名胜区域，圆明园、颐和园等		B区域在百度地图中为风景名胜区域，与识别图中的B区域（黄色）相互对应
北京著名的商业中心，西单、国贸		识别图中C区域（浅咖色）为商业用地，与百度地图中的西单、国贸相对应
北京著名的居住区域，望京		百度地图中的D区域与识别图中的居住区D区域（橙色）一致
距离北京著名工业园宏达工业园较近的经开万佳国际机械城		识别图中的E区域（棕红色）为待开发工业区，与对照图中的E区域相对应
科研院所、学校聚集区域		识别图中的F区域（红色）为教育用地，与对照图中的F区域相对应

注：扫封底二维码可见彩图

2）有效性分析

空间共位模式能够发现现实世界中具有强空间关系的空间特征子集,将其应用于城市POI,能够发现不同区域POI配置情况。该模型能够很好地挖掘POI潜在的上下文关系。为了验证POI空间分布对城市功能区识别的影响,在研究中,采用两种流行的功能区识别方法与本小节方法进行分析,从不同的方面做对比,来侧面印证本小节方法的有效性。

（1）潜在狄利克雷分布（LDA）模型。基于主题建模对城市功能区进行划分,是目前较流行的方法。在本研究中采用LDA模型（Blei et al.,2003）对研究区域进行功能区划分,识别结果如图4.16（a）所示。该方法在一定程度上考虑了POI的语义信息,但本质上还是通过POI频数来推断区域功能。

  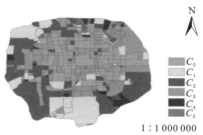

C_0
C_1
C_2
C_3
C_4
C_5

1:1 000 000

（a）LDA模型聚类结果　　　　（b）Word2vec模型聚类结果　　　（c）本小节方法聚类结果

图4.16　不同方法聚类结果

（2）Word2vec模型。基于LDA模型的方法只考虑了POI频数信息,忽略了POI的空间关联性,而Word2vec模型顾及了POI空间分布关系中的线性位置关系（Mikolov et al.,2013）,一定程度上增强了功能区识别效果,其识别结果如图4.16（b）所示。

从图4.16可以看出LDA模型、Word2vec模型及本小节方法有相似的功能区输出,然而,本方法仍然存在一些优于LDA模型和Word2vec模型的区域。图4.16（a）中A区域（颐和园）为风景名胜区域,D区域（清华大学）为教育区域,而LDA模型错误将它们归为一类,C区域为中关村区域,这是中国的硅谷,很多科技公司的大厦聚集于此,是典型的商业区域。B为国贸商场是典型的购物、娱乐场所,属于商业娱乐区域,它们没有被归为一类。E区域（望京地区）为典型的居住区域,错误将其和B区域当作同一类区域。从图4.16（b）中可以看到区域A为圆明园遗址,为风景名胜区域,B区域是天坛公园的所在地,也属于典型的风景名胜区域,在图4.16（b）中将其分为不同类别,同时区域C和D分别为西单、国贸,都是典型的商业中心,也没有将它们分到一类。

同上面两种流行方法对比,本小节方法介绍的空间共位模式挖掘方法能够更好地顾及POI空间分布的关联性,它能够有效挖掘出一个POI同周围多个POI间的非线性空间关系,可以更好地挖掘POI潜在上下文关系,获取相对更加丰富的空间信息。如图4.16（c）所示,对于LDA模型和Word2vec模型分类错误或者分类不准确的区域,在本小节方法中有较好的分类结果。

4.2.2　基于出租车轨迹数据的地域间移动模式

挖掘地域和理解人类在地域间的移动方式对理解城市区域间的关系有重要的作用。

现有的大部分研究单独对地域或移动轨迹进行分析，忽略了两者间的联系。本小节介绍一种通过对出租车轨迹的聚类分析同步挖掘地域与移动轨迹，即基于地域的移动模式（zone-based movement pattern，ZMP）的挖掘方法。该方法通过 ZMP 的合并达到挖掘新地域的目的，并加以距离和专题属性组成的相邻约束以保留移动的方向性、地域的功能属性，以及地域间的距离关系。该方法通过连接矩阵迭代计算得到最优的待合并 ZMP，并进行合并，从而挖掘 ZMP，同时通过覆盖度、精准度及基于这两者的平衡评估因子等对合并得到的 ZMP 进行评定。现实世界出租车数据的实验表明该方法高效可行，能合理地实现合并现有区以挖掘新地域。

1. 地域及移动方式挖掘分析

本方法基于聚类分析迭代地合并同一等级的相似实体，通过 ZMP 的合并实现保留移动方向性前提下的 ZMP 挖掘，达到挖掘地域和移动模式的目的。距离和专题属性组成的相邻约束保证了地域专题属性和地域间距离关系的相近性。如图 4.17 所示，ZMP 的挖掘是通过连接矩阵进行迭代的过程，连接矩阵的元素表征所有 ZMP 间合并的可能程度，选出最大值后检查其是否满足迭代停止条件，不满足则将最大值对应的两个 ZMP 进行合并并更新连接矩阵，否则返回当前 ZMP 结果。在了解具体方法前先介绍数据预处理及与方法相关的概念定义。

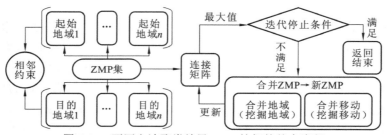

图 4.17　不同方法聚类结果 ZMP 挖掘的基本流程

1）数据预处理

源 GPS 数据包含了大量冗余的信息，需通过预处理筛选出正确和有用的信息，并对筛选的数据进行数据格式编辑使其能在挖掘算法中被高效利用。预处理主要包括如图 4.18 所示的 4 步。

图 4.18　数据预处理流程

第 1 步，筛选 GPS 数据包括两方面：①剔除错误和无用的 GPS 记录，如点范围不合理、非载客状态和非上下客状态时的记录及重复和不全的记录，留下正确的上下客点记录；②每条 GPS 记录只保留有用信息项，如经纬度值、载客状态。第 2 步，确定站点，出租车没有固定的停靠点，GPS 点数据是随机分散的，需借助站点以进行后续的移动模式确认工作。类似地域的定义，本小节方法将站点定义为地理上有相邻关系的点的聚类结果点，可通过所有上下客点聚类得到站点数据。k 均值法是一种被广泛使用的基本聚类方法，它简单快速，且经过上步筛选后的 GPS 点数据基本无噪声，因此采用 k 均值法对 GPS 点聚类得到站点，每个 GPS 点都有一个隶属站点。第 3 步，确定移动记录。乘客的移动轨迹只需通过起始点和目的点来表达，而与行驶路径中的其他轨迹点无关，一条上客点和一条下客点可组成一条移动记录。将移动记录的起始点和目的点更新为上下客点的隶属站点，即得到最终的移动记录。此外需剔除起始站点和目的站点相同的移动记录，在某种意义上它表示乘客没有移动。第 4 步，对移动记录数据分类以获取不同移动模式，将起始站点相同且目的站点相同的移动记录归为一类移动模式，并统计该类移动模式中移动记录的数目。

2）相邻约束

这里定义一个实体与它的 Delaunay 相邻实体的邻接值 adj，adj 与它们之间的空间距离的平方成反比；而对于 Delaunay 相邻实体之外的对象，adj 迅速衰减到可以忽略的程度，表达如式（4.25）所示。

$$\mathrm{adj}(p,q) = k\frac{1}{d_E(p,q)^2}, \quad k = \begin{cases} 1, & q \in N_p \\ 0, & q \notin N_p \end{cases} \tag{4.25}$$

式中：$d_E(p,q)$ 为实体 p 与其他实体 q 间的空间距离；k 为邻近标志；N_p 为与实体 p 的 Delaunay 相邻的实体集合。

但当实体分布较分散时，距离相隔很远的实体也可能是 Delaunay 相邻的，这可能导致位置相隔很远但是 Delaunay 相邻的实体合并。因此需加入空间距离进一步约束，仅当两个实体 Delaunay 相邻且两者间的空间距离 d_E 不超过阈值 δ 时，才是几何相邻的。从而 adj 值表示如下：

$$\mathrm{adj}(p,q) = \frac{k}{d_E'(p,q)^2}, \quad k = \begin{cases} 1, & q \in N_p \text{ 且 } d_E(p,q) \leqslant \delta \\ 0, & q \notin N_p \text{ 或 } d_E(p,q) > \delta \end{cases} \tag{4.26}$$

式中：N_p 为实体 p 的几何相邻实体的集合；$d_E'(p,q)$ 为 $d_E(p,q)$ 归一化结果。

属性约束通过专题属性实现，将专题属性融入距离 d_E 中得到相邻距离 D_E，即将空间属性与专题属性归一化后分别计算空间距离与专题属性距离，再进行加权融合，如下所示：

$$D_E(p,q) = w_1\sqrt{(x_p - x_q)^2 + (y_p - y_q)^2} + w_2\sqrt{\sum_{k=1}^{n}(A_{pk} - A_{qk})} \tag{4.27}$$

式中：A_{pk} 为实体 p 的第 k 维专题属性；w_1、w_2 为几何约束与属性约束的权值，可根据实际情况设置，默认情况为 $w_1 = w_2 = 0.5$。

最后将 D_E 替代式（4.26）中的 d_E' 得到两个实体的最终 adj 值：

$$\mathrm{adj}(p,q) = \frac{k}{D_E(p,q)^2}, \quad k = \begin{cases} 1, & q \in N_p \text{ 且 } d_E(p,q) \leqslant \delta \\ 0, & q \notin N_p \text{ 或 } d_E(p,q) > \delta \end{cases} \tag{4.28}$$

3）地域及 ZMP 相关的定义

给定 N 个站点的集合 $S = \{s_1, \cdots, s_N\}$，则有如下定义。

定义 4.5：地域 z_i 由一个或若干站点组成，即 z_i 为 S 的子集，有 $z_i = \{s_i, \cdots, s_k\}$ $(1 \leqslant i \leqslant k \leqslant N)$。且对于不同地域，其不包含相同的站点，即对任意地域 z_i、$z_j (i \neq j)$，都有 $s_p \neq s_q (s_p \in z_i, s_q \in z_j)$。注意，站点可看作单地域，即由单个站点组成的地域。

定义 4.6：定义两个地域间邻接值为两个地域 z_i、z_j 中站点间邻接值的平均值 $\mathrm{adj}(z_i, z_j)$。

$$\mathrm{adj}(z_i, z_j) = \frac{\sum \mathrm{adj}(s_p, s_q)}{n}, \quad s_p \in z_i, s_q \in z_j \tag{4.29}$$

式中：$\mathrm{adj}(s_p, s_q)$ 为站点 s_p 和站点 s_q 间的邻接值；n 为 z_i、z_j 中站点对的数目。

定义 4.7：定义地域 z_i 的属性平均值 $\overline{A(z_i)}$ 为该地域中所有站点的专题属性的平均值。

$$\overline{A(z_i)} = \frac{\sum\limits_{i=1}^{n} A(s_p)}{n}, \quad s_p \in z_i \tag{4.30}$$

式中：$A(s_p)$ 为站点 s_p 归一化后的专题属性值；n 为地域 z_i 中的站点数目。

定义 4.8：定义两个地域 z_i、z_j 间的相邻系数为邻接值与专题属性平均值差异的比值，记为 $\mathrm{ADJ}(z_i, z_j)$。

$$\mathrm{ADJ}(z_i, z_j) = \frac{\mathrm{adj}(z_i, z_j)}{|\overline{A(z_i)} - \overline{A(z_j)}|} \tag{4.31}$$

$\mathrm{ADJ}(z_i, z_j)$ 值越大，表明地域 z_i、z_j 空间距离越小、属性越接近。

定义 4.9：定义两个地域 z_i、z_j 是相邻的当且仅当 $\mathrm{ADJ}(z_i, z_j) \geqslant \gamma$ 成立，否则不相邻。γ 为地域合并最小值，只有相邻的地域才可能合并。

在以上地域的定义下，对 ZMP 有如下若干定义。已知初始状态下包含有 N_1 个地域的集合 $Z = \{z_1, \cdots, z_{N_1}\}$，其关联了 N_2 种 ZMP 集 $V = \{m_1, \cdots, m_{N_2}\}$，则 V 中第 k 个 ZMP 可表示为 $m_k = z_0 \to z_d (z_0 \in Z, z_d \in Z \text{ 且 } z_0 \neq z_d)$。通过该初始 ZMP 集 V 进行迭代挖掘到的第 i 种 ZMP 为 $p_i = O_i \to D_i (O_i \subset Z, D_i \subset Z \text{ 且 } O_i \neq D_i)$。

定义 4.10：已知两个 ZMP：$p_i = O_i \to D_i$ 和 $p_j = O_j \to D_j$，若两者的起始地域 O_i 和 O_j 相邻且目的地域 D_i 和 D_j 也相邻，则称这两个 ZMP 相邻。

定义 4.11：已知两个 ZMP：$p_i = O_i \to D_i$ 和 $p_j = O_j \to D_j$，两者间的连接值为两者的起始合并地域站点到目的合并地域站点的平均数目，为

$$\rho_{i,j} = \rho(p_i, p_j) = k \frac{n(O_i \bigcup O_j \to D_i \bigcup D_j)}{|O_i \bigcup O_j| \cdot |D_i \bigcup D_j|}, \quad k = \begin{cases} 1, & p_j \in N_{p_i} \\ 0, & p_j \notin N_{p_i} \end{cases} \tag{4.32}$$

式中：$n(O_i \bigcup O_j \to D_i \bigcup D_j)$ 为从合并起始地域 $O_i \bigcup O_j$ 到合并目的地域 $D_i \bigcup D_j$ 的移动数目；N_{p_i} 为与 p_i 相邻的 ZMP 集合。两种相邻的 ZMP 覆盖的轨迹数目越多，则它们关联的地域平均占有的移动轨迹数目越多，$\rho_{i,j}$ 就越大。且根据定义有 $\rho_{i,j} = \rho_{j,i}$。

定义 4.12：已知两个 ZMP：$p_i = O_i \to D_i$ 和 $p_j = O_j \to D_j$，定义两者合并得到的新 ZMP 为

$$p_t = O_t \rightarrow D_t (O_t = O_i \bigcup O_j, D_t = D_i \bigcup D_j) \tag{4.33}$$

两个 ZMP 间的连接值越大，两者越可能合并。

定义 4.13：已知两个 ZMP：$p_i = O_i \rightarrow D_i$ 和 $p_j = O_j \rightarrow D_j$，若 $O_j \subset O_i$ 且 $D_j \subset D_i$，则称 p_j 是 p_i 的子集。

定义 4.14：已知两个 ZMP：$p_i = O_i \rightarrow D_i$ 和 $p_j = O_j \rightarrow D_j$，若 $O_i = O_j \bigcup D_j$ 或 $D_i = O_j \bigcup D_j$，则称 p_j 是 p_i 的自集。自集解决不同地域出现相同站点的问题，使新挖掘的地域无交叠，更易理解。

通过定义 4.11 可构建表示 ZMP 集中任意两 ZMP 间连接值的连接矩阵。同时，由于 $p_{i,j} = p_{j,i}$，可采用上三角矩阵的表示方法将 V 中 N_2 个 ZMP 间的连接矩阵表示为

$$\boldsymbol{C} = \begin{pmatrix} 0 & \rho_{1,2} & \cdots & \rho_{1,N_2-1} & \rho_{1,N_2} \\ 0 & 0 & \cdots & \rho_{2,N_2-1} & \rho_{2,N_2} \\ \vdots & \vdots & & \vdots & \vdots \\ 0 & 0 & \cdots & 0 & \rho_{N_2-1,N_2} \\ 0 & 0 & \cdots & 0 & 0 \end{pmatrix} \tag{4.34}$$

4）新 ZMP 的挖掘算法

新 ZMP 的挖掘算法通过连接矩阵 $\boldsymbol{C}$ 来获取当前迭代中最优合并的两个 ZMP。整体流程如图 4.19 所示：在初始化阶段将站点初始化为初始地域得到地域集 Z，移动模式初始化为 ZMP 得到 ZMP 集 M，通过 M 得到初始连接矩阵 $\boldsymbol{C}^{(1)}$；在第 k 次迭代时找到 $\boldsymbol{C}^{(k)}$ 的最大值 $\rho^{*(k)} = \max(\rho_{i,j}^{(k)})(i,j = 1, \cdots, R_k, \text{且} i \neq j)$，将 $\rho^{*(k)}$ 关联的两个 ZMP 合并成新 ZMP p_t，在剩余 ZMP 中找到 p_t 的子集合并到 p_t，并在 M 集中移除 $\rho^{*(k)}$ 关联的两个 ZMP 及被合并到 p_t 的子集，而加入新 ZMP p_t，同时被移除的 ZMP 所关联的地域也会从 Z 集移除，而加入 p_t 关联的两个新地域。将类似 p_t 这样由其他 ZMP 合并而成的新 ZMP 记为 A 类 ZMP。若被移除的地域在 M 集中仍有其他关联的 ZMP，则需用其所属的新地域更新这些 ZMP 的关联地域，记这些与新地域关联但不是新合成的 ZMP 为 B 类 ZMP，剩下与新地域无关联的 ZMP 记为 C 类 ZMP，三类 ZMP 的区别如表 4.6 所示。此外 p_t 的自集关联的两个地域在更新关联地域后同属一个，需从 M 中移除。一次迭代后 M 中会减少至少 2 个 ZMP，新增 1 个 A 类 ZMP，有若干 C 类 ZMP 可能会更新为 B 类 ZMP。更新完 Z、M 及连接矩阵后继续下一次迭代，直到剩余的 ZMP 不能合并或连接矩阵中的最大值比阈值 θ 小时，停止迭代将 M 返回得到最终结果。

表 4.6　三类 ZMP 的区别

条件	A 类	B 类	C 类
由两个 ZMP 合并成	√	×	×
关联地域中有新地域	√	√	×

```
Initalize   /*初始化阶段*/
Zone:set each station as a single zone
ZMP:set each movement pattern as an initial ZMP
C:calculate initial connect matrix C⁽¹⁾//计算初始连接矩阵
Iteration   /*迭代计算阶段*/
Find=ρ_{u,v}=ρ*⁽ᵏ⁾=max(ρ_{i,j}⁽ᵏ⁾)
Merge two ZMP p_v and p_v,into p_t
if(ρ_s is a subset of ρ_t)Merge ρ_s to ρ_t//检查子集
if(ρ_s is a self-set of ρ_t)Remove ρ_s from M //检查子集
Update Z, M, C⁽ᵏ⁾respectively
if(ρ*⁽ᴷ⁾<θ)Return Z, M/*返回结果*/
```

图 4.19　新移动模式的挖掘算法步骤

2. 实验与评价

1）数据预处理

实验采用北京连续三天的出租车 GPS 数据。筛选后得到 195 622 条移动轨迹记录，覆盖了 391 244 个上下客点，如图 4.20（a）所示。通过 k 均值法对其初聚类得到站点数据，k 值决定了初始地域的粒度，继而影响最终结果地域的粒度，k 值越大产生的新地域的覆盖范围越小越精细，根据不同的数据及需求可选择不同的 k 值。以中粒度 100 个站点为例进行实验，如图 4.20（b）所示，专题属性采用不同类型的兴趣点来表示，如图 4.20（c）、（d）所示。选取的 5 种类型的兴趣点（①购物②教育③风景名胜④娱乐⑤居住区）与人类的日常生活关联较为紧密，因此足够表达出城市的不同的功能，此外兴趣点数据来自百度地图。

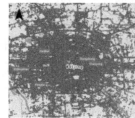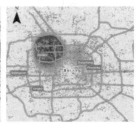

（a）GPS上客点　　　　（b）站点数据　　　　（c）风景名胜属性密度图　　　　（d）教育点密度图

图 4.20　实验数据成图

图 4.21（b）是对 100 个站点建立的 Voronoi 图，图中的数字是相应站点的唯一标识码，由此可得站点间 Delaunay 相邻关系。对 195 622 条移动轨迹记录分类，并去掉起始站点与目标站点相同的记录，得到 674 种移动模式共覆盖 182 519 条移动轨迹。对移动模式覆盖的移动记录数目的统计结果如图 4.21（b）所示，横纵坐标分别为起始站点和目的站点的标识码，颜色越深数目越大，其能更好地反映更多人的活动轨迹，也会优先被用到算法中。但该图中浅色占大部分，这类移动轨迹数目较少的移动模式在挖掘算法中大部分是不被用到的，去掉这部分移动模式可减少算法的计算和时间耗费并消除噪声。以去掉移动数目小于 100 的移动模式为例进行实验，经筛选后剩余 336 种移动模式，共覆盖 48 644 条移动轨迹。将站点初始化为初始地域，则 336 种移动模式可初始化为 336 个初始的 C 类 ZMP 进行后续挖掘。

为定量评估新产生的 ZMP 及新地域，采用三种评估值：评估覆盖度的 v 值、评估精准度的 a 值和对前两者折中评估的 c 值。如对于 ZMP $p_i = O_i \rightarrow D_i$，三者的计算方法如下：

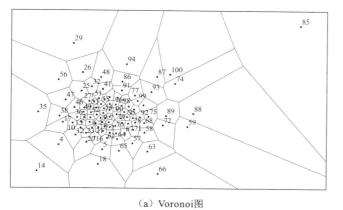

（a）Voronoi图

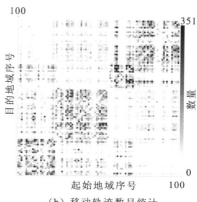

（b）移动轨迹数目统计

图 4.21　100 个站点间的关系

$$\begin{cases} v(p_i) = r(O_i \to D_i) = \dfrac{n(O_i \to D_i)}{M} \\[3mm] a(p_i) = \dfrac{r(O_i \to D_i)}{r(O. \to D_i) \cdot r(O. \to D_i)} = \dfrac{Mn(O_i \to D_i)}{n(O. \to D_i) \cdot n(O. \to D_i)} \\[3mm] c(p_i) = \sqrt{v(p_i)a(p_i)} = \dfrac{n(O_i \to D_i)}{\sqrt{n(O. \to D_i) \cdot n(O. \to D_i)}} \end{cases} \quad (4.35)$$

式中：$r(O_i \to D_i)$、$r(O. \to D_i)$、$r(O_i \to D.)$ 分别为从 O_i 到 D_i 的移动轨迹数目比例、以 D_i 为目的地域的移动轨迹数目比例、以 O_i 为起始地域的移动轨迹数目的比例；$n(O_i \to D_i)$ 为从 O_i 到 D_i 移动轨迹数目；M 为移动轨迹的总数目。v 通过 ZMP 覆盖的移动轨迹数目计算，v 值越高则相应 ZMP 的关联地域间的联系越紧密；a 通过 ZMP 关联的起始地域和目的地域的独立度计算，其暗示关联的两个地域间有内在联系；c 为覆盖度和准确度的平衡，它可挖掘到性能较好但不易发现的隐藏 ZMP。

2）实验结果及分析

地域合并最小值 γ 的影响将在后文详细描述。实验以 $\gamma = 10$ 为例，使算法迭代到没有可合并的 ZMP 为止，最终共迭代了 19 次后返回最终结果。图 4.22 是第 5、10、15、19 次迭代后产生的 A 类 ZMP 关联的新地域。

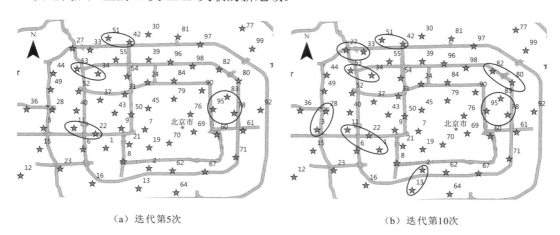

（a）迭代第5次　　　　　　　　　　　　　　（b）迭代第10次

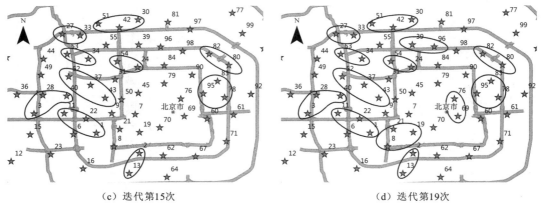

（c）迭代第15次　　　　　　　　　　　　　　　（d）迭代第19次

图 4.22　迭代中产生的新地域

最终 ZMP 集中有 238 个 ZMP，包含 14 个 A 类 ZMP（图 4.23）、124 个 B 类 ZMP，以及 100 个 C 类 ZMP。最终结果产生了 13 个新地域（表 4.7）。

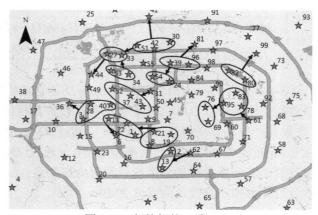

图 4.23　新挖掘的 A 类 ZMP

表 4.7　新地域

地域	组成站点	地域	组成站点
Z1	95 83 78	Z8	52 43 37
Z2	53 34	Z9	40 28 3
Z3	22 11 1	Z10	51 42 30
Z4	13 2	Z11	96 39
Z5	82 80	Z12	76 69
Z6	33 27	Z13	21 19 8
Z7	54 24		—

为评估 ZMP 集的 238 个 ZMP，分别计算三类 ZMP v 值、a 值、c 值的平均值，并与 336 个初始 ZMP 和 238 个结果 ZMP 的总体平均值对比。图 4.24（a）是平均 v 值的对比结果，可看到 A 类 ZMP>B 类 ZMP>C 类 ZMP，即挖掘的新地域关联的 ZMP（A、B 类 ZMP 的并集）相较普通 ZMP 有较好的覆盖度；同时结果 ZMP 相较于初始 ZMP，平均 v

值有很大提升，从侧面反映出挖掘的新 ZMP 有较大的覆盖度。图 4.24（b）和（c）是平均 a 值和平均 c 值的对比结果，与平均 v 值结果相同，即 A 类 ZMP 不论在覆盖度、精准度还是两者折中的评估标准上都有最好的评估结果，B 类 ZMP 次之，且都优于 C 类 ZMP 及未经处理初始 ZMP。由此反映算法挖掘到的新 ZMP 相较其他 ZMP 有更优的性能。

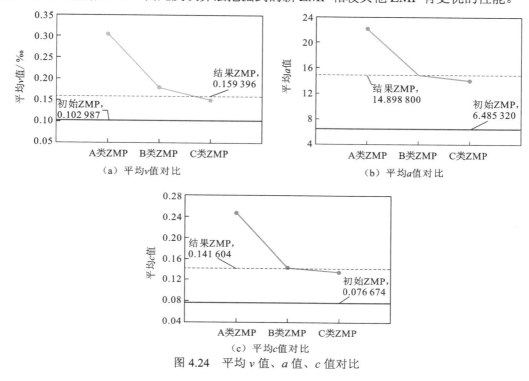

图 4.24　平均 v 值、a 值、c 值对比

4.2.3　基于轨迹数据挖掘的居民行为交互模式

　　4.2.2 小节利用出租车轨迹数据进行地域的挖掘，同时出租车是居民出行的重要交通工具，其轨迹数据蕴含着丰富的居民出行信息，可用于居民行为信息的挖掘。一般而言，原始出租车轨迹数据因缺少语义信息无法直观反映居民出行规律。通过轨迹数据挖掘技术处理之后的出租车轨迹数据能够反映居民活动规律和行为模式，为城市规划决策提供参考依据。因此，本小节介绍一种基于语义的交互模式度量，通过出租车停留点推断其语义信息，再根据语义信息构建语义交互矩阵，用以推断和描述行为目的交互模式。实验选取北京中心城区为研究区域，结果表明，中心城区内不同类别的停留点聚集分布规律不同，围绕高校和商圈聚集较明显；工作日各类停留点的活跃度持续时间较非工作日长；工作日和非工作日行为目的交互模式差别显著，工作日以职住和工作交互为主，非工作日以休闲和居住交互为主。本小节方法可为城市规划管理、资源调度和应急管理提供一定的决策支持。

1. 研究方法

　　出租车轨迹数据包含上下客位置、时间等信息，但上下客位置信息并不代表确定的活动语义信息，因此首先通过出租车轨迹数据提取停留点，以停留点和兴趣点为基础数据，然后采用高斯核密度推断停留点的语义类别，再采用 DBSCAN 聚类分析方法识别居民活跃度高的区域，最后通过停留点语义类别交互信息构建语义交互矩阵，并对不同时间段语义交互矩阵进行相似性度量，挖掘行为目的交互模式。研究流程如图 4.25 所示。

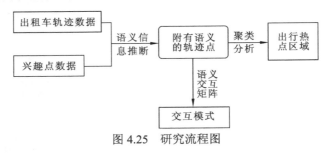

图 4.25　研究流程图

1）停留点语义类别推断

根据出租车的载客状态变化可以确定出租车的上、下客情况，当出租车载客状态由 0 变为 1 时，则可确定该处为上客点，定义上客点位置集为 SP，表示为 $P = \{sp_k \in SP \,|\, sp_k = 1 \text{且} sp_{k-1} = 0\}$；当出租车载客状态由 1 变为 0 时，则可确定该处为下客点，下客点位置集为 SD，表示为 $D = \{sd_k \in SD \,|\, sd_k = 0 \text{且} sd_{k-1} = 1\}$；其中 k 为连续的 k 个出租车位置，sp_k 表示第 k 个上客位置对应的出租车状态，sd_k 表示第 k 个下客位置对应的出租车状态。为了方便后续研究，将上客点和下客点统称为停留点。

根据居民日常出行目的对 POI 进行重分类，以便更准确地刻画居民活动，本小节方法将 POI 重分类的结果为：住宿、工作、休闲、教育、餐饮、其他（一定范围内无以上类型 POI 定义为基于其他目的的出行），对分类后的 POI 赋予合理的开放时间（Zhao et al.，2017）。考虑权重分配的全面性和平滑性，构建高斯核密度估计方程计算各类 POI 成为停留点目的的概率公式，停留点目的概率为聚集在停留点一定范围内不同类别的 POI 成为该停留点目的的概率，如下所示：

$$y_j = \rho_j f(x_i; \mu, \delta) = \rho_j \sum_{i=1}^{n} \frac{1}{\delta \sqrt{2\pi}} e^{\frac{-(x_i - \mu)^2}{2\delta^2}} \tag{4.36}$$

式中：y_j 为第 j 类 POI 成为停留点目的的概率密度，j 为 1, 2, …, 6，表示 POI 类别；x_i 为该点距离停留点的直线距离，i 为 1, 2, …, n，表示搜索半径内第 j 类 POI 的数量；δ 为标准差，本小节方法中取值为 250 m；μ 为均值，本小节方法忽略道路优势，故取值为 0；ρ_j 为第 j 类 POI 数量之和的倒数，为了消除由 POI 数量差异引起的结果误差，故采用倒数对其数量进行平衡。综合居民行为特点，大都会选择在临近目的地的位置上下车，本节方法中将搜索半径选为 100 m，研究对象为搜索范围内所有的 POI，通过采用式（4.36）确定每类 POI 对应的停留点目的概率密度，选取其最大值所对应的 POI 类别作为该停留点的语义类别。停留点语义类别为该停留点研究范围内概率密度最大值所对应的 POI 类别，具体为：①计算停留点目的概率 y_j；②判断 $\max(y_i)$ 所对应的 POI 类别；③将②所得出的 POI 类别作为此停留点的语义类别。停留点语义类别如下：

$$P_t = \max(y_i) \tag{4.37}$$

式中：P_t 为停留点语义类别；y_j 为停留点目的概率。停留点语义类别推断过程如图 4.26 所示。

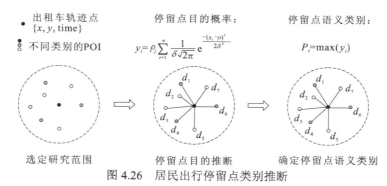

图 4.26　居民出行停留点类别推断

本小节方法通过对语义类别相同停留点进行聚类，分析不同语义类别的停留点在不同时间段内空间分布情况，对其进行可视化及聚类研究。DBSCAN 聚类算法因结构简单，多用于处理高密度数据，因此采用 DBSCAN 聚类算法对不同语义类别的停留点进行聚类分析。根据相关研究可知 DBSCAN 对 Eps（簇半径参数）和 MinPts（邻域密度阈值）参数非常敏感，通过多次实验分析，设置 MinPts 值为当前数据集总点数的 1/25（Daszykowski et al.，2001），Eps 通过 k-距离曲线取值为 500 m。

2）行为目的交互模式度量

停留点活跃度指相同时间段内每类语义类别的停留点的数量之和，即每类停留点的活跃程度，如下所示，它反映了不同时间段内居民出行行为的特征。

$$G_j = \sum_{i=1}^{i=n} \rho_{ij} \qquad (4.38)$$

式中：j 为停留点的语义类别，j 为 1，2，…，6；ρ_{ij} 为研究时段内第 i 个 j 类的停留点，i 为 1，2，…，n。

停留点活跃度可以直观反映居民出行目的随时间的分布状态，但是不能反映上下客点之间的语义交互情况，因此在停留点活跃度研究的基础上进一步进行停留点交互情况的研究。在不同的时间段，居民出行目的不同，即停留点的语义类别不同，将停留点语义类别作为居民的行为目的属性，以此构建不同时段内的语义交互矩阵来度量行为目的属性之间的交互。即对一天 24 个时间段的语义交互矩阵进行度量，总结居民出行的交互规律。交互一般是指发生在可以互相影响的两方或多方之间的行为。相同时间段内，不同行为目的属性的上下客点发生互动，此过程即形成了城市居民的行为目的交互模式，例如语义类别为住宿的上客点与语义类别为工作的下客点之间的互动为住宿-工作交互模式。频繁交互是指在行为目的交互模式中频繁出现的互动，通过频繁交互挖掘可以对居民行为进行总结分析。

语义交互矩阵构建是研究行为目的交互模式的重要部分，为了构建不同时间段内的语义交互矩阵，首先对不同时间段内上下客点的行为目的属性的交互情况进行统计，即统计每类上车点语义类别流向各类不同下车点语义类别的交互次数构成矩阵的元素，然后对同时间段的上下车点的语义类别进行交互索引，构建语义交互矩阵，具体矩阵如下：

$$D_t = \begin{bmatrix} D_{t_{11}} & \cdots & D_{t_{16}} \\ \vdots & & \vdots \\ D_{t_{61}} & \cdots & D_{t_{66}} \end{bmatrix} \tag{4.39}$$

式中：D_t 为 t 时刻对应的语义交互矩阵；$D_{t_{ij}}$ 为在 t 时刻上车点的语义类别为 i（i 为 1，2，$\cdots$，6）流向下车点语义类别为 j（j 为 1，2，$\cdots$，6）的关联值。矩阵的行表示上车点语义类别为 i 与下车点各类语义类别之间的交互，矩阵的列表示下车点语义类别为 j 与上车点各类别间的交互。

由于不同时间内出行量差异巨大，不同时间段对应的矩阵元素差异较大，需要对矩阵进行归一化处理，这样可以平衡矩阵元素之间的巨大差异，也可以均衡特征值差异太大导致的影响差异大。此处对交互矩阵进行归一化处理，选取的归一化方法为线性函数归一化方法，该方法采用线性化的方法将原始矩阵的行转换到[0, 1]，具体实现公式如下：

$$x_{\text{norm}} = \frac{x - x_{\min}}{x_{\max} - x_{\min}} \tag{4.40}$$

对归一化的语义交互矩阵进行相似性度量，可以对 24 个时间段内的语义交互矩阵进行相似性区分，进而挖掘不同时间段居民出行规律。本研究中语义交互矩阵维度相同，传统的矩阵度量方法如矩阵减法、R 平方法等均可以作为该类型矩阵的度量方法。本小节方法采用矩阵减法度量归一化后的矩阵，对两个时段归一化后的矩阵作差，分别计算三个矩阵范数，再进行相似度计算，如下：

$$\text{sim} = 1 - \text{dis}(m_1, m_2) \tag{4.41}$$

式中：sim 为度量后两个矩阵的相似性，取值范围 $\text{sim} \in [0, 1]$；$\text{dis}(m_1, m_2)$ 为向量范数与 m_1、m_2 欧几里得距离度的比值。sim 越接近于 0，则表示两个矩阵相似性越低；sim 越接近于 1，则表示两个矩阵相似性越高。

2. 实验与分析

1）实验数据及区域概况

北京是我国的政治、经济、文化、科教及创新中心，实验采用北京中心城区数据，实验地区覆盖东城区、西城区全部区域及朝阳区、海淀区、丰台区、通州区、石景山区、房山区、大兴区等部分区域。实验地区城市功能齐全，人口密度大，城市结构复杂，且出租车是北京市居民重要的出行方式，因此选择该区域作为研究区。实验采用北京市 2012 年 11 月共 30 天的出租车 GPS 记录数据，以 txt 格式存储，出租车轨迹数据说明见表 4.8，根据研究需求对轨迹数据进行处理；研究中采用的 POI 数据通过百度地图服务（http://map.baidu.com）获取；北京市路网数据从 OpenStreetMap（OSM）获取，研究数据说明如表 4.9 所示。

表 4.8　轨迹数据说明

数据	字段	详细说明
1 140	第一字段	出租车唯一标识，即出租车 ID
1	第二字段	出租车状态，0 表示空载，1 表示载客
20 121 101 051 425	第三字段	记录 GPS 点的时刻
116.373 383 622 930 49	第四字段	记录时刻的出租车经度
39.941 653 462 168 524	第五字段	记录时刻的出租车纬度
17	第六字段	记录时刻出租车的速度
256	第七字段	记录时刻出租车的方向
20 121 101	第八字段	记录时刻出租车的日期

表 4.9　研究数据说明

数据	数量	详细说明
兴趣点数据	124 765 个	包括居民小区、住宿、餐饮、大厦、教育、购物、旅游、休闲娱乐、公司企业等各种类型的 POI
浮动车轨迹数据	12 000 辆（约 10 亿条）	选取研究对象范围内的所有 GPS 点

注：选取北京五环内为研究对象

2）出行热点区域分析

通过推断停留点的语义类别，对不同语义类别的停留点进行聚类分析，以获得不同类别的热点区域分布情况。不同语义类别的停留点分布可以直观表现区域规划情况及各类别停留点间的关系。

图 4.27 为各类语义类别的停留点时空分布情况，图中不同颜色的停留点为聚类结果的可视化，以 C_i（i 为正整数）表示工作日 8~9 时段为上班高峰期，工作类别的停留点分布能直接反映研究区的商业分布情况；住宿类别的停留点分布与商业分布有一定的关联，这一现象在中心区域反映较为明显；教育类别的停留点与商业分布一定程度上相关，特别是在教育发达的海淀区；休闲类别的停留点除了在商业圈分布，在景点处也形成明显聚集；餐饮类别的停留点分布与商业分布的相关程度不能仅通过停留点反映，这与居民多择近就餐有关。

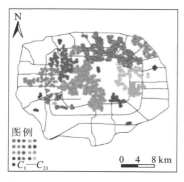

（a）工作日9时住宿类别停留点分布

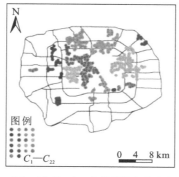

（b）工作日9时工作类别停留点分布

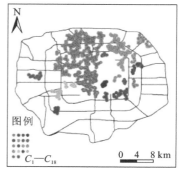

（c）工作日9时教育类别停留点分布

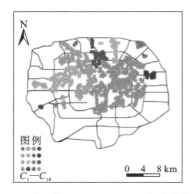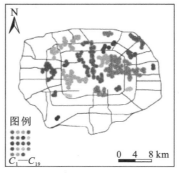

（d）非工作日11时休闲类别停留点分布　（e）工作日13时餐饮类别停留点分布

图 4.27　各类语义类别的停留点时空分布情况

不同颜色的停留点为聚类结果可视化，表示为 C_i（i 为正整数）；扫封底二维码可见彩图，余同

通过分析不同语义类别的停留点聚集情况可知：北京的商业分布和高校之间互相依托，共同发展，奠定了经济发展与教育事业共存的基础；居民区围绕着商业圈分布，这符合职住一体的规划，从一定程度上节省了通勤时间；餐饮和商业的分布有限相关；五环内的休闲不仅与景点有关也与商业分布相关，这与商业圈规划的多功能性有关。

将沿道路分布的各类语义停留点进行可视化表达（图 4.28～图 4.32），对停留点聚集程度高的路段进行提取分析可知：①工作日和非工作日各类停留点的载客热点路径分布

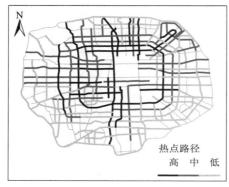

（a）工作日热点路径　　　　　　　　　（b）非工作日热点路径

图 4.28　工作日和非工作日住宿热点载客路径

（a）工作日热点路径　　　　　　　　　（b）非工作日热点路径

图 4.29　工作日和非工作日工作热点载客路径

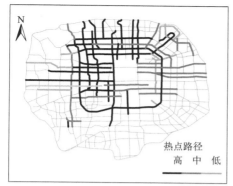

（a）工作日热点路径　　　　　　　　　（b）非工作日热点路径

图 4.30　工作日和非工作日教育热点载客路径

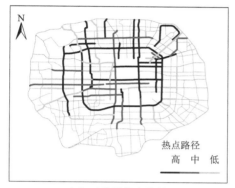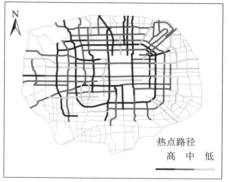

（a）工作日热点路径　　　　　　　　　（b）非工作日热点路径

图 4.31　　工作日和非工作日休闲热点载客路径

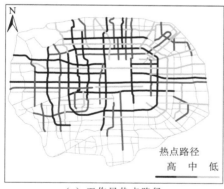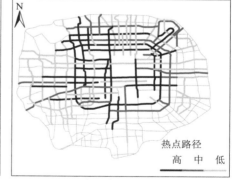

（a）工作日热点路径　　　　　　　　　（b）非工作日热点路径

图 4.32　工作日和非工作日餐饮热点载客路径

存在明显差异，特别是工作、住宿和休闲类别，工作日工作和住宿类别的停留点高于非工作日，工作和住宿类别停留点在工作日分布相对发散，在非工作日分布更趋向中心集中；休闲类别停留点的活跃度在非工作日明显比工作日高，且在非工作日更发散。②教育和餐饮类别的停留点的热点载客路径在工作日和非工作日的发散程度区别不太，但教育类别的停留点在工作日更趋向于中心分布。

研究不同类别停留点的分布情况，可以直观认识城市布局，即北京市的商业和高新科技集中于中心城区，也可以得出人流量大的热点区域。北京市城市规划政策即通过疏解非首都功能，实现人随功能走、人随产业走，不断调整人口布局，缓解城市压力。中心城区人口密度大，以业控人，通过产业疏解进而达到人口疏散，缓解中心城区的压力。此外也将增加公共服务设施、交通市政基础设施、公共绿地等用地规划，以人为本，提高居民生活品质，从源头入手，解决"大城市病"。

3）居民行为目的交互模式挖掘

通过分析不同时段、不同语义类别的停留点活跃度，直观了解居民出行目的的差异，为交互模式挖掘提供一定的依据。与其他交通系统类似，基于出租车服务的居民出行行为表现出时间和空间的日常周期性，反映了潜在的人类活动模式（Moreira-Matias et al.，2012）。不同行为目的属性的上下客点发生互动形成了城市居民的交互模式，交互模式反映了不同类型停留点之间的互动情况。O-D 矩阵可以表达居民的行为，通过挖掘 O-D 矩阵在不同时段描述的居民行为变化或差异，以便有效管理出租车服务运营及资源分配。本小节方法通过构建停留点语义交互矩阵，基于该语义交互矩阵进行交互模式分析，并根据不同语义类别的停留点之间的互动情况进一步挖掘居民行为目的的频繁交互。

对不同类别的停留点活跃度进行统计，并对其进行标准化处理，分析每类停留点活跃度相对变化情况，结果如图 4.33～图 4.34 所示。

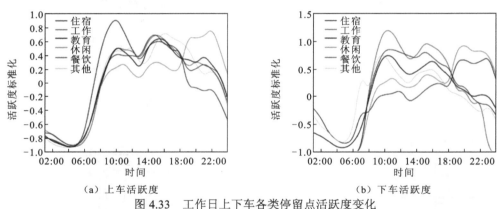

（a）上车活跃度　　　　　　　　　　（b）下车活跃度

图 4.33　工作日上下车各类停留点活跃度变化

扫封底二维码可见彩图

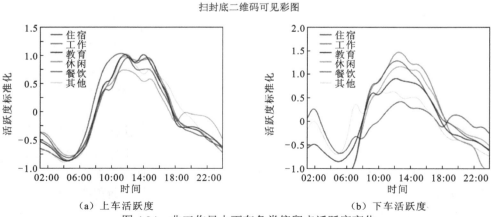

（a）上车活跃度　　　　　　　　　　（b）下车活跃度

图 4.34　非工作日上下车各类停留点活跃度变化

扫封底二维码可见彩图

通过工作日和非工作日各类停留点的活跃度对比分析可得如下结果。

（1）工作日和非工作日在 0～6 时段各类停留点的活跃度较低，并在该时段内出现最小值，下客点的活跃度最小值迟于上客点出现；6～8 时段停留点的活跃度呈陡增趋势，9～22 时段活跃度出现波动，在 22 时后整体呈现下降趋势。

（2）非工作日各类停留点的活跃度峰值比工作日出现晚，非工作日停留点在 10～16 时段活跃度较高，工作日停留点的活跃度从 10 时持续到 22 时。非工作日 18～24 时段停留点的活跃度骤减。

（3）工作日各类停留点的活跃度对比明显，对于上客点，住宿类别停留点的活跃度在 8 时陡增；休闲类别停留点的活跃度在 19～22 时段活跃程度较高。对于下客点，工作类别停留点的活跃度在 9～10 时段达到峰值，19 时起其活跃度骤降；住宿和休闲类别停留点呈现小幅增长。各类型停留点的活跃度均在 12～13 时段出现谷值。

（4）非工作日停留点的活跃度在 10～14 时段出现峰值，对于上客点，住宿类别停留点的活跃度峰值在 10～11 时段出现；住宿、休闲和其他类别停留点的活跃度在 13～14 时段出现下降，而教育类别停留点的活跃度在 14 时上升达到峰值；休闲类别停留点的活跃度在 18 时后高于其他类型。对于下客点，住宿类别的停留点的活跃度在 18 时前低于其他类型停留点，18 时后有所增长；工作类别停留点的活跃度在 11～12 时段达到峰值。除住宿外，其他类别停留点在 16 时后活跃度逐渐下降。

4.3 地理空间场景功能识别

地理空间场景是一个复杂的系统，包含着很多不同功能的区域。然而地理空间场景的复杂性和多变性给其功能识别带来了诸多的挑战。结合现有研究中的不足，本节介绍图卷积神经网络的相关理论，能够直接在二维空间上更加充分地表达地理场景的空间分布关系，以更好地完成地理空间场景的功能识别。

4.3.1 图卷积神经网络

图卷积神经网络是开展地理空间场景功能识别的基础，为后续研究提供了理论和方法支撑。本节结合当前的研究发展趋势，通过引入图卷积神经网络弥补当前研究的不足，介绍一种新的城市土地利用类型识别方法，进一步推动城市计算下城市土地利用研究的发展。以下先介绍图和图卷积神经网络的基本原理。

卷积神经网络已在计算机视觉领域获得巨大的成功，但由于离散卷积在非规则结构上无法保持平移不变性，无法选取固定的卷积核适应拓扑图中不同节点的邻接节点数，因此卷积神经网络仅能处理规则领域的数据，无法处理图结构的数据。为了有效提取非规则数据的特征，为计算机视觉和自然语言处理之外的任务提供一种可行的研究模型，图卷积神经网络逐渐成为当下热门研究内容。

根据图卷积定义的不同，图卷积神经网络可划分为基于频谱域（spectral domain）和基于空间域（spatial domain）两类。基于频谱域的图卷积神经网络源于基于谱图论（spectral graph theory）和后续不断的研究改进（Bruna et al.，2013）。首先是基于图的傅里叶变换（Fourier translation）被图信号处理领域的学者提出，借助图的拉普拉斯矩阵定义基于图的卷积，并通过与深度学习相结合构建了图卷积神经网络。但是该方法通常基于整个图处理，在大图上难以并行计算。同时基于空间域的方法也在不断发展（Monti et al.，2016），该类方法通过消息传递机制，每次从邻接节点聚集信息，然后对中心节点更新，以实现直接定义在每个节点和图上的卷积操作，使计算可以在批量的节点实现，提高效率。

根据学习任务的不同，图卷积神经网络可以划分为两类：节点级别的半监督分类学习和图级别的监督分类学习。节点级别的半监督分类学习通过标记的部分节点标签和图卷积提取的空间特征预测未标记节点的标签（Mikael et al.，2015）。图级别的监督分类学习通过已标记的图的标签和图卷积提取的空间特征预测未标记的图的标签（Pan et al.，2016）。

1. 基于空间域的图卷积操作

推导较为严谨和理论的频谱域的图卷积操作也可以从空间域或消息传递机制的角度理解，即可以从空间域定义图卷积操作，其本质上是通过消息传递机制，每次从邻接节点中聚集信息然后对中心节点进行更新。空间域图卷积操作首先针对每个节点聚集该节点的邻接节点的属性向量，然后将产生的新的属性向量进行一次线性变换和激活函数转换，即可得到该节点更新后的属性向量。如图 4.35 所示，对于图 G 中的节点 v，$\boldsymbol{h}(v)$ 是节点 v 的属性向量，$\tilde{\boldsymbol{h}}(v)$ 代表进行一次卷积操作后节点 v 更新后的属性向量。其聚集邻接节点的操作为

$$\boldsymbol{h}_v^{(l+1)} = \mathrm{ReLU}\left(\frac{1}{|\mathcal{N}(v)|}\sum_{u\in\mathcal{N}(v)}\boldsymbol{h}_v^{(l)}\boldsymbol{W}^{(l)}\right) \tag{4.42}$$

式中：$\boldsymbol{W}$ 为线性变换的参数矩阵；ReLU( )为激活函数；$\dfrac{1}{|\mathcal{N}(v)|}$ 为对汇集的节点属性向量取平均值，是为了平衡聚集的节点数量；l 和 $l+1$ 分别代表不同层的图卷积层。

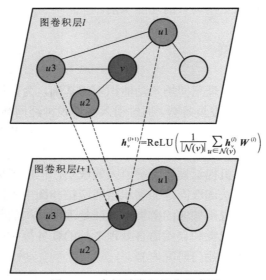

图 4.35　空间域卷积操作示意图

对于每个节点的卷积操作，通过矩阵乘法可将图的空间域卷积操作 GCN 定义如下：

$$H^{(l+1)} = \text{GCN}(H^{(l)}, A) = \text{ReLU}(AH^{(l)}W^{(l)} + B^{(l)}) \tag{4.43}$$

式中：$H^{(l)}$ 为图在第 l 层卷积层的输出；$H^{(l+1)}$ 为图在第 $l+1$ 层卷积层的输出；邻接矩阵 A 用来选择邻接节点并汇集其属性信息；$B^{(l)}$ 为第 l 层卷积层的偏置向量。

但是，一方面这种形式的卷积会缺少节点 v 本身的属性信息，因此，对图的节点都应当进行自环操作，使其与本身相连，反映在邻接矩阵上即为 $\tilde{A} = A + I_n$（I_n 为单位矩阵），进行自环后的度矩阵是 $\tilde{D} = \text{diag}(\tilde{D}_{ii}) = \text{diag}\left(\sum_j \tilde{A}_{ij}\right)$。另一方面，邻接节点仅仅聚集到一起，并未平衡其数量。因此式（4.43）中的邻接矩阵 A 应该会被 $\tilde{D}^{-1}\tilde{A}$ 所取代，这种形式被称为基于随机游走的标准化，能够平衡包括自身和所有邻接节点的聚集属性信息。而式（4.43）也被更新为以下形式：

$$H^{(l+1)} = \text{GCN}(H^{(l)}, A) = \text{ReLU}(\tilde{D}^{-1}\tilde{A}H^{(l)}W^{(l)}) \tag{4.44}$$

此外，还有一种更关注动态特性的标准化，即 $\tilde{D}^{-\frac{1}{2}}\tilde{A}\tilde{D}^{-\frac{1}{2}}$ 被用来替代原本的邻接矩阵 A，而式（4.43）也被更新为以下形式：

$$H^{(l+1)} = \text{GCN}(H^{(l)}, A) = \text{ReLU}\left(\tilde{D}^{-\frac{1}{2}}\tilde{A}\tilde{D}^{-\frac{1}{2}}H^{(l)}W^{(l)}\right) \tag{4.45}$$

这种图卷积同基于频谱域的图卷积中一阶切比雪夫图卷积操作相同。

基于频谱域和基于空间域的图卷积操作虽然推导过程不相同，但最终在一定条件下都能得到相同的图卷积表达式，因为两者本质上都是从邻接节点中聚集信息然后对中心节点进行更新。

2. 图卷积神经网络结构

除了图卷积层，输入层、池化层、激活层和 softmax( )输出层也是图卷积神经网络的常用构件，以关于一阶切比雪夫图卷积操作的图卷积神经网络为例，其结构如图 4.36 所示。其中用于节点级分类和图级分类的结构在最后的全连接层处稍有不同。在网络的输入层输入原始的图结构，经过中间各层的处理后得到图数据的抽象特征表示，再经过 softmax( )层分类处理从而输出该图代表的目标类别。

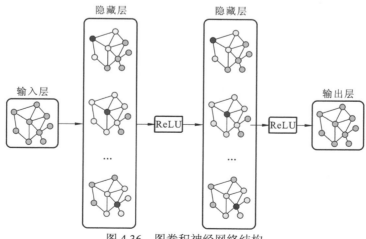

图 4.36　图卷积神经网络结构

1）图卷积层

图卷积层主要提取输入数据的特征。基于一阶切比雪夫多项式的图卷积核的感受野为一阶邻接节点，图卷积核的参数即为权重。图卷积核不断地对每个目标节点的一阶邻接节点加权求和，其本质是聚集周围节点的信息。图卷积操作的原理已做了详细推导，此处不再赘述，其最终表达形式为

$$H^{(l+1)} = \text{GCN}(H^{(l)}, A) = \text{ReLU}\left(\tilde{D}^{-\frac{1}{2}}\tilde{A}\tilde{D}^{-\frac{1}{2}}H^{(l)}W^{(l)}\right) \tag{4.46}$$

式中：$H^{(l)}$为图在第l层图卷积层的属性矩阵；A和$\tilde{A}$分别为图的邻接矩阵和自环邻接矩阵；D和$\tilde{D}$分别为图的度矩阵和自环度矩阵。

在卷积神经网络中，通常可以通过增加卷积层的层数来提取更多的图像信息以获得更高的分类准确率，但这一方法并不适合图卷积神经网络。很多研究指出过多的图卷积层反而会降低模型的最终的效果，因为过于深入地聚集周围邻接节点的信息，最后会模糊不同深度的邻接节点的差别，使远处的节点和近处的节点变得相似而难以区分，当层数达到一定时，整个网络呈一个稳定的不动点，达到平衡，无法通过损失函数和反向传播算法进行参数的更新（Wu et al.，2021）。

2）激活函数

激活函数通过非线性函数处理提取到的特征，使网络能够拟合较为复杂的特征。此外，由于激活函数只对提取到的特征中突出部分进行处理，从而能过滤掉过于细碎的特征，扩大数据稀疏性，使数据更易处理。常见的激活函数有sigmoid()、tanh()、ReLU()和Leaky()等函数。与其他激活函数相比，ReLU()函数能够有效降低反向传播过程中梯度弥散，且收敛和计算效率高，成为当前使用的主流激活函数，如下：

$$f(x) = \max(x, 0) = \begin{cases} 0, & x < 0 \\ x, & x \geqslant 0 \end{cases} \tag{4.47}$$

通过激活函数 ReLU 时，只有当特征值x不小于0才会被保留，否则该处的特征值将被置0。

3）池化层

与卷积神经网络不同，图卷积神经网络目前并没有较为统一的池化方式，许多池化方式仍然在研究探索中。在基于一阶切比雪夫图卷积神经网络中，节点级分类的网络并未使用池化层，图级别分类的网络直接将图中所有节点属性向量进行汇集并取平均后的向量作为池化方法，其定义为

$$h_G = \frac{1}{|V|}\sum_{v \in V} h_v \tag{4.48}$$

4）输出层

softmax()输出层处于图卷积神经网络的最后，其作用是输出网络模型的结果。对于图分类问题，输出层相当于一个分类器，而softmax()作为最后的分类器，其本质是将维度为h_G的图的数学表达转化为与分类类型数目M相同的维度，定义如下：

$$P = \text{softmax}(h_G * W), \quad \text{softmax}(x_i) = \frac{e^{(x_i)}}{\sum_{j=0}^{M-1} e^{(x_j)}} \tag{4.49}$$

而模型最后输出的结果为一个 M 维的预测值向量 $\boldsymbol{P} = \{p_i\}_{i=0}^{M-1}$，其中最大元素所在的索引位置即为最后的分类结果。

4.3.2 基于图卷积神经网络和空间上下文的城市土地利用类型识别

当前，在城市计算中，对城市土地利用的研究仍存在问题，即对 POI 所蕴含的空间分布信息无法挖掘或无法全面挖掘，而这正是限制城市土地利用类型识别进一步提高的关键。为了解决这一问题，考虑图能够直接在二维空间表达 POI，图卷积操作能汇集图中节点的周围节点信息和深度学习的优点，本小节基于图卷积神经网络和空间上下文关系来挖掘区域内 POI 所蕴含的空间分布关系，提高城市土地利用类型识别的效率和准确率。

1. 场景构建

为了对城市各个区域进行土地利用类型的识别，首先要将整个研究区域从整体划分为区域集合。路网主要由高速公路、城市主干道和环形道路等一些基本的道路组成，对研究区域形成了自然的分割，因此路网天然就具有这种划分的能力，这种道路对城市划分形成的区域定义为交通网络分析区（**TAZ**）。从本质上讲，交通网络分析区是承担城市社会经济职能的基本单位，因为城市是围绕着区域开展社会经济活动、日常生活和生产经营的。

在 GIS 中，栅格数据和矢量数据是两种常见的地理数据形式，其中矢量数据是在各个坐标下，采用点、线、面等集合实体表示地理对象；而栅格数据则是通过像素单元对区域进行表达。两种数据各有优缺点，通常可以转换结合使用。例如矢量数据在查找路径和精度方面更有优势；而栅格数据结构较为简单，在遥感数据的匹配和分析方面更有优势。

本小节方法将交通网络分析区作为土地利用分类的基本区域单元（Yuan et al.，2012）。通过路网构建交通网络分析区时首先需要合适的路网，过于粗略的路网构建出的交通网络分析区范围过大，无法起到划分区域的作用，而过于详尽的路网构建出的交通网络分析区过于琐碎，无法反映单个区域的性质。此外，由于现实道路网过于复杂，如一些道路数据具有多车道的串行线路，有些道路线甚至纠缠在一起，当这些路网数据用于生成交通网络分析区时，必须通过切割相交线并删除悬浮线以获得多车道的中心线。

本小节采用粗化后提取中心线的方法来优化路网数据。首先对选中的路网数据的道路线使用线缓冲区进行路网粗化，然后转化为栅格数据，即二进制图像，其中 1 代表道路，0 代表非道路。然而二值图像中的道路线仍存在一些空隙，因此需要采用形态学图像分割技术进一步消除这些空隙。然后将得到的二值图像数据通过压缩细化来提取中心线，如图 4.37 所示。在这一步中获得的中心线即为优化后的道路数据的骨干，即所需的优化路网。优化后的路网保留了原始路网的拓扑关系，可用于将城市区域划分为多个街区。最后将优化后的路网数据转换为多边形，以便将城市区域划分为块，即交通网络分析区。

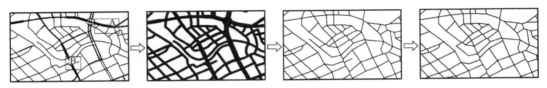

图 4.37   路网中心线提取示意图

但交通网络分析区仅是得到研究单元的范围，还需要对研究单元区域内的数据进行匹配融合，把这种融合后的数据定义为场景。以 POI 数据为例，得到交通网络分析区后，在同一地理坐标系下，通过分析区和 POI 数据的坐标将两者匹配在一起，剔除不在分析区范围内的 POI 数据，即可得到该分析区对应的研究场景。

2. 空间关系表达

场景的土地利用性质不仅与场景内 POI 的类别和频率等统计信息相关，同时还与场景内 POI 的空间分布特征有关。例如，住宅区和商业区中 POI 的类型和数量相对较近。但是，在购物区中，与购物消费相关的 POI 集中分布，而在居民区呈分散式分布。有研究通过将 POI 的空间关系映射为文档中的词序关系来表达空间关系，进一步挖掘 POI 所蕴含的信息，已经验证了 POI 的空间分布关系在城市土地利用研究中的重要性（Yao et al., 2016b）。但是当二维空间上的 POI 空间分布关系映射到一维空间上的线性词序时，必然会存在大量的信息损失，基于此，本小节首先通过图结构表达场景内的 POI 数据，将每个场景映射为图，场景中的每个 POI 映射为图中的节点，POI 的类别映射为图中节点的属性，POI 空间分布关系映射为图的邻接矩阵，直接在二维空间上保留 POI 的空间分布关系。

图的属性矩阵由场景内的 POI（类别）属性映射而来。有两种方法可以完成这种映射，分别是独热（ONE-HOT）编码方法和词嵌入方法。ONE-HOT 方法是将分类类别通过二进制编码表示为向量的方式。例如，如果存在 A、B、C 三种不同类型的 POI，那么 A、B、C 在图中会分别被转化为向量[1, 0, 0]，[0, 1, 0]和[0, 0, 1]。词嵌入方法在上文已有详细叙述，其主要是将区域映射为文档，区域的土地利用类型映射为文档主题，区域内部的 POI 映射为文档中的单词，POI 的空间分布关系映射为文档中的词序关系，然后通过自然语言处理中的连续语言模型将 POI 的属性转换为高维词向量。本小节基于 ONE-HOT 方法完成属性的映射，且在后续的分析实验中与词嵌入的方法转换的属性矩阵做了分析比较。

图的邻接矩阵是承接 POI 数据空间分布关系的重要载体。与 GIS 领域较为密切的通常有 Delaunay 三角剖分算法和最小生成树两种算法。

Delaunay 三角剖分。三角剖分是指将平面细分成一组给定点为顶点的三角形。假设集合 V 是二维实数域上的有限点集，边 e 是两点之间构成的封闭线段，E 为 e 的集合。平面图 G 是该点集 V 的三角剖分 $T = (V, E)$，该 G 满足以下条件：①平面图中的边不包含点集中除端点外的点；②没有相交的边；③平面图中的剖分面都是三角面，且其合集是点集 V 的凸包。

Delaunay 三角剖分在满足以上条件基础上，还需额外满足两个特性：①空圆特性，在 Delaunay 三角网中所有三角形的外接圆范围内都没有其他点存在；②最大化最小角特性，即在散点集可能形成的三角剖分中，Delaunay 三角剖分所形成的最小角最大。

因此，Delaunay 三角剖分所产生的邻接矩阵可以理解为在一定条件下真实 POI 空间分布关系的表达。通过 Delaunay 三角剖分算法组织生成图的邻接矩阵时，首先通过三角剖分将场景内的 POI 分割成 Delaunay 三角网，POI 和三角网中的三角形顶点呈一一对应关系，如图 4.38 所示。然后计算每个 POI 的连通关系作为邻接矩阵。

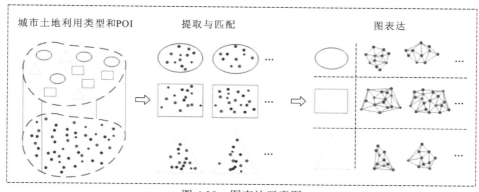

图 4.38　图表达示意图

一个带权的无向连通图中能产生子树中的权重和最小的树为最小生成树，其定义如下：在给定的无向图 $G = (V, E)$ 中，(u, v) 代表顶点 u 和 v 之间的边，而 $w(u, v)$ 代表该边的权重，则有

$$w(t) = \sum_{(u,v) \in t} w(u, v) \tag{4.50}$$

若存在 T 为 E 的子集且为无循环图，使得 $w(T)$ 最小，则此 T 为 G 的最小生成树。本小节使用的最小生成树是基于 Delaunay 三角网中产生的无向连通图，其本质上是 Delaunay 三角网的进一步简化，因此也能起到承接 POI 空间分布关系的作用。本小节基于 Delaunay 三角剖分方法完成属性的映射，且在后续的分析实验中与最小生成树方法转换的邻接矩阵进行分析比较。

3. 空间上下文关系的提取

场景的空间上下文关系可以通过图卷积操作提取。每个图代表一个城市土地利用场景，图的类别代表场景的土地利用类别，其中图的节点代表 POI，图的邻接矩阵代表 POI 的空间分布关系。地理学第一定律表示"任何事物之间都有关联，但距离更近的事物关联更紧密"，因此提取空间上下文关系能通过聚集周围 POI 的信息实现；而图卷积操作本质上是通过消息传递机制，每次从邻接节点中聚集信息然后对中心节点进行更新，故通过图卷积操作就能够提取转换图的场景的空间上下文关系。

在通过图从邻接节点中聚集信息对中心节点进行更新时，有 $\boldsymbol{AH}$、$\tilde{\boldsymbol{D}}^{-1}\tilde{\boldsymbol{A}}\boldsymbol{H}$ 和 $\tilde{\boldsymbol{D}}^{-\frac{1}{2}}\tilde{\boldsymbol{A}}\tilde{\boldsymbol{D}}^{-\frac{1}{2}}\boldsymbol{H}$ 三种较为代表的方式。$\boldsymbol{AH}$ 是最基础的聚集形式，也是其他聚集形式的推导基础，但是在实际应用中并不适用。因为该聚集形式仅是对中心节点的所有一阶邻接节点信息的汇总，无法将中心节点的信息纳入计算，在聚集邻接节点时，除单纯地汇总邻接节点的信息外，并不做任何处理，这样反而会丢失自身节点信息，还会因为每个节点的邻接节点数量不同对聚集结果产生影响。$\tilde{\boldsymbol{D}}^{-1}\tilde{\boldsymbol{A}}\boldsymbol{H}$ 是对 $\boldsymbol{AH}$ 的改进，通过加入自环邻接矩阵和自环度矩阵的逆，不但在聚集邻接节点信息时能纳入节点本身的信息，还能对所聚集到的信息进行平均计算。而 $\tilde{D}^{-\frac{1}{2}}\tilde{A}\tilde{D}^{-\frac{1}{2}}H$ 是基于重正化（renormalization）的进一步改进，简单地讲，将它能够根据自身结构对所聚集到的信息进行自适应的加权平均。

这里基于 $\tilde{D}^{-\frac{1}{2}}\tilde{A}\tilde{D}^{-\frac{1}{2}}H$ 方式进行空间上下文关系的提取，一方面该形式更易于与图卷积神经网络模型相结合，另一方面相关研究大都采用该形式的聚集方式，其有效性和优越性已得到验证。

4. 模型训练与分类

为了识别场景的土地利用类型，设计一个图级别的用于监督分类的图卷积神经网络（图 4.39），包括两层图卷积层用来提取场景空间上下文特征，一层 softmax( ) 作为最后的输出层。此外，池化层和损失函数也是该模型的重要部分。本小节采取基于一阶切比雪夫多项式的图卷积方式，其正向传播模型如下：

$$\hat{y} = \text{softmax}\left(\text{ReLU}\left(\tilde{D}^{-\frac{1}{2}}\tilde{A}\tilde{D}^{-\frac{1}{2}}H \ \text{ReLU}\left(\tilde{D}^{-\frac{1}{2}}\tilde{A}\tilde{D}^{-\frac{1}{2}}H^{(0)}W^{(0)} \right) W^{(1)} \right) \right) \tag{4.51}$$

式中：$W^{(0)} \in \mathbf{R}^{C \times H}$ 为输入层与隐藏层之间的权重矩阵；H 为隐藏层的通道数；$W^{(1)} \in \mathbf{R}^{H \times F}$ 为隐藏层与隐藏层之间的权重矩阵。

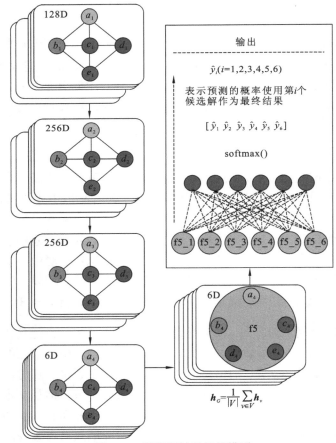

图 4.39　图卷积神经网络模型

在图卷积操作提取场景的空间上下文信息后，图每个节点都会汇集邻接节点的信息，其属性向量都会被更新。如何提取这些蕴含场景的空间上下文信息是关键。这里采用式（4.48）进行池化层操作，从而提取图中信息形成图的数学表达 $\boldsymbol{h}_G$，并送入 softmax( ) 将其维度转换为 M，如式（4.49）所示。

在训练图卷积神经网络模型时，损失函数 $J(y,\hat{y})$ 是监控和评价训练效果的常用方法，其中 y 是通过模型得到的预测结果，而 $\hat{y}$ 是标签结果。对于监督多分类和 softmax( ) 来讲，其损失函数定义为

$$J = -\sum_{i=0}^{M-1} y_i \log(p_i) \qquad (4.52)$$

式中：p_i 为第 i 个数据样本的预测概率。

4.3.3 实验设计与结果分析

本小节利用北京市核心区域的数据对介绍的方法进行实验，结果表明，在考虑的场景空间上下文关系的基础上，通过图卷积神经网络可以获得更好的城市土地利用类型识别结果。

1. 实验区域和数据

本小节选取的研究区域为北京五环内区域，从该研究区域的三类数据中提取相关数据，进行匹配分析和研究城市土地利用类型分类识别。

（1）北京五环内区域的交通路网数据（图 4.40）。该数据从 GIS 开源数据网站 OpenStreetMap（https://www.openstreetmap.org）处下载获取，根据路网级别被划分为多个级别，选取其中最主要的第一、第二和第三级别数据使用。选取的路网数据在本研究中主要用来构建交通网络分析区（TAZ）以将城市研究区域划分为一系列的基础研究区域单元。

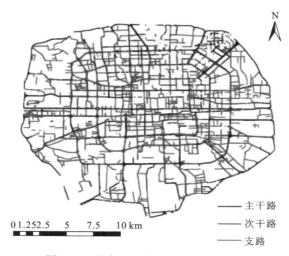

图 4.40 北京五环内区域的交通路网示意

（2）北京市 POI 数据。每个 POI 数据的字段包括名称、类别、地址、经纬度等，本小节使用的 POI 数据从高德地图（https://www.amap.com）获取。依据 POI 的类别的具体程度进行划分，共有三个级别，其中一级类别提供的类别信息与二级和三级相比较为模糊。例如，一个三级类别为"韩国餐馆"的 POI，其在一级类别中为餐饮服务，在二级类别中为外国餐厅，而"外国餐厅"的标注相比"餐饮服务"的标注能够提供更为具体的信息。本小节使用的 POI 数据为一级类别的共有 14 个种类（表 4.10），二级类别共有 128 个种类。本小节选取更为具体的二级类别使用，并将 POI 数据充当每个基础研究单元的内部属性。

表 4.10　POI 类别

ID	简码	POI 类别	ID	简码	POI 类别
1	CAT	餐饮服务	8	HOT	酒店
2	LAN	风景	9	LIF	生活服务
3	PUB	公共设施	10	ENT	娱乐
4	COR	公司企业	11	CLF	医疗诊所
5	TRA	交通设施	12	GOV	政府
6	EDU	教育	13	RSC	住宅社区
7	FII	金融	14	SHP	购物

（3）中国土地利用类型标准和北京土地利用现状图。土地利用类型标准来自《土地利用现状分类》（GB/T 21010—2017）；北京土地利用现状图来自北京市政数据资源网（https://data.beijing.gov.cn），以及高德地图和百度地图等网络地图。选取土地利用类型作为该研究的范围（表 4.11）。选取的土地利用类型信息主要用来匹配和标记基础研究单元区域，作为其土地利用类型标签。样本的标记对监督学习的模型训练非常重要。本小节以北京城市土地利用现状图和高德地图为准则，通过人工标记每个交通网络分析区的土地利用类型来构建训练数据的样本库。在选定的 6 种土地利用类型中，少量无法识别区域类型的交通网络分析区被丢弃。同时，为了尽可能确保分类的准确性，每个交通网络分析区的土地利用类型由至少三名参与者分别标记，如果三名标记者的结果不同，则重新确认其类别。如图 4.41 所示，最终得到 1 688 个不同土地利用类型的交通网络分析区，其中包括 160 个公共服务区、314 个公司企业区、88 个教育科研区、252 个商场购物区、737 个住宅区和 137 个自然景观区。

表 4.11　城市土地利用类型

土地利用类型	描述
公共服务	政府机构，医院，博物馆，剧院，交通设施等
公司企业	公司，企业，办公楼等
教育科研	大学，学院，研究所等
商场购物	零售店，超市，购物中心，娱乐场所等
住宅区	城市住宅，别墅区，居民社区等
自然景观	风景区，公园，水系和水利设施等

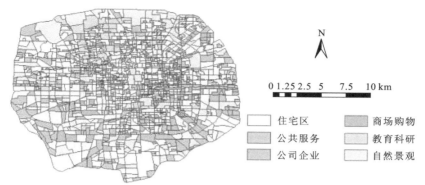

图 4.41　北京市五环内土地利用类型分布

2. 实验结果

在本次实验中,将研究区域划分为 1 688 个交通网络分析区,其中每个区及其内部的 POI 数据都被转换为图数据作为训练识别土地利用类型的图卷积神经网络模型的样本数据。实验所需的图数据的属性矩阵和邻接矩阵分别通过 ONE-HOT 方法和 Delaunay 三角剖分获得。模型中的每层图卷积层都会针对每个节点聚集其所有邻接节点的信息后,取代原本的节点信息,更新节点的属性。当训练图卷积神经网络模型时,采用基于随机梯度下降的改进算法——Adam 算法,用来实现反向传播,模型训练学习率设置为 0.001,批训练大小设置为 30。

在 80 个训练回合后,模型在测试训练集上的平均正确率为 84%±2%。训练数据集上的正确率曲线和损失函数曲线如图 4.42 所示,在 0 到 15 回合,训练集正确率从 30% 快速上升到 90% 左右;在 16 到 50 回合,训练集正确率从 90% 缓慢提升到 96% 左右;在 51 到 80 回合,训练集正确率基本稳定在 96% 左右。该训练集正确率变化趋势与一般的深度学习神经网络的变化趋势一致。模型在测试集上的分类结果的混淆矩阵如表 4.12 所示,其中公司企业区和商场购物区的分类正确率最高,分别是 97%(58/60)和 93%(42/45),这表明这两类土地利用类型区域通过该模型提取出的特征较为明显,辨识度高;自然景观区的分类正确率为 86%(19/22),其中主要错分类别为公司企业区,错分的原因可能在于部分自然景观区内存在众多性质为公司企业的度假村和高尔夫俱乐部,从而导致这类自然资源区被误判;教育科研区的分类正确率为 81%(13/16),其中主要错分类别为住宅区,错分的原因可能是我国的大学校园中广泛存在性质为住宅的教职工家属住宅等,从而导致这类教育科研区被误判;住宅区的分类正确率为 77%(46/60),其中主要错分类别为公共服务区和商场购物区,错分的原因可能在于住宅区内存在众多性质为公共服务的社区医院和区委会及性质为商业购物的小型购物商场,从而这类住宅区被误判;公共服务区的分类正确率为 67%(20/30),其中主要错分类别为教育科研区和住宅区,错分的原因可能在于公共服务区内存在众多的性质为教育的医学院和性质为住宅的社区医院和诊所,从而这类公共服务区被误判。

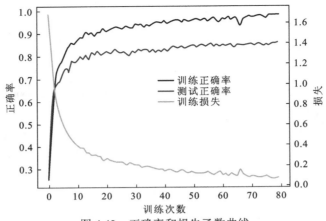

图 4.42　正确率和损失函数曲线

表 4.12　分类结果和混淆矩阵

土地利用类型	公共服务	公司企业	教育科研	商场购物	住宅区	自然景观
公共服务	20	1	3	0	5	1
公司企业	0	58	0	0	0	2
教育科研	0	0	13	0	3	0
商场购物	1	1	0	42	1	0
住宅区	2	0	1	11	46	0
自然景观	0	3	0	0	0	19

第 5 章　遥感影像场景语义分类与应用

随着卫星传感器技术、信息传输与存储技术及遥感制图技术等遥感技术的快速发展，对地综合观测能力达到空前水平，获取的遥感影像数量、质量均迅速提升，这些数据提供对地球表面多粒度、多时相、多方位和多层次的全方位观测，被广泛应用于资源管理、环境治理、灾害预防、区域规划、城市管理、科学研究、教育和国防等多个重要领域。对高分辨率遥感影像场景的语义分类成为遥感影像解译的重要任务，受到广泛的关注与研究。本章对遥感影像场景分类中的关键技术如场景特征表达、场景分类等进行介绍。

5.1　传统遥感影像场景分类

5.1.1　底层特征描述子

图像的底层特征主要基于大量的工程技能和领域知识来实现，如图像的颜色、形状、纹理等信息特征。本小节将对方向梯度直方图（histogram of oriented gradient，HOG）特征（Dalal et al.，2005）、尺度不变特征变换（scale-invariant feature transform，SIFT）（Lowe，2004）、局部二值模式（local binary pattern，LBP）（Ojala et al.，2002）这几种经典的底层特征描述子进行介绍。

1. HOG 特征

HOG 特征是一种典型的局部特征描述子，常用于计算机视觉和图像处理中的目标检测，通过计算图像局部区域内像素点的梯度方向直方图，从而反映出局部图像的梯度方向和边缘方向信息，因此它对目标的边缘和形状具有较高的敏感度，并对位置变化和光照变化具有较强鲁棒性，这使得 HOG 特征在目标检测中有较好的表现。

提取图像 HOG 特征时，通常将图像划分为几个连通区块（block），同时将每个区块划分为多个单元格（cell），再统计像素在各个梯度方向上的梯度信息，获取各单元格内梯度信息分布的梯度方向直方图。在直方图层面连接单个区块内全部单元格的梯度方向分布直方图，可得当前区块的 HOG 特征，再进一步连接所有区块的 HOG 特征即可获取整个图像的 HOG 特征。梯度直方图一般描述 9 个方向角度（bin）的梯度信息分布，通过平均划分 0°～180° 得到，9 方向角度被证明在行人检测中具有最好表现。HOG 特征的提取流程如图 5.1 所示。

图 5.1　HOG 特征提取流程

2. SIFT 特征

SIFT 特征对旋转、尺度及亮度变化均具有较高的不变性，整体鲁棒性较强，是一类表现较为稳定的局部特征，因此它也成为图像特征表达中最常用的局部描述子，在遥感影像场景特征表达中也有广泛应用。

SIFT 特征与 HOG 特征同属局部特征，但 SIFT 主要利用高斯微分函数在不同尺度空间探测所有兴趣点，然后通过拟合函数进一步确定关键点并基于方向梯度提取关键点的方向，最后统计邻域像素梯度方向并整合全图统计结果，整体流程如图 5.2 所示。

图 5.2　SIFT 特征提取流程

3. LBP 特征

LBP 特征主要描述局部纹理信息，具有较强的灰度不变性和旋转不变性，且计算非常简单。经典的 LBP 算子定义为在 3×3 的窗口内，通过对比窗口中心元素灰度值与相邻的 8 个位置像素的灰度值对各元素位置进行标记，若相邻元素值大于或等于中心元素值，则在该相邻元素位置上标记 1，否则标记 0，如式（5.1）所示。

$$L(p) = \begin{cases} 1, & I(p) - I(c) \geqslant 0 \\ 0, & I(p) - I(c) < 0 \end{cases} \tag{5.1}$$

式中：$I(c)$ 为局部区域窗口内中心元素的灰度值；$I(p)$ 为邻域位置上像素的灰度值；$L(p)$ 为邻域位置元素经过与中心元素灰度值对比之后新标记的值。

如果 8 个相邻位置的元素均被标记上 1 或 0，按照一定的排序方式可将这 8 个位置上的元素整理成一个 8 位二进制数，将其转为十进制数来代表该区域中心元素的 LBP 码，从而形成对该局部区域的纹理信息反馈。

5.1.2　中层特征描述方法

图像的中层特征主要侧重以场景整体为目标的特征描述，常以图像的底层局部特征为局部描述子进行编码映射，从而获取区分能力更强的中层特征。本小节对概率潜在语义分析（probabilistic latent semantic analysis，PLSA）（Hofmann，2001）、潜在狄利克雷分布（latent Dirichlet allocation，LDA）（Blei et al.，2003）、视觉词袋（bag of visual words，BOVW）（Yang et al.，2010）这几种经典的中层特征表达方法进行介绍。

1. 概率潜在语义分析模型

概率潜在语义分析模型主要使用概率统计的方法建立将共生矩阵（文档与词汇）与隐含变量（主题）联系起来的模型，并进行统计的语义分析，得到每个文档下主题的概率分布及每个主题下单词的概率分布。

给定一个文档集 $D = \{d_1, d_2, \cdots, d_N\}$ 和词汇表 $W = \{w_1, w_2, \cdots, w_M\}$，文档集 D 由 $N \times M$ 维共生矩阵 N（文档-单词矩阵）表示。d_i 表示文档集中某一篇文档，w_j 表示词

汇表中某一个单词，$n(d_i, w_j)$表示文档d_i中单词w_j出现的次数。假定文档集中有K个隐含主题，记为$Z = \{z_1, z_2, \cdots, z_k\}$，定义以下概率。

文档集中选择文档d_i的概率为$p(d_i)$；在给定文档d_i中出现主题z_k的概率为$p(z_k|d_i)$，其满足多项分布，且$\sum_{k=1}^{K} p(z_k | d_i) = 1$；主题$z_k$中出现单词$w_j$的概率为$p(w_j|z_k)$；假设文档和单词之间条件独立，并且主题在文本和单词中的分布也是条件独立的，则单词w_j和文档d_i共同出现的概率可表示为

$$p(d_i, w_j) = p(d_i)p(w_j | d_i) = p(d_i)\sum_{k=1}^{K} p(w_j | z_k)p(z_k | d_i) \tag{5.2}$$

由式（5.2）可知，概率潜在语义分析模型的示意图如图 5.3 所示。文档中单词的概率分布是由主题z_i凸组合构成的，对于给定文档d_i，主题z_k服从参数为$p(z_k|d_i)$的多项分布，单词w_j服从参数为$p(w_j|z_k)$的多项分布，通过最大似然估计方法求解联合概率$p(d,w)$的对数似然函数的极大值。

$$
\begin{aligned}
L &= \sum_{i=1}^{N}\sum_{j=1}^{M} n(d_i, w_j) \log p(d_i, w_j) \\
&= \sum_{i=1}^{N} n(d_i) \left[\log p(d_i) + \sum_{j=1}^{M} \frac{n(d_i, w_j)}{n(d_i)} \log \sum_{k=1}^{K} p(w_i | z_k)p(z_k | d_i) \right]
\end{aligned}
\tag{5.3}
$$

$$L \propto \sum_{i=1}^{N}\sum_{j=1}^{M} n(d_i, w_j) \log \sum_{k=1}^{K} p(w_i | z_k)p(z_k | d_i) \tag{5.4}$$

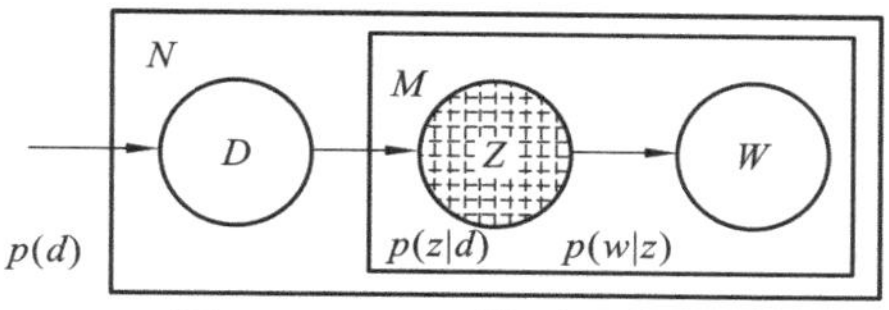

图 5.3　PLSA 模型示意图

由式（5.3）和式（5.4）可知，只需求解模型参数$p(z|d)$、$p(w|z)$，而式（5.4）难以最大化，为了预测文档语义主题，需要利用期望最大化（expectation-maximum，EM）算法估计 PLSA 模型参数，交替使用 E 步和 M 步两个步骤。

（1）E 步：计算隐含变量z_k的后验概率的平均值。

$$p(z_k | d_j, w_j) = \frac{p(w_j | z_k)p(z_k | d_i)}{\sum_{k=1}^{K} p(w_j | z_k)p(z_k | d_i)} \tag{5.5}$$

（2）M 步：基于 E 步的后验概率，更新参数的估计值。

$$p(w_k | z_i) = \frac{\sum_{i=1}^{N} n(d_i, w_j)p(z_k | d_i, w_j)}{\sum_{j=1}^{M}\sum_{i=1}^{N} n(d_i, w_j)p(z_k | d_i, w_j)} \tag{5.6}$$

依次交替迭代 E 步和 M 步，直到似然函数的增量达到收敛时停止，完成概率潜在语义分析模型的参数估计。虽然概率潜在语义分析模型的效果不错，但很难直接获取未知文档中潜在主题的分布。当训练样本增加时，需要求解的参数数目会不断增多，最终

会产生过拟合现象。

2. 潜在狄利克雷分布模型

由于概率潜在语义分析模型的假设并不完善，潜在狄利克雷分布模型被提出。在介绍潜在狄利克雷分布模型时，需要对其中一些参数进行说明，具体参数含义如表 5.1 所示。

表 5.1　LDA 模型参数及含义

参数	含义	参数	含义
M	文档集中文档的个数	Θ	文档集中主题混合比例的集合 $\{\theta_\mu\}_{\mu=1}^M$，为 $M \times K$ 维矩阵
K	主题的个数	φ_k	第 k 个主题的单词混合比例
V	词汇表中单词的个数	Φ	主题对应单词混合比例的集合 $\{\varphi_k\}_{k=1}^K$，为 $K \times V$ 维矩阵
α	文档中主题混合比例 θ_m 的超参数	N_m	第 m 篇文档长度，其中 $N_m \sim \text{Poisson}(\xi)$
β	主题中单词混合比例 φ_k 的超参数	$z_{m,n}$	每 m 篇文档中第 n 个单词的主题类型
θ_m	第 m 篇文档的主题混合比例 $p(z\|d=m)$	$w_{m,n}$	每 m 篇文档中第 n 个单词

在潜在狄利克雷分布模型中，单词 w 可以理解为由主题 z 的凸组合而生成，凸组合是加权求和，其权重比例系数和为 1，产生特定单词 t 的概率可以表示为

$$p(w=t) = \sum_k p(w=t\mid z=k)p(z=k), \quad \sum_k p(z=k)=1 \tag{5.7}$$

式中：$p(w=t\|z=k)$ 为主题 $z=k$ 且对应单词 t 的条件概率分布，混合权重由主题的概率 $p(z=k)$ 组成。因此，潜在狄利克雷分布模型需要推断的参数包括：①主题 A 的单词概率分布 $p(t\|z=k)=\varphi$；②文档 m 的主题概率分布 $p(z\|d=m)=\theta$。

假设潜在狄利克雷分布模型文档集中有 k 个主题，引入参数 θ 来建立每个文档中隐含主题的概率分布，同时引入参数 φ 建立各个主题下单词的概率分布。以下为潜在狄利克雷分布模型中每个文档的生成过程。

（1）选择 θ_m，使得 $\theta_m \sim \text{Dirichlet}(\alpha)$，生成文档 m 的主题分布，其中 α 为狄利克雷分布超参数。

（2）依照文档 m 对应主题 θ_m 的多项分布，采样生成文档 m 中第 n 个单词的主题类型 $z_{m,n}$。

（3）选择 $\varphi_{z_{m,n}}$，使得 $\varphi_{z_{m,n}} \sim \text{Dirichlet}(\beta)$，生成主题 $z_{m,n}$ 的单词分布，其中 β 为狄利克雷分布超参数。

（4）从单词的多项分布 $\varphi_{z_{m,n}}$ 中采样文档 m 中第 n 个单词 $w_{m,n}$。

根据上述模型，给定参数的前提下，采样生成单词 $w_{m,n}=t$ 的概率表示为

$$p(w_{m,n}=t\mid \theta_m, \Phi) = \sum_{k=1}^K p(w_{m,n}=t\mid \varphi_k)p(z_{m,n}=k\mid \theta_m) \tag{5.8}$$

在给定超参数 α、β 的前提下，可以进一步推测出文档 m 全部单词的似然函数，所有变量的联合概率分布为

$$p(w_m, z_m, \boldsymbol{\theta}_m, \boldsymbol{\Phi} | \boldsymbol{\alpha}, \boldsymbol{\beta}) = \prod_{n=1}^{N_m} p(w_{m,n} = t | \boldsymbol{\varphi}_{z_{m,n}}) p(z_{m,n} | \boldsymbol{\theta}_m) p(\boldsymbol{\theta}_m | \boldsymbol{\alpha}) p(\boldsymbol{\Phi} | \boldsymbol{\beta}) \qquad (5.9)$$

式中：w_m 为文档集中第 m 个文档；z_m 为文档集中第 m 个文档的主题分布。

依据式（5.9）的组成形式，潜在狄利克雷分布模型的示意图如图 5.4 所示。与此同时，通过对参数 $\boldsymbol{\theta}_m$ 和 $\boldsymbol{\Phi}$ 边缘积分、主题 $z_{m,n}$ 求和，得出文档 m 的边缘分布：

$$p(w_m | \boldsymbol{\alpha}, \boldsymbol{\beta}) = \iint p(\boldsymbol{\theta}_m | \boldsymbol{\alpha}) p(\boldsymbol{\Phi} | \boldsymbol{\beta}) \prod_{n=1}^{N_m} \sum_{z_{m,n}} p(w_{m,n} | \boldsymbol{\varphi}_{z_{m,n}}) p(z_{m,n} | \boldsymbol{\theta}_m) \mathrm{d}\boldsymbol{\Phi} \mathrm{d}\boldsymbol{\theta}_m$$

$$\qquad (5.10)$$

$$= \iint p(\boldsymbol{\theta}_m | \boldsymbol{\alpha}) p(\boldsymbol{\Phi} | \boldsymbol{\beta}) \prod_{n=1}^{N_m} p(w_{m,n} | \boldsymbol{\varphi}_{z_{m,n}}, \boldsymbol{\Phi}) \mathrm{d}\boldsymbol{\Phi} \mathrm{d}\boldsymbol{\theta}_m$$

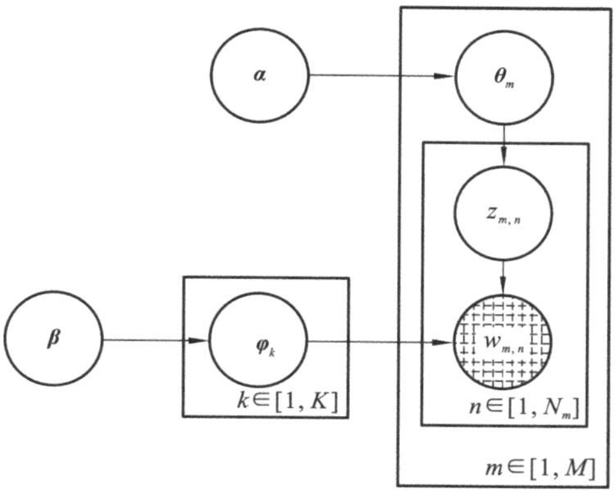

图 5.4　LDA 模型示意图

由于每个文档相互独立，整个文档集 $\boldsymbol{W} = \{w_m\}_{m=1}^{M}$ 的似然函数由单个文档的似然函数乘积来确定，即

$$p(\boldsymbol{W} | \boldsymbol{\alpha}, \boldsymbol{\beta}) = \prod_{m=1}^{M} p(w_m | \boldsymbol{\alpha}, \boldsymbol{\beta}) \qquad (5.11)$$

因为 $\boldsymbol{\alpha}$ 和 $\boldsymbol{\beta}$ 存在相互耦合，似然函数无法直接得出，只能采用近似推理的方法。其中一种方法是通过吉布斯采样来不断逼近模型的真实解，该方法能够通过马氏链的平稳行为模拟高维概率分布 $p(\boldsymbol{x})$，下面简要介绍使用该方法推导出 LDA 模型参数的基本流程。

潜在狄利克雷分布模型推导的目标是获取概率分布 $p(\boldsymbol{z}|\boldsymbol{w})$，其中式（5.12）忽略超参数，由于式（5.12）分母难以获取，利用吉布斯采样中全条件概率 $p(z_i|z_{-i}, \boldsymbol{w})$ 不断逼近的方法来模拟得到 $p(\boldsymbol{z}|\boldsymbol{w})$，可参考 Heinrich（2005）利用吉布斯采样求解潜在狄利克雷分布模型参数的具体推导过程，其中文档 m 中第 n 个单词对应主题 i 的条件概率形式如式（5.13）所示。

$$p(\boldsymbol{z} | \boldsymbol{w}) = \frac{p(\boldsymbol{z}, \boldsymbol{w})}{p(\boldsymbol{w})} = \frac{\prod_{i=1}^{W} p(z_i, w_i)}{\prod_{i=1}^{W} \sum_{k=1}^{K} p(z_i = k, w_i)} \qquad (5.12)$$

$$p(z_i = k | z_{-i}, \boldsymbol{w}) = \frac{n_{m,\neg i}^{(k)} + \boldsymbol{\alpha}_k}{\left[\sum_{k-1}^{K} n_{m,\neg i}^{(k)} + \boldsymbol{\alpha}_k\right] - 1} \cdot \frac{n_{k,\neg i}^{(t)} + \boldsymbol{\beta}_t}{\sum_{t=1}^{V} n_{k,\neg i}^{(t)} + \boldsymbol{\beta}_t} \qquad (5.13)$$

式（5.13）中：文档集中第 i 个单词对应主题记为 z_i，其中 $i=(m,n)$ 是一个二维下标，表示文档 m 中第 n 个单词，$\neg i$ 表示去除下标为 i 的单词；假设观测到单词 $w_i=t$，并且 $w=\{w_i=t, w_{\neg i}\}$，$z=\{z_i=k, z_{\neg i}\}$，$n_{k,\neg i}^{(t)}$ 为分配给主题 k 与单词 w_i 相同的词汇个数；$n_{m,\neg i}^{(k)}$ 为文档 m 被分配给主题 k 的单词的词汇个数。

在完成计算每个文档中单词对应主题的条件概率后，还需要估计出所有文档中主题混合比例的集合 $\boldsymbol{\Theta}$ 及主题对应单词混合比例的集合 $\boldsymbol{\Phi}$。其中文档集中词汇表中 t 分配给主题 k 的条件概率 $\boldsymbol{\varphi}_{k,t}$ 及文档 m 中主题 k 的混合比例 $\boldsymbol{\theta}_{m,k}$ 的计算公式如式（5.14）及式（5.15）所示。

$$\boldsymbol{\varphi}_{k,t} = \frac{n_k^{(t)} + \boldsymbol{\beta}_t}{\sum_{t=1}^{V} n_k^{(t)} + \boldsymbol{\beta}_t} \tag{5.14}$$

$$\boldsymbol{\theta}_{m,k} = \frac{n_m^{(k)} + \boldsymbol{\alpha}_k}{\sum_{k=1}^{V} n_m^{(k)} + \boldsymbol{\alpha}_k} \tag{5.15}$$

式中：$n_k^{(t)}$ 为主题 k 时单词 t 出现的次数；$n_m^{(k)}$ 为文档 m 中主题 k 出现的次数。

3. 视觉词袋模型

词袋模型来源于自然语言领域，常用于文本识别及检索等任务。由于文本本身就是由不同的词汇组合而来，忽略次序和语法时，可将文本内容表示为词汇组成的集合。通过提取集合内词汇的词干组成词典，就可以统计词干在文本中的词频，形成词频分布直方图，从而生成词袋特征。

视觉词袋模型将词袋模型思想引入计算机视觉领域，建立对图像特征的表达。因此与词袋模型类似，视觉词袋模型的特征提取流程如图 5.5 所示。首先，视觉词袋模型将图像视为视觉词汇的集合，这里的视觉词汇由图像的底层局部描述子组成，一张图像不同的区域可提取不同局部描述子。然后，在获得全部图像的局部描述子形成视觉词汇集合后，可基于该视觉词汇集合计算视觉单词，也就是文本领域中词袋模型所提取的词干。一般通过聚类算法对全部视觉词汇进行计算，获取的不同聚类中心即可作为视觉单词，从而形成视觉词典。接着，计算视觉词汇与各个视觉单词的距离，并将视觉词汇替换为与其距离最小的视觉单词。最后，统计各个视觉单词在整幅图像中出现的词频，形成视觉分布直方图，即为最终的视觉词袋模型特征。

图 5.5　BoVW 模型特征提取流程

在这一过程中，局部描述子的提取和聚类算法的选择将影响最终 BoVW 模型特征的表达效率。目前视觉词袋模型中所用的局部描述子一般为图像的底层局部特征，SIFT 特征就是当前图像中层特征编码方法中常用的一种局部描述子。而在聚类算法方面，k 均值聚类（Celebi et al., 2013）由于计算简单、易实施、效果好，成为目前 BoVW 模型中最常用的聚类方法。

5.2　深度学习遥感影像场景分类

5.2.1　深度学习图像分类

目前主流的图像分类算法以深度学习为基础，克服了传统人工提取特征及浅层模型信息量小、泛化能力差等缺点，采用卷积神经网络（convolutional neural networks，CNN）以数据驱动方式来提取海量深度特征。卷积神经网络是人们受到猫自然视觉认知机制的启发，然后对其结构进行仿真设计的神经网络。它产生于 20 世纪末，但是由于当时数据集规模及计算机硬件等因素的影响，卷积神经网络并不适合处理更复杂的问题。之后卷积神经网络沉寂约十年之久，直至 2012 年，AlexNet 在 ImageNet 大规模视觉识别挑战（ImageNet large scale visual recognition challenge，ILSVRC）竞赛中取得冠军后，卷积神经网络才最终成为求解图像分类问题中应用最为广泛的算法，并出现了多种应用于图像分类中的卷积神经网络框架（Krizhevsky et al.，2017）。

2014 年牛津大学的视觉几何小组（Visual Geometry Group，VGG）模型获得 ILSVRC 竞赛分类任务中的第 2 名，该模型深化了网络层数，采用多个小卷积核替代一个大卷积核以降低参数计算量，同时改善了网络性能（Simonyan et al.，2014）。He 等（2016）提出了残差网络 ResNet，是深度学习过程中具有里程碑意义的一件大事。该网络采用多层网络结构，利用多个节点之间相互依赖关系实现对图像和文本等信息的处理与分析。相比于传统神经网络，它具有更高的计算效率，且能够更好地支持大规模数据训练。残差网络不直接叠放网络层数而采用跳跃式的连接方式，利用残差单元将信息传递到卷积层进而解决了网络的劣化问题，使网络的学习效率更高。2017 年 Google 针对嵌入式设备提出了一种轻量级的深层神经网络 MobileNet，其核心思想是用深度可分离卷积（depthwise separable convolution）代替传统卷积操作，实现在精度小幅度下降的同时，网络参数及计算量大幅降低，达到模型轻量化的目的（Sandler et al.，2018）。2020 年，视觉转换器（vision transformer，ViT）模型被提出，该模型能直接利用 Transformer 对图像进行分类，而不需要卷积网络（Dosovitskiy et al.，2020）。为了让 ViT 模型可以处理图片，首先要把图片划分为很多个区块，然后把区块序列传入 ViT，大幅度提高了检测效率和检测精度。上述基于卷积神经网络的方法在图像分类领域均取得了较为惊人的结果，下面对部分经典网络进行简要的介绍。

1. AlexNet

虽然目前应用于各个领域的卷积神经网络模型非常多，但其中最具代表性的依然是 AlexNet 模型。该模型可以在图形处理单元（graphics processing unit，GPU）下进行计算，具有较快的处理速度，同时该模型对 Dropout、ReLU 激活函数、数据扩张等的应用使它的识别能力非常好。图 5.6（Krizhevsky et al.，2017）是 AlexNet 模型的框架图。

AlexNet 模型由 5 层卷积层、2 层全连接层及 1 个 softmax 分类器组成。其输入为 224×224 像素的三通道图像，第一个卷积层使用 11×11 尺寸的卷积核进行卷积运算，步长为 4，第 1 层的输出为 96 个 55×55 像素的特征图。对数据进行 ReLU 激活和归一

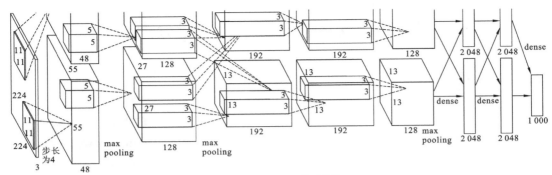

图 5.6　AlexNet 模型框架

化处理并送入池化层，进行最大池化（max pooling）运算。在第 2 个卷积层中，卷积核尺寸调整为 5×5，该层输出 27×27 的特征图。第 3 层卷积层卷积核为 3×3，卷积池化操作后输出 384 个 13×13 的特征图。经过第 4 层和第 5 层卷积层处理的输出为 256 个 13×13 的特征图。在这些卷积层中均有 ReLU 操作。3 个全连接层的操作基本相似，大致可描述为：将卷积后的结果输入第 1 个全连接层，通过对输入数据进行 ReLU 操作得到下一个全连接层的输入，然后在第 2 个和第 3 个全连接层连续做 dropout，输出到最终的分类器中。

2. 残差网络

残差网络的贡献是利用残差学习的思想提出跳接（shortcut connection）结构。传统

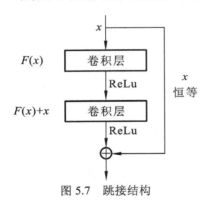

图 5.7　跳接结构

的卷积神经网络或全连接神经网络在正向及反向运算时会丢失或损耗部分信息，同时，过深的网络还会出现梯度消失及梯度爆炸的现象，导致网络无法收敛。残差网络的跳接结构在一定程度上解决了这个问题，其结构如图 5.7 所示。

残差单元将输入的恒等映射直接连接到输出位置，保证了网络信息的流通，同时并没有引入更多的参数量。残差结构对梯度消失现象作用显著，并且能加快训练的收敛速度，后来被广泛应用在其他网络模型中，如 Darkenet53 及 MobileNetv2 等网络，进一步证明了残差结构的先进性。

3. MobileNet

MobileNet 是为将网络部署在移动端等小型设备而专门设计的。MobileNet 将普通卷积运算拆分成两部分深度卷积（depthwise convolution）和逐点卷积（pointwise convolution），通过这种方式降低参数量和运算量。采用单通道卷积核对特定的单个输入通道进行卷积运算，卷积核的尺寸如图 5.8 所示。其中 M 是输入通道数，D_K 是卷积核尺寸。输入的维度为 (D_F, D_F, M)，卷积核的维度为 $(D_K, D_K, 1, M)$，每个通道的卷积核对特征图单个通道做卷积，则输出的维度为 (D_G, D_G, N)。逐点卷积主要起到特征融合的作用，采用 1×1 尺寸的卷积核，在不引入过多参数量的同时，将深度卷积层多个通道的特征图

进行结合，如图 5.9 所示，其中 N 是输出通道数。

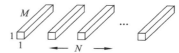

图 5.8 深度卷积的卷积核示意图　　　　图 5.9 逐点卷积的卷积核示意图

MobileNet 将普通的卷积层分解成两层卷积操作，减少了网络的参数量，理论上可以计算出其运算效率提升的比例为

$$\frac{D_K D_K M D_F D_F + M N D_F D_F}{D_K D_K M N D_F D_F} = \frac{1}{N} + \frac{1}{D_K^2} \tag{5.16}$$

5.2.2　基于自动编码器的遥感影像场景分类

自动编码器（Hinton et al.，2006）是一种无监督的特征学习模型，它由一个浅层和对称的神经网络组成，如图 5.10 所示。自动编码器由三层组成：输入层、隐藏层和输出层。它包含两个单元——编码器和解码器。从输入层到隐藏层的转换就是编码的过程。编码过程可以表述为式（5.17），其中 $\boldsymbol{h} \in \mathbf{R}^n$ 是隐藏层的输出，f 表示非线性映射，$\boldsymbol{W} \in \mathbf{R}^{n \times m}$ 代表编码权重矩阵，$\boldsymbol{x} \in \mathbf{R}^m$ 表示自动编码器的输入，并且 $\boldsymbol{b} \in \mathbf{R}^n$ 是偏置向量。解码是编码的逆，是从隐藏层到输出层的变换，可以表述为式（5.18），其中 $\tilde{\boldsymbol{x}} \in \mathbf{R}^m$ 表示重构

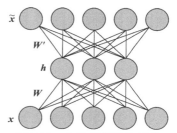

图 5.10　自动编码器的架构

后的输出，解码权重矩阵表示为 $\boldsymbol{W}' \in \mathbf{R}^{m \times n}$，$\boldsymbol{b}' \in \mathbf{R}^m$ 代表偏置向量。

$$\boldsymbol{h} = f(\boldsymbol{W}\boldsymbol{x} + \boldsymbol{b}) \tag{5.17}$$
$$\tilde{\boldsymbol{x}} = f(\boldsymbol{W}'\boldsymbol{h} + \boldsymbol{b}') \tag{5.18}$$

自动编码器能够从未标记的数据中自动学习中级视觉表示。在深度学习被广泛应用于遥感领域之前，中级特征在遥感影像场景分类中发挥着重要作用。如 Zhang 等（2014a）将稀疏自动编码器引入场景分类，利用这些未标记的数据块来学习一组鲁棒且有效的特征提取器，并且不需要精心设计的描述符。Han 等（2017）提出了一种基于分层卷积稀疏自动编码器的场景分类方法，与单级稀疏自动编码器相比，他们提出的方法最大限度地利用了前馈和全连接方法中单级算法的重要特征。鉴于单个自动编码器特征表示的局限性，一些研究人员将多个自动编码器堆叠在一起。如 Du 等（2016）提出了堆叠卷积去噪自动编码器网络，它可以将图像映射到分层表示，而无需任何标签信息。经过广泛的实验，他们提出的框架显示出优越的分类性能。Yao 等（2016b）将成对约束集成到堆叠稀疏自动编码器中，以学习更多用于土地利用场景分类和语义注释任务的判别特征。自动编码器及其衍生算法属于无监督学习方法，在遥感影像的场景分类中取得了较好的效果。然而，上述大多数基于自动编码器的方法由于没有充分利用场景类别信息，无法学习最好的识别特征来区分不同的场景类别。

5.2.3　基于卷积神经网络的遥感影像场景分类

卷积神经网络在视觉领域表现出了强大的特征学习能力。Krizhevsky 提出的 AlexNet 是 2012 年 ILSVRC 中表现最优的卷积神经网络，随后涌现了许多先进的卷积神经网络模型，如 VGGNet（Simonyan et al., 2014）、残差网络（He et al.，2016）等。卷积神经网络是一种具有学习能力的多层网络，由卷积层、池化层和全连接层等组成（图 5.11）。

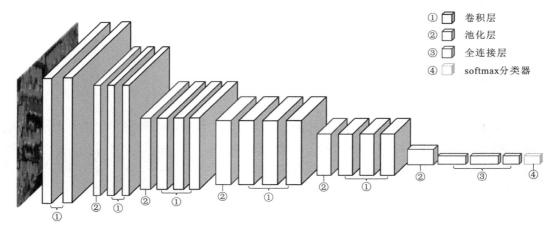

① 卷积层
② 池化层
③ 全连接层
④ softmax分类器

图 5.11　卷积神经网络的架构

（1）卷积层。卷积层在从图像中提取特征方面发挥着重要作用。在卷积神经网络中，卷积层的输入是一个由 n 个大小为 $w \times h$ 的二维特征图组成的张量 $\boldsymbol{X}$（$\boldsymbol{X} \in \mathbf{R}^{n \times w \times h}$）。通过对输入特征图 $\boldsymbol{X}$ 和卷积核 $\boldsymbol{W}$ 进行卷积操作，可以得到输出特征图 $\boldsymbol{H}$（$\boldsymbol{H} \in \mathbf{R}^{m \times w' \times h'}$，其中，$m$ 表示输出特征图的通道数，w' 和 h' 分别表示输出特征图的宽度和高度）。卷积核 $\boldsymbol{W}$ 是一个可训练的过滤器，其大小为 $m \times l \times l \times n$（记作 $\boldsymbol{W} \in \mathbf{R}^{m \times l \times l \times n}$），其中，$l$ 表示过滤器的宽度和高度（通常为 1、3 或 5）。卷积的整个过程可用式（5.19）描述，其中*表示二维卷积操作，另外通过 $\boldsymbol{b}$ 来表示 m 维偏差项。一般来说，非线性激活函数 f 在卷积操作之后执行。随着卷积结构的加深，卷积层可以从输入特征图中捕获不同级别的特征（如边缘、线、角、结构和形状）。

$$\boldsymbol{H} = f(\boldsymbol{W} * \boldsymbol{X} + \boldsymbol{b}) \tag{5.19}$$

（2）池化层。池化层是在每个输入特征图的一小块区域上执行最大或平均操作，可以定义为式（5.20），其中池化表示池化函数（如平均池化、最大池化和随机池化），$\boldsymbol{H}_{l-1}$ 和 $\boldsymbol{H}_l$ 分别表示池化层的输入和输出。通常，池化层应用于两个连续的卷积层之间。池化操作可以创建不变性，如小的偏移和扭曲。在目标检测和场景分类任务中，池化层提供的不变性特征非常重要。

$$\boldsymbol{H}_l = \mathrm{pool}(\boldsymbol{H}_{l-1}) \tag{5.20}$$

（3）全连接层。全连接层通常出现在卷积神经网络的顶层，用于整合底层提取的特征。全连接层首先对输入 $\tilde{\boldsymbol{X}}$ 通过权重 $\tilde{\boldsymbol{W}}$ 和偏置 $\tilde{\boldsymbol{b}}$ 进行线性变换，然后通过非线性激活函数 f 映射线性变换的输出。整个过程可以表述为式（5.21）。在分类任务中，为了输出每个类的概率，一般会在最后一个全连接层连接一个 softmax 分类器。softmax 分类器用于对全连接层输出进行归一化，$y \in \mathbf{R}^C$ [C 是 0~1 的类数，可以描述为式（5.22）]，其中 e 是指数函数。softmax 分类器的输出表示给定输入图像属于每个类的概率。Dropout 方法对全连接层进行操作以避免过度拟合，因为全连接层通常包含大量参数。

$$y = f(\tilde{W} \cdot \tilde{X} + \tilde{b}) \tag{5.21}$$

$$P(y_i) = \frac{\mathrm{e}^{y_i}}{\sum\limits_{i=1}^{c} \mathrm{e}^{y_i}} \tag{5.22}$$

随着在大型视觉分类任务中的成功运用，卷积神经网络也开始在遥感影像处理领域被广泛应用。与传统的先进方法相比，例如 SIFT（Lowe，2004）、HOG（Dalal et al.，2005）和 BoVW（Yang et al.，2010），卷积神经网络具有端到端特征学习的优势。同时，它可以提取手工制作特征方法无法学习的高级视觉特征。通过使用不同的卷积神经网络的策略，各种基于卷积神经网络的场景分类方法已经浮现。一般来说，基于卷积神经网络的遥感影像场景分类方法可以分为三组：使用预训练的卷积神经网络作为特征提取器，在目标数据集上微调预训练的卷积神经网络，以及从头开始训练卷积神经网络。

（1）使用预训练的卷积神经网络作为特征提取器。最初，卷积神经网络是作为特征提取器出现的。Penatti 等于 2015 年将卷积神经网络引入遥感影像场景分类，并评估了其在航空和遥感影像分类两种新场景中的泛化能力，实验表明，卷积神经网络可以获得比低级描述符更好的结果。后来，Hu 等（2015）将卷积神经网络视为特征提取器，并研究了如何充分利用预训练的卷积神经网络进行场景分类。之后，诸多学者展开了研究，如 Yuan 等（2018）提出了一种基于重排局部特征的方法，将其应用于遥感影像场景分类，在多个公开数据集上都有良好的表现。上述这些方法都使用预训练的卷积神经网络作为特征提取器，融合或组合现有卷积神经网络提取的特征。值得注意的是，使用现成的卷积神经网络作为特征提取器的方法在小规模数据集上简单有效。

（2）在目标数据集上微调预训练的卷积神经网络。当训练样本的数量不足以从头开始训练新的卷积神经网络时，在目标数据集上微调已经训练好的卷积神经网络是一个不错的选择。Castelluccio 等（2015）通过试验三种学习方法，使用卷积神经网络进行遥感影像场景分类：使用预训练的卷积神经网络作为特征提取器，微调和从头开始训练。他们得出的结论是，当数据集规模较小时，微调比完全训练提供了更好的结果。这使研究人员开始对微调场景分类网络或优化其损失函数感兴趣。如 Liu 等（2018b）将卷积神经网络与分层 Wasserstein 损失函数相结合，以提高卷积神经网络的判别能力。此外，Fang 等（2019）通过向卷积神经网络添加频域分支，为场景分类设计了一种鲁棒的空频联合表示，由于融合了来自空间和频域的特征，所提出的方法能够提供更具区分性的特征表示。在上述方法中，卷积神经网络可以通过微调其结构、优化其目标函数或在目标数据集上微调修改后的卷积神经网络来学习判别特征并获得更好的性能。

（3）从头开始训练卷积神经网络。尽管微调预训练的卷积神经网络可以获得显著的性能，但依赖预训练的卷积神经网络存在一些局限性——学习的特征并不完全适合目标数据集的特征，研究人员修改预训练的卷积神经网络不方便。如 Chen 等（2018）将知识蒸馏引入场景分类以提高轻型卷积神经网络的性能。He 等（2019）提出了一种新的端到端学习模型——跳跃连接协方差网络，用于遥感影像场景分类，该网络是在卷积神经网络中加入跳跃连接（skip connection）和协方差池（covariance pooling），可以减少参数量，达到更好的分类性能。

上述这些基于卷积神经网络的方法已经获得了较好的场景分类结果，然而，它们通常需要大量带注释的样本来微调已经训练好的卷积神经网络或从头开始训练网络。

5.2.4 基于生成对抗网络的遥感影像场景分类

生成对抗网络（generative adversarial network，GAN）是另一种重要且有前途的机器学习方法（Goodfellow et al.，2020）。顾名思义，生成对抗网络通过基于极大极小的对抗学习来模拟数据的分布，并生成类似真实的数据。生成对抗网络包含一对组件，即判别器和生成器。如图 5.12（Cheng et al.，2020）所示，G 可以类似于一组假币制造者，它扮演着制造假币的角色，而 D 可以被视为确定货币是由 G 还是由银行制造的政策。G 和 D 在这场比赛中不断地互相对抗，直到 D 无法区分假币和真币。生成对抗网络将 G 和 D 之间的竞争视为唯一的训练标准。G 获取一个输入 z，它是一个服从先验分布 $p_z(z)$ 的潜变量，然后使用微分函数 $G(z; \theta_g)$ 将带有噪声的 z 映射到数据空间，其中 θ_g 表示生成器 G 的参数。D 通过带有参数 θ_d 的映射 $D(x; \theta_d)$ 输出来自真实数据而不是生成器的输入数据 x 的概率，其中 θ_d 记录判别器 D 的参数。生成对抗的整个过程可用式（5.23）描述，其中 p_{data} 是数据 x 的分布，$V(G, D)$ 是一个目标函数。从 D 的角度来看，给定 G 生成的输入数据，D 将在最小化其输出方面发挥作用。而如果样本是真实数据，则数据将最大化其输出。同时，为了欺骗 D，当生成的数据输入 D 时，G 努力最大化 D 的输出。因此，形成了 D 想要最大化 $V(G, D)$ 和 G 努力最小化 $V(G, D)$ 的关系。

$$\min_G \max_D V(G,D) = E_{x \sim p_{\text{data}}(x)}[\log D(x)] + E_{z \sim p_z(z)}[\log(1 - D(G(z)))] \qquad （5.23）$$

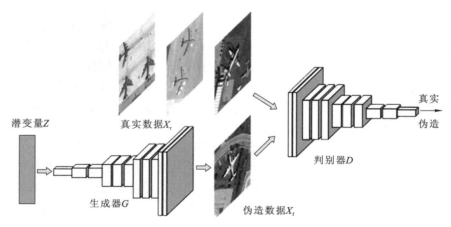

图 5.12 生成对抗网络的架构

作为无监督学习的关键方法，自引入以来，生成对抗网络已逐渐应用于图像到图像的翻译、样本生成、图像超分辨率等许多任务（Goodfellow et al.，2020）。面对海量的遥感影像，基于卷积神经网络的方法需要使用大量的标记样本来训练模型，然而，标注样本工作量较大，一些研究人员开始使用生成对抗网络进行场景分类。2017 年，Lin 等提出了一种用于场景分类任务的多层特征匹配生成对抗网络（multiple-layer feature-matching generative adversarial networks，MARTA GAN），以仅使用未标记数据学习图像特征。Duan 等（2018）使用对抗网络来帮助挖掘遥感影像的固有特征和判别特征，挖掘出的特征能够提高分类精度。Ma 等（2019）设计了 SiftingGAN，它可以生成大量真实的带注释样本用于场景分类。Yu 等（2019）设计了一种用于场景分类的 Attention GAN，该方法将注意力机制集成到生成对抗网络中，以增强鉴别器的判别能力，进而实现更好的场景分类性能。

在遥感场景影像分类中，多数基于生成对抗网络方法一般都采用对抗方式，利用生成对抗网络生成样本或者学习特征。相较于基于卷积神经网络场景分类方法，现有对基于生成对抗网络场景分类方法的研究不多，且基于生成对抗网络分类效果不及基于卷积神经网络分类。另外，多数基于生成对抗网络场景分类方法都不能端到端训练，这是因为这些方法一般都需要标签才能训练出附加分类器，但是生成对抗网络较强的自监督特征学习能力给未来场景分类带来了有潜力的发展。

5.3　迁移学习遥感影像场景分类

相较于传统基于中底层特征的分类方法，深度学习分类方法尤其是卷积神经网络方法在遥感影像场景语义分类中有着极为出色的表现。但卷积神经网络也面临网络层次多、参数规模大、对样本需求高的问题。而基于数目庞大、种类繁多的自然图像大样本数据训练的卷积神经网络，在获得强大特征表达能力的同时具备较好的泛化能力和迁移能力。利用迁移学习将基于自然图像数据集预训练的卷积神经网络特征应用到遥感影像场景特征表达中，可在有限的数据量下实现对遥感影像场景的高度抽象。卷积神经网络中不同网络层次提取的特征具有不同特点，本节结合遥感影像场景与自然图像场景的特点，利用不同层次网络特征进行迁移学习，充分挖掘遥感影像场景特征，实现对遥感影像场景语义的表达与分类。

5.3.1　实验数据集

（1）UCM 数据集：UC Merced（UCM）（Yang et al.，2010）数据集由加利福尼亚大学美熹德分校（University of California，Merced）的研究人员创建。该数据集内场景样本均采集自美国地质调查局国家城市地图航空遥感影像，空间分辨率为 0.3 m，包含了农业用地、飞机、棒球场、海滩、建筑物、灌木丛、密集住宅区、森林、高速公路、高尔夫球场、港口、交叉路口、中型住宅区、活动房区、高架桥、停车场、河流、机场跑道、稀疏住宅区、油罐、网球场这 21 类遥感影像场景，每类由 100 幅 256×256 像素的场景组成。图 5.13 展示了该数据集各类别的样例场景。

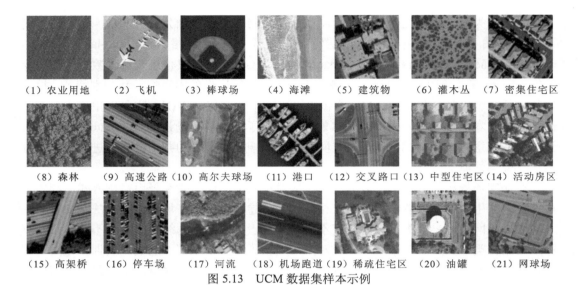

（1）农业用地	（2）飞机	（3）棒球场	（4）海滩	（5）建筑物	（6）灌木丛	（7）密集住宅区
（8）森林	（9）高速公路	（10）高尔夫球场	（11）港口	（12）交叉路口	（13）中型住宅区	（14）活动房区
（15）高架桥	（16）停车场	（17）河流	（18）机场跑道	（19）稀疏住宅区	（20）油罐	（21）网球场

图 5.13　UCM 数据集样本示例

（2）SIRI-WHU 数据集：SIRI-WHU 数据集由武汉大学的 RS_IDEA 团队设计创建（Zhao et al.，2016），该数据集内场景样本均来源于 Google Earth 影像数据，空间分辨率为 2m。该数据集主要采集了我国境内的城市及周边区域，共有农业用地、商业区、港口、空闲置地、工业区、草地、高架桥、公园、池塘、居民区、河流、水系 12 类场景，每类包含 200 幅尺寸为 200×200 像素的影像。图 5.14 展示了该数据集各类别的样例场景。

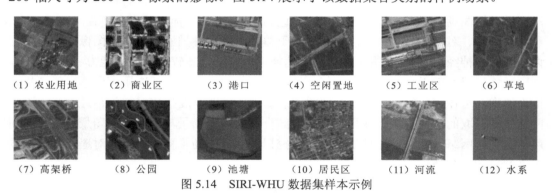

（1）农业用地	（2）商业区	（3）港口	（4）空闲置地	（5）工业区	（6）草地
（7）高架桥	（8）公园	（9）池塘	（10）居民区	（11）河流	（12）水系

图 5.14　SIRI-WHU 数据集样本示例

（3）SAT-6 数据集：SAT-6 数据集（Basu et al.，2015），由美国国家农业图像计划（National Agriculture Imagery Program，NAIP）提取，共有 405 000 个图像块，大小为 28×28 像素，涵盖荒地、建筑、草地、道路、树木、水系 6 个类别。图 5.15 展示了该数据集各类别的样例场景。本书从每个类别中选择 200 幅图片组成一个小样本集进行实验。

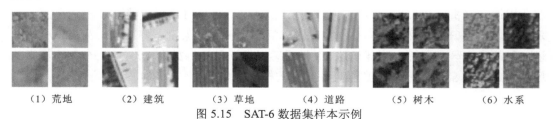

（1）荒地	（2）建筑	（3）草地	（4）道路	（5）树木	（6）水系

图 5.15　SAT-6 数据集样本示例

5.3.2 基于单层迁移特征的分类方法

本小节介绍一种基于深度显著特征的抗噪迁移网络（deep salient feature based anti-noise transfer network，DSFATN）模型，其结合了显著区域检测与抗噪迁移学习方法，对遥感影像场景的全连接层特征的提取和优化分别进行改进。在输入方面，确保全连接层可更充分学习遥感影像场景的关键信息；在输出方面，增强高层特征对不同尺度不同噪声的表达能力，提升鲁棒性。同时，DSFATN 在实施上满足分类方法的一般规律，主要由特征提取和特征分类两个部分构成，整体流程如图 5.16 所示。

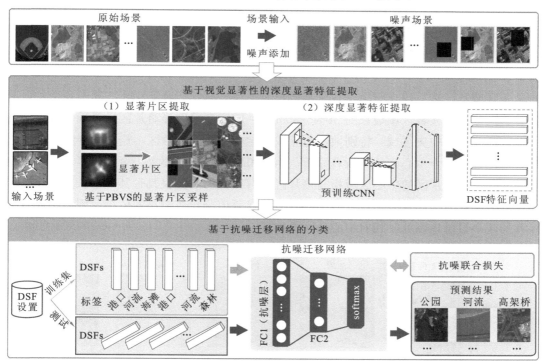

图 5.16　DSFATN 方法流程

第一步为基于视觉显著性的深度显著特征提取，目的主要是充分利用预训练卷积神经网络实现遥感影像场景的高层特征表达；第二步为基于抗噪迁移网络的分类，它建立了一个抗噪迁移网络，目的是提升深度显著特征对不同尺度、不同噪声条件下遥感影像场景的适应能力与表达能力，并通过 softmax 完成最终分类。特别地，该部分为增强特征的抗噪性并提升鲁棒性，通过原始场景和包含椒盐噪声、遮挡噪声等的遥感影像场景对迁移网络进行训练。

1. 基于视觉显著性的深度显著特征提取

为克服自然图像与遥感影像场景中目标分布差异的影响，充分利用预训练卷积神经网络全连接层提取遥感影像场景的高层特征。DSFATN 中设计了一种基于片区视觉显著（patch-based visual saliency，PBVS）算法的多尺度采样方法，检测遥感影像的关键目标并将其按自然图像中样本的分布规律进行采样，便于充分提取遥感影像场景的全连接层特征，形成更具表达力的深度显著特征。这一过程由显著片区提取和深度显著特征提取两个部分组成。

1）显著片区提取

显著性引导的特征提取利用了视觉注意力机制，从最相关的场景区域中获取更有效、更具区分力的高层特征。基于图论的视觉显著性（graph-based visual saliency，GBVS）（Harel et al.，2006）经典算法在特征提取过程中借鉴了 Itti 算法（Itti et al.，1998）模拟视觉原理，但在显著图生成的过程中引入马尔可夫链，用纯数学计算进行标准化，得到显著值。启发于 GBVS，本小节利用基于片区视觉显著算法计算遥感影像场景的显著特征图，并根据显著特征图挖掘遥感影像的关键区域进行采样，重新生成符合自然图像分布规律的多尺度遥感影像场景片区样本，其过程如图 5.17 所示。该方法首先对遥感影像场景进行显著区域检测，对包含 n 个遥感影像场景的场景集 $S = \{s_1, s_2, \cdots, s_n\}$，提取任意场景 s 的显著图 M_{Sal}^s，通过 M_{Sal}^s 中非零元素值最小外包矩形所在区域，可以获得场景 s 的显著区域 r_s；然后建立一个迭代采样程序从 r_s 中获得 α 个显著片区，其中各个片区的边长随机分布在显著区域边长的 30%～80%内，这样多尺度显著片区采样确保样本内的关键目标分布在中央区域。特别地，为获取视觉相关更强的片区，迭代采样程序采集的显著片区必须符合中心区域内所有显著值达到 0.8 及以上的要求，否则丢弃该片区重新采样。其中显著片区的中心区域指与该片区具有相同形心但仅具有其一半长宽大小的中心矩形区域。通过约束显著片区内中心区域的显著值分布在较高的值域范围，可有效确保各片区中显著地物处于相对中心的区域位置。

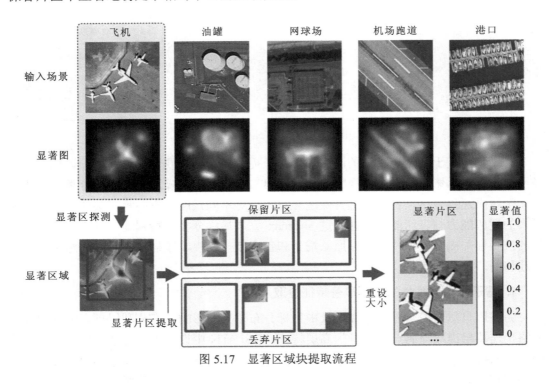

图 5.17　显著区域块提取流程

整个采样过程可表示为算法 5.1。其中 α 为单一场景显著片区的阈值，其大小影响最终分类精度与效率。实验证明 $\alpha = 9$ 时模型综合表现最优，因此实验均在 $\alpha = 9$ 的情况下进行。

算法 5.1　显著片区提取算法

输入：遥感影像场景 s 的显著区域 r_s	
输出：$P = \{p_1, p_2, \ldots, p_\alpha\}$	
1:	初始化：
2:	设置显著片区集合 $P = \{\phi\}$
3:	设置显著片区数目 $n_{\text{patch}} = 0$
4:	迭代：
5:	**while** ($n < \alpha$)
6:	在 r_s 中随机采集显著片区 p_{tmp}
7:	**if**（中心区域每个显著值 $v \in [0.8, 1]$）
8:	将 p_{tmp} 送入 P 并标记为 $p_{n_{\text{patch}}+1}$
9:	$n_{\text{patch}} = n_{\text{patch}} + 1$
10:	**Return** $P = \{p_1, p_2, \ldots, p_\alpha\}$

2）深度显著特征提取

以 VGG19 为例对所提 DSFATN 进行描述，VGG19 是一种具有典型卷积神经网络结构的网络模型，其较深的网络层次使它相对浅层网络有更强的特征表达能力，该网络共有 19 层，由 16 层卷积层和 3 层全连接层组成。最后一层全连接层包含 1 000 个神经元，对应 ILSRC 训练数据中的 1 000 类，便于 softmax 分类，不适于迁移应用；其余两个全连接层均由 4 096 个神经元组成，且输出特征均采用 ReLU 函数激活。Hu 等（2015）证明了在遥感影像场景分类中，包含 VGG19 在内的多个预训练卷积神经网络中，第一层全连接层特征对遥感影像场景具有更好的表达能力，因此以 VGG19 的首层全连接层为特征提取层，进行深度显著特征的提取。

记 s_t 为遥感影像场景集 s 中的第 t 个场景，则其深度显著特征表达如下。

$$\boldsymbol{d}_t = f(h_j(s_t, \alpha)), \quad j \leqslant \alpha \tag{5.24}$$

式中：$h_j(\cdot)$ 返回 s_t 场景中采样的第 j 个显著片区；α 为单幅遥感影像场景中显著片区数目的阈值；f 为 VGG19 从输入层到首层全连接层激活函数的网络运算，其输出的 4 096 维特征 $\boldsymbol{d}_t$ 定义为场景 s_t 的深度显著特征。

此外，为增强全连接层特征对遥感影像的表达能力，DSFATN 模型中还建立了抗噪迁移网络提升特征的适应能力与抗噪能力，抗噪迁移网络联合了添加噪声前后的场景特征距离进行训练，因此模型的输入场景中包含等量的噪声数据。本小节利用 3 种噪声提升全连接层特征的鲁棒性，添加噪声前后的遥感影像场景的深度显著特征表示如下：

$$\boldsymbol{d}_t = f(h_j(\phi_k(s_t), \alpha)), \quad k \in \{0, 1, 2, 3\}, \quad j \leqslant \alpha \tag{5.25}$$

式中：$\phi_k(s_t)$ 为 s_t 在不同噪声情况下的场景；k 值为 1～3，依次表示椒盐噪声、遮挡噪声及混合噪声，$k=0$ 时表示没有添加噪声，返回原始场景 s_t，从而可完成不同遥感影像场景深度显著特征的提取与表达。

2. 抗噪迁移网络的分类

抗噪迁移网络旨在对深度显著特征进一步抽象学习，提取更具表达力和抗噪能力的特征。为适应有限样本数据量下的训练，DSFATN 将抗噪迁移网络结构设计得非常简单，仅由双层全连接层构成，如图 5.18 所示。

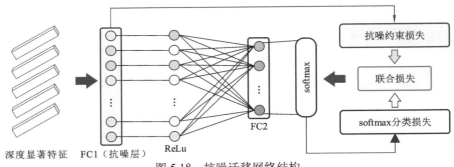

图 5.18　抗噪迁移网络结构

抗噪迁移网络的最后一层全连接层是配合 softmax 的分类层，第一层全连接层设计为抗噪层，它约束噪声添加前后的训练样本具有更相似的输出特征，从而产生更具鲁棒性和区分能力的场景特征，获得更精确的分类结果。因此与一般的卷积神经网络优化训练不同，对抗噪迁移网络的训练优化需要同时考虑抗噪约束和分类损失。

1）抗噪迁移网络结构

抗噪迁移网络由两个全连接层 FC1、FC2 及一个 softmax 层组成，同时它采用校正线性单元（ReLU）作为 FC1 层的激活函数。FC1 和 FC2 分别生成 4 096 维向量和 N 维向量，其中 N 是遥感影像场景数据集中的类别数目。具体来讲，遥感影像场景的深度显著特征在送入抗噪迁移网络时首先进入抗噪层 FC1，并经 ReLU 激活，如下所示：

$$o_{\mathrm{FC1}}(\boldsymbol{d}_t) = \sigma(\boldsymbol{W}_{\mathrm{FC1}}\boldsymbol{d}_t + \boldsymbol{b}_{\mathrm{FC1}}) \tag{5.26}$$

式中：$\sigma(x)=\max(0, x)$ 为 ReLU 激活函数；$\boldsymbol{b}_{\mathrm{FC1}}$ 为偏置项；由于 FC1 的输出特征为 4 096 维，FC1 层的权重为 $\boldsymbol{W}_{\mathrm{FC1}} \in \mathbf{R}^{4096\times4096}$。类似地，FC2 将 FC1 的输出向量转换成 N 维向量，然后送入 softmax 层处理获取最终分类结果，将 $o_{\mathrm{FC1}}(\boldsymbol{d}_t)$ 送入 FC2 层及 softmax 层可得网络最终输出，如下所示：

$$o_{\mathrm{FC2}}(\boldsymbol{d}_t)=\varphi(\boldsymbol{W}_{\mathrm{FC2}}o_{\mathrm{FC1}}(\boldsymbol{d}_t)+\boldsymbol{b}_{\mathrm{FC2}}) \tag{5.27}$$

式中：$\varphi(x) = \mathrm{e}^x / \sum \mathrm{e}^x$ 为 softmax 函数；$\boldsymbol{b}_{\mathrm{FC2}}$ 为偏置项；由于 FC2 的输出特征为 N 维，FC2 层的权重 $\boldsymbol{W}_{\mathrm{FC2}} \in \mathbf{R}^{4096\times N}$；$o_{\mathrm{FC2}}(\boldsymbol{d}_t)$ 为整个抗噪迁移网络的输出。记 $y_i = o_{\mathrm{FC2}}(\boldsymbol{d}_t, i)$ 为 $o_{\mathrm{FC2}}(\boldsymbol{d}_t)$ 的第 i 个元素，则深度显著特征 $\boldsymbol{d}_t$ 在送入抗噪迁移网络后可得输出 $\{y_1, y_2, \cdots, y_N\}$，其中各元素表示 $\boldsymbol{d}_t$ 属于相应类别的概率，当 y_i 为最大值时表示抗噪迁移网络的预测为第 i 类。

2）基于联合损失函数的网络训练

DSFATN 引入噪声数据训练抗噪迁移网络,以期获得更具区分力和表达能力的特征。FC1 作为抗噪层,通过施加抗噪约束使噪声添加前后的遥感影像场景具备更相似的输出特征。即对于任意训练场景 s_t,以及 s_t 在添加第 l 种噪声后的场景 $\phi_l(s_t)$ $(l \in \{1,2,3\})$,它们的深度显著特征 $\boldsymbol{d}_t^0$ 和 $\boldsymbol{d}_t^l$ 通过抗噪迁移网络的 FC1 层后将产生相似的特征。具体而言,给定遥感影像场景训练集 $S_{tr} = \{s_t, \phi_l(s_t) \mid s_t \in S\}$,它们的深度显著特征集表示为 $D_{tr} = \{\boldsymbol{d}_t \mid \boldsymbol{d}_t \in D^0 \bigcup D^l\}$,其中 D^0 为原始遥感影像场景的深度显著特征集合,D^l 为在第 l 种噪声下场景的深度显著特征集合,Y_{tr} 为 D_{tr} 中样本的真实标签集合,则联合损失 L 可表示为

$$L = \mathrm{loss}(D_{tr}, Y_{tr}) + \mathrm{dis}(D^0, D^l) \tag{5.28}$$

式中:第一项损失 $\mathrm{loss}(D_{tr}, Y_{tr})$ 为 softmax 分类损失函数;第二项损失 $\mathrm{dis}(D^0, D^l)$ 为抗噪约束损失。联合损失 L 用于反向传播更新的反馈,DSFATN 采用随机梯度下降优化 L,使 softmax 分类损失和噪声添加前后场景的深度显著特征间距离同时最小化。

softmax 分类损失是面向分类任务的卷积神经网络训练中最常使用的优化函数,其表示如下:

$$\mathrm{loss}(D_{tr}, Y_{tr}) = -\sum_{\boldsymbol{d}_t \in D_{tr}} y_{\boldsymbol{d}_t} \log(\boldsymbol{o}_{FC2}(\boldsymbol{d}_t)) + \frac{\lambda}{2} \|\boldsymbol{W}_i\|^2 \tag{5.29}$$

式中:$y_{\boldsymbol{d}_t} \in Y_{tr}$ 为深度显著特征的真实标签;第一项为交叉熵损失函数;第二项为 L2 正则化损失,用以避免过拟合问题;$\boldsymbol{W}_i = \{\boldsymbol{W}_{FC1}, \boldsymbol{W}_{FC2}\}$ 为抗噪迁移网络层的权重;λ 为正则化系数,以平衡两项损失,该值由权重的衰减系数决定。

抗噪层上施加了抗噪约束,引导噪声添加前后的场景对应的深度显著特征通过 FC1 生成更相似的高层特征。因此抗噪约束是基于噪声添加前后的遥感影像场景在 FC1 层输出特征间的距离定义,如下:

$$\mathrm{dis}(D^0, D^l) = \frac{1}{M} \sum_{\boldsymbol{d}_t^0 \in D^0} \left\| \boldsymbol{o}_{FC2}(\boldsymbol{d}_t^0) - \boldsymbol{o}_{FC2}(\boldsymbol{d}_t^l) \right\|^2 \tag{5.30}$$

式中:$\boldsymbol{d}_t^0 \in D^0$,$\boldsymbol{d}_t^l \in D^l$ 分别为原始遥感影像场景的深度显著特征集合和添加了第 l 种 $(l \in \{1,2,3\})$ 噪声后的遥感影像场景的深度显著特征集合;M 为 D^0 的样本数目。将式(5.28)~式(5.30)结合,可得最终的分类损失如下:

$$L = -\sum_{\boldsymbol{d}_t \in D_{tr}} y_{\boldsymbol{d}_t} \log(\boldsymbol{o}_{FC2}(\boldsymbol{d}_t)) + \frac{\lambda}{2} \|\boldsymbol{W}_i\|^2 + \frac{1}{M} \sum_{\boldsymbol{d}_t^0 \in D^0} \left\| \boldsymbol{o}_{FC2}(\boldsymbol{d}_t^0) - \boldsymbol{o}_{FC2}(\boldsymbol{d}_t^l) \right\|^2 \tag{5.31}$$

3. 实验验证与分析

为验证所提出的 DSFATN 在遥感影像场景分类中的表现效果与性能,从以下方面进行实验与分析:①DSFATN 在多个不同尺度数据集上的有效性和适应性;②抗噪迁移模型的鲁棒性;③显著片区采样数目的影响。

实验采用 UCM、SIRI-WHU、SAT-6 三个不同尺度的遥感影像场景数据集进行实验,实验均在载有两块 NVIDIA GeFore GTX 1080 的显卡、4.0 GHz Intel Core i7-6700K CPU

的工作站上进行，所有数据集均采用五折交叉验证实验，每次实验每个类别中有80%的样本作为训练集，其余20%的样本作为测试集。此外为验证抗噪层的鲁棒性，训练中对遥感数据集添加了三种不同噪声：①固定噪声密度为0.1的椒盐噪声；②覆盖图像20%~30%随机位置的部分遮挡；③混合噪声，在该噪声策略中，原始场景、椒盐噪声场景和部分遮挡场景分别占总场景的1/3。

1）DSFATN分类结果对比分析

（1）UCM数据集分类结果。表5.2对比了所提出的DSFATN与第二扩展空间金字塔共现核（second extended spatial pyramid co-occurrence kernel，SPCK++）（Yang et al.，2011）、空间关系金字塔（pyramid of spatial relatons，PSR）（Chen et al.，2014）、显著引导无监督特征学习（saliency-guided unsupervised feature learning，SG+UFL）（Zhang et al.，2014a）等最新技术。得益于卷积神经网络对图像特征较好的学习和表达能力，大多基于卷积神经网络分类方法结果的精度都能达到90%以上，特别是GoogLeNet上的微调（Castelluccio et al.，2015）获得了表中第二高的精度，但仍然比DSFATN的结果低1.15%。基于Alexnet结构改造的小型CNN（6 conv+2 fc）在数据量有限的情况下全训练的表现并不佳，而DSFATN利用迁移学习的优点并通过显著区域进一步优化，在同等数据量下获得了最高的精度，比随机森林（random forest，RF）（Breiman，2001）的精度高出了近54%。图5.19展示了UCM数据集上DSFATN模型对各类识别情况的混淆矩阵，其中大多数场景都可以归为正确的类别，DSFATN模型对各类的分类精度均达到96%以上。

表5.2　UCM数据集上DSFATN和其他前沿方法的精度对比

序号	方法	分类精度/%
1	RF（Breiman，2001）	44.77
2	CNN（6 conv + 2 fc）	76.40
3	SPCK++（Yang et al.，2011）	77.38
4	LDA（Lienou et al.，2009）	81.92 ± 1.12
5	SG + UFL（Zhang et al.，2014a）	82.72 ± 1.18
6	PSR（Chen et al.，2014）	89.10
7	OverFeat（Penatti et al.，2015）	90.91 ± 1.19
8	Caffe-Net（Penatti et al.，2015）	93.42 ± 1.00
9	GoogLeNet（Penatti et al.，2015）	97.10
10	DSFATN	98.25

（2）SIRI-WHU数据集分类结果。表5.3展示了DSFATN和空间金字塔匹配核（spatial pyramid match kernel，SPMK）（Lazebnik et al.，2006）等方法在SIRI-WHU数据集上的结果对比。与UCM数据集的分类结果相似，DSFATN得到了98%以上的分类精度。特别地，RF和小型CNN（6 conv+2 fc）获得比UCM数据集上更高的分类精度，这是由于SIRI-WHU数据集的类别更少，每个类别中的图像更多，可提供相对较充分的训练。整体而言，DSFATN在SIRI-WHU数据集上的表现明显优于其他方法。图5.20（a）是SIRI-WHU数据集上的混淆矩阵，每类分类的精度都达到97%以上。大多数混淆都发生

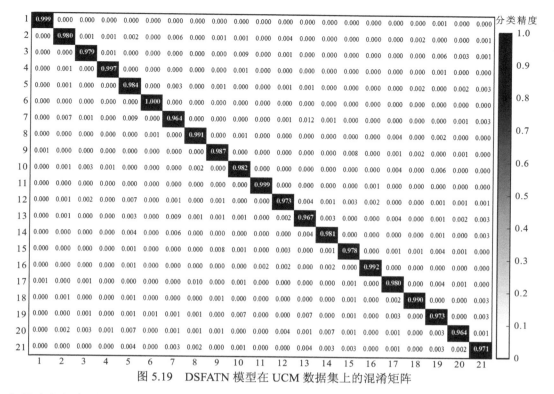

图 5.19　DSFATN 模型在 UCM 数据集上的混淆矩阵

在具有相同组成部分的类别之间，如第 2 类商业区和第 10 类居民区都由建筑物和道路组成，第 9 类池塘和第 11 类河流主要由水体组成。总体而言，DSFATN 模型能准确识别大部分场景，对所有类别场景的识别精度均达到 97% 以上。

表 5.3　SIRI-WHU 数据集上 DSFATN 和其他前沿方法的精度对比

序号	方法	分类精度/%
1	RF（Breiman，2001）	49.90
2	LDA（Lienou et al.，2009）	60.32 ± 1.20
3	CNN（6 conv+2 fc）	78.20
4	SPMK（Lazebnik et al.，2006）	77.69 ± 1.01
5	DSFATN	98.46

（3）SAT-6 数据集分类结果。SAT-6 数据集比较特别，其样本在收集之初已经是针对具有显著特点局部区域采样的 28×28 的显著片区。尽管 SAT-6 数据集中样本的空间分辨率较低、样本尺度较小，但 DSFATN 对它的分类精度仍达到 98.80%（表 5.4），这表明 DSFATN 对小尺度图像场景具有很强的识别能力。图 5.20（b）是在 SAT-6 数据集上的混淆矩阵。与前两个数据集的结果相比，SAT-6 数据集由于样本尺度小、反馈信息有限，场景间呈现高度相似性，误分类概率更大。大部分混淆出现在第 1 类荒地和第 3 类草地之间，以及第 2 类建筑和与第 4 类道路之间，这也是因为这些类别对拥有类似的地物组成，如荒地和草地均由绿色的草与棕色的土地组成，它们之间的颜色及纹理分布非常相似，这一特点在低空间分辨率和低尺度数据上则更加明显。但总体而言，DSFATN模型对各类场景的识别精度仍非常高，均达到 98% 以上。

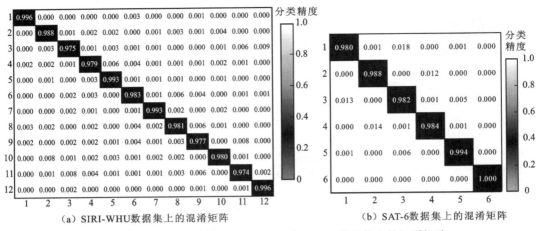

（a）SIRI-WHU数据集上的混淆矩阵　　　　　（b）SAT-6数据集上的混淆矩阵

图 5.20　DSFATN 模型在 SIRI-WHU 和 SAT-6 数据集上的混淆矩阵

表 5.4　SAT-6 数据集上 DSFATN 和其他前沿方法的精度对比

序号	方法	分类精度/%
1	RF（Breiman，2001）	89.29
2	CNN（6 conv+2 fc）	92.67
3	DeepSat（Basu et al.，2015）	93.92
4	DSFATN	98.80

2）鲁棒性分析

为分析 DSFATN 的鲁棒性，在噪声图像变形条件下进行实验。为了证明 DSFATN 中多尺度显著片区采样和抗噪层训练的必要性与有效性，引入两种 DSFATN 的简化模型，表 5.5 列出了它们与 DSFATN 的区别。TN-1 是未采用多尺度显著片区采样及抗噪层训练的 DSFATN 简化模型。TN-2 是未采用多尺度显著片区采样但有抗噪层训练的 DSFATN 简化模型。其中未采用抗噪层训练时，模型只需简单地通过 softmax 分类损失训练。TN-1 和 TN-2 中均未采用多尺度显著片区采样，因此本质上均是直接通过预训练卷积神经网络提取输入场景的全连接层特征进行后续二次训练，尤其是 TN-1 可真实地反映预训练卷积神经网络全连接层特征的抗噪表现能力。

表 5.5　DSFATN 与其简化模型的差别

模型	多尺度显著片区采样	抗噪层训练
TN-1	×	×
TN-2	×	√
DSFATN	√	√

表 5.6 列出了不同方法对 UCM 数据集和 SIRI-WHU 数据集在不同噪声下的分类结果。RF 对场景分类精度未超过 50%；而小型 CNN（6 conv+2 fc）模型在三种噪声下对两个数据集的分类精度均分布在 40% 左右，表明单纯的卷积神经网络结构并不具备提升网络抗噪性的能力。而 DSFATN 对两个数据集在大部分噪声情况下的分类精度达到 95%

以上，TN-2 和它的各项分类精度平均相差 7.12%，可见显著片区采样的重要性。类似地，相较 TN-2，TN-1 的结果精度大幅下降，在添加椒盐噪声的 SIRI-WHU 数据集上两者精度的差异甚至达到 47.66%，两者对三种噪声下的 UCM 数据集和 SIRI-WHU 数据集的分类精度平均差异达到 19.92%，有力地证明了抗噪层的有效性；同时 TN-1 的表现也表明单纯的预训练卷积神经网络全连接层特征的抗噪能力较弱，仅通过它很难建立鲁棒性较强的分类方法。总体而言，在 UCM 数据集和 SIRI-WHU 数据集上，三种噪声的结果均符合 TN-1<TN-2<DSFATN 的规律，它们之间的结果差异体现了显著片区采样和抗噪层训练对提升模型鲁棒性的重要作用。

表 5.6　UCM 数据集和 SIRI-WHU 数据集在三种噪声下的分类结果对比

| 模型 | 分类精度/% | | | | | |
| | UCM 数据集 | | | SIRI-WHU 数据集 | | |
	椒盐噪声	遮挡噪声	混合噪声	椒盐噪声	遮挡噪声	混合噪声
RF	36.67	37.77	38.124	44.99	46.29	45.61
CNN（6 conv+2 fc）	46.80	31.00	38.70	41.50	40.80	37.30
TN-1	66.67	73.33	78.57	36.17	80.17	69.58
TN-2	89.43	88.76	88.33	83.83	88.88	84.79
DSFATN	95.12	97.66	97.29	84.98	97.35	94.35

3）影响因子分析

图 5.21 展示了显著片区数目 α 对 DSFATN 模型分类精度与特征提取时间的影响。特征提取时间指获取遥感影像场景训练集中所有场景深度显著特征的时间。$\alpha=0$ 时表示没有进行显著片区采样，因此深度显著特征是直接从原图获取的。图中 α 从 0 增长到 9 时，时间耗费增长较慢但分类精度极大提升；而当 α 在[9, 36]内增长时，DSFATN 的分类精度趋势已较为平稳，但是时间耗费却剧烈增长。权衡时间耗费与分类精度，$\alpha=9$ 具有最优的性能，因此上述实验均采用 $\alpha=9$ 时的 DSFATN 模型完成。

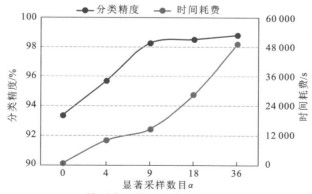

图 5.21　DSFATN 模型中显著片区数目在 UCM 数据集上的影响

5.3.3 基于多层迁移特征的特征融合分类方法

针对单一类型特征无法全面地描述复杂遥感影像场景内容的问题，本小节介绍一种同时顾及局部信息和全局信息的高分辨率遥感影像场景分类方法——融合全局和局部深度特征的视觉词袋（global and local deep features based bag of visual words，GLDFB）模型，提升对高分辨率遥感影像场景的表达能力。首先通过视觉词袋（BoVW）模型探索深度卷积神经网络 VGG19 不同卷积层特征的表达能力，找到具有更高计算和表达效率的中高层卷积层作为特征提取器。然后将该层编码特征与全连接层特征连接得到融合特征，该融合特征充分挖掘并运用卷积神经网络特征，形成对遥感影像场景的高效表达。最后在获取对影像高效表达的融合特征后，通过支持向量机得到最终分类结果。GLDFB 模型整体流程图如图 5.22 所示。

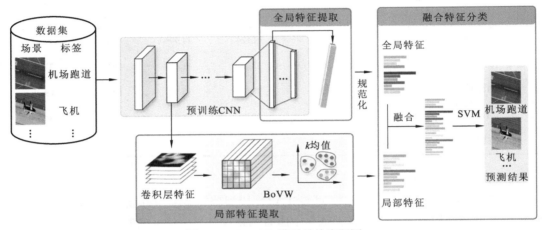

图 5.22　GLDFB 模型整体流程图

在全局特征表达方面，GLDFB 模型采用与上文相同的全连接层即 VGG19 的首层全连接层 FC6 作为全局特征提取层。在卷积层特征表达方面，由于目前遥感影像场景分类中，针对 VGG19 的卷积层特征表现的相关研究较少，本小节首先对 VGG19 的多个卷积层特征进行对比分析，在验证 VGG19 卷积层特征对遥感影像场景表达的有效性后，再综合对比分析各层分类时间和精度，选用综合性能最优的卷积层为局部特征提取层。由于 GLDFB 模型采用的全局特征和局部特征提取层均来自同一个卷积神经网络，两种层次的特征提取仅需一次正向运算即可完成，充分利用卷积神经网络降低了计算与时间耗费。

1. 基于卷积层特征的局部特征表达

VGG19 包含了 16 个卷积层，各卷积层的输出特征维度如图 5.23 所示。其中第 t 个（$1 \leq t \leq 16$）卷积层 CVL_t 的输出特征维度为 $d^t \times n^t \times n^t$，其由 d^t 个 $n^t \times n^t$ 大小的特征图构成。卷积层特征相较一维的全连接层特征具有更高的特征维度，在数据存储方面占据的资源更多，在运算中产生的计算耗费也更庞大，因此原始的卷积层特征在实际应用中的效率并不高。针对这一问题，GLDFB 模型采用 BoVW 对卷积层特征进行编码降维，降维后的视觉词频分布直方图以多元一维特征的形式存在，将作为场景图像的局部特征。针对卷积层特征的 BoVW 编码主要由三步组成：①基于重组卷积层特征的视觉词汇提取；②基于视觉词汇的视觉词典生成；③基于词频分布直方图分布的场景局部特征表达。

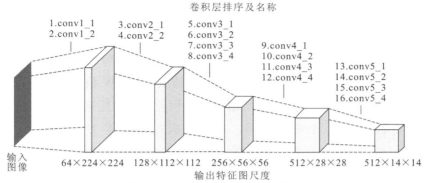

图 5.23 VGG19 各卷积层的输出

1）基于重组卷积层特征的视觉词汇提取

由于特征图的每一个元素都是对前一层的一个局部感受野的卷积结果，不同特征图同一位置的元素可视为对输入图像同一局部区域的不同抽象，将不同特征图同一位置的元素抽取排列即得到图像局部区域的特征表达，如图 5.24 所示。

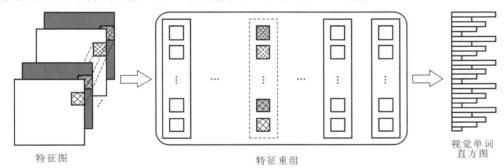

图 5.24 卷积层特征的重组与编码

记 f_k^t 为卷积层 CVL_t 的第 k 个（$1 \leqslant k \leqslant d^t$）特征图，$f_k^t(i,j)$（$1 \leqslant i \leqslant n^t$，$1 \leqslant j \leqslant n^t$）为 f_k^t 中第 i 行、第 j 列位置上的元素，从而可将卷积层 CVL_t 输出的 d^t 个特征图在 (i, j) 位置上的元素排列为一个 d^t 维特征向量，如式（5.32）所示，其中 h_R 表示 ReLU 激活函数，T 表示转置运算。

$$\boldsymbol{f}^t(i,j) = (h_R(f_1^t(i,j), f_2^t(i,j), \cdots, f_{d^t}^t(i,j)))^T \qquad (5.32)$$

对卷积层 CVL_t 输出的 d^t 个特征图全部位置的元素进行提取排列后，可将该层的输出特征重组为一个特征向量集合 F^t，如式（5.33）所示。记 $N^t = n^t \times n^t$，则 $F^t \in \mathbf{R}^{d^t \times N^t}$ 是由 N^t 个 d^t 维列向量组成。将每个位置上提取到的 d^t 维列向量作为视觉词汇，则 CVL_t 层的输出特征重组为 N^t 个视觉词汇组成的集合 F^t。

$$F^t = \{\boldsymbol{f}^t(1,1), \boldsymbol{f}^t(1,2), \cdots, \boldsymbol{f}^t(n^t, n^t)\} \qquad (5.33)$$

设场景集 $S = \{s_1, s_2, \cdots, s_m\}$ 包含 m 个遥感影像场景图像，则可将该场景集通过卷积层

CVL_t 提取的视觉词汇集合记为 F_S^t，如式（5.34）所示，其中 $F_{s_i}^t$ 表示场景 s_i 通过 CVL_t 提取的视觉词汇集合，因此 F_S^t 总共由 $N^t \times m$ 个视觉词汇组成。

$$F_S^t = \{F_{s_1}^t \bigcup F_{s_2}^t \bigcup \cdots \bigcup F_{s_m}^t\} = \{\boldsymbol{f}_{s_1}^t(1,1), \cdots, \boldsymbol{f}_{s_1}^t(n^t, n^t), \boldsymbol{f}_{s_2}^t(1,1), \cdots,$$
$$\boldsymbol{f}_{s_2}^t(n^t, n^t), \cdots, \boldsymbol{f}_{s_m}^t(1,1), \cdots, \boldsymbol{f}_{s_m}^t(n^t, n^t)\} \quad (5.34)$$

2）基于视觉词汇的视觉词典生成

通过视觉词典可完成图像的视觉词汇集从高维到低维的转换。视觉词典由聚类算法对所有视觉词汇的集合进行聚类产生的聚类中心构成，BoVW 模型中常用 k 均值法作为聚类方法，其简单快速，适用性强。k 均值法对卷积层提取的视觉词汇进行聚类产生 k 个聚类中心，将其视为 k 个视觉单词，从而构成视觉词典 $D = \{C_1, C_2, \cdots, C_k\}$，其中 $C_i \in \mathbf{R}^{d^t}(1 \leqslant i \leqslant k)$ 为第 i 个视觉单词。视觉词汇间的相似度通过欧几里得距离度量，如下为任意词汇 $\boldsymbol{f}^t(i,j)$ 与 $\boldsymbol{f}^t(a,b)$ 间的距离，根据距离值，将各个词汇分配给与其距离最小的聚类中心。

$$d(\boldsymbol{f}^t(i,j), \boldsymbol{f}^t(a,b)) = \sqrt{\sum_{k=1}^{N^t}(f_k^t(a,b) - f_k^t(i,j))^2} \quad (5.35)$$

3）基于词频分布直方图分布的场景局部特征表达

BoVW 对视觉词汇的编码依据视觉词典中各视觉单词与视觉词汇间的距离完成，过程与上述基于 k 均值法生成视觉词典的过程类似。具体而言，对任意场景 s_i，对其所提取的视觉词汇集合 $F_{s_i}^t$ 的编码过程如下：对于任一视觉词汇，计算它与视觉词典中所有视觉单词的距离，找到与其距离最小的视觉单词替代当前视觉词汇，将图像的视觉词汇替换为视觉单词，统计每个视觉单词出现的频率，即可得到表示该图像的视觉单词词频分布直方图，并表达为 K 维向量 $\boldsymbol{L}$，如式（5.36）所示。式中 $l_r(1 \leqslant r \leqslant K)$ 为第 r 个视觉单词 C_r 出现的词频，它通过 C_r 在单张图像的 N^t 个视觉单词中出现次数 C_i 的占比求得。

$$\boldsymbol{L} = (l_1, l_2, \cdots, l_K) = \left(\frac{n_{C_1}}{N^t}, \frac{n_{C_2}}{N^t}, \cdots, \frac{n_{C_K}}{N^t}\right) \quad (5.36)$$

K 值越大，产生的视觉单词越多，对图像的表达越细腻，但过大的 K 值会导致对场景的过度解析，造成过拟合，使测试精度降低，同时计算和时间耗费也会大幅增加。对于不同复杂程度的数据集，能高效表达的 K 值才是合适的。

2. 基于全连接层特征的全局特征表达

图像全局特征通过全连接层进行提取。全连接层的输出 $\boldsymbol{Y} \in \mathbf{R}^{N \times n^{\text{fc}} \times n^{\text{fc}}}(n^{\text{fc}} = 1)$ 为一个 N 维特征向量，表达如式（5.37）所示，其可视为由 N 个 1×1 的特征图组成，其中 $\boldsymbol{W} \in \mathbf{R}^{(d^t \times n^t \times n^t) \times N}$ 为全连接层权重，$\boldsymbol{X} \in \mathbf{R}^{d^t \times n^t \times n^t}$ 为输入特征图，$\boldsymbol{b} \in \mathbf{R}^{d^{\text{fc}}}$ 为偏置项，h_R 为 ReLU 函数。

$$\boldsymbol{Y} = h_R(\boldsymbol{WX} + \boldsymbol{b}) \quad (5.37)$$

3. 融合特征的提取及分类

已提取的局部特征 $\boldsymbol{L}$ 和全局特征 $\boldsymbol{Y}$ 分别为 K 维和 N 维特征向量。其中 $\boldsymbol{L}$ 作为一类词频

直方图，其各个元素均表示了相应视觉单词的词频，满足任意元素值分布在[0,1]且全部元素之和等于1，可视作特征已经过归一化处理。而全局特征 Y 经过 ReLU 函数激活，其元素值分布在[0,+∞)。对 Y 进行如下规范化，得到特征向量 G 为场景最终的全局特征表达，满足任意元素值域均在[0,1]且全部元素之和等于1。

$$G = (g_1, g_2, \cdots, g_N) = \frac{Y}{\sum y_i} = \frac{1}{\sum y_i}(y_1, y_2, \cdots, y_N) \tag{5.38}$$

通过连接操作将场景的局部特征 L 与全局特征 G 融合，如式（5.39）所示，其中 p 为融合特征，形式上表现为 $K+N$ 维特征向量。对场景集 S 中的 m 个场景可获取场景特征集合 $P = \{p_1, p_2, \cdots, p_m\}$。

$$p = (L, G) = (l_1, l_2, \cdots, l_K, g_1, g_2, \cdots, g_N) \tag{5.39}$$

为实现对融合特征的高效分类，GLDFB 模型采用直方图交叉核的 SVM 作为分类器，如式（5.40）所示，其中 $q_{i,k}$ 是 q_i 的第 k 个元素。

$$K_\Delta(q_i, q_j) = \sum_k \min(q_{i,k}, q_{j,k}) \tag{5.40}$$

4. 实验验证与分析

为验证所提融合全局和局部深度特征的视觉词袋（GLDFB）模型在遥感影像场景分类中的有效性及相对单一特征方法的优越性，实验将从以下 4 个方面展开：①VGG19 不同卷积层特征的有效性分析与优越性对比；②特征融合策略的有效性分析；③GLDFB 在不同尺度数据集上的有效性和适应性分析；④GLDFB 方法在不同预训练卷积神经网络上的有效性分析。

实验采用 UCM、SIRI-WHU 两个高分辨率遥感影像场景数据集进行实验，其中每个类别中均随机选取 80%的样本作为训练集，其余 20%的样本作为测试集。所有实验均在载有 1 块 NVIDA GeForce GTX 1060 的显卡、Inter®core™ i7-6700K CPU@ 4.00GHz、RAM 为 16.0 GB 的工作站上进行。

1）卷积层特征表达能力分析

VGG19 中包含了 16 层卷积层，但底层的 4 层卷积层（conv1_1、conv1_2、conv2_1 和 conv2_2）过大的特征图导致极大的存储，计算时间耗费长，研究意义受限。因此着重分析另外 12 层卷积层特征在遥感影像场景分类任务中的表达能力。根据特征图的抽象程度及大小，可将其划分为中层（conv3_1~conv3_4）、中高层（conv4_1~conv4_4）和高层（conv5_1~conv5_4）三种类型进行分析。

表 5.7 和表 5.8 列出了三类卷积层特征在两个数据集上不同 k 值下的平均分类精度，同时对比了 HOG、SIFT、LBP 等图像底层特征及小型 CNN（6 conv+2 fc）网络特征在线性 SVM 下的分类表现，其中小型 CNN（6 conv+2 fc）特征是由 6 个卷积层和 2 个全连接层组成的卷积神经网络提取的全连接层特征。观察两个表可发现，当 k 值较小时，如 k=100 时，中层卷积层特征表现最优；随着 k 值的增加，中高层卷积层特征平均精度大幅升高，超过中层卷积层特征；当 UCM 数据集和 SIRI-WHU 数据集上的 k 值分别增加至 3 000 和 2 000 时，中层卷积层特征的平均精度下降，而中高层卷积层特征的平均精度仍在增加，在两个数据集上均达到最高值；高层卷积层特征的平均精度是三类卷积层特征的平均精度中最低的，但仍远高于 HOG、SIFT、LBP 和 CNN（6 conv+2 fc）等

特征的分类精度。对比可知,卷积层特征在高分辨率遥感影像场景分类中更有效,对场景的表达能力更好,在三种类型的卷积层特征中,中高层特征的平均精度最高。

表 5.7 UCM 数据集上各类型卷积层特征的平均分类精度及其他特征分类精度对比

数据集	分类精度/%				
	$k=100$	$k=500$	$k=1\,000$	$k=2\,000$	$k=3\,000$
中层	90.14	94.24	94.60	95.89	95.42
中高层	89.76	95.18	95.42	95.95	96.49
高层	88.87	94.46	94.94	95.42	94.88
其他特征	HOG	SIFT	LBP	CNN (6 conv+2 fc)	
分类精度/%	52.14	58.33	31.43	63.10	

表 5.8 SIRI-WHU 数据集上各类型卷积层特征的平均分类精度及其他特征分类精度对比

数据集	分类精度/%				
	$k=100$	$k=500$	$k=1\,000$	$k=1\,500$	$k=2\,000$
中层	91.22	93.49	93.91	94.58	94.32
中高层	89.48	93.96	94.51	94.91	95.16
高层	87.80	92.12	92.88	93.65	93.44
其他特征	HOG	SIFT	LBP	CNN (6 conv+2 fc)	
分类精度/%	44.79	53.96	46.25	60.42	

同时,观察分析三类卷积层特征在不同 k 值下的表现。中层、中高层和高层卷积层的特征图大小递减,而计算耗费与特征图大小呈正相关,因此三种卷积层特征在单次迭代时间上呈递减趋势,且 k 值越小,卷积层类型层次越高,时间耗费越少。同时由图 5.25 可见,卷积层类型层次越高, k 值对时间耗费的影响也越小。总体而言,中高层和高层卷积层特征在所有 k 值下的时间耗费均优于中层卷积层特征。结合表 5.7 和表 5.8 的平均精度及图 5.25 的时间耗费,综合权衡三种类型卷积层特征的平均精度,发现在 UCM 数据集和 SIRI-WHU 数据集上,中高层卷积层特征分别在 $k=3\,000$ 和 $k=2\,000$ 时的平均精度最高且时间耗费较少,综合表现最优。图 5.26 展示了各卷积层特征在 UCM 数据集和 SIRI-WHU 数据集上不同 k 值下的具体分类精度,具有与表 5.7 和表 5.8 类似的总体分布趋势。同时在 UCM 数据集和 SIRI-WHU 数据集上, $k=3\,000$ 和 $k=2\,000$ 时,中高层卷积层特征中 conv4_1 层的特征分类精度最高,因此选择 conv4_1 层作为局部特征提取器,在 UCM 数据集和 SIRI-WHU 数据集上分别设置 $k=3\,000$ 和 $k=2\,000$ 。

2)特征融合策略的有效性分析

GLDFB 模型将 conv4_1 局部特征和 FC6 全局特征进行融合并分类,最终结果如表 5.9 所示。对比单独使用 conv4_1 局部特征和 FC6 全局特征分类的结果(表 5.9 中第 1~2 行),GLDFB 模型有效地融合了局部特征和全局特征,在 UCM 数据集和 SIRI-WHU 数据集上将分类精度分别提高至 97.62%和 96.67%。本融合方法对其他特征同样适用,将 GLDFB 模型中 conv4_1 局部特征和 FC6 全局特征替换为 SIFT+HOG 和 SIFT+FC6 两种

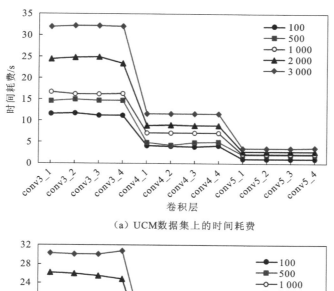

（a）UCM数据集上的时间耗费

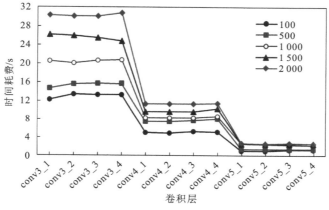

（b）SIRI-WHU数据集上的时间耗费

图 5.25　12 层卷积层特征在不同 k 值下单次迭代的时间耗费

特征组合模式（表 5.9 中第 3～4 行），其他部分保持不变。SIFT+HOG 模式下的分类精度达到 73.81%，相比表 5.7～表 5.8 中 HOG 和 SIFT 特征单独分类的结果有非常大的提升，SIFT+FC6 模式下的分类精度相较 SIFT 和 FC6 特征单独分类结果也有一定的提升。由此证明了本方法中特征融合策略的有效性。

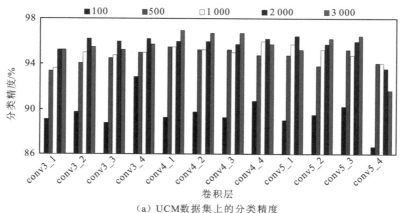

（a）UCM数据集上的分类精度

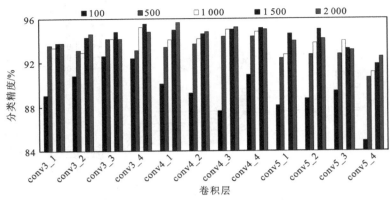

（b）SIRI-WHU 数据集上的分类精度

图 5.26　12 层卷积层特征在不同 k 值下的分类精度

表 5.9　多种特征的分类精度对比

序号	特征	分类精度/%	
		UCM 数据集	SIRI-WHU 数据集
1	FC6	94.60	93.54
2	conv4_1	96.90	95.63
3	SIFT+HOG	73.81	67.92
4	SIFT+FC6	95.00	95.00
5	GLDFB（conv4_1+FC6）	97.62	96.67

3）GLDFB 实验结果及分析

GLDFB 模型对两类不同层次的特征进行了融合，进一步对 GLDFB 模型与其他诸多方法在 UCM 和 SIRI-WHU 数据集上的表现进行对比分析。

（1）UCM 数据集分类结果分析。表 5.10 列出了几种前沿方法与 GLDFB 模型在 UCM 数据集上的分类精度。基于 SIFT 特征的 BoVW 方法的分类精度仅达 76.81%；大多数深度学习类方法的分类精度可达 90%以上（表 5.10 中第 6～8 行），但使用层数较多的 VGG19 和 ResNet50 模型框架训练方法的分类精度仅达 83.48%和 85.71%，这是由于两者参数较多而数据集样本数量较少，训练不完全。在同等训练数据量下，GLDFB 模型借助预训练的深度卷积网络提取场景局部信息与全局信息的高层次特征并进行融合，降低对训练数据量需求的同时，汲取了深度特征对图像语义高效表达的优点，将分类精度提升至 97.62%。

表 5.10　GLDFB 模型及其他方法在 UCM 数据集上的分类精度比较

序号	方法	分类精度/%
1	RF（Breiman，2001）	44.77
2	SIFT+BoVW	76.81
3	SPCK（Yang et al.，2011）	77.38
4	VGG19 全训练	83.48
5	ResNet50 全训练	85.71
6	OverFeat（Penatti et al.，2015）	90.91±1.19
7	CaffeNet（Penatti et al.，2015）	93.42±1.00
8	GLDFB	97.62

图 5.27 的混淆矩阵显示 19 类场景的分类精度达 95%及以上,其中 13 类场景分类精度达 100%,包括目标简单、特征明显的机场、海滩、停车场等场景类别,以及部分目标复杂或与其他场景极为相似的活动房区、公路等场景类别。分类精度未达 100%的场景类别间有较高的相似度,可划分为道路类和房屋类,如图 5.28 所示。道路类中场景的主要差别在于道路的数目、走向和高度,房屋类中场景的主要差别则在于房屋密度和屋顶材料。由于其高层特征表达具有较高的相似度,GLDFB 模型将图 5.28 中高架桥划分为高速公路,将建筑物和中型住宅区划分为密集住宅区,可见 GLDFB 模型对这两大类场景的区分能力仍有一定的提升空间。尽管如此,两大类场景中最低的楼房的分类精度也达到 90%,其他场景的分类精度均达 95%~100%,总体平均精度超过 95%。总体而言,GLDFB 模型对背景特征单一的简单场景和特征复杂、差别微小的复杂场景都有较好的表达能力,可获得较高的分类精度,且对简单场景的区分度略优于对复杂场景及相似场景的区分度。

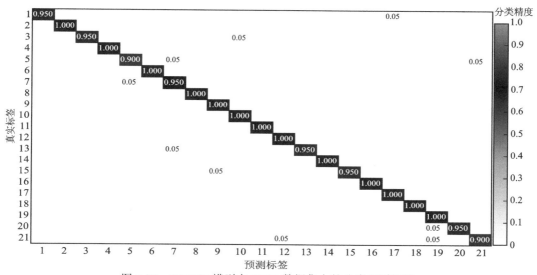

图 5.27　GLDFB 模型在 UCM 数据集上的分类混淆矩阵

（15）高架桥　（9）高速公路　（12）交叉路口　　　（5）建筑物　（14）活动房区（13）中型住宅区（7）密集住宅区
　　　　　　　　　道路类　　　　　　　　　　　　　　　　　　　　房屋类

图 5.28　两大类易混淆场景

（2）SIRI-WHU 数据集分类结果分析。表 5.11 对比了 GLDFB 模型与其他几种方法在 SIRI-WHU 数据集上的分类结果。通过随机森林分类仅可获得 49.90%的精度;基于传统中底层特征方法的分类精度有所提高(表 5.11 中第 2~3 行),但这类方法的分类精度难以超过 80%。GLDFB 模型可自动学习场景图像中局部信息与全局信息的高层特征并进行融合,得到表达能力更强的深度特征,其在 SIRI-WHU 数据集上的分类精度提升至 96.67%。而在同等数据量下直接使用 VGG19 和 ResNet50 模型框架训练方法的分类结果仅达 86.13%和 89.26%。

表 5.11　GLDFB 模型及其他方法在 SIRI-WHU 数据集上的分类精度比较

序号	方法	分类精度/%
1	RF（Breiman，2001）	49.90
2	SIFT+BoVW	75.63
3	SPMK（Lazebnik et al.，2006）	77.69±1.01
4	VGG19 全训练	86.13
5	MeanStd-SIFI+LDA-H（Zhao et al.，2016）	86.29
6	ResNet50 全训练	89.26
7	GLDFB	96.67

从图 5.29 的混淆矩阵可观察到 GLDFB 模型对所有类别场景的分类精度均高于 90%，其中农业用地、水系等场景类别的分类精度可达 100%。特别地，在存在二义性的商业区和居民区的分类精度也达到 100%，可见 GLDFB 模型对这类组成单一的简单场景和差别微小的复杂场景都有一定的区分能力。同时，GLDFB 模型对于空闲置地、河流等场景的分类精度降低至 92.5%，其中河流类中部分带有桥的场景图像被划分为高架桥，另一些则被划分成同样带有水的港口，可见 GLDFB 模型对这类组成成分复杂的场景的分类精度仍需进一步提升。除此之外，大部分场景的分类精度在 95% 及以上，GLDFB 模型总体能较好地表达不同复杂程度的场景。

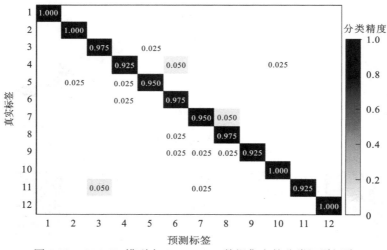

图 5.29　GLDFB 模型在 SIRI-WHU 数据集上的分类混淆矩阵

4）预训练卷积神经网络模型的影响

为验证 GLDFB 模型对其他预训练卷积神经网络的有效性，以 UCM 数据集为例，在多种预训练卷积神经网络下进行简单实验，其中局部特征提取器直接选用当前卷积神经网络的任一中间卷积层，全局特征提取器选用当前卷积神经网络的第一个全连接层，k 值设为 2 000。图 5.30 展示了 GLDFB 模型应用到其他预训练卷积神经网络的分类结果，所有融合特征的分类结果相较单独使用局部特征或全局特征的分类结果都有一定的提升，证明了 GLDFB 模型在各种预训练卷积神经网络下都是适用的且表现较好。相较

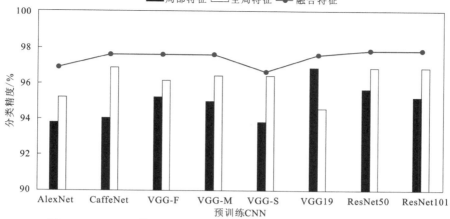

图 5.30　GLDFB 模型采用不同预训练卷积神经网络的分类结果对比

VGG19 模型，ResNet50 模型和 ResNet101 模型的网络更深、结构更优化，这两者应用在 GLDFB 模型的表现也略优于 VGG19 模型，更优于直接通过 ResNet50 训练模型的分类结果（表 5.10）。

5.3.4　基于多层迁移特征的决策融合分类方法

与自然图像相比，遥感影像场景内容更丰富，具有地物种类多样、空间分布复杂的特点，不同类别场景表达的内容具有不同的复杂度，因此存在大量外观差异显著的场景类别[图 5.31（a）]，同时场景的类内多样性与类间相似性也使得部分类别场景间外观差异非常细微[图 5.31（b）]。统一的特征表达难以顾及各类场景间不同程度的差异，无法在考虑全部场景类别的同时顾及不同的细节信息实现对相似类别的细粒度分类。目前基于预训练卷积神经网络特征的融合迁移方法大多产生统一的特征表达，并未顾及不同类别场景特征表达对全局信息与局部信息的不同需求，忽略了目标场景类别的实际特点，未充分结合卷积层特征与全连接层特征对联合迁移过程进行优化。针对这一问题，本小节介绍一种基于迁移学习的混合专家（transfer learning based mixture of experts，TLMoE）分类模型，通过预判通道和专家通道分别实现对全连接层特征和卷积层特征的迁移学习。预判通道利用全局特征实现对全部场景类别初判；专家通道建立多个专家迁移网络进一步针对性地挖掘各类场景卷积层特征中的关键局部信息，提升对相似场景的区分能力。结合两类通道的决策结果，可最大限度地挖掘单一类型特征中蕴含的遥感影像场景不同层次的关键信息，完成更准确的分类。

基于迁移学习的混合专家（TLMoE）分类方法流程如图 5.32 所示。模型由预训练卷积神经网络特征提取器、预判通道及专家通道三个部分组成，其中预判通道和专家通道分别利用同一预训练卷积神经网络提取的场景全局特征和局部特征进行整体类别的识别和单一类别的判断，从而实现对场景间显著差异和细微差异的区分。针对遥感影像场景种类丰富、外观多样的特点，预判通道利用场景全局特征实现对 n 类场景类别的初分类，获得场景属于各类的预测概率 $p_i(1 \leq i \leq n)$，并基于此为各专家迁移网络分配训练样本及权重；专家通道则进一步针对场景的类内多样性和类间相似性的特点进行细粒度分类，该

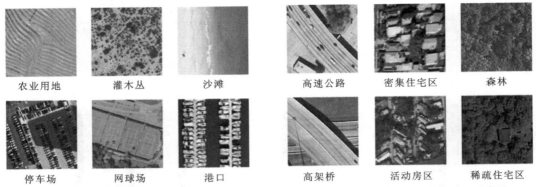

| 农业用地 | 灌木丛 | 沙滩 | 高速公路 | 密集住宅区 | 森林 |

| 停车场 | 网球场 | 港口 | 高架桥 | 活动房区 | 稀疏住宅区 |

（a）外观差异显著的遥感影像场景类别　　　　（b）外观差异细微的遥感影像场景类别

图 5.31　外观差异显著和细微的遥感影像场景类别

通道构建了多个网络结构相同的二分类网络，学习各类场景与易混淆场景的局部细节差异，利用局部信息判断场景是否属于该类，记录结果为 $e_i(1 \leqslant i \leqslant n)$，最后通过预判概率值对专家网络的结果加权，得到综合全局信息和局部信息的分类判断 $y_i(1 \leqslant i \leqslant n)$。

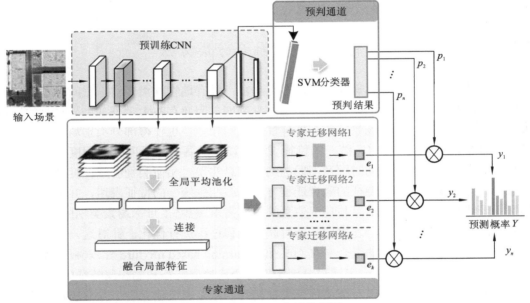

图 5.32　TLMoE 方法流程图

1. 场景全局特征与局部特征的提取

相较浅层网络，深度卷积神经网络（deep convolution neural network，DCNN）对地物类型多样、空间分布复杂的遥感影像具有更强的抽象和表达能力，因此 TLMoE 选取预训练 VGG19 和 ResNet50 两个 DCNN 为预训练卷积神经网络特征提取器，分别构建了两个子模型（TLMoE-VGG19 和 TLMoE-ResNet50）对 TLMoE 方法进行描述。VGG19 和 ResNet50 网络层数分别为 19 层和 50 层，它们的层数组成可大致归纳为表 5.12。两个模型结构均包含 5 组卷积层，各组卷积层数目及输出的特征大小略有差异，对任意卷积层 t，可将其输出特征尺寸表示为 $d^t \times n^t \times n^t$，$n^t \times n^t$ 为单个特征图的大小，d^t 为特征图数目。表 5.12 中列出了 VGG19 各组第 1 个卷积层及 ResNet50 各组 shortcut 层的输出特征大小。在全连接层组成方面，VGG19 包含 2 个中间层和 1 个分类层，而 ResNet50 通过全局平均池化（global average pooling，GAP）层替代中间层，仅利用了 1 层分类层。

表 5.12　VGG19 和 ResNet50 组成对比

序号	层组	VGG19		ResNet50	
		层数目	特征尺寸	层数目	特征尺寸
1	conv1	2	64×224× 224	1	64×112×112
2	conv2	2	128×112×112	9	256×56×56
3	conv3	4	256×56×56	12	512×28×28
4	conv4	4	512×28×28	18	1 024×14×14
5	conv5	4	512×14×14	9	2 048×7×7
6	FC	2	4 096	0	2 048
7	output FC	1	1 000	1	1 000

由于 VGG19 和 ResNet50 是针对语义分类任务训练的 DCNN，其卷积层特征对图像局部细节信息的表达有较强的不变性，利用不同的卷积层特征可提取不同抽象程度下的局部细节信息。TLMoE 将提取场景的多个卷积层特征联合为多级局部特征。两个网络中，相较底层的 conv1～conv2，中高层的 conv3～conv5 卷积层对场景的抽象程度更高，且存储和计算效率更低，因此 TLMoE 选用 conv3～conv5 各组第 1 个卷积层或 shortcut 层为局部特征提取层，提取 3 组大小不同的特征图。对任意遥感影像场景 s，其多级局部特征表示如下：

$$L = \{f_{\text{conv3}}, f_{\text{conv4}}, f_{\text{conv5}}\} \tag{5.41}$$

式中：$f_{\text{conv}t}$ 为第 t 个局部特征提取层即卷积层 t 的输出特征。

在全局特征表达方面，由于 VGG19 中第 1 个 FC 层特征被证明在遥感影像场景分类中具有更好的表达效果，与前两小节相同，VGG19 的首层全连接层 FC6 被采用为全局特征提取层。而 ResNet50 中，除了分类层仅有 GAP 层适合作为遥感影像场景的全局特征提取层。对任意遥感影像场景 s，记其全局特征为 $G = \{f_{\text{FC}}\}$，采用 VGG19 和 ResNet50 时，它的维度分别为 4 096 维和 2 048 维。

2. 模型预测

TLMoE 模型构建了预判通道和专家通道两类通道。预判通道利用支持向量机对任意场景 s 的全局特征 G 进行分类，得到预判概率如式（5.42）所示。

$$P(s) = (p_1, p_2, \cdots, p_n) \tag{5.42}$$

式中：n 为场景集类别数目；$p_i(1 \leqslant i \leqslant n)$ 为场景属于第 i 类的概率。

专家通道则建立了 n 个具有相同网络结构的专家网络，分别对各类场景的局部信息进行迁移学习，通过将不同层次的局部特征融合并进一步抽象及降维，获取样本属于本类的概率。图 5.33 展示了单个专家网络结构及输入数据处理的学习过程。

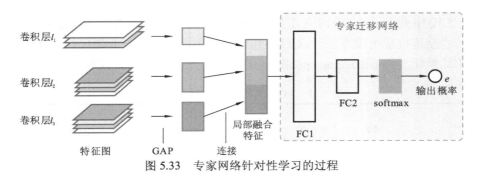

图 5.33 专家网络针对性学习的过程

由于原始卷积层特征维度较高，计算和存储耗费较大，专家通道采用 GAP 对其降维。卷积层输出的每个特征图是对场景不同局部信息的特征表达，GAP 通过求取各特征图的平均值，在保持特征图对局部信息描述的相对侧重点的同时，直观地建立起特征图间的联系，汇聚了蕴含在局部区域间的空间信息。卷积层 t 的输出特征 $\boldsymbol{f}_{\text{conv}t}$ 可表示为特征集合 $C^t = \{c_1^t, c_2^t, \cdots, c_{d^t}^t\}$，其包含了 d^t 个 $n^t \times n^t$ 大小的特征图，通过 GAP 可将该卷积层特征表示为 d^t 维的特征向量 $\boldsymbol{X}^{\text{conv}t}$，如式（5.43）所示，其中 $\text{ave}(c_i^t)$ 为对第 i 个（$1 \leqslant i \leqslant d^t$）特征图元素的平均运算，其运算结果为 $\boldsymbol{X}^{\text{conv}t}$ 的第 i 个（$1 \leqslant i \leqslant d^t$）元素 $x_i^{\text{conv}t}$。

$$\boldsymbol{X}^{\text{conv}t} = (x_1^{\text{conv}t}, x_2^{\text{conv}t}, \cdots, x_{d^t}^{\text{conv}t}) = \text{GAP}(C^t) = (\text{ave}(c_1^t), \text{ave}(c_2^t), \cdots, \text{ave}(c_{d^t}^t)) \quad (5.43)$$

对任意场景 s，TLMoE 融合了多级局部特征 L 中 3 个卷积层的输出特征，定义该特征为场景的局部融合特征，如下：

$$\boldsymbol{X} = (X^{\text{conv}3}, X^{\text{conv}4}, X^{\text{conv}5}) = (x_1^{\text{conv}3}, \cdots, x_{d^{\text{conv}3}}^{\text{conv}3}, x_1^{\text{conv}4}, \cdots, x_{d^{\text{conv}4}}^{\text{conv}4}, x_1^{\text{conv}5}, \cdots, x_{d^{\text{conv}5}}^{\text{conv}5}) \quad (5.44)$$

式中：$\boldsymbol{X}$ 为一个 $d^{\text{conv}3} + d^{\text{conv}4} + d^{\text{conv}5}$ 维的特征向量，在 VGG19 和 ResNet50 中分别为 1 280 维和 3 584 维，该特征将作为各专家网络的输入特征。

简单的网络结构可降低模型对数据量的需求，TLMoE 采用的专家网络由 2 个 FC 层及 1 个 softmax 函数组成（图 5.33）。它的第一个 FC 层 FC1 将输入特征 $\boldsymbol{X}$ 进一步优化及降维，并通过 ReLU 激活获取 512 维的局部专家特征，如下所示：

$$\boldsymbol{O}_{\text{FC1}}(\boldsymbol{X}) = \sigma(\boldsymbol{W}_1\boldsymbol{X} + \boldsymbol{b}_1) \quad (5.45)$$

式中：$\sigma(x) = \max(0, x)$ 为 ReLU 激活函数；$\boldsymbol{W}_1$ 和 $\boldsymbol{b}_1$ 分别为 FC1 的权重与偏置项。

由于专家网络为二分类网络，第 2 个 FC 层 FC2 包含 2 个神经元，softmax 函数可获取当前场景属于本类的概率，如下所示：

$$\boldsymbol{O}_{\text{FC2}}(\boldsymbol{X}) = \varphi(\boldsymbol{W}_2\boldsymbol{O}_{\text{FC1}}(\boldsymbol{X}) + \boldsymbol{b}_2) \quad (5.46)$$

式中：$\varphi(x)$ 为 softmax 函数；$\boldsymbol{W}_2$ 和 $\boldsymbol{b}_2$ 分别为 FC2 的权重与偏置项。$\boldsymbol{O}_{\text{FC2}}(\boldsymbol{X}) = (1-e, e)$ 为一个二维特征向量，其中 e 为样本属于当前类的概率。通过 n 个专家网络可获取当前场景 s 属于各类的概率，如下：

$$E = (e_1, e_2, \cdots, e_n) \quad (5.47)$$

式中：$e_i (1 \leqslant i \leqslant n)$ 为第 i 个专家网络判断当前场景属于第 i 类的概率。

专家通道利用场景的局部信息完成对场景的精细分类，结合预判通道初分类结果的权重，可得最终的分类概率 Y，如式（5.48）所示。

$$Y = (y_1, y_2, \cdots, y_n) = (p_1 e_1, p_2 e_2, \cdots, p_n e_n) \quad (5.48)$$

3. 专家通道的样本筛选

针对外观差异显著、种类繁多的遥感影像场景，预判通道利用场景的全局特征完成初判。但对类内多样性和类间相似性产生的相似场景，则进一步采用专家网络通过场景细节信息进行分辨，利用场景局部特征获取场景属于这些类别的概率。训练局部细节敏感的专家网络对提升模型整体的分类识别能力至关重要。为对各类场景实现精细二分类，各专家网络将在对应类别样本及与其相似的样本集合上针对性学习局部细节特征。TLMoE 模型根据预判概率将样本送入特定专家网络中训练，实现样本的动态选择。

设训练集中任意场景 s 真实属于第 i 类（$1 \leqslant i \leqslant n$），预判通道对它的预判概率为 $P(s)=(p_1, p_2, \ldots, p_n)$。$P$ 中较大的 k 个元素对应的类别为 s 在预判通道最易被误判的 k 个类，因此它们对应的 k 个专家网络都需学习场景 s 的局部细节特征。显然，当这 k 类包含第 i 类时，s 将作为第 i 个专家网络的正样本，以及剩余 $k-1$ 个专家网络的负样本；而当 k 类不包含第 i 类时，s 将作为这 k 个专家网络的负样本。

k 值过大或过小都会造成正负样本的极度失衡，导致专家网络对正样本或负样本中信息学习的不足。仅当预判结果的 top-k 结果合理且 k 值适中时，网络可充分学习正负样本间的局部特征，挖掘两者细节差异，此时正负样本的比例接近 $1:k-1$。在深度学习中，$1:3$ 是广泛应用于目标检测如单次多边框检测（single shot multibox detector，SSD）网络（Liu et al.，2016）训练中的正负样本比，它被证明可以使模型有更快的优化和更稳定的训练（Lin et al.，2013a）。基于此，TLMoE 采用 $k=4$ 进行样本动态筛选，这样一来专家网络获取的正负样本比接近 $1:3$。图 5.34 展示了这一样本筛选的过程，可发现对于真实标签为 i 的任意样本，当它属于预判概率 top-4 的元素时，就可作为第 i 个专家网络的正样本（图中专家网络标签"1"）及其他 3 个专家网络的负样本（图中专家网络标签"0"），从而将总样本集的正负样本比例维持在 $1:3$ 左右。

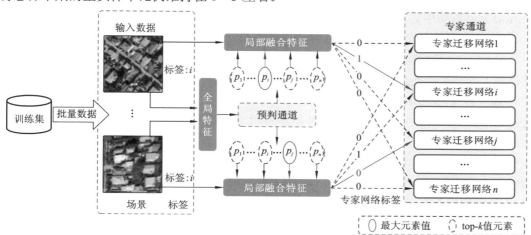

图 5.34　专家网络的训练样本筛选过程

4. 模型训练

在通过预判通道获取样本数据后，专家通道将利用如下所示联合损失函数进行训练：

$$L = \frac{1}{n} \sum_{i=1}^{n} L_{\text{expert}}^{i} + L_{\text{TLMoE}} \tag{5.49}$$

式中：第一项为专家网络分类损失；第二项为融合了预判通道和专家通道结果的分类损失，两者分别顾及各专家通道分类的精度及模型整体分类表现。

n 个专家网络均为二分类网络，对任意专家网络的分类损失如下：

$$L_{\text{expert}}^{i} = -\sum_{X \in D_i} e' \log(O_{\text{FC2}}(X)) + \frac{\lambda}{2}\|W_i\|^2 \tag{5.50}$$

式中：第一项为交叉熵损失，D_i 为第 i 个专家网络的训练集，由预判通道动态筛选的场景局部特征组成，$e' \in \{0, 1\}$ 为当前样本在第 i 个专家网络中的真实标签；第二项为正则项损失，以避免网络的过拟合，其中 W_i 为第 i 个专家网络 FC 层的权重，λ 为正则项系数，用于平衡两项损失，它的值由权重的衰减系数的乘积决定。

由于最终分类结果整合了专家通道结果与预判结果，完成了对单个的专家网络优化后，还需通过式（5.51）进一步优化 TLMoE 模型整体分类结果。

$$L_{\text{TLMoE}} = -\sum_{i=1}^{n} Y_i' \log(Y_i) \tag{5.51}$$

式中：Y_i 为 TLMoE 对任意场景预测概率第 i 个元素值；Y_i' 为该场景的真实类别。该式在 L 中与 L_{expert}^{i} 共享正则项损失。

5. 实验验证与分析

1）实验设置

实验数据采用了 UCM、SIRI-WHU 两个小样本遥感影像场景数据集，两个数据集随机选取 80%的样本作为训练集，剩余样本为测试集。TLMoE 不对样本集进行包括旋转、平移、随机采样等操作在内的样本增强，避免复杂的数据预处理，在原有小样本量下完成端对端的训练与分类。所有实验均在载有 1 块 NVIDIA GeForce GTX1060 的显卡、Inter×core i5-3479 CPU×3.20GHz、RAM 为 16.0 GB 的工作站上进行；所有实验均在 TensorFlow 框架中完成，使用的预训练模型来自 slim。

2）TLMoE 分类结果对比与分析

（1）UCM 数据集分类结果分析。表 5.13 列出了 TLMoE 模型及多种前沿方法在 UCM 数据集上的分类结果。直接采用 RF 对原始场景的分类精度仅为 44.77%，而结合 SIFT 特征的 BoVW 和 SPMK 方法将分类精度提升至 75%以上，但仍与深度学习方法的表现有一定差距。在 UCM 数据集上 VGG19 和 ResNet50 全训练后的分类精度可达 80%以上，相较传统方法有很大提升，但在深度学习方法中并不突出。这两个网络层次较深、参数量较多，在小样本数据集上难以充分训练。因此，降低网络结构的复杂度（表 5.13 中第 6 行），或借助预训练网络特征（表 5.13 中第 7~8 行）都更利于提升网络在小样本数据集上的表现。TLMoE 采用混合专家结构，充分利用多层卷积层特征与全连接层特征进行不同层次的分类，基于 VGG19 和 ResNet50 的 TLMoE 模型将最终的分类精度分别提升至 98.10%和 98.33%。

表 5.13　TLMoE 模型及其他方法在 UCM 数据集上的分类精度比较

序号	方法	分类精度/%
1	RF（Breiman，2001）	44.77
2	SIFT + BoVW	76.81
3	SIFT + SPMK（Lazebnik et al.，2006）	75.29

序号	方法	分类精度/%
4	VGG19 全训练	83.48
5	ResNet50 全训练	85.71
6	DCT-CNN（刘芳 等，2018）	95.76
7	TLMoE-VGG19	98.10
8	TLMoE-ResNet50	98.33

图 5.35 展示了 TLMoE 模型采用 VGG19 和 ResNet50 时分类结果的混淆矩阵。在 TLMoE-VGG19 的分类结果中，21 类场景中 20 类场景的识别准确率达 95%及以上，其中 14 类达 100%，唯一未达 95%以上的第 5 类建筑物的识别准确率也达 90%，它主要被误判为第 21 类网球场。这是由于网球场类场景中部分网球场分布在建筑物周围且尺度较小，整体外观与建筑物类场景相似，因而产生少数混淆情况，但它们中大部分仍能被准确区分，网球场类及密集住宅区、中型住宅区、稀疏住宅区等建筑物类的识别准确度均达 95%。此外，道路类如第 15 类高架桥、第 12 类交叉路口、第 9 类高速公路等一般也被认为是极易混淆的场景，但在 TLMoE 模型中识别准确率均达 100%，TLMoE-ResNet50 分类结果的混淆矩阵分布与此类似，对各类的识别精度均达 90%以上。整体而言，TLMoE 模型在采用 VGG19 和 ResNet50 时对不同复杂程度与相似程度的场景都有较好识别区分能力。

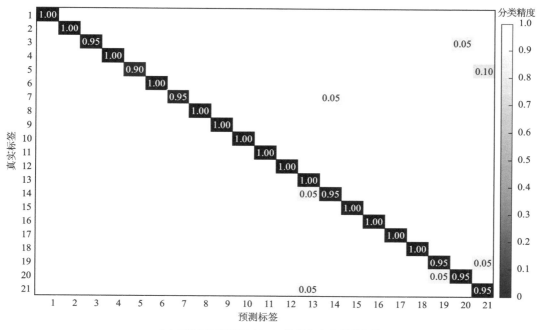

（a）TLMoE-VGG19在UCM数据集上的混淆矩阵

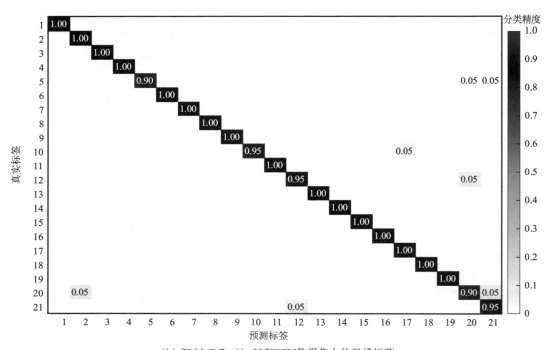

（b）TLMoE-ResNet50在UCM数据集上的混淆矩阵

图 5.35　采用 VGG19 和 ResNet50 的 TLMoE 模型在 UCM 数据集上的混淆矩阵

（2）SIRI-WHU 数据集分类结果分析。表 5.14 对比了多种方法在 SIRI-WHU 数据集上的分类表现。其中 RF 对原图分类的精度仅达 49.90%；基于中底层特征的场景分类方法（表 5.14 中第 2～3 行）可将分类精度提升至 70%～80%；而深度学习类方法（表 5.14 中第 4～9 行）利用抽象程度更高的特征获取了更优的表现，在数据量不足的情况下，对 VGG19 和 ResNet50 全训练的分类精度仍达 85% 以上，可发现中底层特征与高层特征对遥感影像场景表达能力间的明显差异。同时，多尺度卷积神经网络（multiscale convolution neural network，MCNN）（Liu et al.，2018a）通过对图像多尺度采样后再送入卷积神经网络，有效提高了分类效果，但需要额外的数据增强处理；而使用迁移学习方法（表 5.14 中第 7～8 行）可利用大样本数据集下训练的卷积神经网络特征对局部和全局信息高效表达的优点，降低对迁移任务的数据需求，在同等数据量下，TLMoE 模型通过结合 VGG19 和 ResNet50 的特征，将分类精度分别提高到 97.29% 和 97.50%。

表 5.14　TLMoE 模型及其他方法在 SIRI-WHU 数据集上的分类精度比较

序号	方法	分类精度/%
1	RF（Breiman，2001）	49.90
2	SIFT + BoVW	75.63
3	SIFT + SPMK（Lazebnik et al.，2006）	77.69±1.01
4	VGG19 全训练	86.13
5	ResNet50 全训练	89.26
6	MCNN（Liu et al.，2018a）	93.75±1.13
7	TLMoE-VGG19	97.29
8	TLMoE-ResNet50	97.50

图 5.36 展示了 TLMoE 模型采用 VGG19 和 ResNet50 时分类结果的混淆矩阵。在 TLMoE-VGG19 的分类结果中，12 类场景中 10 类的识别准确率达 95%及以上，包括第 2 类商业区、第 5 类工业区、第 10 类居民区等组成复杂、差别较小的建筑类场景，高达 97.5%或 100%的识别准确率。在易混淆的水系类中，第 11 类河流和第 12 类水系的识别准确率达 100%，但第 9 类池塘中产生少量误分，该类场景中的部分池塘形状走向与河流类似，且周围常伴有绿地，导致少部分池塘类场景误判为第 11 类河流、第 6 类草地。在 TLMoE-ResNet50 的混淆矩阵中也有类似的情况，但 TLMoE 可正确识别该类大部分场景，采用 VGG19 和 ResNet50 时，对该类场景整体识别精度分别达 90%及 87.5%，对其他类的识别精度均高于 90%，整体分类精度均达到 97%以上。

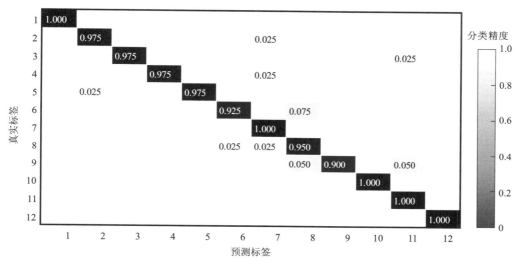

（a）TLMoE-VGG19在SIRI-WHU数据集上的混淆矩阵

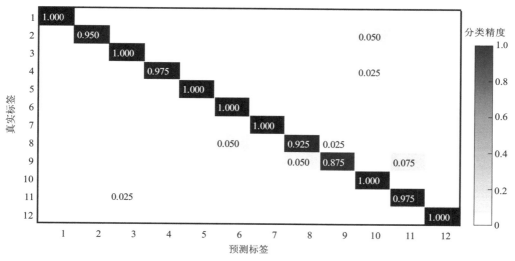

（b）TLMoE-ResNet在SIRI-WHU数据集上的混淆矩阵

图 5.36　TLMoE 模型在 SIRI-WHU 数据集上的混淆矩阵

第6章　多模态地理空间场景语义分类与应用

当面临复杂的场景,如人类栖息生活的城市场景,往往难以通过单一类型的地理空间数据进行刻画。尤其是随着城市化进程的加快,城市面貌日新月异,庞大繁杂的城市系统在不同地理空间数据中表现出不同的特征。由于不同模态的地理空间数据提供对地表不同侧重的观测结果,融合多种模态的地理空间数据能有效挖掘同一场景的不同细节信息,实现对场景更准确的描述。但不同模态数据间存在格式、投影不同,特征维度空间不一致等问题,为更有效地融合不同模态的地理空间,完成对场景的高效表达与语义分类,本章介绍的多模态地理空间场景语义分类,将详细地描述多模态空间场景数据统一、语义特征融合、融合多模态数据场景分类等方法。

6.1　多模态空间场景数据统一

6.1.1　多模态空间数据的数学基准框架统一

不同类型的地理空间场景数据之间既相互关联,同时也相互约束。统一的地理空间场景数据基准框架是多类型地理空间场景数据关联融合、发挥多源数据的信息增强与互补能力、实现典型空间场景要素精准建模表达的关键基础。因此,需解决不同数据空间基准、坐标系统、投影方式的差异问题,建立不同来源、不同类型的空间场景数据坐标转换和尺度统一的空间表达框架,通过数学基础的转换,实现数据在统一数学基础上的管理和表达。

1. 多模态空间场景数据数学基准框架内容

首先简单了解几种空间基准、坐标系统与投影方式。

1)三种空间基准

空间基准用来描述地球形状的椭球体参数、椭球定位和定向。其中常用的三种空间基准参数信息如表 6.1 所示。

表 6.1　三种空间基准参数信息

序号	椭球名称	长半轴/m	短半轴/m	扁率的倒数 $1/f$
I	克拉索夫斯基 1940	6 378 245	6 356 863	298.299 738 1
II	GRS 1980	6 378 137	6 356 752.314 1	298.257 222 101
III	WGS 1984	6 378 137	6 356 752.314 2	298.257 223 563

注:GRS 为 grid reference system,格网参考系;WGS 为 world geodetic system,世界大地坐标系

2）四种坐标系统

（1）WGS84 坐标系。WGS84 全称为 1984 世界大地坐标系（world geodetic system 1984），是为全球定位系统（global positioning system，GPS）使用而建立的坐标系统，通常是指手持 GPS 读出的经纬度。

（2）BJZ54 坐标系。BJZ54 全称为 1954 北京坐标系。1954 北京坐标系为参心大地坐标系，它是以克拉索夫斯基椭球为基础，经局部平差后产生的坐标系。

（3）1980 西安坐标系。1978 年 4 月在西安召开全国天文大地网平差会议，确定重新定位，建立我国新的坐标系，由此有了 1980 国家大地坐标系。1980 国家大地坐标系采用的地球椭球基本参数为 1975 年国际大地测量与地球物理联合会（International Union of Geodesy and Geophysics，IUGG）第十六届大会推荐的数据。该坐标系的大地原点设在我国中部的陕西省泾阳县永乐镇，位于西安市西北方向约 60 km，故称 1980 西安坐标系，简称西安大地原点。基准面采用青岛大港验潮站 1952～1979 年确定的黄海平均海水面（即 1985 国家高程基准）。1980 西安坐标系是为了进行全国天文大地网整体平差而建立的。

根据椭球定位的基本原理，在建立 1980 西安坐标系时有以下先决条件：①大地原点在我国中部，具体地点是陕西省泾阳县永乐镇；②1980 西安坐标系是参心坐标系，椭球短轴 Z 轴平行于地球质心指向地极原点方向，大地起始子午面平行于格林尼治平均天文台子午面；X 轴在大地起始子午面内与 Z 轴垂直指向经度 0 方向；Y 轴与 Z 轴、X 轴成右手坐标系；③椭球参数采用 IUGG 1975 年大会推荐的参数，因而可得西安 80 椭球两个最常用的几何参数：长半轴 $a=(6\ 378\ 140\pm5)$ m、短半轴 $b=6\ 356\ 755.288\ 2$ m、扁率 $f=1/298.257$、第一偏心率平方$=0.006\ 694\ 384\ 999\ 59$、第二偏心率平方$=0.006\ 739\ 501\ 819\ 47$，椭球定位时以我国范围内高程异常值平方和最小为原则求解参数；④多点定位；⑤基准面采用青岛大港验潮站 1952～1979 年确定的黄海平均海水面（即 1985 国家高程基准）。

（4）2000 国家大地坐标系（China geodetic coordinate system 2000，CGCS2000）。2000 国家大地坐标系是我国当前最新的国家大地坐标系，是全球地心坐标系在我国的具体体现，其原点为包括海洋和大气的整个地球的质量中心。Z 轴指向 BIH1984.0 定义的协议极地方向（BIH 为国际时间局，Bureau International de I'Heure），X 轴指向 BIH1984.0 定义的零子午面与协议赤道的交点，Y 轴按右手坐标系确定。2000 国家大地坐标系采用的地球椭球参数如下：长半轴 $a=6\ 378\ 137$ m，扁率 $f=1/298.257\ 222\ 101$。

现行的大地坐标系由于其成果受技术条件制约，精度偏低、无法满足新技术的要求。空间技术的发展成熟与广泛应用迫切要求国家提供统一、高精度、动态、实用的大地坐标系作为各项社会经济活动的基础性保障。从技术和应用方面来看，若仍采用现行的二维、非地心的坐标系，不仅制约地理空间信息的精确表达和各种先进空间技术的广泛应用，无法全面满足当今气象、地震、水利、交通等部门对高精度测绘地理信息服务的要求，而且也不利于与国际民航与海图的有效衔接，因此采用 2000 国家大地坐标系。

3）三种投影方式

（1）高斯-克吕格（Gauss-Kruger）投影（横轴等角切圆柱投影）。该投影在英美等国家被称为横轴墨卡托投影，即横轴等角切圆柱投影，如图 6.1 所示。该投影离中央子

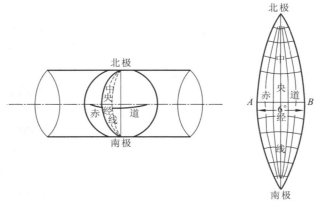

图 6.1　高斯-克吕格投影示意图

午线越远，变形越大；在赤道是直线，离开赤道的纬线是弧线，凸向赤道；没有角度变形且长度和面积变形很小。

高斯-克吕格投影特点包括 5 个方面。①中央子午线长度变形比为 1。②在同一条经线上，长度变形随纬度的降低而增大，在赤道处为最大。③在同一条纬线上，长度变形随经差的增加而增大，且增大速度较快。④在 6° 带范围内，长度最大变形不超过 0.14%，可通过分带控制变形。6° 分带用于 1∶2.5 万～1∶50 万比例尺地图，起始于本初子午线，按经差 6° 为一个投影带自西向东划分，全球共分 60 个投影带，我国范围可分成 11 个 6° 带。3° 分带用于大于 1∶1 万比例尺地图，始于东经 1°30′，按经差 3° 为一个投影带自西向东划分，全球共分 120 个投影带，我国范围可分成 22 个 3° 带。⑤坐标系原点为每个投影带的中央经线与赤道交点。

通常，为了便于地形图的测量作业，在高斯-克吕格投影带内布置了平面直角坐标系，具体方法是：规定中央经线为 X 轴，赤道为 Y 轴，中央经线与赤道交点为坐标原点，x 值在北半球为正、南半球为负，y 值在中央经线以东为正、中央经线以西为负。由于我国疆域均在北半球，x 值均为正值，为了避免 y 值出现负值，规定各投影带的坐标纵轴均西移 500 km，中央经线上原横坐标值由 0 km 变为 500 km。为了方便带间点位的区分，可以在每个点位横坐标 y 值的百千米位数前加上所在带号。

（2）兰伯特（Lambert）投影（正轴等角割圆锥投影）。该投影适用于小于 1∶100 万（包括 1∶100 万）的地图与中纬度地区。它类似于阿伯斯（Albers）投影，不同之处在于其描绘形状比描绘面积更准确。我国位于中纬度地区，中国地图和分省地图经常采用割圆锥投影（Lambert 投影或 Albers 投影）。中国地图的中央经线常位于东经 105°，两条标准纬线分别为北纬 25° 和北纬 47°，而各省的参数可根据地理位置和轮廓形状初步加以判定。例如甘肃省的参数为：中央经线为东经 101°，两条标准纬线分别为北纬 34° 和北纬 41°。

兰伯特投影示意如图 6.2 所示，圆锥投影通常基于两条标准纬线，从而使其成为割投影。超过标准纬线的纬度间距将增加。这是唯一常用的将两极表示为单个点的圆锥投影。也可使用单条标准纬线和比例尺因子定义。如果比例尺因子不等于 1.0，投影实际上将变成割投影。

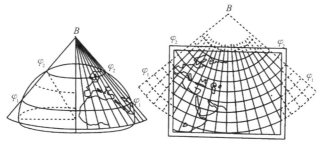

图 6.2　兰伯特投影示意图

（3）通用横轴墨卡托（universal transverse Mercator，UTM）投影。UTM 投影（图 6.3）是一种"等角横轴割圆柱投影"，椭圆柱割地球于南纬 80°、北纬 84° 两条等高圈，投影后两条相割的经线上没有变形，而中央经线上长度比为 0.999 6。UTM 投影是为全球战争需要创建的，美国于 1948 年完成这种通用投影系统的计算。与高斯-克吕格投影相似，该投影角度没有变形，中央经线为直线，且为投影的对称轴，中央经线的比例因子取 0.999 6 是为了保证离中央经线左右约 330 km 处有两条不失真的标准经线。

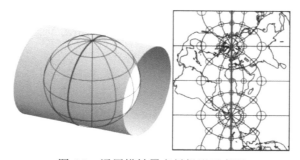

图 6.3　通用横轴墨卡托投影示意图

这种坐标格网系统及其所依据的投影已经广泛用于地形图编制，还可作为卫星影像、自然资源数据库及其他需要精确定位应用的参考格网。

2. 多模态空间场景数据数学基准统一方法

为了统一上述地理空间场景数据数学基准框架内容，需要经过数据坐标转换与投影变换两个步骤。通过数学基础的转换实现数据在统一数学基础上的管理。

1）数据坐标转换

数据坐标转换解决数据中空间大地坐标系、坐标单位与尺度不一致的问题，具备大地坐标系转换、坐标几何转换的功能。本书主要介绍二维平面中平面直角坐标系之间的转换与不同空间直角坐标系之间的转换。

（1）平面直角坐标系之间的转换。如图 6.4 所示，坐标系 $X'O'Y'$ 的原点在坐标系 XOY 中的坐标为 (a, b)，X 轴与 X' 轴的夹角为 θ。在 $X'O'Y'$ 坐标系中有一点 P，其坐标为 (x', y')，则由坐标系平移公式与坐标系旋转公式可得

$$x = x'\cos\theta - y'\sin\theta + a \tag{6.1}$$

$$y = y'\cos\theta + x'\sin\theta + b \tag{6.2}$$

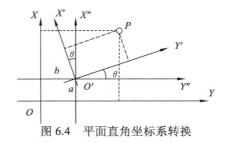

图 6.4 平面直角坐标系转换

（2）不同空间直角坐标系之间的转换。设有两个三维空间坐标系 $O_1\text{-}X_1Y_1Z_1$ 和 $O_2\text{-}X_2Y_2Z_2$ 具有如图 6.5 所示的关系，则同一点在两坐标系中的坐标(X_1, Y_1, Z_1)和(X_2, Y_2, Z_2)之间有如下关系：

$$\begin{pmatrix} X_2 \\ Y_2 \\ Z_2 \end{pmatrix} = \begin{pmatrix} \Delta X \\ \Delta Y \\ \Delta Z \end{pmatrix} + (1+k) \cdot \boldsymbol{R}_1(\varepsilon_X) \cdot \boldsymbol{R}_2(\varepsilon_Y) \cdot \boldsymbol{R}_3(\varepsilon_Z) \begin{pmatrix} X_1 \\ Y_1 \\ Z_1 \end{pmatrix} \tag{6.3}$$

$$\boldsymbol{R}_1(\varepsilon_X) = \begin{pmatrix} 1 & 0 & 0 \\ 0 & \cos\varepsilon_X & \sin\varepsilon_X \\ 0 & -\sin\varepsilon_X & \cos\varepsilon_X \end{pmatrix} \tag{6.4}$$

$$\boldsymbol{R}_2(\varepsilon_Y) = \begin{pmatrix} \cos\varepsilon_Y & 0 & -\sin\varepsilon_Y \\ 0 & 1 & 0 \\ \sin\varepsilon_Y & 0 & \cos\varepsilon_Y \end{pmatrix} \tag{6.5}$$

$$\boldsymbol{R}_3(\varepsilon_Z) = \begin{pmatrix} \cos\varepsilon_Z & \sin\varepsilon_Z & 0 \\ -\sin\varepsilon_Z & \cos\varepsilon_Z & 0 \\ 0 & 0 & 1 \end{pmatrix} \tag{6.6}$$

式中：$(\Delta X, \Delta Y, \Delta Z)^{\mathrm{T}}$ 为坐标平移参数；ε_X、ε_Y、ε_Z 为坐标旋转参数（也称为三个欧拉角）；k 为坐标比例系数。上式即为著名的布尔莎-沃尔夫（Bursa-Wolf）模型。

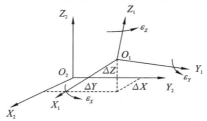

图 6.5 空间直角坐标系转换

（3）大地坐标系和空间直角坐标系之间的转换。如图 6.6 所示，同一坐标系内大地坐标系和空间直角坐标系之间的转换可由(B, L, H)求(X, Y, Z)，有

$$X = (N+H) \cdot \cos B \cdot \cos L \tag{6.7}$$

$$Y = (N+H) \cdot \cos B \cdot \sin L \tag{6.8}$$

$$Z = [N(1-e^2)+H] \cdot \sin B \tag{6.9}$$

式中：H 为 P 点的大地高；e 为椭球第一偏心率；N 为曲率半径，记为

$$N = \frac{a}{\sqrt{1-e^2\sin^2 B}} \tag{6.10}$$

式中：a 为椭球长半径。

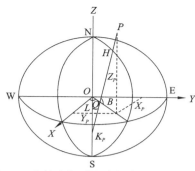

图 6.6 大地坐标系和空间直角坐标系转换

由 (X, Y, Z) 求 (B, L, H)，则有

$$\tan B = \frac{Z}{X^2 + Y^2}\left(1 + \frac{Ne^2}{Z}\sin B\right) \tag{6.11}$$

$$L = \arctan(Y / X) \tag{6.12}$$

$$H = \frac{\sqrt{X^2 + Y^2}}{\cos B} - N \tag{6.13}$$

在求 B 时，应使用迭代法。为减少迭代次数，按式（6.14）求得 B 的初值 B_0，只迭代两次即可满足精度要求。

$$B_0 = \varphi + \Delta B \tag{6.14}$$

式中

$$\varphi = \arcsin(Z / R), \quad R = \sqrt{X^2 + Y^2 + Z^2}$$

$$\Delta B = A\sin(2\varphi)[1 + 2A\cos(2\varphi)], \quad A = ae^2 / (2R\sqrt{1 - e^2\sin^2\varphi})$$

不同坐标系的控制点坐标可以通过一定的数学模型在一定的精度范围内互相转换，在使用时必须注意所用成果参考的坐标系。

2）数据投影变换

数据投影变换是利用一定数学法则把地球表面转换到平面上的理论和方法。由于地球表面不可二维展开，所以任何数学方法进行这种转换都会产生误差和变形。按照不同的需求缩小误差，就产生了各种投影方法。其主要目的是解决数据源使用地图投影方法不一致的问题，具备常见地图投影的正解与反解、不同投影之间相互转换的功能。

（1）反解变换法。首先反解出原投影地理坐标 φ、λ，然后代入新投影中求出新投影点的直角坐标或极坐标。假设原始资料图投影点的坐标方程式为

$$\begin{cases} x = f_1(\varphi, \lambda) \\ y = f_2(\varphi, \lambda) \end{cases} \tag{6.15}$$

新编图投影点的坐标方程式为

$$\begin{cases} X = \varphi_1(\varphi, \lambda) \\ Y = \varphi_2(\varphi, \lambda) \end{cases} \tag{6.16}$$

显然，若从原始资料图中反解出

$$\begin{cases} \varphi = \varphi(x, y) \\ \lambda = \lambda(x, y) \end{cases} \tag{6.17}$$

代入新编图投影方程，则有

$$\begin{cases} X = \varphi_1[\varphi(x,y), \lambda(x,y)] \\ Y = \varphi_2[\varphi(x,y), \lambda(x,y)] \end{cases} \tag{6.18}$$

若为圆锥投影、伪圆锥投影、方位投影等，则采用平面极坐标表示投影方程式，即

$$\begin{cases} \rho = \varphi_1(\varphi, \lambda) \\ \delta = \varphi_2(\varphi, \lambda) \end{cases} \tag{6.19}$$

这时，应先将原投影点的直角坐标转换为平面极坐标，求出 φ、λ，然后再代入新编图投影方程。

平面极坐标和平面直角坐标的关系式为

$$\begin{cases} \delta = \arctan\left(\dfrac{y}{x_0 - x}\right) \\ \rho = \sqrt{(x_0 - x)^2 + y^2} \end{cases} \tag{6.20}$$

式中：x_0 为平面直角坐标原点至平面极坐标原点的距离。

这种变换投影的方法是严密的，不受制图区域大小的影响，因此可在任何情况下使用。

（2）正解变换法或直接变换法。确定原始资料图和新编图相应的直角坐标之间联系的方法，称为正解变换法或直接变换法。这种方法直接建立两种投影点的直角坐标关系式，它们的表达式即为

$$\begin{cases} X = F_1(x,y) \\ Y = F_2(x,y) \end{cases} \tag{6.21}$$

这种关系反映编图过程中的数学实质，并指出了原始资料图和新编图之间投影点的精确对应关系。圆锥投影、伪圆锥投影、多圆锥投影、方位投影、伪方位投影的坐标是用极坐标表示的，应先将原投影平面极坐标改为平面直角坐标，再求两种投影平面直角坐标之间的关系。

（3）数值变换法。这种方法应用在不知原始投影点直角坐标的解析式或不易求出两种投影点平面直角坐标之间的关系的情况下，可以用近似多项式的方法表示点的坐标变换关系式，即

$$\begin{cases} X' = a_{00} + a_{10}x + a_{01}y + a_{20}x^2 + a_{11}xy + a_{02}y^2 + a_{30}x^3 + a_{21}x^2y + a_{12}xy^2 + a_{03}y^3 \\ Y' = b_{00} + b_{10}x + b_{01}y + b_{20}x^2 + b_{11}xy + b_{02}y^2 + b_{30}x^3 + b_{21}x^2y + b_{12}xy^2 + b_{03}y^3 \end{cases} \tag{6.22}$$

为了解式（6.22），需要在两投影之间选择地理坐标对应的 10 个点的平面直角坐标 x_i、y_i 和 X_i、Y_i 组成线性方程组。解这些线性方程组，即可求出系数 a_{ij}、b_{ij} 的值。得到 a_{ij}、b_{ij} 值后，则可以用式（6.22）求解其他点坐标，这些相应点应选择在投影图形周围和具有特征的点。

应用这种方法一般不一次进行全部区域投影的变换，而是分块变换，以确保变换的精度。

6.1.2 多模态空间数据的格式集成转换

地理空间场景数据来源不同、类型多样，如空间场景数据格式包括：wl、wp、wt、e00 等文件格式，mdb 数据，表结构数据，shp 数据及地质调查文本，图片数据，地形文件数据，

以及常见的商用数据等。空间场景数据的一体化管理需兼顾各类空间场景数据格式。

为保证数据入库的准确性、完整性、可读性，通过构建空间数据访问引擎，兼容包括"*.wt""*.wl""*.wp""*.shp""*.e00"5 类空间场景数据在内的各类数据格式集成转换，以实现数据模型统一。数据格式转换技术流程如图 6.7 所示。

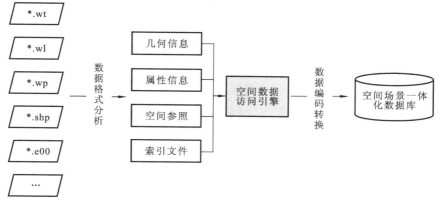

图 6.7   数据格式转换技术流程图

1. 多模态空间场景数据格式分析

依据公开格式标准，选取空间场景数据的几何信息、属性信息、空间参照与索引文件。5 类空间场景数据格式详细介绍如下。

（1）"*.shp"文件是美国环境系统研究所（Environmental Systems Research Institute，ESRI）公司提供的一种矢量数据格式 Shapefile，它没有拓扑信息，其必要的支撑文件应包括坐标文件（.shp）、索引文件（.shx）和属性文件（.dbf）三个文件。其中，.shp 为图形格式，用于保存元素的几何实体；.shx 为图形索引格式，即几何体位置索引，记录每一个几何体在.shp 文件之中的位置，能够加快向前或向后搜索一个几何体的效率，它包含与.shp 文件相同的 100 个字节的文件头，然后随着不定数目的 8 字节定长记录，每个记录都有两个字段；.dbf 为属性数据格式，以 dBase IV 的数据表格式存储每个几何形状的属性数据。

（2）"*.wt"文件是 MapGIS 软件提供的一种矢量点文件格式，其数据组织结构包括以下内容。①文件头信息：包括文件类型、数据区头信息的起始位置等；②数据区头信息：存储各种结构数据的字节起始位置和总字节数；③数据区：存储点、属性等数据。读取数据时首先读文件头信息，通过文件头信息中数据区头信息的起始位置读取数据区头信息，在数据区头信息中存储各数据区的起始位置和总字节数，通过这些信息找到各数据区位置获取数据。文件头信息从 0 字节开始，到数据区的起始位置处，存放文件标记、文件类型、数据区的起始位置，各数据区的数据总数、工作区图形范围等信息。

（3）"*.wl"文件是 MapGIS 软件提供的一种矢量线文件格式，其数据组织结构与点数据大致相同，具体包括以下内容。①文件头信息：包括文件类型、数据区头信息的起始位置等；②数据区头信息：存储各种结构数据的字节起始位置和总字节数；③数据区：存储线、属性等数据。线数据在 wl 和 wp 文件中都有，主要包括线信息、坐标信息，对于 wp 文件，还有线与区域的拓扑关系。

（4）"*.wp"文件是 MapGIS 软件提供的一种矢量区文件格式，是由同一方向或首尾相连的弧段组成的封闭图形。MapGIS 的区域数据由基本信息和一系列线信息中线的顺序号（整数）组成，其数据组织结构与点数据、线数据基本一致。

（5）"*.e00"文件是 ESRI 公司的一种通用交换格式文件，该文件通过明码的方式表达了 ArcInfo 中的所有矢量格式与属性信息，可广泛应用于其他软件间的数据交换。E00 文件的头部三列分别为：①大写 EXP；②0 或 1，其中 0 代表此文件没有被压缩，1 代表此文件被压缩；③输出路径。E00 文件结尾为 EOS，其包含的数据节可为 ARC、CNT、LAB、PAL、PAR、TOL、TXT、TX6、TX7、SIN、LOG、PRJ、RXP、RPL。每个节文件的开头都是节类型名&2 或者 3 作为开始，其中 2 表示数据为单精度，3 表示数据为双精度；每个类型文件结尾为七位数字"-1 0 0 0 0 0 0"组成，但也有例外，SIN、LOG 和 PRJ 类型文件分别以"EOX""EOL"和"EOP"结尾；LAB 文件以"-1 0 0.0000000E+00 0.0000000E+00"结尾；TX6、TX7、RXP 和 RPL 等文件正常开始，但以"JABBERWORCKY"结束，这些文件被分成许多子集，每个子集以文件名开始，同样以"-1 0 0 0 0 0 0"结束；RXP 子集以"-1 0"结束。INFO 文件的开始一样，以 INFO 和 2 或 3 开始，以"EOI"结束，每一个 INFO 子文件以每个小块的文件名开始，比如多边形属性文件是"STDFIG24C.PAT"，则文件名即为"STDFIG24C.PAT"。

2. 多模态空间场景数据格式转换

通过空间数据访问引擎建立地理空间场景数据的坐标文件、属性文件、描述文件与拓扑文件，按照地理空间场景数据格式标准建立数据格式转换对应关系。

3. 多模态地理空间数据编码转换

数据的编码转换可采用人机交互过程，如图 6.8 所示，通过人机交互对照转换不同标准下要素编码。

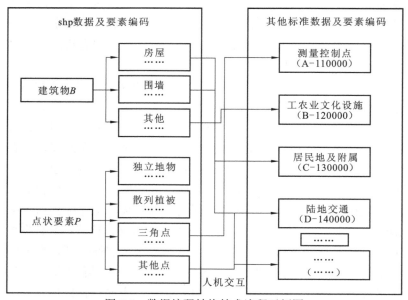

图 6.8　数据编码转换技术流程示例图

6.1.3　地理空间场景多模态数据冲突检测

有关数据空间冲突分类的研究也较多，目前这些分类包含的质量元素越来越多，划分越来越详细。Ruas（1995）根据空间数据表达的空间目标及其空间关系与现实世界的一致性状况，将数据空间冲突分为几何结构冲突和语义冲突。几何结构冲突指数据库中的数据不能正确有效地表达空间目标的几何形态特征，语义冲突主要指数据库中目标间的空间关系与现实世界中对应的空间关系不一致。Servigne 等（2000）通过对表达空间目标几何数据冲突的细化，将数据空间冲突划分为几何冲突、结构冲突和拓扑语义冲突。Cockcroft（1997）则将数据空间冲突分为拓扑冲突、语义冲突和用户自定义的关系冲突三类。刘万增（2005）在分析上述分类方法不足的基础上，考虑度量和方向关系，将空间冲突分为几何冲突、结构冲突、拓扑关系冲突、度量关系冲突、方向关系冲突及拓扑、度量和方向关系三者之间的组合。陈佳丽等（2007）从空间目标匹配的角度将数据空间冲突分为拓扑关系冲突、方向关系冲突、度量关系冲突和属性特征冲突 4 类。当前的分类方法只涉及数据空间冲突的部分内容，分类的覆盖面不完全。

1. 多模态数据冲突根源

空间场景多模态数据冲突一般是由地图比例尺缩小、地图要素符号化或其他综合操作产生的空间关系发生改变而引起的冲突。

1）地图比例尺缩小

多源空间矢量数据在处理过程中，地图比例尺的缩小使地理要素之间的距离变小，容易发生空间冲突。例如要素在原始的比例尺下原本是分离关系，当尺度缩小后，出现了相互压盖的情况，如图 6.9 所示，在大比例尺下，面要素和线要素的关系是相离，而在小比例尺下，面要素和线要素的关系是相切。

2）地图要素符号化

地图要素的图形冲突一般是由符号化后的地图要素表现出地图符号重叠、距离过近造成的。如图 6.10 所示，铁路符号化后，与面要素的关系由相离变为相交。

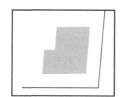　　

图 6.9　地图比例尺缩小造成的相互压盖　　　　图 6.10　地图要素符号化造成的冲突

3）其他综合操作产生的空间关系不一致

在进行移位前，其他综合操作会导致空间关系不一致。例如在移位前，对线要素先进行简化，从而与邻近对象产生冲突，如图 6.11 所示。

图 6.11　其他综合操作造成的冲突

2. 多模态数据冲突检测

此处主要以线-面、面-面之间的空间冲突检测为例进行空间场景多模态数据冲突检测的介绍。一般情况下，线要素相较于面要素的精确度更高，若面要素和线要素之间产生冲突，一般保持线要素位置不变，移动面要素的位置，因此是在线要素的约束下移动面要素。

线-面、面-面之间空间冲突的主要检测方法如表 6.2 所示。其中，最常用的冲突检测方法是判断相邻制图要素之间的距离。若两相邻要素之间的距离小于最小距离阈值，则存在空间冲突，两相邻要素间的最小距离阈值可以由下式求得：

$$d_{\min} = d_c + \frac{1}{2}(r_1 + r_2) \tag{6.23}$$

式中：$d_{\min}$ 为要素间的最小距离阈值；d_c 为地图要素间的可辨识的最小值，设为 0.3 mm；r_1 和 r_2 分别为两个相邻要素符号宽度。

表 6.2 冲突检测方法及特点

冲突检测方法	特点
基于缓冲区方法	建立缓冲区，当两个目标之间的最小距离小于两个缓冲区半径之和时，存在冲突
基于栅格探测和检索定位的方法	建立要素图形输出的定量优先级和层次关系，然后将矢量数据进行严格的四方向栅格化，当两个要素经过栅格叠置时，表明两个要素可能存在冲突
基于 Delaunay 三角网的方法	构建多边形之间的邻近结构来检测空间冲突
基于 Snake 的方法	将线的 Snake 能量分解为内部限制能量和外部能量
基于有限元的方法	用有限元方法来处理地图综合操作过程中的冲突
基于弹性力学的方法	基于弹性力学的方法对相邻的有可能产生冲突的要素进行受力分析，来检测空间冲突
基于 QTM 数据结构设计的方法	以图形对象的最小外包三角形为索引，将冲突目标快速锁定在一个相对较小的靶区来检测图形冲突
基于规则约束的方法	基于相邻对象之间的隐式拓扑关系和语义信息检测和调整不一致性的技术，检测目标之间是否存在空间冲突

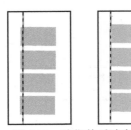

图 6.12 移位前后冲突对比

以上列举方法检测到的空间冲突都是以冲突个数作为地图表达的清晰性评价指标，但是对空间冲突的变化应该进行定量描述。例如：线要素和面要素在移位前有 4 次相交，在移位后，可能由于位置精度约束，仍存在 4 处冲突（图 6.12），这种情况移位的效果不能单用冲突个数进行评价，而需要定量地描述冲突大小。刘远刚等（2017）将冲突大小作为量化指标，利用约束三角网所提供的相邻关系迅速地确定地图中相邻两要素间的冲突，并对冲突严重性进行了定量描述。

$$S = \max[0, d_{\min} - D] \tag{6.24}$$

式中：S 为冲突的大小；$d_{\min}$ 为要素之间的最小距离阈值；D 为两要素之间的最小距离。

6.2 空间场景数据语义特征融合

6.2.1 多模态数据特征融合方法基础

空间对象的特征融合对高效描述、表达空间对象有重要意义。在地图综合、地域挖掘，以及一些空间数据存储中，需要筛选空间对象的关键属性特征，形成更具区分力、表达力的低维特征。

以地图综合为例，图斑归并是地类图斑综合中非常重要的操作，旨在将不满足上图要求的非重要小图斑归并到其"邻近"的地类图斑中。如何判断当前考察的小图斑应该与哪些邻近的图斑归并，这涉及图斑邻近关系的判断，需要考虑多种因素的制约。首先，从图斑的权属约束来看，每个图斑都有相应的权属信息，只有属于相同行政区划的图斑才允许归并，而不同行政区划的图斑即使非常邻近也不能归并；其次，从空间区域划分约束来看，地类图斑跟普通地物一样，会受到自然界中山川、河流、沟壑等天然屏障，以及公路、铁路、街道等人工地物的阻隔，只要这些阻隔物存在于图上，图斑在归并综合时就要考虑其约束因素。除了空间上的欧几里得距离约束，相邻地块的邻近关系还有专题属性的语义相似度约束，空间上距离邻近的图斑在语义上不一定邻近，同理，语义上邻近的图斑在空间距离上也不一定相邻，只有在空间距离上相近和语义属性上相似的图斑才能视为邻近。对于类似这种可能包含多项语义属性的地图要素，其最终的语义一般由某些关键属性决定。关键属性信息的筛选可结合专家经验，进一步融合、降维。以下介绍几种常用的降维方法。

1. 主成分分析

主成分分析（PCA）是最常用的多维度特征降维分析方法。假定有 n 个样本，每个样本共有 p 个变量，构成一个 $n \times p$ 阶的数据矩阵。记 $x_1, x_2, \cdots, x_p$ 为原变量指标，$z_1, z_2, \cdots, z_m (m < p)$ 为新变量指标。则有

$$
\begin{cases}
z_1 = l_{11}x_1 + l_{12}x_2 + \cdots + l_{1p}x_p \\
z_2 = l_{21}x_1 + l_{22}x_2 + \cdots + l_{2p}x_p \\
\cdots\cdots \\
z_m = l_{m1}x_1 + l_{m2}x_2 + \cdots + l_{mp}x_p
\end{cases}
\tag{6.25}
$$

$$
l_{i1}^2 + l_{i2}^2 + \cdots + l_{ip}^2 = 1
\tag{6.26}
$$

将原始数据标准化，并建立变量的相关系数矩阵

$$
\boldsymbol{R} = \begin{bmatrix}
r_{11} & r_{12} & \cdots & r_{1p} \\
r_{21} & r_{22} & \cdots & r_{2p} \\
\vdots & \vdots & & \vdots \\
r_{p1} & r_{p2} & \cdots & r_{pp}
\end{bmatrix}
\tag{6.27}
$$

$$R = (r_{ij})_{p \times p}$$

$$r_{ij} = \frac{\sum_{k=1}^{n}(x_{ki} - \overline{x}_i)(x_{ij} - \overline{x}_j)}{\sqrt{\sum_{k=1}^{n}(x_{ki} - \overline{x}_i)^2 \sum_{k=1}^{n}(x_{ij} - \overline{x}_i)^2}} \tag{6.28}$$

求 $\boldsymbol{R}$ 的特征值 $(\lambda_1, \lambda_2, \cdots, \lambda_p)$ 及相应的单位特征向量，其中特征值非负且已按从大到小的顺序排列，即 $\lambda_1 \geqslant \lambda_2 \geqslant \cdots \geqslant \lambda_p \geqslant 0$。计算主成分贡献率及累积贡献率分别如下：

$$\frac{\lambda_i}{\sum_{k=1}^{p} \lambda_k}, \quad i = 1, 2, \cdots, p \tag{6.29}$$

$$\frac{\sum_{k=1}^{i} \lambda_k}{\sum_{k=1}^{p} \lambda_k}, \quad i = 1, 2, \cdots, p \tag{6.30}$$

一般取累积贡献率达 85%～95%的特征值所对应的第 1 个、第 2 个、…、第 m 个（$m \leqslant p$）主成分。

2. 线性判别分析

线性判别分析（linear discriminant analysis，LDA）是一种经典的线性学习方法，在二分类问题中因最早由 Fisher 提出，因此也称为 Fisher 判别分析。但严格来说 LDA 与 Fisher 判别分析稍有不同，LDA 假设各类样本的协方差矩阵相同且满秩。LDA 是一种传统典型的有监督线性降维方法，它的降维思想是通过找到一个线性投影来最大化类间散射并最小化类内散射，从而增加类间可分性。在执行降维后，数据流可以最大限度地保留原始数据的固有几何结构。

给定输入矩阵 $\boldsymbol{X} = [\boldsymbol{x}_1, \boldsymbol{x}_2, \cdots, \boldsymbol{x}_N] \in \mathbf{R}^{D \times N}$ 代表 D 维空间中的 N 个实例。传统的 LDA 试图找到一个线性变换，将 D 维空间中的原始数据映射到较低的 L 维空间。这个线性变换可表示为

$$\boldsymbol{z}_i = \boldsymbol{W}^{\mathrm{T}} \boldsymbol{x}_i, \quad \boldsymbol{W} \in \mathbf{R}^{D \times L}, L \ll D \tag{6.31}$$

式中：$\boldsymbol{W}$ 为一个变换矩阵；$\boldsymbol{z}_i$ 为 $\boldsymbol{x}_i$ 降维后的特征。

假设将 $\boldsymbol{X}$ 分组为 $\boldsymbol{X} = [\boldsymbol{x}_1, \boldsymbol{x}_2, \cdots, \boldsymbol{x}_c]^{\mathrm{T}}$，$\boldsymbol{x}_i \in \mathbf{R}^{N_i \times D}$ 由 N_i 个第 i 个类数据组成，$N = \sum\limits_{i=1}^{c} N_i$。在 LDA 中，总散射矩阵 $\boldsymbol{S}_{\mathrm{t}}$、类间矩阵 $\boldsymbol{S}_{\mathrm{b}}$ 和类内矩阵 $\boldsymbol{S}_{\mathrm{w}}$ 如下所示：

$$\boldsymbol{S}_{\mathrm{t}} = \frac{1}{N} \sum_{\boldsymbol{x}_i \in X} (\boldsymbol{x}_i - \boldsymbol{\mu})(\boldsymbol{x}_i - \boldsymbol{\mu})^{\mathrm{T}} = \frac{1}{N} \hat{\boldsymbol{X}} \hat{\boldsymbol{X}}^{\mathrm{T}} \tag{6.32}$$

$$\boldsymbol{S}_{\mathrm{b}} = \frac{1}{N} \sum_{i=1}^{c} (\boldsymbol{\mu}_i - \boldsymbol{\mu})(\boldsymbol{\mu}_i - \boldsymbol{\mu})^{\mathrm{T}} = \frac{1}{N} \boldsymbol{X}_{\mathrm{b}} \boldsymbol{X}_{\mathrm{b}}^{\mathrm{T}} \tag{6.33}$$

$$\boldsymbol{S}_{\mathrm{w}} = \frac{1}{N} \sum_{i=1}^{c} \sum_{\boldsymbol{x}_i \in X} (\boldsymbol{\mu}_i - \boldsymbol{\mu})(\boldsymbol{\mu}_i - \boldsymbol{\mu})^{\mathrm{T}} = \frac{1}{N} \boldsymbol{X}_{\mathrm{w}} \boldsymbol{X}_{\mathrm{w}}^{\mathrm{T}} \tag{6.34}$$

式中：$\hat{\boldsymbol{X}} = \boldsymbol{X} - \boldsymbol{e}\boldsymbol{\mu}$，$\boldsymbol{X}_{\mathrm{b}} = [\sqrt{N_1}(\boldsymbol{\mu}_1 - \boldsymbol{\mu}), \cdots, \sqrt{N_1}(\boldsymbol{\mu}_c - \boldsymbol{\mu})]$，$\boldsymbol{X}_{\mathrm{w}} = [\boldsymbol{x}_1 - \boldsymbol{e}_1^{\mathrm{T}}\boldsymbol{\mu}_1, \cdots, \boldsymbol{x}_c - \boldsymbol{e}_1^{\mathrm{T}}\boldsymbol{\mu}_c]$，三个散射矩阵满足 $\boldsymbol{S}_{\mathrm{w}} = \boldsymbol{S}_{\mathrm{t}} - \boldsymbol{S}_{\mathrm{b}}$；$\boldsymbol{\mu}_i$ 为第 i 个类别数据的均值向量；$\boldsymbol{\mu}$ 为所有数据的均值

向量；$\boldsymbol{e} = [1, \cdots, 1]^{\mathrm{T}} \in \mathbf{R}^{N \times 1}$，$\boldsymbol{e}_i = [1, \cdots, 1]^{\mathrm{T}} \in \mathbf{R}^{N_i \times 1}$，$i \in 1, 2, \cdots, c$。LDA 的目的是最大化类间散射矩阵并最小化类内散射矩阵，可将其表示如下：

$$W_{\mathrm{LDA}} = \mathrm{argmax}\, \frac{\mathrm{tr}(\boldsymbol{W}^{\mathrm{T}} \boldsymbol{S}_{\mathrm{b}} \boldsymbol{W})}{\mathrm{tr}(\boldsymbol{W}^{\mathrm{T}} \boldsymbol{S}_{\mathrm{w}} \boldsymbol{W})} \qquad (6.35)$$

式中：$\boldsymbol{W}^{\mathrm{T}} \boldsymbol{W} = 1$，当 $\boldsymbol{S}_{\mathrm{w}}$ 是非奇异矩阵时，可以用 $\boldsymbol{S}_{\mathrm{w}}^{-1} \boldsymbol{S}_{\mathrm{b}}$ 矩阵特征分解来表示 W_{LDA}。

3. 局部线性嵌入

局部线性嵌入（local linear embedding，LLE）是一种无监督的非线性降维算法。它的核心是变换子空间样本与原始空间样本间的线性关系应保持一致。LLE 假设局部邻域内的样本是线性可分的，因此该邻域内的任意样本点 $\boldsymbol{x}_i$ 可以由其局部邻域内的近邻线性表示，如下：

$$\boldsymbol{x}_i = \sum_j w_{ij} \boldsymbol{x}_j \qquad (6.36)$$

式中：$\boldsymbol{x}_j$ 为样本 $\boldsymbol{x}_i$ 的第 j 个近邻；w_{ij} 为邻点 $\boldsymbol{x}_j$ 的权值系数。

LLE 找到每个样本点 $\boldsymbol{x}_i$ 的近邻下标集合 Q_i，然后计算出基于 Q_i 中的样本点对 $\boldsymbol{x}_i$ 的重构系数 $\boldsymbol{w}_i$，如下：

$$\min \sum_i \| \boldsymbol{x}_i - \sum_{j \in Q_i} w_{ij} \boldsymbol{x}_j \|_2^2 \qquad (6.37)$$

$$\mathrm{s.t.} \sum_{j \in Q_i} w_{ij} = 1 \qquad (6.38)$$

令 $\boldsymbol{C}_{jk} = (\boldsymbol{x}_i - \boldsymbol{x}_j)^{\mathrm{T}} (\boldsymbol{x}_i - \boldsymbol{x}_k)$，$w_{ij}$ 有闭式解

$$w_{ij} = \frac{\sum_{k \in Q_i} \boldsymbol{C}_{jk}^{-1}}{\sum_{l,s \in Q_i} \boldsymbol{C}_{ls}^{-1}} \qquad (6.39)$$

因为 LLE 的变换子空间的样本保持原始空间数据间的线性关系，$\boldsymbol{x}_i$ 对应的投影向量 $\boldsymbol{y}_i$ 可用如下线性关系表示：

$$\boldsymbol{y}_i = \sum_j w_{ij} \boldsymbol{y}_j \qquad (6.40)$$

式中：$\boldsymbol{y}_j$ 为样本 $\boldsymbol{x}_i$ 第 j 个邻近 $\boldsymbol{x}_j$ 对应的投影向量。

LLE 在低维子空间保持 $\boldsymbol{w}_i$ 不变，通过最小化投影向量的重构误差，即完成原始样本向低维子空间的映射，如下：

$$\min \sum_i \| \boldsymbol{z}_i - \sum_{j \in Q_i} w_{ij} \boldsymbol{z}_j \|_2^2 \qquad (6.41)$$

令 $\boldsymbol{Z} = (\boldsymbol{z}_1, \boldsymbol{z}_2, \cdots, \boldsymbol{z}_N)$，$(\boldsymbol{W})_{ij} = w_{ij}$，$\boldsymbol{M} = (\mathbf{I} - \boldsymbol{W})^{\mathrm{T}} (\mathbf{I} - \boldsymbol{W})$，则式（6.37）和式（6.38）可表示为

$$\min \mathrm{tr}(\boldsymbol{Z} \boldsymbol{M} \boldsymbol{Z}^{\mathrm{T}}) \qquad (6.42)$$

$$\mathrm{s.t.}\, \boldsymbol{Z} \boldsymbol{Z}^{\mathrm{T}} = \mathbf{I} \qquad (6.43)$$

6.2.2　空间数据跨模态相似性匹配

由于空间数据的采集时间、设备、方法及应用甚至数据形式不同，同一区域不同来源的空间数据往往在几何位置、空间关系、属性信息等方面存在差异。这种多源异构的地理空间数据并不利于海量空间数据的集成管理，因此为提高对多源空间数据的利用率及数据质量，常对它们进行融合、合并等处理，其中关键技术是数据的一致性匹配。现实世界中同一对象在不同观测条件、不同时段、不同数据组织方式下往往具有不同的表达形式，数据匹配的目的是建立这些不同形式间的对应关系。面对地物类型多样、空间关系复杂、语义信息丰富的多源异构数据，如何实现多尺度数据间、多模态数据间的匹配是空间数据相似性匹配的重点，本小节以多尺度空间数据匹配、草图检索匹配、街景立面与遥感影像检索匹配等为例展开介绍。

1. 多尺度空间数据匹配

由于多尺度空间数据的匹配关系既可能是一对一也可能是多对多，在这种多尺度匹配对象数目不定的情况下，对象间的上下文信息成为找到正确匹配的关键，因为不论尺度如何改变，上下文信息之间仍有关联。以常见的居民地面状数据为例，为能对包含不同实体数目的居民地空间场景进行相似性匹配，介绍一种融入上下文信息的匹配方法，它在几何特征的基础上引入实体对象的上下文信息（实体间的拓扑关系、相对方向、相对距离、相对形状、相对大小等），提高匹配检索时的精确度。其中，上下文信息是一种相对关系，如同几何特征属性一样，也可将上下文信息抽象为实体的一个属性，不同实体的上下文信息是不同的。同时顾及多尺度场景对象数目的差异，引入松弛化方法避免过于精确匹配而造成的空集结果，通过概率松弛法将上下文信息和几何特征属性结合，实现对居民地空间场景更加丰富的描述，完成多尺度场景对象间的匹配。

本小节首先对多尺度条件下居民地空间场景形态进行描述，然后建立居民空间场景的匹配检索模型，最后进行匹配检索结果的分析与评价。

1）居民地空间场景的表达

在居民地空间场景中，地物对象蕴含的几何信息和空间信息非常丰富，本方法实现对居民地空间场景几何特征和空间特征的表达，其中几何特征表达包括面积、周长、形状等相关指标，空间特征表达包括拓扑关系、方向关系和距离关系。

（1）面积相似度。设对象 A 和 B 的面积分别为 $S(A)$ 和 $S(B)$，比较两个对象面积时，若按特定的方向来进行比较（如待匹配对象集中的面积除以目标对象集中的面积或反之），结果具有不确定性，同时两个越相似的对象，其面积也越接近。因此，为消除结果的模糊性，将两个对象面积的相似度记为面积相似度 $\mathrm{Sim_{Area}}$。

$$\mathrm{Sim_{Area}} = \min\left(\frac{S(A)}{S(B)}, \frac{S(B)}{S(A)}\right) \tag{6.44}$$

（2）周长相似度。设对象 A 和 B 的周长分为 $C(A)$ 和 $C(B)$，周长相似度 $\mathrm{Sim_{Per}}$ 可表示为

$$\mathrm{Sim_{Per}} = \min\left(\frac{C(A)}{C(B)}, \frac{C(B)}{C(A)}\right) \tag{6.45}$$

（3）形状相似度。引入一种多级弦长拱高复变函数描述方法表达面对象形状，将形状表示为以 s_i 为自变量、以 z 为因变量的多级弦长拱高函数的复函数 $z(s_i)$。其中 s_i 为轮廓线起始点 P_0 出发沿轮廓线逆时针方向所得到的弧 $\widehat{P_0P_i}$ 的长度。多级弦长拱高复变函数满足旋转和平移不变性，用半径最大值和拱高最大值分别对 r 和 h 归一化到 $[0,1]$。经归一化处理后，多级弦长拱高复变函数满足缩放不变性。对于两个不同的对象，其形状相似度可通过比较多级弦长拱高复变函数的实部和虚部得到。

（4）拓扑关系描述。引入元拓扑关系可对面状对象间的拓扑关系进行描述，将能够组成复合关系、最小不可分的简单拓扑关系称为元拓扑关系，具体可参考 3.2.3 小节中对拓扑关系的介绍。

（5）方向关系描述。定量描述空间方向关系的常用方法是用方位角或象限角等比率数据精确地给出目标间的方向关系值，通常用角度表示，如图 6.13（a）所示。设对象 A、B 的坐标分别为 (x_0, y_0)、(x_1, y_1)，则它们之间的相对方向可以用方向角 $\alpha(A,B)$ 表示：

$$\alpha(A,B) = \begin{cases} \arctan \dfrac{\Delta x_{AB}}{\Delta y_{AB}}, & \Delta x_{AB} \geqslant 0,\ \Delta y_{AB} > 0 \\ 90, & \Delta x_{AB} > 0,\ \Delta y_{AB} = 0 \\ 180 + \arctan \dfrac{\Delta x_{AB}}{\Delta y_{AB}}, & \Delta y_{AB} < 0 \\ 270, & \Delta x_{AB} < 0,\ \Delta y_{AB} = 0 \\ 360 + \arctan \dfrac{\Delta x_{AB}}{\Delta y_{AB}}, & \Delta x_{AB} < 0,\ \Delta y_{AB} > 0 \end{cases} \tag{6.46}$$

式中：$\Delta x_{AB} = x_1 - x_0$，$\Delta y_{AB} = y_1 - y_0$。为便于计算，将 $\alpha(A,B)$ 归一化：

$$\alpha_{\text{nor}}(A,B) = \alpha(A,B)/360$$

由于上下文信息描述了对象与其邻接点之间的相互关系，而邻接点不止一个，对象与其邻接点之间的相对方向也不止一个。如图 6.13（b）所示，对象 b 的邻接点为 a_1、a_2、a_3、a_4、a_5，其对应的相对方向可以用对应的方向角表示，可设对应的方向角分别为 α_1、α_2、α_3、α_4、α_5，此时对象 b 与邻接点之间的相对方向可以表示成向量形式 $\mathbf{Dir} = [\alpha_1, \alpha_2, \alpha_3, \alpha_4, \alpha_5]$。

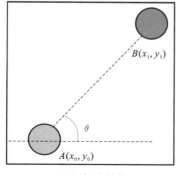
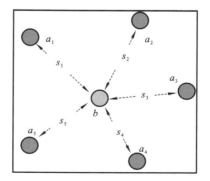

（a）相对方向　　　　　　　　　（b）多个邻接点的相对方向和相对距离

图 6.13　相对方向和相对距离示意图

（6）距离关系描述。如图 6.13（b）所示，设实体对象 b 与其邻接点的相对距离分别为 s_1、s_2、s_3、s_4、s_5，使用欧几里得距离表示实体对象与邻接点之间的相对距离。因为邻接点不止一个，所以实体对象与其邻接点之间的相对距离也不止一个，对象 b 与其邻接点之间的相对距离可以表示成向量形式 $\mathbf{Dis} = [s_1, s_2, s_3, s_4, s_5]$。

2）居民空间场景的匹配检索

居民地空间场景匹配模型包含建筑物的几何特征和空间关系两方面。匹配检索过程首先进行邻接点划分，便于计算实体对象的上下文信息，然后用概率松弛法将几何属性差异性指标和上下文信息有机地统一。即先通过几何属性的度量指标构建初始概率矩阵，然后用上下文信息不停迭代概率矩阵，直至矩阵的变化量小于某个极小的值。

（1）邻接点划分。考虑一个实体对象往往与其邻接点（邻接的实体对象）联系密切，与远处实体的相互关系意义不大，因此在计算一个实体对象的上下文信息时只需计算与其邻接点之间的相互关系即可。此处采用 Delaunay 三角网方法对邻接点进行划分。Delaunay 三角形的每条边都隐含着两个顶点之间的邻近关系，这样就可在 Delaunay 三角网中对邻近关系进行描述。

（2）上下文信息表示。上下文信息主要包括相对方向、相对距离等空间关系。以相对方向 Dir 和相对距离 Dis 为例，在上下文信息 Context 中，两者是一种有机的组合，即 Context=[Dis, Dir]。上下文信息本是对象之间的一种相互关系，在本方法中，对象匹配时比较的是对象属性之间的差异，可将对象与邻接点之间的相互关系抽象为其自身的属性，最终将上下文信息抽象为某个对象的自身属性。

（3）基于概率松弛化的场景匹配。概率松弛匹配主要包括概率矩阵初始化和迭代更新两个基本过程。在居民地空间场景匹配检索过程中，有两个空间场景，分别是待匹配的空间场景和目标空间场景，匹配的结果是在目标空间场景中找到与待匹配空间场景中对象相匹配的对象，具体流程如图 6.14 所示。

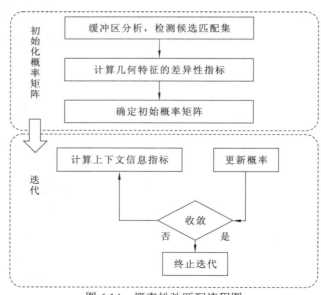

图 6.14　概率松弛匹配流程图

先进行概率矩阵初始化。差异性指标是描述每个实体对象与其候选匹配实体对象间差异的指标，这里采用周长、面积、形状来表达实体对象间几何特征的差异。设差异性指标为 t，t 可以代表面积、周长、形状等。对于每一种差异性指标 t，可根据式（6.47）计算实体对象 j ($j \in N_2$) 匹配到实体对象 i ($i \in N_1$) 的概率 $p_i^t(i,j)$。当 $j = -1$ 时，$p_i^t(i,-1)$ 表示实体对象 i 匹配到空的概率。

$$p_i^t(i,j) = \begin{cases} \dfrac{[d^t(i,j)]^{-1}}{\sum\limits_{k \in C_i}[d^t(i,k)]^{-1} + (\beta^t)^{-1}}, & j \neq -1 \\[4mm] \dfrac{(\beta_1^t)^{-1}}{\sum\limits_{k \in C_i}[d^t(i,k)]^{-1} + (\beta^t)^{-1}}, & j = -1 \end{cases} \tag{6.47}$$

式中：C_i 为实体对象 i 的候选匹配实体对象集；$d^t(i,j)$ 为实体对象 i 和 j 间差异性指标 t 的值；β^t 为关于差异性指标 t 从 $\mathrm{data_2}$ 到 $\mathrm{data_1}$ 的误差因子，用于计算 1：0 的匹配概率，可通过计算两数据间豪斯多夫距离估算误差因子 β^t，公式为

$$\beta^t = \max_{i \in N_1}\left(\min_{j \in C_i}[d^t(i,j)]\right) \tag{6.48}$$

为综合多种差异指标，分别计算 3 种差异指标的匹配概率，加权平均得到综合的初始概率，再计算对象的邻接点对其影响以不断更新原概率矩阵。邻接点的影响表现为邻接点与对象之间的相互关系，包括相对方向、相对距离、拓扑关系等。通常邻接点不止一个，需要综合这些邻接点的影响，即上下文信息来改进初始概率矩阵，使之更准确地反映整个居民地空间场景的匹配关系。此外居民地空间场景可能存在部分匹配 1：M，因为居民地空间场景中大多是居民住所，房屋建筑比较规则，部分建筑的大小外形都比较接近，根据面积、周长或形状很难有效识别这类型匹配，所以需要上下文信息来对此进行进一步的约束。

使用对象与其邻接点之间的相对距离、相对方向、拓扑关系计算邻接点对该对象的影响，一定程度上克服数据本身的旋转和缩放误差。以图 6.15 中两个邻接点集场景为例，假设对象 b 和 m 与其各自的邻接点都没有接触，其拓扑关系都为相离关系。场景 1 中目标对象 b 的邻接点分别为 a_1、a_2、a_3、a_4、a_5，b 与它们之间的相对距离和相对方向分别记为 s_1、s_2、s_3、s_4、s_5 和 α_1、α_2、α_3、α_4、α_5，场景 2 中目标对象 m 的邻接点分别为 n_1、n_2、n_3、n_4、n_5、n_6，m 与它们之间的相对距离和相对方向分别记为 l_1、l_2、l_3、l_4、l_5、l_6 和 β_1、β_2、β_3、β_4、β_5、β_6。则对象 b 的上下文信息为 $\mathrm{Context_1} = [s_1,s_2,s_3,s_4,s_5,\alpha_1,\alpha_2,\alpha_3,\alpha_4,\alpha_5]$，对象 m 的上下文信息为 $\mathrm{Context_2} = [l_1,l_2,l_3,l_4,l_5,l_6,\beta_1,\beta_2,\beta_3,\beta_4,\beta_5,\beta_6]$。

对象 b 和 m 与其各自的邻接点都没有接触，其拓扑关系都为相离关系，b/m 的所有邻接点对 b/m 的影响效果是一样的，因此在计算 b/m 的上下文信息时，只需考虑相对距离和相对方向。计算邻接匹配 $(a_2 \to n_2)$ 对 $(b \to m)$ 的影响 $C(b,m;a_2,n_2)$，如下：

$$C(b,m;a_2,n_2) = \left(\frac{\delta_{\mathrm{dis}}^{-1} + \delta_{\mathrm{dir}}^{-1}}{2}\right) \cdot \mathrm{ratio} \tag{6.49}$$

$$\mathrm{ratio} = \min\left(\frac{l_2}{s_2}, \frac{s_2}{l_2}\right) \tag{6.50}$$

式中：ratio 为 l_2 与 s_2 的比值；δ_{dis} 和 δ_{dir} 分别为 (b,a_2) 与 (m,n_2) 之间的距离和方向一致性指标，计算公式为

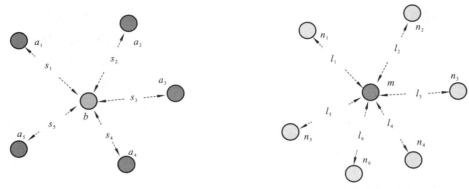

(a) 邻接点集示例场景1   (b) 邻接点集示例场景2

图 6.15 　邻接点集示例场景

$$\begin{cases} \varepsilon_{\text{dis}} = \dfrac{d_1 + d_2}{\beta_1^{\text{dis}} + \beta_2^{\text{dis}}} \\[3mm] \varepsilon_{\text{dir}} = \dfrac{2|\alpha - \beta|}{\beta_1^{\text{dir}} + \beta_2^{\text{dir}}} \end{cases} \Rightarrow \begin{cases} \delta_{\text{dis}} = \dfrac{1}{1 + \varepsilon_{\text{dis}}^2} \\[3mm] \delta_{\text{dir}} = \dfrac{1}{1 + \varepsilon_{\text{dir}}^2} \end{cases} \tag{6.51}$$

$$\beta_1^{\text{dis}} = \max_{s \in S}\left(\min_{l \in L}\left(\frac{s}{l}, \frac{l}{s} \right) \right) \tag{6.52}$$

$$\beta_1^{\text{dir}} = \max_{\varphi \in \alpha}\left(\min_{\theta \in \beta}\left(\frac{\alpha}{\beta}, \frac{\beta}{\alpha} \right) \right) \tag{6.53}$$

式中：d_1 和 d_2 分别等于 s_2 和 l_2；S 为从 s_1 到 s_5 的集合；L 为从 l_1 到 l_6 的集合；α/β 为 b/m 与其邻接点之间的方向角；$\beta_1^{\text{dir}}/\beta_2^{\text{dir}}$ 和 $\beta_1^{\text{dis}}/\beta_2^{\text{dis}}$ 为方向和距离的误差因子。设 $P = (a_1, a_2, a_3, a_4, a_5)$，$Q = (n_1, n_2, n_3, n_4, n_5)$，对于候选匹配对 (b, m)，P 和 Q 分别为实体对象 b、m 的邻接点集，b/m 的上下文信息则是所有邻接点对该实体对象的综合影响。当 m 匹配到 b 时，b 的上下文信息计算公式为

$$q^r(b, m) = \frac{1}{|P|} \sum_{i \in P, j \in Q} \max(C(b, m; i, j) p^r(i, j)) \tag{6.54}$$

式中：r 为迭代次数；p^r 为第 r 次迭代时的概率。最后迭代重新计算 m 匹配到 b 的概率，公式如下：

$$p^{r+1}(b, m) = \frac{p^r(b, m) + q^r(b, m)}{1 + \sum_{k \in C_i} q^r(b, k)} \tag{6.55}$$

按照式（6.55）迭代，直至概率矩阵变化量小于某一给定阈值 ε。在概率矩阵变化过程中，较匹配的项的变化幅度小，较不匹配的项的变化幅度大，最终都趋于稳定，且较匹配的项的概率大于较不匹配项的概率，因此趋于稳定的概率矩阵中，概率最大的则为最佳匹配项。

3）匹配检索结果的分析与评价

（1）实验数据

选择两个居民地空间场景的矢量数据，图 6.16（a）和（b）是两个居民地空间场景

数据，分别在两个数据中选择相同的区域，如红色区域所示，图 6.16（c）和（d）为放大后的效果图。将图 6.16（c）作为待匹配的居民地空间场景，图 6.16（d）为目标居民地空间场景，（c）中共有 221 个实体对象，（d）中共有 1 466 个实体对象。图 6.16（d）中看起来比较小的实体对象也是建筑物，放大后的效果如图 6.16（e）所示。将图 6.16（c）和（d）中的场景进行叠加，效果图如图 6.16（f）所示。

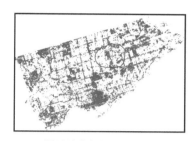
（a）居民地空间场景1及选取区域

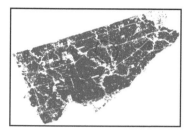
（b）居民地空间场景2及选取区域

（c）实验区域：待匹配场景 （d）实验区域：目标场景　　（e）目标场景放大　　　（f）实验区域叠加效果

图 6.16　实验数据

扫封底二维码可见彩图

在概率匹配模型中，首先需要用到对象的几何特征信息，采用对象的面积、周长、形状等差异性指标来描述几何特征属性。由于居民区建筑物形状比较规则，多级弦长拱高的描述法将变为外接矩形描述法，对象形状上的弦长和拱高近似于其外接矩形的长和宽，可以使用外接矩形的长和宽来表示弦长和拱高。此时，对象的周长、面积、紧密度、形状等描述指标可通过操作 ArcGIS 软件得到，图 6.17 为实验数据的属性表部分截图，描述几何特征信息的指标包含在其中。

m_Area	x	y	Perimeter	Xmin	Xmax	Width	Ymin	Ymax
2232. 115128	632588. 285327	4846582. 72676	201. 374929	632551. 63018	632624. 938928	73. 308748	4846559. 3261	4846606. 1276
2314. 47115	632593. 609412	4846787. 67994	198. 30463	632559. 959349	632627. 257837	67. 298488	4846763. 72473	4846811. 635
1564. 287944	632607. 533133	4846700. 9598	165. 686881	632578. 391055	632636. 676239	58. 285184	4846681. 61411	4846720. 3070
2550. 691008	632651. 286243	4846431. 62692	230. 505229	632614. 195385	632690. 977707	76. 782322	4846401. 63785	4846461. 5802
6771. 564837	632696. 289629	4845502. 33445	342. 47621	632644. 616495	632748. 437604	103. 821109	4845450. 67516	4845554. 0963
2009. 75012	632689. 048254	4846086. 61024	237. 667081	632646. 201439	632729. 849775	83. 648336	4846057. 97489	4846117. 8676
4336. 533444	632731. 501906	4845387. 86918	325. 780959	632686. 580691	632775. 942743	89. 362052	4845336. 8819	4845439. 6237
2149. 910756	632723. 877365	4845895. 97157	225. 797319	632684. 531007	632759. 731044	75. 200037	4845866. 89611	4845926. 8675
2773. 547815	632731. 878412	4845829. 30266	237. 328326	632690. 17431	632775. 118444	84. 944134	4845798. 21274	4845859. 7955
2156. 391195	632698. 857419	4846780. 58909	191. 822031	632675. 669851	632722. 04561	46. 375759	4846747. 85796	4846813. 323
2316. 612576	632732. 507235	4845660. 6613	227. 781207	632707. 848636	632758. 403054	50. 554418	4845614. 02029	4845708. 2363
677. 176052	632723. 577265	4846031. 73035	145. 255754	632710. 781998	632736. 830943	26. 048945	4846003. 42209	4846061. 4801
2506. 82305	632736. 630096	4846655. 22651	244. 448908	632709. 590811	632767. 09226	57. 501449	4846613. 86279	4846693. 5992
1754. 722431	632755. 563303	4845778. 47297	172. 673437	632727. 419521	632783. 209049	55. 789528	4845753. 41336	4845803. 2917

图 6.17　实验数据属性表部分展示

（2）场景相似度匹配

按照匹配模型的步骤，首先通过缓冲区分析确定待匹配居民地空间场景中实体对象的候选匹配集。选取其中部分效果图，如图 6.18（a）所示，图中蓝色目标为待匹配居民地空间场景中的第 1 号对象，图 6.18（b）中蓝色的目标为图 6.18（a）中第 1 号实体对象的候选匹配实体对象，包括第 1 223、1 225、1 229、1 236、1 239、1 282 号实体对象，它们构成候选匹配集。图 6.18（c）和（d）为待匹配居民地空间场景中的第 2 号实体对象和其相对应的候选匹配集。

（a）第1号实体对象　　　（b）候选匹配对象　　　（c）第2号实体对象　　　（d）候选匹配对象

图 6.18　待匹配居民地空间场景对象及其候选匹配对象示例

扫封底二维码可见彩图

在确定了待匹配居民地空间场景中每个对象的候选匹配集后，使用面积、周长、形状指标来描述对象与其候选匹配集中对象之间的几何特征差异，构建初始概率矩阵。面积、周长、形状指标数据可通过属性表来获取，且权重设为 0.3、0.4、0.3。进一步计算上下文信息指标迭代初始概率矩阵。首先要对两个居民地空间场景中的对象进行邻接点划分。使用对象的质心坐标代表对象，对对象进行 Delaunay 三角划分，图 6.19 为部分效果图。其中图 6.19（a）中红线所圈对象是待匹配居民地的空间场景中第 1 号对象，蓝色部分是与其邻接的对象即邻接点。图 6.19（b）中红线所圈对象是目标居民地空间场景中第 1 225 号对象，也是第 1 号对象候选匹配集中的一个，蓝色部分是与其邻接的对象。可以看出图 6.19（a）对象的上下文信息包含在图 6.19（b）对象的上下文信息中。

（a）第1号对象　　　　　　　　　　　　　　　　（b）第1 225号对象

图 6.19　待匹配居民地空间场景的对象三角划分效果图示例

扫封底二维码可见彩图

在划分邻接点之后，计算每个实体对象的上下文信息，并使用实体对象与匹配集中的实体对象的上下文信息差异指标来迭代初始概率矩阵，直至矩阵的变化量小于某个极小的值，从而得到最佳的匹配项。匹配的最终结果如图 6.20 所示。

（3）评价分析

本实验匹配结果的相关数据如表 6.3 所示，通过与人工匹配对比，可得到待匹配居民地空间场景中的对象都参与了匹配，对象个数为 221 个，在匹配结果集中对象个数为 221 个，正确匹配的对象个数为 210 个。

表 6.3　匹配结果评价

评价指标	评价结果
正确匹配的对象个数	210
匹配结果集中对象的个数	221
参与匹配的对象的个数	221
待匹配场景中对象个数	221
目标场景中对象个数	1 446
精度	0.95
召回率	0.95

在匹配结果中有 11 个对象发生了误匹配，匹配到与之相对应的对象的邻接对象上。在匹配过程中，共有 4 处发生了误匹配，如图 6.21（a）红色标记的部分。将其中一处放大后如图 6.21（b）所示。可发现发生误匹配的对象都处于边缘部分，周围对象比较少，与邻接点之间的相互关系基本相同，且附近的对象形状非常相似，在匹配时比较容易出现误匹配的情况。

   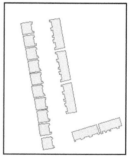

（a）实验区域　　　（b）实验区域匹配图　　　　　（a）误匹配区域　　　（b）误匹配放大区域

图 6.20　匹配结果图示例　　　　　　　　　　图 6.21　错误匹配区域示例

扫封底二维码可见彩图　　　　　　　　　　　扫封底二维码可见彩图

2. 草图检索匹配

现阶段人们在日常生活中已经习惯了便捷的地图数据服务，在被广泛使用的网络地图数据查询中，用户只需要输入文本信息，就可进行快速查询检索，这种方便直接的查询方式使地图服务应用越发广泛。对空间信息的查询往往以空间范围或元数据进行，仍停留在面向专业人员层面，要求用户掌握特定的空间查询语言，显然这并不适合普通用户的广泛使用。基于草图的空间数据查询（spatial-query-by-sketch）成为当前最具潜力的替代查询方式，它更适合普通用户进行面向空间场景的查询，因为草图可让用户直接将头脑中的查询场景描绘出来，绘制只需借助简单的纸和笔就可以完成。

基于草图的空间数据查询方式更加直观、对用户更友好，但由于场景草图中的信息往往是失真和不完整的，这种差异性和不确定性给研究带来挑战。实现不完整或不准确的场景草图与数据库之间的有效匹配是基于草图场景空间数据查询研究的关键。对草图检索而言，草图场景中对象个数、外观的差异及空间对象间的关系难以精确相等，若执行场景的完全精确匹配，可能会使检索结果为空。因此，松弛化在草图检索中具有重要作用。本小节介绍一种基于松弛标记法的空间场景相似性度量方法，它顾及草图与空间场景的差异，从空间场景中进行空间语义理解，建立了多尺度空间场景的形式化描述模型，并提取场景中稳定的特征构建空间场景特征矩阵。建立场景间的初始匹配概率矩阵后，基于松弛标记法迭代更新概率矩阵，直到矩阵收敛于一全局最小值并确定匹配的实体对，从而进行空间场景相似性评估。

1）基于概率松弛的相似性匹配

（1）空间场景的初始概率矩阵

要在有 m 个空间实体的数据库场景中搜索出检索场景 Q 中的 n 个对应实体，可先计算出场景间的实体对基于任意特征向量的相似度，以得到初始匹配概率矩阵，矩阵大小为

$$N_{\text{dpt}} \times \frac{nm(n-1)(m-1)}{4} \tag{6.56}$$

式中：N_{dpt} 为表达空间场景所使用的特征向量数目。

以图 6.22 为例，检索场景中有 x、y、z 三个空间实体，现需从数据库场景（包含空间实体 a、b、c、d）中找出与检索场景空间实体对应的实体，并计算其与检索场景的相似度。

（a）草图查询场景　　　　　　　　　　（a）数据库场景

图 6.22　空间查询场景与数据库场景

基于描述场景的特征向量集，初步计算检索场景对象与数据库对象的空间关系相似度矩阵 $\boldsymbol{P}$，如式（6.57）所示。其中 $P^{v_1}_{xy,ab}$ 是指空间实体对 (x, y) 和 (a, b) 在空间关系特征向量 v_1 上的相似度。

$$\boldsymbol{P} = \begin{bmatrix} P^{v_1}_{xy,ab} & P^{v_1}_{xy,ac} & \cdots & P^{v_1}_{xy,cd} & P^{v_1}_{xz,ab} & P^{v_1}_{xz,ac} & \cdots & P^{v_1}_{xz,cd} & P^{v_1}_{yz,ab} & P^{v_1}_{yz,ac} & \cdots & P^{v_1}_{yz,cd} \\ P^{v_1}_{xy,ab} & P^{v_1}_{xy,ac} & \cdots & P^{v_2}_{xy,cd} & P^{v_2}_{xz,ab} & P^{v_2}_{xz,ac} & \cdots & P^{v_2}_{xz,cd} & P^{v_2}_{yz,ab} & P^{v_2}_{yz,ac} & \cdots & P^{v_2}_{yz,cd} \\ \vdots & \vdots & & \vdots & \vdots & \vdots & & \vdots & \vdots & \vdots & & \vdots \\ P^{v_1}_{xy,ab} & P^{v_1}_{xy,ac} & \cdots & P^{v_{N_{\text{dpt}}}}_{xy,cd} & P^{v_{N_{\text{dpt}}}}_{xz,ab} & P^{v_{N_{\text{dpt}}}}_{xz,ac} & \cdots & P^{v_{N_{\text{dpt}}}}_{xz,cd} & P^{v_{N_{\text{dpt}}}}_{yz,ab} & P^{v_{N_{\text{dpt}}}}_{yz,ac} & \cdots & P^{v_{N_{\text{dpt}}}}_{yz,cd} \end{bmatrix} \tag{6.57}$$

凭空间关系相似度无法唯一确定两个对象是否匹配，因为对于一个参照对象，矩阵中可能存在若干个与其有相近概率的匹配对象，如果忽略计算误差，直接选取具有最高概率的匹配对象，可能会造成匹配上的错误。因此，在空间关系匹配概率上，根据空间实体对的几何相似度及邻域支持度对概率矩阵进行更新，下文会对此进行详细解释。假设初始筛选出的空间关系对数为 n，而每对空间关系 (a_ib_s, a_jb_t) 中存在着 2 种可能的实体匹配形式 (a_ib_j, a_sb_t) 或 (a_ib_t, a_sb_j)，考虑初始筛选后得到的部分实体匹配形式中会存在重复，实体匹配形式的数量为

$$\text{Size}_{\text{pairs}} \leqslant 2n \tag{6.58}$$

根据初始筛选后的结果建立空间实体匹配概率矩阵，除实体间的空间关系相似度外，还要将实体对的几何相似度纳入考虑范围。对于空间关系$(a_i a_j, b_s b_t)$，分别计算实体对(a_i, b_s)、(a_i, b_t)、(a_j, b_s)和(a_j, b_t)的几何相似度，并选择其中几何相似度最高的两对匹配形式，这个过程以$g(a_i a_j, b_t b_s)$表示。实体间的匹配概率p定义如式（6.59）所示，$g(a_i b_j, b_i b_s)$的结果为两对几何相似度最高的实体，$L_{a_i a_j, b_i b_s}$为这两对实体间的空间关系相似度。因此会得到两对实体的匹配概率p_1和p_2：

$$p_{(a_i a_j, b_i b_s)} = (p_1, p_2) = L_{a_i a_j, b_i b_s} g(a_i a_j, b_i b_s) \tag{6.59}$$

空间关系对中的空间实体具有重复性，某一实体对(x, a)的匹配概率可能会被重复计算，但因为存在于不同的空间关系对中，同一对实体的匹配概率会受到不同程度的影响。为计算出能大致代表这对实体匹配概率的数值，取不同空间关系对中相似度值的平均值，并将其作为概率矩阵中这两个实体间的初始匹配概率，下式中l为实体对(x, a)可能概率值的个数。

$$p_{(xa)}^{v_i} = \frac{p_{(xa)1}^{v_i} + p_{(xa)2}^{v_i} + \cdots + p_{(xa)l}^{v_i}}{l} \tag{6.60}$$

最后得到两个场景间实体匹配的初始概率矩阵

$$\boldsymbol{P} = \begin{bmatrix} P_{x,a} & P_{x,b} & P_{x,c} & P_{x,d} \\ P_{y,a} & P_{y,b} & P_{y,c} & P_{y,d} \\ P_{z,a} & P_{z,b} & P_{z,c} & P_{z,d} \end{bmatrix} \tag{6.61}$$

在进行迭代更新前，需要对矩阵$\boldsymbol{P}$进行标准化操作。

（2）概率矩阵松弛化

概率矩阵松弛化方法的迭代流程与上述思路相同，此处不再赘述。

（3）空间场景匹配过程

对图6.23中场景A、B间的匹配过程进行分析，A、B中分别存在3个实体，共有6种可能的匹配形式。表6.4中p_0描述了标准化后实体对的初始匹配概率，s_0为此时实体对的邻域支持度，p_1是第1次迭代后的匹配概率，p_3则是3次迭代后的结果，观察到(A_0, B_0)、(A_1, B_1)和(A_2, B_2)的匹配概率相对p_1产生了持续增长，而其他实体对则明显收敛，因为在矩阵的迭代过程中，正确匹配对的概率增长是以不正确匹配对的概率削减为前提的。若采用实体相似度之和作为场景匹配值，按匹配度从高到低的场景排序为：$\{(A_0, B_0), (A_1, B_1), (A_2, B_2)\}$、$\{(A_0, B_0), (A_1, B_2), (A_2, B_1)\}$、$\{(A_0, B_1), (A_1, B_0), (A_2, B_2)\}$、$\{(A_0, B_1), (A_1, B_2), (A_2, B_0)\}$、$\{(A_0, B_2), (A_1, B_0), (A_2, B_1)\}$及$\{(A_0, B_2), (A_1, B_1), (A_2, B_0)\}$。

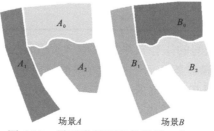

图6.23 需要进行匹配的场景A与B

表 6.4　场景 A、B 间实体对的匹配概率

实体对	匹配率			
	p_0	s_0	p_1	p_3
(A_0, B_0)	0.173 0	0.132 3	0.196 3	0.300 0
(A_0, B_1)	0.089 6	0.106 7	0.081 9	0.034 8
(A_0, B_2)	0.060 7	0.089 1	0.030 0	0.006 9
(A_1, B_0)	0.099 5	0.069 8	0.062 7	0.002 3
(A_1, B_1)	0.158 6	0.138 6	0.188 5	0.300 0
(A_1, B_2)	0.088 5	0.102 3	0.056 4	0.034 8
(A_2, B_0)	0.079 3	0.121 0	0.091 7	0.004 6
(A_2, B_1)	0.105 1	0.095 4	0.064 9	0.186 0
(A_2, B_2)	0.145 6	0.144 3	0.180 0	0.297 6

2）案例分析

从武汉居民地域数据中检索出与场景 A 一致的空间场景（图 6.24）。居民地域数据从武汉数据集中获取，场景 A 数据则由国家地理信息系统工程技术研究中心提供，相关属性如表 6.5 所示。场景 A 的点、区数量和空间范围都远小于居民地域数据，从 1 576 个区中检索出场景 A 中 5 个区的可能性约有 $8.050\ 8×10^{13}$ 个。

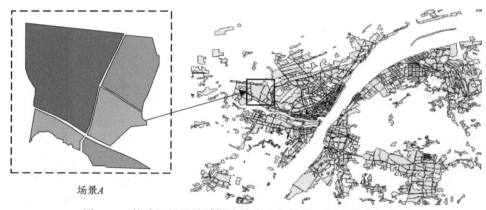

场景 A

图 6.24　从武汉居民地域图中搜索出与场景 A 匹配的空间范围

表 6.5　实验数据基本情况

数据集	点数量/个	区数量/个	总面积/km^2
武汉市居民地域图	47 112	1 576	146.05
空间场景 A	292	5	3.63

居民地域数据中，对象间的拓扑关系构成单一（相离关系），对象形状较为规范（四边形），因此选择方向关系和对象几何形状作为参照场景的描述参数，计算出每对空间对象的初始匹配概率，再根据其邻域对象群的支持度进行迭代调整，可得出较为精确的匹配结果。本书使用笛卡儿方向关系描述空间对象间的方向关系，空间对象的几何特征可通过傅里叶算子进行分析。

首先根据空间关系及几何相似度对两个场景中的空间对象进行初始匹配概率计算，用 $a_i(0 \leqslant i < 5)$ 表示场景 A 中对象，$b_j(0 \leqslant j < 1576)$ 表示地域图中对象，则可得以下初始概率矩阵：

$$
\begin{array}{c}
\quad b_0 \quad\quad b_1 \quad \cdots \quad \cdots \quad b_{430} \quad\quad b_{431} \quad\quad b_{432} \quad\quad b_{433} \quad \cdots \quad b_{437} \quad \cdots \cdots \\
\begin{array}{c} a_0 \\ a_1 \\ a_2 \\ a_3 \\ a_4 \end{array}
\begin{bmatrix}
0.987\,6 & 0.604\,7 & \cdots & \cdots & 0.986\,9 & 0.984\,4 & 0.996\,9 & 0.993\,8 & \cdots & 1.000\,0 \\
0.989\,8 & 0.476\,8 & \cdots & \cdots & 0.997\,9 & 1.000\,0 & 0.984\,7 & 0.966\,4 & \cdots & 0.984\,4 \\
0.973\,8 & 0.625\,4 & \cdots & \cdots & 0.972\,1 & 0.966\,4 & 0.993\,3 & 1.000\,0 & \cdots & 0.993\,8 \\
0.988\,8 & 0.580\,1 & \cdots & \cdots & 0.984\,8 & 0.984\,7 & 1.000\,0 & 0.993\,3 & \cdots & 0.996\,9 \\
0.990\,6 & 0.483\,7 & \cdots & \cdots & 1.000\,0 & 0.997\,9 & 0.989\,4 & 0.972\,1 & \cdots & 0.986\,9
\end{bmatrix}
\end{array} \tag{6.62}
$$

分别计算每一匹配对的邻域支持度，以(a_0, b_0)为例，a_0 邻域对象为 a_1、a_2、a_3、a_4，为 a_1 选择匹配对象时要将 b_0 排除在外，并比较所有实体对 $(a_1, b_j)(1 \leqslant j \leqslant 1575)$ 的匹配概率，从中选择概率最大的对象，对每一邻域对象重复此过程。计算 a_0 的邻域支持度，并更新 (a_0, b_0) 的匹配概率。若干次迭代更新后，概率矩阵为

$$
\begin{array}{c}
\quad b_0 \quad\quad b_1 \quad \cdots \quad b_{430} \quad\quad b_{431} \quad\quad b_{432} \quad\quad b_{433} \quad \cdots \quad b_{437} \quad \cdots \\
\begin{array}{c} a_0 \\ a_1 \\ a_2 \\ a_3 \\ a_4 \end{array}
\begin{bmatrix}
0.000\,2 & 0.000\,1 & \cdots & 0.976\,5 & 0.966\,7 & 0.987\,3 & 0.899\,4 & \cdots & 1.000\,0 \\
0.000\,2 & 0.000\,1 & \cdots & 0.987\,5 & 1.000\,0 & 0.975\,3 & 0.850\,4 & \cdots & 0.882\,1 \\
0.000\,1 & 0.000\,1 & \cdots & 0.961\,9 & 0.949\,1 & 0.983\,8 & 1.000\,0 & \cdots & 0.896\,0 \\
0.000\,2 & 0.000\,1 & \cdots & 0.979\,0 & 0.967\,1 & 1.000\,0 & 0.942\,3 & \cdots & 0.963\,1 \\
0.000\,2 & 0.000\,1 & \cdots & 1.000\,0 & 0.982\,1 & 0.979\,9 & 0.860\,8 & \cdots & 0.889\,9
\end{bmatrix}
\end{array} \tag{6.63}
$$

图 6.25 展示了实体 a_1 在 5 次迭代中与不同实体的匹配概率及概率曲线的变化过程。在匹配过程中，a_1 与实体 b_{438} 的匹配概率一直保持在较高的水平，且在 5 次迭代后停留在一个稳定的值。同理，由概率曲线可知实体 a_2 与实体 b_{432} 存在一对一的匹配关系，实体 a_3 的对应实体是 b_{435}，a_4 与 b_{433} 相匹配，而 a_5 则与实体 b_{431} 相对应。

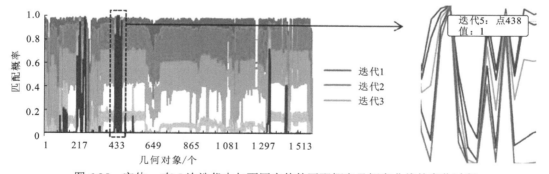

图 6.25　实体 a_1 在 5 次迭代中与不同实体的匹配概率及概率曲线的变化过程

邻域搜索半径对匹配运算的效率及准确度存在影响，半径过大会使邻域范围增大，增加计算时间，半径过小会使应有的邻域对象没被选中而影响准确度。本实验采用 4 组不同的邻域半径进行匹配运算并对比计算时间和结果，分别为实体外包矩形的对角线长度（半径 1）、中心到对角线长度（半径 2）、中心到长边距离（半径 3）、中心到短边距离（半径 4）。

4 个半径对应的邻域实体数量相差较大（图 6.26），不同半径对应的运算准确度有差别，半径 1、2 的匹配正确度为 100%，而半径 3、4 却为 0。由于半径 3、4 的邻域范围较小，无法将足够对象纳入邻域范围，导致正确匹配对的邻域支持度较小，该硬性误差在迭代运算中影响了全局的正确性。

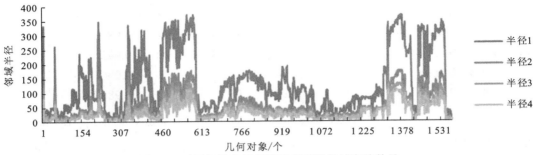

图 6.26 不同邻域半径范围搜索到的邻域实体数量

3. 街景立面与遥感影像检索匹配

街景立面与遥感影像检索匹配常应用于街景定位中。视觉定位是当前定位技术中的一个重要分支，其目的在于利用视觉传感器获得周围环境的视觉信息并进行分析，从而与增量式地图或全局地图进行对比，获得当前环境的位置信息。街景立面与遥感影像检索匹配隶属一类跨视角匹配的图像地理定位问题，这种问题也是计算机视觉领域和无人驾驶领域的重要的课题之一，它的任务是准确和有效地识别给定地面视角的查询图像的位置。

目前，对街景图像进行地理定位的工作大多采用图像匹配或图像检索技术，它将未知地点的街景图像作为查询图像，与带有 GPS 标记的卫星视角图像进行比较来确定查询图像的地理位置。由于查询的街景图像一般来源于日常生活中常用的电子设备（手机、相机、车载摄像机等），这与卫星航拍参考图像之间存在很大的视角差异，给跨视角图像地理定位任务带来了巨大的挑战，也吸引了众多研究者的关注，并积累了一定的研究成果。

依据所使用的特征，当前相关工作应用基于手工设计和深度学习的方法进行。早期研究使用手工设计特征，局限性比较大，对跨视角图像的匹配能力有限，同时早期参考图库有限，一般只对含有标志性建筑或风貌的图像进行判断。相较而言，深度学习方法在多个领域都获得优良表现，在跨视角图像匹配中也有不错的表现。

如 Lin 等（2013b）提出一个包含地面拍摄图像、航拍图像和土地覆盖属性地图的数据集，通过对图像特征进行判别式转换，将地面图像与航拍图像、土地覆盖属性地图进行匹配，从而实现地理定位（图 6.27）。Shan 等（2014）设计了一种地面多视角立体模型，先利用多个地面视角图像对建筑进行立体重建，再通过匹配视角特征，找到相应的带有地理标注的航拍图像，达到定位的目的。Bansal 等（2016）选择在立面上的每个点以固有尺度进行计算，获得自相似性，对外观结构进行建模，将视角和光照变化下的街面查询图像与空中图像匹配。这一类方法基本都是直接提取待匹配的源数据特征，再进行特征间的相似度计算，从而完成匹配。

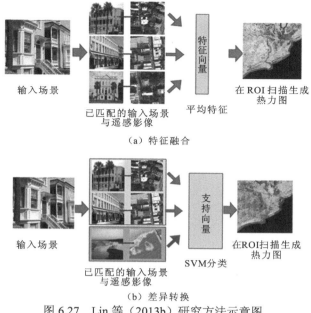

（a）特征融合

（b）差异转换

图 6.27　Lin 等（2013b）研究方法示意图

ROI：region of interest，感兴趣区域

另一类方法则对源图像进行转换，试图缩小图像间的视角差异。如 Viswanathan 等（2014）将地面视角的全景图通过特定的扭曲函数转换为鸟瞰视角图像，再将得到的鸟瞰图像与卫星航拍图像进行匹配。Zhai 等（2017）利用卷积网络提取航拍图像的语义分割图像，将其通过自适应转换器转换为相应的地面视角下的语义布局，对转换后的语义图像与从地面视角图像直接提取的语义图像使用弱监督对比损失进行度量学习。Regmil 等（2019）将地面视角的全景图输入对抗生成网络生成卫星航拍图像，再将生成的航拍图像作为补充特征和原始地面全景图像共同与参考数据库中的航拍图像进行匹配，通过实验证明了融合多尺度特征对跨视角匹配任务的重要性（图 6.28）。Shi 等（2019）推测航拍图像与地面视角图像存在特定的几何对应关系，先用一个规则的极变换来扭曲航拍图像，与地面视角图像进行几何对齐，使用包含空间注意力的网络提取特征进行度量学习，尽量忽略域变换带来的几何变形。

此外，孪生网络也被引入这类跨视角匹配任务中。如 Lin 等（2015）训练 Siamese AlexNet 网络将地面图像和航拍图像映射到特征空间，利用对比损失函数对网络参数进行优化，拉近相同地点不同视角的图像对，使不同地点的图像互相分开。Vo 等（2016）将跨视角图像地理定位看作一种细粒度分类任务，采用孪生网络模型提取不同视角图像的特征，通过实验分析对比损失与三元损失的缺陷，提出一种基于距离的逻辑损失函数来训练网络，并加入方向监督学习提高定位精度。孪生网络在这类跨视角、跨域任务的匹配中取得了不错成绩，后文将对孪生网络进行介绍。

4. 基于孪生网络的跨模态相似性匹配

孪生网络又称为连体网络，网络中的连体通过共享权值来实现，其模型架构如图 6.29 所示，两个共享权重的神经网络分别对样本 X_1、X_2 处理得到相应特征 $f_W(X_1)$ 和 $f_W(X_2)$，并利用特征计算样本距离 $E_W(X_1, X_2)$ 进行网络训练。该模型的设计思路非常符合"匹配"的直观感受，即将输入一对数据通过特征变换后进行交叉得到相似度等值。

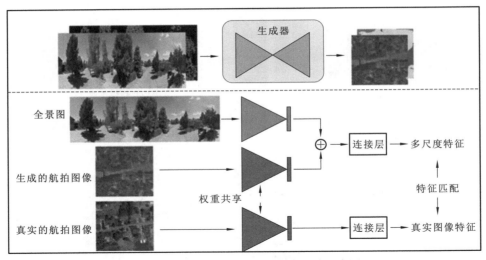

图 6.28 Regmil 等（2019）研究方法示意图

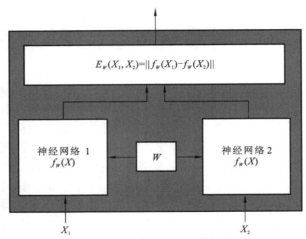

图 6.29 孪生网络模型结构示意图

孪生网络模型处理数据的流程可分为三步。①将输入数据对送入网络，得到特征抽象后的向量化表示。值得注意的是，在孪生网络中，输入两个通道的数据共用参数，不论在训练还是在测试过程中，特征提取网络只有一套，所有输入共用。②向量特征组合和交叉，目的是让模型能够学习输入数据对的"匹配"特征，得到交叉后的特征向量。③将上一步特征向量送入特征映射层，并设计损失函数，使模型能够完成指定任务。

孪生网络最早用于验证支票上的签名与银行预留签名是否一致，接着用于对比两个输入的相似度，随后又慢慢应用到各目标跟踪领域与跨域图像识别领域中。孪生网络权重共享在一定程度上要求网 1 和网 2 的差异不能太大，因此它通常用来处理两个输入差异不是非常大的问题，如对比两张图片、两个句子、两个词的相似度。对于输入差异很大的相似度，如图片与相应的文字描述、文章标题与文章段落的相似度，这时就需要使用伪孪生网络。针对不同的情况，需要选择合适的网络结构和对应的损失函数。

经典孪生网络中采用的损失函数是对比损失，可有效处理孪生神经网络中数据对之间的关系，对比损失 L 表达如下：

$$L = \frac{1}{2N}\sum_{n=1}^{N} yd^2 + (1-y)\max(\text{margin}-d,0)^2 \qquad (6.64)$$

式中：$d = \|a_n - b_n\|$ 为两个样本特征的欧几里得距离；y 为两个样本是否匹配的标签，$y=1$ 代表两个样本相似或者匹配，$y=0$ 则代表不匹配；margin 为设定的阈值。在特征空间中，本来相似的样本经过特征提取后，两个样本特征仍相似；而原本不相似的样本，则样本特征仍不相似。观察上述对比损失的表达式可发现，这种损失函数可以很好地表达成对样本的匹配程度，也能够很好地用于训练提取特征的模型。当 $y=1$（即样本相似）时，损失函数只剩下 $\sum_{n=1}^{N} yd^2$，即原本相似的样本，如果特征空间的欧几里得距离较大，则说明当前的模型不好，因此加大损失。而当 $y=0$（即样本不相似）时，损失函数为 $\sum_{n=1}^{N}(1-y)\max(\text{margin}-d,0)^2$，即当样本不相似，特征空间的欧几里得距离反而小，损失值会变大。

　　孪生网络同样可用于地理空间数据相关的相似性匹配。如江天碧（2018）将孪生网络引入基于草图的遥感影像场景检索，分别以遥感影像场景和手绘草图为孪生网络的两个输入，当手绘草图和遥感影像场景语义类别一致时，训练样本标签被赋予 1，当两者语义样本不同时，则被赋予 0，从而训练网络学习各类语义下的遥感影像场景与手绘草图场景特征，实现相同场景类别的跨模态检索。同样，孪生网络也被应用到基于草图的普通图像检索中，如 Qi 等（2016）建立的一个浅层结构的孪生网络。除在上述提及的草图匹配检索、街景立面与遥感影像匹配检索外，孪生网络在跨域领域的应用也非常广泛。如 Zheng 等（2017）将孪生网络应用到行人识别中；Liu 等（2019）将 AlexNet、VGG-16、ResNet50 等作为孪生网络结构，实现对不同遥感影像场景类别的区分；Zheng 等（2022）将孪生网络用于识别不同期遥感影像中建筑物的变化；Maheshwary 等（2018）将孪生网络用于工作分配，通过求职者简历与工作描述的匹配程度为求职者推荐合适的工作；隋远等（2022）建立了孪生网络识别船舶表面喷涂的名称，验证船舶身份；Haile（2020）将 LSTM 与孪生结构结合，应用于声纹识别；高昂等（2022）面对窃电数据量的缺乏，提出了在小样本条件下基于三元组孪生网络的窃电检测方法；为了满足空间任务实施过程中对航天器部件的精细定位需求，孙运达等（2021）针对相同类别部件易出现的混淆问题，提出了一种基于孪生网络结构的航天器部件追踪算法。

6.2.3　多模态空间数据语义融合方法

1. 基于遗传算法的地图要素冲突检测与一致性处理方法

　　本小节利用免疫遗传算法对建筑物和道路冲突的一致性进行处理，通过完善地理要素之间的空间冲突检测及处理的算法，达到两要素一致性的目的，利用基于约束三角网的检测邻近地图目标的冲突方法，以及基于移位安全区约束下的建筑物群最优化移位方法来解决空间冲突，如图 6.30 所示。

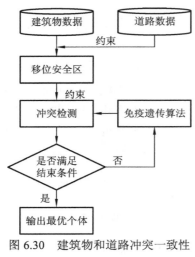

图 6.30　建筑物和道路冲突一致性
处理流程图

1）移位安全区的建立

Voronoi 图是一种基于最短距离约束的空间划分数据结构，广泛应用于地图中建筑物群的空间分布和空间邻近关系的识别与描述。建立缓冲区限制建筑物的位置以确保其位置精度。可以利用 Voronoi 图和缓冲区来约束建筑物的移位，控制建筑物的移位范围，即移位安全区（刘远刚 等，2021）。

（1）Voronoi 图自适应构建

在传统构建 Voronoi 图的方法上，通过输入的路网将地图空间分解为操作的工作单元，以道路为约束，研究各个单元区域内建筑物数据的邻居对计算、邻居对分类、自适应内插点来构建的 Voronoi 图，以提升利用 Voronoi 图构建移位安全区的质量和效率。首先使用建筑物质心点集的 Delaunay 三角网计算建筑物的邻居要素，再构建建筑物邻居对。如图 6.31（a）所示，建筑物的质心点集表示为 $B = \{p_i \mid i = 1, 2, \cdots, n\}$，用质心点集构建 Delaunay 三角网，得出当前建筑物的邻近对集合 $\mathrm{Pair}_i = \{(A_i, A_j) \mid i \neq j, i = 1, 2, \cdots, n; j = 1, 2, \cdots, n)\}$，$A_i$ 表示编号为 i 的建筑物，A_j 表示编号为 j 的邻近建筑物要素，如图 6.31（b）所示，编号 60 建筑物的邻居对集合为 $\mathrm{Pair}_{60} = \{(60,58),(60,61),(60,64),(60,67),(60,68)\}$。

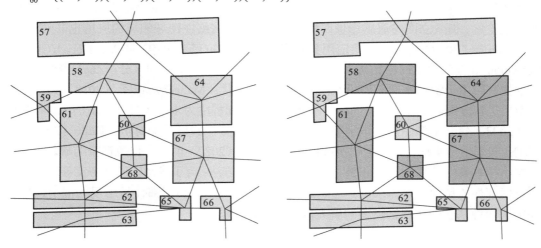

（a）利用建筑物质心构建Delaunay三角网　　　　（b）基于质心点共边关系构建邻居对

图 6.31　Voronoi 图的自适应构建

扫封底二维码可见彩图

根据上面构建的建筑物邻居对，对建筑物与邻近建筑物之间的最小距离 d 和两个建筑物的最小面积外包矩形的边长最小值进行对比，定义 L 为两个建筑物的最小面积外包矩形的边长集合，即 $L = \{L_1, L_2, L_3, L_4\}$，然后再按大小关系加以分类，将上述结构的邻居对进行分类判定。

紧密邻近邻居对，可用式（6.65）进行计算，其中 min 为最小值函数，其示例见图 6.32（a）。

$$d \leqslant \min(L) \qquad (6.65)$$

相对紧密邻近邻居对，可用式（6.66）进行计算，其示例见图 6.32（b）。

$$\min(L) < d \leqslant 2\min(L) \qquad (6.66)$$

非紧密邻近邻居对，可用式（6.67）进行计算，其示例见图 6.32（c）。

$$d > 2\min(L) \qquad (6.67)$$

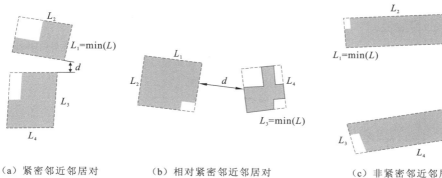

（a）紧密邻近邻居对　　　（b）相对紧密邻近邻居对　　　（c）非紧密邻近邻居对

图 6.32　邻居对分类图

位置相近的建筑物会影响 Voronoi 图的生成，距离相距较远的建筑物影响较小，甚至完全没有影响。于是需要对不同类型的邻居对（紧密邻近邻居对、相对紧密邻近邻居对、非紧密邻近邻居对）要素采用不同的加点方式在建筑物边界上内插点，并按照以下进行：若邻居对要素是紧密邻近邻居对，应该在建筑物边界上插入相对密集的点；若邻居对要素是相对紧密邻近邻居对，可在建筑物边界插入相对稀疏的点；若邻居对是非紧密邻近邻居对，则可以考虑不在边界上内插点。因此，在建筑物边界上插入点的方法如下：假定一场景中含 n 个建筑物，构成要素数据集 $B = \{B_1, B_2, \cdots, B_n\}$，$B_i(i=1,2,\cdots,n)$ 为 B 的某一建筑物要素，$Q_i = \{q_{i0}, q_{i1}, q_{i2}, \cdots, q_{im}\}$，设置为 B_i 的原始顶点集合。若在建筑物 B_i 的边界线上等间隔地内插点，内插点定义为 k 可用式（6.68）计算。

$$k = \mathrm{Int}\left(\frac{\mathrm{Perimeter}(B_i)}{\lambda}\right) \qquad (6.68)$$

式中：$\mathrm{Perimeter}(B_i)$ 为 B_i 的周长；λ 为间隔距离；Int[ ] 为返回整数部分的函数。对不同类别的邻居对，λ 的取值方法为：①紧密邻近，以邻居对要素间的最小距离为边界的间隔距离，$\lambda = d$；②相对紧密邻近，以 2 倍的邻居对要素间的最小距离为建筑物边界的间隔距离，$\lambda = 2d$；③非紧密邻近，不需要在建筑物边界线上内插点。

自适应生成顶点时，记下该点所在建筑物的要素编号，假设第 i 个建筑物上内插点的集合定义为 I_i，建筑物 i 中所有内插点集 I_i 及建筑物的顶点构建集合 T，表示为

$$T = \sum_{i=1}^{n}(Q_i + I_i) \qquad (6.69)$$

利用集合 T 构建 Voronoi 图，然后将带有相同建筑物编号的 Voronoi 多边形合并，即可得到各建筑物的 Voronoi 图。Voronoi 图构建过程如图 6.33 所示，（a）为点集 T，（b）表示基于点集 T 构建的 Voronoi 多边形，（c）中的多边形则是由相同建筑物要素编号的

多边形合并而成的 Voronoi 图。

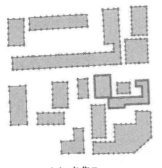

| （a）点集*T* | （b）基于点集*T*构建Voronoi图 | （c）合并后的Voronoi图 |

图 6.33　建筑物的 Voronoi 图构建过程

扫封底二维码可见彩图

（2）移位安全区的构建

以基于邻居对分类插值策略自适应地构建 Voronoi 多边形，并对各个建筑物以 0.5 mm 构建各自的缓冲多边形，将两者叠加得到的交集定义为各个建筑物的移位安全区，如图 6.34 所示。该操作不仅可以确保各建筑物的位置精度，还可以保证整个建筑物群的相对空间关系和整体空间分布特征，防止造成拓扑错误（刘远刚 等，2017）。

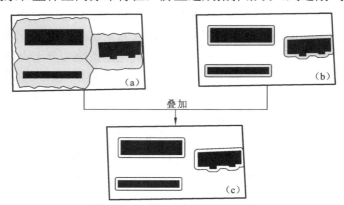

图 6.34　移位安全区构建过程

（a）为自适应加点构建的 Voronoi 图；（b）为建筑物缓冲区；（c）为叠加后的移位安全区

扫封底二维码可见彩图

2）建筑物和道路空间冲突检测

为在地图制图过程中保持建筑物和道路之间关系的一致性，需要解决建筑物之间及道路与建筑物之间的冲突。首先从约束三角网中获取要素间空白区的骨架线；随后，按照经过每一条骨架线弧段的三角形路径寻找其他相邻要素间的冲突区域，以此检测涉及的冲突要素及冲突的严重性。

参考刘远刚等（2015）使用的方法，提取地图要素之间的骨架线，用于标识地图要素间的相邻冲突。每个弧段对应于相邻两个要素间的一阶邻近关系，如图 6.35 所示。首先将地图中相邻要素间空白区域划分为若干个不规则的三角形单元，然后利用提取出的骨架线结构将这些三角形连接成路径，再沿着该路径计算邻近要素间各三角形的最小间隔，记录距离低于距离阈值 $d_{\min}$ 的三角形。假设相邻的两个要素间存在这样的三角形，则它们之间存在相邻冲突，如图 6.36 所示红色区域 C_1、C_2、C_3、C_4、C_5、C_6 处存在冲突；同时，通过标记的三角形链表示两个要素间的冲突范围，即可得到冲突的确切位置；最小距离可以用来描述邻近冲突的严重性。因此，冲突大小表示为

$$s = \max(0, (d_{\min} - D)) \tag{6.70}$$

式中：s 表示冲突大小；两个相邻要素之间的最小距离阈值定义为

$$d_{\min} = d_c + \frac{1}{2}(r_1 + r_2) \tag{6.71}$$

式中：d_c 为地图上要素间能辨识的最小距离阈值（一般设为 0.3 mm）；r_1 和 r_2 分别为两个相邻要素的符号大小。按上述两式表示的冲突大小，实际就是在处理冲突过程中要素需要移动的距离。

图 6.35　地图目标群之间的骨架线

扫封底二维码可见彩图

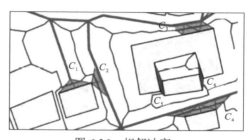

图 6.36　相邻冲突

扫封底二维码可见彩图

3）建筑物和道路—致性处理模型

进一步，通过基于免疫遗传的算法对建筑物群进行移位操作来保证建筑物和道路关系的一致性，具体流程见图 6.37。

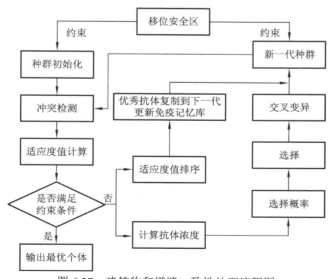

图 6.37　建筑物和道路一致性处理流程图

（1）建筑物移位的免疫遗传模型

①基因编码和种群初始化。编码是将问题的解决方案转化为基因的过程。由于建筑物群移位可以视为一个连续空间优化问题，使用连续空间结构的移位向量模板，并采用实数编码方法，在理论上可以获得更大的搜索空间。

在一个包含 n 个建筑物的分区中，每个建筑物需要考虑所构建的移位安全区的约束，各建筑物在 X 方向和 Y 方向离散化并随机获取每个建筑物的移位值进行编码，将一街区中包含建筑物的所有位置组装在一起，形成候选移位方案，其抗体长度为 $2n$。设 $B = \{B_{1x}, B_{1y}, B_{2x}, B_{2y}, \cdots, B_{nx}, B_{ny}\}$，对应的一个抗体为 X 方向和 Y 方向初始位移量，其中，B_{ix} 和 $B_{iy}(i=1,2,\cdots,n)$ 表示第 i 个建筑物在 X 方向和 Y 方向初始位移量，将建筑物移位定义为算法中的基因，如图 6.38 所示。

图 6.38　基因编码和初始化

②免疫遗传操作。遗传算法使用交叉和变异两种算子。交叉算子定义了通过交换父代个体中的信息生成新个体的过程。变异算子定义了在交叉算子之后以小概率随机改变后代个体的过程。该算子提供了局部随机搜索功能，保证了种群的复杂多样性。免疫遗传算法在遗传算法的基础上与免疫学理论相结合，引入了抗体浓度和精英保持策略。将抗体浓度与适应度值组合以确定选择抗体的概率。精英保持策略选择种群中最优质的几个抗体，无须进行交叉操作和变异操作，直接将优秀的抗体复制到下一代，以确保最佳个体（抗体），提高融合效率。

交叉算子定义了父代个体间交换信息生成新一代个体的过程。子代个体继承了父代个体的优良特性。由于个体均为实数编码，交叉操作必须使用算术交叉策略（Michalewicz et al.，1992）。算术交叉根据式（6.72）计算。

$$\begin{cases} x_{kj}^{t+1} = x_{lj}^{t} \times 1 - \alpha + x_{kj}^{t} \times \alpha \\ x_{lj}^{t+1} = x_{kj}^{t} \times 1 - \alpha + x_{lj}^{t} \times \alpha \end{cases} \tag{6.72}$$

式中：x_{kj}^{t}、x_{lj}^{t} 为第 t 代中交叉的两个父代个体；x_{kj}^{t+1}、x_{lj}^{t+1} 为生成的第 $t+1$ 代的两个子代个体；x_{kj}^{t} 为个体 X_k 中的第 j 个基因；x_{lj}^{t} 为个体 X_l 中的第 j 个基因；α 为在[0,1]的随机数。

采用单点交叉法对种群中所有父代个体进行两两交叉操作，进行过交叉操作的个体不再进行新的交叉操作。父代 1 和父代 2 两个个体进行交叉操作，通过生成随机数与交叉概率比较，确定个体是否进行交叉操作。对于一个包含 n 个建筑物的分区，父代 1 和父代 2 分别为该空间中的移位向量模板，假设交叉位置在第 i 个建筑物 X 方向的移位量，交叉后，新子代 1 为父代 1 在第 i 个建筑物 X 方向的移位量之前的部分和父代 2 在第 i 个建筑物 X 方向的移位量之后的部分结合，新子代 2 为父代 2 在第 i 个建筑物 X 方向的移位量之前的部分和父代 1 在第 i 个建筑物 X 方向的移位量之后的部分结合，如图 6.39 所示。

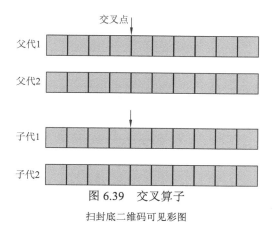

图 6.39　交叉算子

扫封底二维码可见彩图

　　变异操作是在交叉操作之后，小概率随机突变后代个体的过程。变异操作保证了种群的复杂多样性，有利于收敛于全局的最优解，避免早熟收敛。算法采用非均匀变异，开始时搜索整个空间，结束时只搜索局部，有助于快速找到较好的点。非均匀突变由式（6.73）计算。

$$x_{ij} = \begin{cases} x_{ij} + (x_{ij} - x_{\max}) \cdot f(\text{gen}), & r \geqslant 0.5 \\ x_{ij} + (x_{\min} - x_{ij}) \cdot f(\text{gen}), & r < 0.5 \end{cases} \quad (6.73)$$

式中：$x_{\min}$ 为该基因 x_{ij} 的下限；$x_{\max}$ 为该基因 x_{ij} 的上限；$f(\text{gen}) = r_2 \cdot (1 - \text{gen} / \text{MaxGen})^2$，$r_2$ 为随机数，gen 为当前的迭代次数，MaxGen 为最大的迭代次数，r 为在[0, 1]的随机数。

　　抗体浓度用于保证进化过程中的种群多样性并抑制过早收敛。按照抗体间的相似性测定抗体含量，然后将抗体浓度与适应度值组合以确定选择抗体的概率。抗体相似度表示抗体之间的接近度或相似程度；抗体浓度表示群体中相似抗体的比例；选择概率表示抗体被选择的概率。下面给出这些概念的数学描述。

　　抗体相似度可以用两种抗体之间的差异来表示。使用欧几里得距离测量抗体之间的相似性，有

$$H_{uv} = \sqrt{\sum_{i+1}^{n} (x_u^i - x_v^i)^2} \quad (6.74)$$

式中：H_{uv} 为抗体 u 和抗体 v 之间的相似度；n 为抗体基因的长度，$\sum_{i+1}^{n} (x_u^i - x_v^i)^2$ 为抗体 u 和 v 在 i 处的基因值。H_{uv} 值越小，代表两个抗体之间的差异越小；若 $H_{uv} = 0$，则表示两个抗体完全一样；H_{uv} 值越大，表示两个抗体之间的差异越大。H_{uv} 的值没有上限，因此选择参数 A_{uv} 代表两个抗体之间的相似度，计算公式为

$$A_{uv} = \frac{1}{1 + H_{uv}} \quad (6.75)$$

式中：A_{uv} 的范围为[0,1]。A_{uv} 越大，越接近 1，两个抗体就越相似；A_{uv} 越小，越接近 0，表明两个抗体越不相似。

　　抗体浓度是抗体种群中相似抗体的比例，表示与抗体 i 相似的抗体个数，表示为

$$C_i = \frac{N_i}{N} \quad (6.76)$$

式中：C_i 为抗体 i 的浓度；N_i 为在抗体种群中与抗体 i 相似的抗体数量；N 为抗体群中的总抗体数量。

在操作过程中，一旦相似或者是非最优的抗体占据过大的比率，就必须减少对它们的选择概率，不然容易提前收敛，这样能够显著增加种群的复杂多样性，从而避免过早收敛。将第 i 个抗体的抗体浓度的选择概率表示为

$$P_{di} = \frac{1}{C_i N \sum_{i=1}^{N} (1/N_i)} \qquad (6.77)$$

最后，再根据适应度和抗体浓度两者确定抗体的选择概率为

$$P = \alpha P_f + (1-\alpha)P_d \qquad (6.78)$$

精英保留策略的优势在于它能够确保优秀的抗体在进化过程中不被交叉算子和变异算子丢失和破坏，从而把种群中最优秀的抗体复制到下一代，在进化过程中保留了一定数量的优秀抗体。假设一种群中存在 N 个抗体，具体操作：在初始种群中，具有高适应值的 $M(M<N)$ 个抗体被存储为精英抗体；在生成新的种群之后，将种群中的精英抗体与所有抗体依据适应值进行集体排序。筛选出适应值高的前 N 个抗体作为下一代种群，存储适应值最大的 M 个抗体作为新的精英抗体，取代原有的精英抗体。

③ 目标函数。在进化过程中，个体的利弊由适应度函数来评价，适应度函数是个体选择的唯一基础，并指导算法的发展。通常，适应度函数通过目标函数的线性缩放获得。在这个方法中，把目标函数值的倒数视为适应度数值。如果一个个体有了更高的适应值，那么它将更有可能被选为亲本群体进行遗传操作。在建筑物位移问题上需要考虑的约束通常分为易读性约束和位置精度约束。根据易读性约束，对象之间不应存在冲突，根据位置精度约束，应保持位置精度。因此，可通过未解决冲突的数量来评估易读性约束，而通过测量总位移距离来评估位置精度约束。

冲突包括一对建筑物与建筑物之间的冲突和建筑物与道路之间的冲突，同时还包括一个位移距离来定义要素的位置精度，因此位移方法的常规目标函数中有三个度量，如下。如果测量值较小，结果会更好。

$$f = f_1 w_1 + f_2 w_2 + f_3 w_3 \qquad (6.79)$$

式中：参数 w_1、w_2 和 w_3 分别为对应的权重；f_1 为建筑物与建筑物之间的冲突数量；f_2 为道路和建筑物之间的冲突数量；f_3 为总位移距离，表示为

$$f_3 = \sum_{i=1}^{n} \sqrt{dx_i^2 + dy_i^2} \qquad (6.80)$$

可以通过最小化这些措施来实现这一目标（Sun et al., 2016）。位移优化方法的常规目标函数只考虑了冲突数量和位移距离，忽略了冲突区域的严重性，即各处冲突的大小。因此，选择冲突大小作为评价地图清晰性的主要量化指标，目标函数表示为

$$f = f_1' w_1 + f_2' w_2 + f_3' w_3 \qquad (6.81)$$

式中：f_1' 为一对建筑物之间的冲突大小之和；f_2' 为道路和建筑物之间的冲突大小之和；f_3' 为建筑物位移距离之和；参数 w_i 为度量的权重。$B = \{b_1, b_2, \cdots, b_n\}$ 为建筑物集合，$R = \{r_1, r_2, \cdots, r_m\}$ 为道路集合，n 和 m 分别为建筑物和道路的总数，则有

$$f_1' = \sum_{i=1}^{n}\sum_{j=1}^{n} f_{BB}(b_i, b_j, BB_{min}) \tag{6.82}$$

$$f_2' = \sum_{i=1}^{n}\sum_{j=1}^{m} f_{BR}(b_i, r_j, BR_{min}) \tag{6.83}$$

式中：BB 为建筑物间的冲突；BR 为建筑物与道路之间的冲突；$f_{BB}(b_i, b_j, BB_{min})$ 为建筑物之间的冲突大小；$f_{BR}(b_i, r_j, BR_{min})$ 为建筑物和道路之间的冲突大小，分别定义为

$$f_{BB}(b_i, b_j, BB_{min}) = \max(0, (BB_{min} - BBD_{ij})) \tag{6.84}$$

$$f_{BR}(b_i, r_j, BR_{min}) = \max(0, (BR_{min} - BRD_{ij})) \tag{6.85}$$

式中：BB_{min} 为建筑物间的最小距离阈值；BBD_{ij} 为建筑物 b_i 和建筑物 b_j 之间的最小距离；BR_{min} 为建筑物和道路之间的最小阈值；BRD_{ij} 为建筑物 b_i 和道路 r_j 之间的最小距离。

与之前考虑冲突数量和位移距离的位移优化方法不同，本方法将目标函数中冲突数量改为冲突大小来评价地图清晰性。

（2）顾及空间模式移位的免疫遗传模型

冲突大小可以约束最小距离约束，建筑物移动距离可以约束位置精度约束；构建安全区，对建筑物群的空间关系破坏较小。但针对规则模式的建筑物群，未能实现空间模式的保持。从空间模式约束的实现角度出发，考虑如何利用免疫遗传算法使已识别的规则模式，包括直线模式、曲线模式及网格模式在移位过程中保持。借鉴巩现勇（2014）提出的方法来识别建筑物的规则模式，结果如图 6.40 蓝色区域所示。使用该思想能够忽略建筑物群的大小、形状、方向这些细微影响，能够很好地识别出直线模式、曲线模式及网格模式等规则模式。为防止呈规则模式的建筑物群的空间模式在移位过程中被破坏，可将同一规则模式中的所有建筑物视作一个整体进行冲突检测和移位，完成后再分解。

 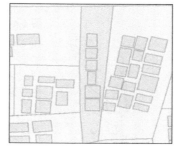

（a）网格模式　　　　　　　　　　（b）直线模式

图 6.40　规则模式建筑物群

扫封底二维码可见彩图

当检测到属于同一规则模式的建筑物群中一个建筑物发生冲突时，如果为了处理冲突而进行移位操作，则位于同一规则模式中的所有其他建筑物同样需要移动相同的量，最终确保在同一规则模式下的所有建筑物在移位前后模式不变。在免疫遗传算法中，规则模式的约束有三个阶段：初始种群生成、交叉和变异，实现过程如下。①初始种群生成阶段，在检测到规则模式的建筑物群内，选取规则模式建筑物群内的一个建筑物的移位量作为规则模式中其他建筑物的移位量，使属于同一规则模式下的每个建筑物都拥有

相同的移位量。②交叉过程中，由两个父代个体交叉运算得到的子代个体，子代个体中规则模式下建筑物的移位量将各不相同。为了确保规则模式下所有的建筑物的总体移位量一致，从规则模式的建筑物群中随机选择某个建筑物的移位量作为整体的移位量。以直线模式为例，如图 6.41 所示，其中（a）是交叉前的两个父代个体中呈直线模式的建筑物群的移位量，（b）是各个建筑物在交叉后的移位量，（c）则表示呈线性的建筑物群重新分配相同的移位量，图中是以建筑物 d 和建筑物 f 的移位量作为整个建筑物群的移位量。③变异主要是对单一个体，并且并不是全部的个体都有产生变异的可能。假设在位于规则模式下的建筑物的移位量产生了变异，则将该移位量视为该规则模式下剩余其他建筑物的移位量，使移位量能通过变异找到新解的同时也可保持整体移位量不变。图 6.42 所示依次表示变异前呈直线模式的建筑物群的移位量、各个建筑物在变异后的移位量、呈线性排列的建筑物群重新分配相同的移位量，图中将建筑物 d 变异移位量视作整体建筑物群的相同移位量。

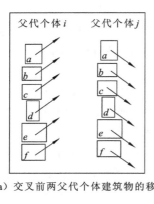 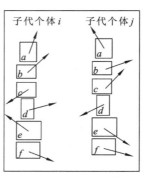 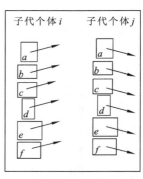

（a）交叉前两父代个体建筑物的移位量　　（b）交叉后的移位量　　（c）呈线性的建筑物群重新分配相同的移位量

图 6.41　交叉过程

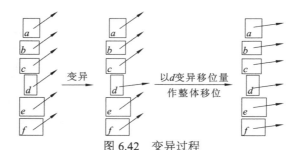

图 6.42　变异过程

2. 地质地形数据的匹配和融合

地理空间场景数据来源不同、类型多样，二者之间存在属性、语义、尺度等数据缝隙问题。以下主要以地质要素"土体"与地形要素"陆地地貌及土质"、地质要素"水体"与地形要素"水域/陆地"两类地质地形要素数据匹配与融合问题为例进行介绍。

1）土体要素冲突探测与融合

土体与陆地地貌及土质包含的内容如表 6.6 所示。土体主要反映自然环境中生成没有黏结或弱黏结的各种固体颗粒集合体；而陆地地貌及土质主要反映区域地貌高程及 6 种地貌信息。

表 6.6　土体与陆地地貌及土质分类对照

项目	土体（地质要素编号 610000）	陆地地貌及土质（地形要素编号 200000）
内容	岩块、砾石、砂土（砂）、粉土（粉砂）、黏土、特殊土	等高线、地貌高程、雪山地貌、黄土地貌、岩溶地貌、风成地貌、火山地貌、其他地貌

对照土体属性表（表 6.7）与陆地地貌及土质属性表（表 6.8），地质要素分类中土体涵盖的属性粒度比地形要素陆地地貌及土质中更细，两类要素的数据匹配与融合主要面临尺度不一致的问题。

表 6.7　土体（地质要素）属性表

序号	数据项	数据类型	长度	序号	数据项	数据类型	长度
1	要素编号	长整型	10	21	湿陷性	字符串	10
2	编码	长整型	10	22	盐渍性	字符串	10
3	名称	字符串	30	23	膨胀性	字符串	10
4	岩性名称	字符串	30	24	可塑性	字符串	10
5	地质代号	字符串	20	25	冻胀性	字符串	10
6	分布特征	字符串	255	26	腐蚀性	字符串	10
7	土体颜色	字符串	10	27	污染性	字符串	10
8	土体厚度	字符串	20	28	黏着性	字符串	10
9	成因类型	字符串	10	29	E_h电导率	浮点型	5
10	土体代号	字符串	20	30	pH 酸碱度	浮点型	5
11	颗粒成分	字符串	30	31	危害对象	字符串	50
12	颗粒级配	字符串	10	32	灾情等级	字符串	20
13	磨圆度	浮点型	10	33	工事选址	字符串	255
14	含水率	浮点型	5	34	越野机动	字符串	255
15	孔隙比	浮点型	5	35	工事构筑	字符串	255
16	压缩模量	浮点型	15	36	规避利用	字符串	255
17	密实度	字符串	10	37	给水保障	字符串	255
18	坚硬程度	字符串	10	38	驻屯集结	字符串	255
19	剪应力	浮点型	5	39	火力打击	字符串	255
20	承载力	浮点型	5	40	其他评价	字符串	255

表 6.8　陆地地貌及土质（地形要素）属性表

序号	数据项	数据类型	长度	序号	数据项	数据类型	长度
1	要素编号	长整型	10	7	比高	浮点型	10
2	编码	长整型	10	8	沟宽	浮点型	10
3	名称	字符串	30	9	方向	浮点型	10
4	类型	字符串	20	10	图形特征	字符串	2
5	类别	字符串	20	11	注记指针	长整型	10
6	高程	浮点型	10	12	外挂表指针	长整型	10

以粒度较高的地质要素土体为基准，采用叠加分析获取土体要素冲突信息，得到最小不冲突单元，如图 6.43 所示。

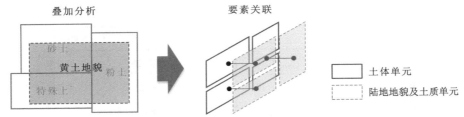

图 6.43　土体与陆地地貌及土质冲突探测技术路线图

在冲突探测的基础上，建立地质要素与地形要素的关联关系，挂接土体与陆地地貌及土质属性，实现地质地形土体要素融合，如图 6.44 所示。

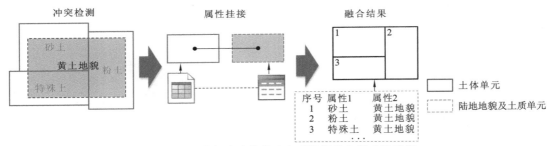

图 6.44　土体与陆地地貌及土质数据融合技术路线图

（1）叠加分析。在统一空间参照系下，将分散在不同层上的空间信息按相同的空间位置叠加到一起，产生新的特征。矢量的叠加分析至少涉及三个数据集，其中一个数据集的类型可以是点、线、面等，称作源数据集；一个数据集是面数据集，称作叠加对象数据集；还有一个数据集是叠加结果数据集，包含叠加后数据的几何信息和属性信息。参与叠加分析运算的数据同时包括空间数据和对应的属性数据。对空间信息和对应的属性信息做集合的交、并、差、余等运算，也可再进一步对属性做其他数学运算；被叠加的要素层必须是基于相同坐标系、基准面相同的同一区域的数据，且只能同时叠加两幅地图，但可以连续操作。

依据输入的不同，可分为点与多边形的叠加、线与多边形的叠加和多边形与多边形的叠加。由于土体与陆地地貌及土质均为矢量面，主要考虑多边形与多边形的叠加，如图 6.45 所示。

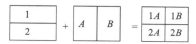

图 6.45　多边形叠加分析示意图

（2）要素关联。要素关联指经过叠加分析的原始数据产生一系列要素子单元，其目的是建立土体与陆地地貌及土质要素子单元间的匹配关系。

叠加分析对不同源数据进行了子单元的重划分，这些数据集中的新要素相互叠加，基本可以完全对齐，因此不再需要进一步的匹配处理工作，只需建立匹配表以便再检查和进一步分析。要素匹配表可包含以下字段的匹配信息：①SRC_FID，源要素 ID，未匹配的源要素取值为-1；②TGT_FID，目标要素 ID，未匹配的目标要素取值为-1；③FM_GRP，匹配要素取值为唯一组 ID，而未匹配源要素或目标要素取值为-1。④FM_MN，$m:n$ 格式的源要素与目标要素之间的匹配关系，其中 m 和 n 分别为匹配组中源要素和目标要素的数量。例如，1：1 为一对一匹配，3：2 为三对二匹配。对于未匹配源要素或目标要素，该字段取值为 N/A，表示不适用。

（3）属性挂接。属性挂接指利用要素的关联关系，将不同数据源中要素的属性整合至同一数据表中，如图 6.46 所示。

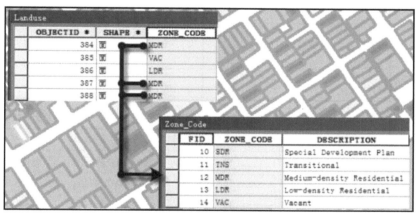

图 6.46　属性挂接示意图

2）水体要素冲突探测与融合

水体与水域/陆地包含内容如表 6.9 所示。水体指水的集合体，包括江、河、湖、冰川、积雪、水库、泉等地表水和地下水，是部队水下攻防、登陆与抗登陆的载体，也是部队战时水源。水域/陆地中水域是指各种自然和人工水体，陆地是永久露出水面的地域。两类要素数据融合主要面临水体空间位置与属性信息冲突的问题。

表 6.9　水体与水域/陆地分类对照

项目	水体（地质要素编号 630000）	水域/陆地（地形要素编号 160000）
内容	包含常年河、时令河、地下河段、一般运河、沟渠、常年湖、时令湖、池塘、水库、沼泽地、冰川在内的地表水，以及孔隙水、裂隙水、岩溶水等地下水	岸线和岸、河流、运河和沟渠、湖泊水库和池塘、水利设施及其水系要素，如盐田、沼泽地、一般堤、防波堤、港口、码头、泊位、系泊绞架缆设施、陆地海洋岛屿、干出滩

对照水体属性表（表 6.10）与水域/陆地属性表（表 6.11），两类要素的数据匹配与融合主要面临属性语义差异的问题。

表 6.10　水体（地质要素）属性表

序号	数据项	数据类型	长度	序号	数据项	数据类型	长度
1	要素编号	长整型	10	16	E_h 电导率	浮点型	5
2	编码	字符串	10	17	pH 酸碱度	浮点型	5
3	名称	字符串	30	18	水质等级	字符串	10
4	分布特征	字符串	50	19	溶解氧	字符串	10
5	埋藏条件	字符串	10	20	富水性	字符串	10
6	赋存介质	字符串	10	21	危害对象	字符串	50
7	成因类型	字符串	10	22	灾情等级	字符串	20
8	含水层厚度	字符串	20	23	工事选址	字符串	255
9	水位埋深	字符串	20	24	机动越野	字符串	255
10	补给来源	字符串	50	25	工事构筑	字符串	255
11	出露方式	字符串	10	26	规避利用	字符串	255
12	涌水量	字符串	20	27	给水保障	字符串	255
13	透明度	字符串	10	28	驻屯集结	字符串	255
14	水温	浮点型	5	29	火力打击	字符串	255
15	溶解性	字符串	10	30	其他评价	字符串	255

表 6.11　水域/陆地（地形要素）属性表

序号	数据项	数据类型	长度	序号	数据项	数据类型	长度
1	要素编号	长整型	10	13	河流代码	字符串	20
2	编码	长整型	10	14	通航性质	字符串	8
3	名称	字符串	30	15	植被类型	字符串	30
4	类型	字符串	20	16	表面物质	字符串	30
5	宽度	浮点型	10	17	存在状态	字符串	10
6	水深	浮点型	10	18	位置质量	字符串	20
7	泥深	浮点型	10	19	颜色	字符串	20
8	时令月份	长整型	8	20	与水面关系	字符串	10
9	高程	浮点型	10	21	图形特征	字符串	2
10	比高	浮点型	10	22	注记指针	长整型	10
11	库容量	浮点型	10	23	外挂表指针	长整型	10
12	吨位	长整型	8				

以属性较为丰富的水体为基准，采用面状要素匹配方法，找到水体要素间的匹配关系，同名要素即为冲突数据，如图 6.47 所示。其中，相似性指标采用空间位置相似性、几何相似性与属性语义相似性。

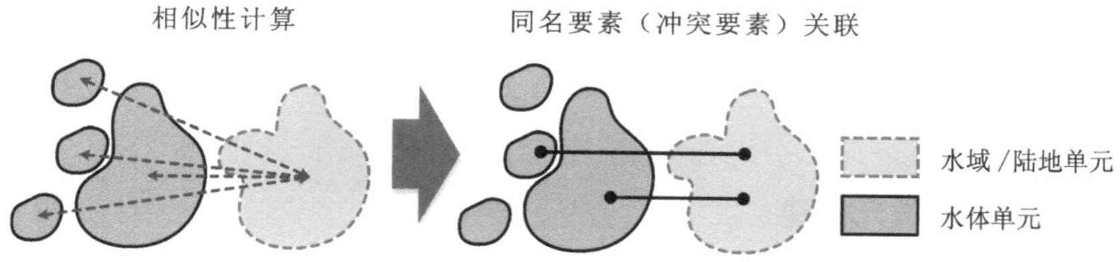

图 6.47　水体与水域陆地冲突探测技术路线图

在冲突探测的基础上，依据制图规范进行制图综合，并删除冗余信息，实现水体要素融合。同名要素关联的依据包括距离量度、几何形状、拓扑关系、图形结构、属性信息等相似度指标。根据不同的相似度指标可以将匹配算法分为三大类：几何匹配、拓扑匹配和语义匹配。几何匹配简单易实现，是同名实体匹配最常用的方法；拓扑匹配克服了距离方法对点位的不精确性及几何形状的敏感性，但同一地物在两幅图中的拓扑关系的微小差异都将导致匹配失败，因此，拓扑匹配主要用来减少匹配搜索范围或用于检核几何匹配的正确性，很少单独使用；语义匹配即属性匹配，如果给两种不同来源数据集定义了共同属性字段，并且两种数据集的语义信息都是可知的，那么语义相似度对加速同名实体的匹配、提高匹配精度十分有效，该方法的缺点是算法在很大程度上依赖于数据模型及属性数据类型，因此很少使用。

地理实体的几何匹配主要是通过比较距离、形状、方向等几何特征指标判定同名实体。几何特征通常是地理实体的本质特征，不论属性信息完整与否，几何匹配都适用且简单易实现，因此几何匹配是地理实体匹配中最常用的方法。

地理实体的拓扑匹配主要是根据地理实体之间的拓扑关系进行匹配判定。在整体数据进行一系列的旋转、缩放等变换后，拓扑关系还是客观存在的，这种关系为 GIS 查询及分析、数据匹配及检测提供了很大的帮助。但是由于拓扑匹配对拓扑关系要求比较严格，而多尺度同名实体拓扑关系差异较大，所以拓扑匹配不适用于多尺度地理实体的匹配，且拓扑匹配一般只用于地理实体的粗匹配。事实上，拓扑匹配更适用于数据来源不同、尺度相同的实体匹配情况。

地理实体的语义匹配主要是根据地理实体的属性表附加信息进行匹配，以语义相似度进行衡量。若两个地理实体表达的是同一地物，那么它们的某项属性语义信息在短时间内应该有较高的相似性甚至是完全相同。在语义信息比较完整的情况下，语义匹配是一种非常准确的匹配方式，但是它对地理数据的要求比较高，一般而言，相同数据来源、不同尺度的地理实体往往具有类似的属性字段信息，因此语义匹配可以应用到多尺度同名实体的匹配中。

6.3　融合多模态数据的场景分类

6.3.1　顾及空间邻域关系的城市空间场景功能分类识别

目前多数研究对相邻场景间的空间分布关系还未进行充分利用，基于此，本小节通过图卷积神经网络和场景空间关系挖掘不同场景类型蕴含的空间分布关系，利用融合静态数据提高城市场景功能的识别效率和准确率。本小节方法主要包含：①场景特征构建；②空间关系表达；③空间关系提取；④模型构建与场景功能识别，以下进行详细介绍。

1. 城市场景研究单元构建

本小节将城市场景作为基本研究单元。利用城市路网构建研究单元需要采用分割粒度合适的道路组合，分割粒度过于粗糙的路网分割出的城市场景区域过大，致使一个场景内可能包含多种功能类型区域场景；而分割粒度过于细腻的路网构建的场景细碎，其内部空间要素、信息等无法反映区域特征。通常情况下，城市道路多为多行道或多条道路"纠缠"（例如城市立交桥处于场景上空与地面道路重叠）等情况。因此，利用相关技术合并相交线，通过切割并删除多余支线段以获得道路中心线[图6.48（a）]。

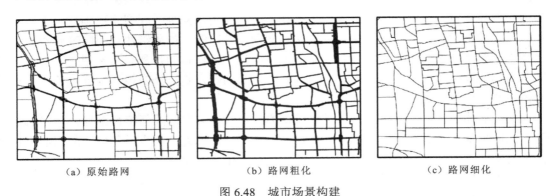

(a) 原始路网　　　　　　　(b) 路网粗化　　　　　　　(c) 路网细化

图 6.48　城市场景构建

利用形态学图像分割技术解决城市场景划分问题，对城市路网创建缓冲区实现道路粗化[图 6.48（b）]，并将其由矢量数据转换为栅格数据，各栅格单元赋予相应属性值表示是否存在道路（"0"表示不存在，"1"表示存在）。处理大范围数据时，部分区域会存在多车道串行、线路间存在间隙的问题，因此利用形态膨胀填补图像的间隙及细节。最终，利用二值图像通过细化提取中心线获取场景分割路网[图 6.48（c）]。提取得到的骨架路网保留了原始路网的空间拓扑关系，能够将城市区域尽可能地分割为研究可用的多个场景。

2. 场景功能属性与视觉景观空间格局

1）城市功能要素统计分析

百度地图服务（https://lbsyun.baidu.com）提供的 POI 可用来提取城市场景的语义特征。通过百度地图应用程序接口，首先获得北京五环内 21 类共计 26 万多条 POI 记录。每条 POI 记录包含多个字段值，如名称、类别、经纬度等。根据城市场景分类标准，删除交通设施、出入口、自然地物、行政地标和门址类别，并将 21 个 POI 类型重新划分为 13 个类别（表6.12）。

表 6.12　POI 重分类目录

序号	重分类前	目录	重分类后（备注）
1	餐饮	中餐厅、外国餐厅、小吃快餐店、蛋糕甜品店、咖啡厅、茶座、酒吧及其他	餐饮
2	酒店	星级酒店、快捷酒店、公寓式酒店、民宿及其他	酒店
3	购物	购物中心、百货商场、超市、便利店、家居建材、家电数码、商铺、市场及其他	购物
4	医疗	综合医院、专科医院、体检机构、疗养院、急救中心、疾控中心、医疗器械、医疗保健及其他	医疗
		诊所、药房	
5	生活服务	通信营业厅、邮局、物流公司、售票处、洗衣店、图文快印店、照相馆、房产中介机构、公用事业、维修点、家政服务、殡葬服务、彩票销售点、宠物服务、报刊亭、公共厕所、步/骑行专用道驿站及其他	生活服务
6	美容美发	美容、美发、美甲、美体及其他	
7	教育培训	亲子教育、留学中介机构	
		高等院校、中学、小学、幼儿园、成人教育、特殊教育、科研机构、培训机构、图书馆、科技馆及其他	教育培训
8	文化传媒	美术馆、展览馆、文化宫	
		新闻出版、广播电视、艺术团体及其他	公司企业
9	公司企业	公司、园区、农林园艺、厂矿及其他	
10	旅游景点	公园、动物园、植物园、游乐园、博物馆、水族馆、海滨浴场、文物古迹、教堂、风景区、景点、寺庙及其他	旅游景点
11	休闲娱乐	度假村、农家院、电影院、KTV、剧院、歌舞厅、网吧、游戏场所、洗浴按摩、休闲广场及其他	休闲娱乐
12	运动健身	体育场馆、极限运动场所、健身中心及其他	
13	汽车服务	汽车销售、汽车维修、汽车美容、汽车配件、汽车租赁、汽车检测及其他	汽车服务
14	金融	银行、ATM、信用社、投资理财、典当行及其他	金融
15	房地产	写字楼	
		住宅区、宿舍、内部楼栋及其他	房地产
16	政府机构	中央机构、各级政府、行政单位、公检法机构、涉外机构、党派团体、福利机构、政治教育机构、社会团体、民主党派、居民委员会及其他	政府机构
17	交通设施	飞机场、火车站、地铁站、地铁线路、长途汽车站、公交车站、公交线路、港口、停车场、加油加气站、服务区、收费站、桥、充电站、路侧停车位、普通停车位、接送点及其他	
18	出入口	高速公路出口、高速公路入口、机场出口、机场入口、车站出口、车站入口、门（备注：建筑物和建筑物群的门）、停车场出入口、自行车高速出入口及其他	（舍弃）
19	自然地物	岛屿、山峰、水系及其他	
20	行政地标	省、省级城市、地级市、区县、乡镇、村庄及其他	
21	门址	门址点及其他	

为定量表达场景的 POI 语义特征，通过 One-Hot 向量表示 POI，向量维度与 POI 类型的数量相同。如三种 POI 类型 a、b 和 c，分别表示为[1,0,0]、[0,1,0]和[0,0,1]。定义场景中每类 POI 占比为 p，将 p 定义为场景中每类 POI 的权重（图 6.49）。将每个 POI 对场景的贡献 C 定义为

$$C_j^i = \frac{\sum p_j^i \times \mathbf{vector}}{N} \qquad (6.86)$$

式中：$\mathbf{vector}$ 为表达各类 POI 类型的 One-Hot 向量；i 和 j 分别为第 i 类和第 j 类 POI 类别；N 表示场景中的 POI 数量。

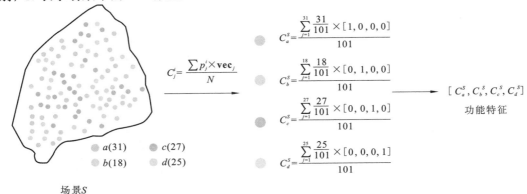

图 6.49　定量描述城市场景的 POI 语义特征示意图

扫封底二维码可见彩图

2）城市视觉景观空间格局分析

本小节介绍的方法从城市街景图像中获取视觉特征，通过腾讯地图（https://lbs.qq.com）收集超过 8 万张街道图像，腾讯地图是提供数字地图和街景服务的地图服务平台。在获取城市街景图像时，将取样点设置为城市道路 200 m 间隔。街景采样点和采样点的空间分布设置为 4 个方向（0°、90°、180°和 270°，图 6.50），收集城市街景图

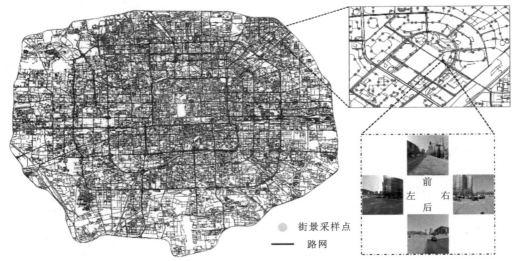

图 6.50　城市街景图像采样点空间分布

扫封底二维码可见彩图

像。城市街景图像密集而均匀地覆盖了场景内部街道，为提取城市场景中沿街的内部视觉特征提供了必要的支持。

使用 ADE-20K 数据集训练的 FCN 模型将街景图像分割为多个子场景（Zhou et al.，2019）。根据 Zhang 等（2018）研究，从每个子场景中提取 64 类户外对象的高维语义特征，包括道路、天空等。如图 6.51 所示，通过计算每种语义对象的像素百分比，得到 64 维向量视觉特征表达。

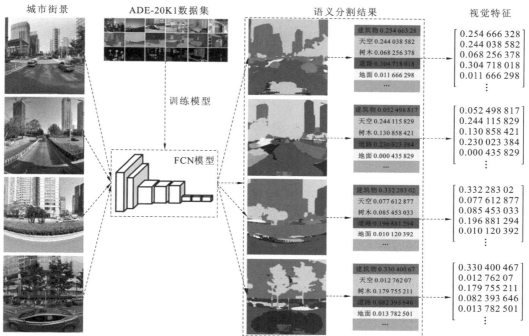

图 6.51　城市景观视觉特征表达

扫封底二维码可见彩图

3. 城市场景空间关系表达

将城市 U 视为一个完整的图结构，将每个城市场景视为一个元素 s_i，其中 $s_i \in U$。元素 s_i 由一个特征向量 $[x_i^1, x_i^2, \cdots]$ 描述，其中 s_i^j 表示城市场景 s_i 的第 j 维特征。引入 Delaunay 三角网来连接元素，以便使用图 $G = (V, E)$ 来构建城市场景。将城市场景 s_i 视为图 G 中的节点 $v_i \in V$，对于每一个 $v_k \in V$，将城市场景特征 X 编码为节点特征 $X_k \in X$。

在图 G 中，邻近城市场景用一组边 E 连接起来，其中 $e_{ij} = (v_i, v_j, a_{ij}) \in E$，是 s_i 和 s_j 之间的边，a_{ij} 为边的权重。由于城市场景 s_i 和 s_j 是相互关联的，图 G 的连接方式是无向的，即 $e_{ij} = e_{ji}$。因此，通过边集 E 可得到邻接矩阵 A，组成如下：

$$A_{ij} = \begin{cases} 1, & \text{若} e_{ij} \text{存在} \\ 0, & \text{其他} \end{cases} \qquad (6.87)$$

在本方法中，Delaunay 三角网被用来构建图，从而避免了狭长三角形的产生。在现实中，语义相似度高的城市场景更可能发生空间交互。例如，大多数蔬菜市场都毗邻居住区，新老居住区通常相距很远。因此，为了保持城市场景间的邻近性，引入 Delaunay 三角网构建图。

4. 邻域信息传递模型

为了识别邻近场景的其他特征，需要采用高阶和特殊的连接消息传递模式。因此，节点可以通过接收不同距离（一阶或更高阶）邻近节点的特征表示，并能从其他相似度较高的节点处获得额外的加权信息。本小节，一种基于图卷积神经网络可训练参数的特殊连接模块——邻居支持模块，被设计用以传递不同邻接场景的潜在信息。

图的邻接矩阵是城市场景中邻居信息和空间分布关系的重要表现。为了获得城市场景分类的额外信息，本小节介绍的方法设计了三种连接模式来构成模型的邻居支持模块，即自连接、一阶邻域连接和一阶相似性连接（图 6.52）。

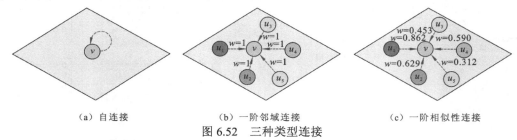

（a）自连接　　　　　（b）一阶邻域连接　　　　　（c）一阶相似性连接

图 6.52　三种类型连接

v 为任意节点；$u_1 \sim u_5$ 为 v 的邻居节点；w 值反映了各邻居节点对 v 的支持情况

自连接可以看作节点与自身镜像节点的连接[图 6.52（a）]，即特征相同，连接权重为 1。通过自连接，节点不断迭代自身的特征以获取高维信息，这种连接的目的是识别节点特征。自连接间接地将节点自身视为邻居，从而在执行邻居支持时表达节点特征。根据地理学第一定律，一阶邻域连接，即节点与邻近节点之间的连接[图 6.52（b）]，反映了节点与周围节点之间的空间关系。该连接通过获取局部信息来提高不同邻域内节点的图嵌入学习能力。一阶邻域连接直接聚合并识别周围节点的特征。相似的邻域应该相对转换更多的信息，因此引入邻接节点间的相似性来设计一阶相似性连接模式。基于邻域连接的一阶相似性连接，利用邻域节点的特征相似性构造一阶相似性连接矩阵[图 6.52（c）]，公式表述如下：

$$A' = AS_{\text{sim}} \tag{6.88}$$

式中：A' 为一阶相似性连接矩阵；S_{sim} 为节点相似性矩阵。利用节点特征计算节点相似性矩阵，提高了相似节点之间的信息传递能力。一阶相似性连接使节点更加关注高度相似节点的特征信息。该节点不仅获取邻近节点的空间信息，而且有选择地聚合高相似度节点的特征。

本小节提出的嵌入邻域支持模块的图卷积神经网络（neighbor support graph convolutional neural network，NSGCN），可不断地收集关于自身和邻近节点的信息。随着邻域连接的进行，节点聚集了更多邻域节点的特征，感受野扩大[图 6.53（a）]。NSGCN 提取自身高维特征，不仅能在最大化保留自身特征的同时吸引邻近节点特征，而且能将自身节点的特征与邻近节点的特征相结合，反映局部特征信息，它的信息传递机制如图 6.53（b）所示。

设计一个两层的 NSGCN 用于城市场景的节点分类，它具有对称的邻接矩阵 $\hat{A}$ 和相似邻接矩阵 A'。图 6.53（a）展示了 NSGCN 的网络结构。在预处理过程中，分别计算 $\hat{A}$、S_{sim} 及 A'，它们分别代表图的邻接矩阵、节点相似性矩阵和相似邻接矩阵。正向传播表示为

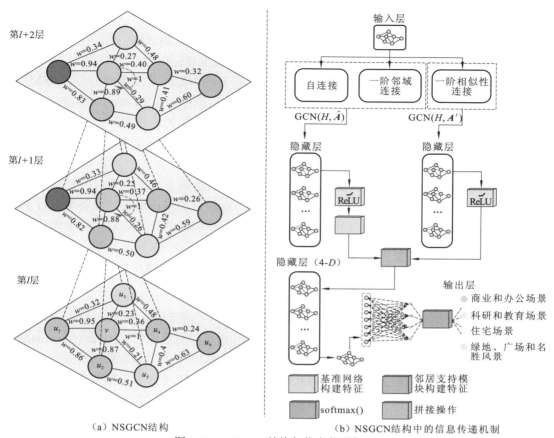

图 6.53　NSGCN 结构与信息传递机制

（a）中信息自底向上传播，节点 u 的颜色越深，与 v 的相似性越高；传播虚线越粗，节点 u 与 v 的相似性越高，传输效率越高
扫封底二维码可见彩图

$$\hat{y} = \text{softmax}(\hat{A}(\text{ReLU}(\hat{A}XW^{(0)}) \& \& \text{ReLU}(A'XW^{(0')}))W^{(1)}) \tag{6.89}$$

式中：$\hat{y}$ 为预测的输出向量；$W^{(0)}$ 和 $W^{(0')}$ 分别为以 $\hat{A}$ 为稀疏邻接矩阵和以 A' 为稀疏邻接矩阵的输入层到隐藏层矩阵；$W^{(1)}$ 是隐藏层到输出层的权重矩阵；$\&\&$ 表示特征之间的联系。

利用量化预测值与真值之间差异的交叉熵作为损失函数对模型进行训练，损失函数 J 表示为

$$J = -\sum_{i=1}^{m}\sum_{j=1}^{n}\hat{y}_{ij}\ln y_{ij} \tag{6.90}$$

式中：$\hat{y}_{ij}$ 为模型预测的第 i 个样本属于第 j 个类别的概率；y_{ij} 为真实标签中第 i 个样本属于第 j 个类别的概率；m 为样本数；n 为城市场景类别数。

5. 实验区域

选取北京五环内区域作为实验区域，涵盖了北京的核心功能区，包括东城区、西城区、海淀区、朝阳区、石景山区、丰台区、大兴区 7 个行政区。核心功能区是一个包括风景名胜区、商业办公区、多类型住宅场景和科研教育场景的复杂混合体。例如，紫禁城和圆明

园为风景名胜区；西单文化广场和西单北街沿线的许多商业设施为商业区；北京使馆区集中包含大量外国使馆，具有明显的办公场景；清华大学及其附属设施，如学生宿舍，为科研和教育场景；位于朝阳公园附近的棕榈泉国际公寓被主观标记为住宅场景。

利用开放街道地图（OSM）中的路网建立北京五环内部区域场景的划分。OSM 是一个开源地理信息项目，目前已被广泛应用于多个应用程序中（Xu et al.，2017a）。本小节方法中，OSM 中的三级道路被用来划分城市场景，因为居民通常在三级道路划定的区域内互动，并且划分后的城市场景空间大小适合分析（Chan et al.，2011）。本实验利用膨胀压缩法来获得保留原始空间拓扑结构的多车道中心线，并将五环内部区域划分为 1 282 个场景，又称城市场景。因为本小节介绍的方法是基于监督式学习的模型，需手动标记训练数据集。为满足训练设计模型的需要，对划分的城市场景功能类型进行了标注。基于《北京城市总体规划（2016 年—2035 年）》中提供的公共规划，城市场景被标记为商业和办公场景（C）、科研和教育场景（E）、住宅场景（R）及绿地、广场和名胜风景区（P）（Xu et al.，2021；Xing et al.，2018；Pei et al.，2014）。

6. 实验结果与分析

城市场景分类一直是地理信息科学研究领域的一个热点问题。然而，少有研究者能够有效地融合视觉特征和空间语义特征。这里利用 POI 和街景图像（street view image，SVI）提取城市场景内部结构属性和建筑立面信息。NSGCN 通过获取邻近场景的信息，有效地提高了场景分类能力。设计的 NSGCN 通过包含 1 162 个场景的数据集进行训练，其中商业和办公场景（C）、科研和教育场景（E）、住宅场景（R）及绿地、广场和名胜风景区（P）分别包含 493 个、42 个、550 个和 77 个场景。此外，利用包含 120 个场景的测试数据集对模型进行评估，最终模型评估 Kappa 系数和测试精度分别为 0.769 和 0.827。测试集混淆矩阵如表 6.13 所示。

表 6.13　测试集混淆矩阵

城市场景功能类型	商业和办公场景（C）	科研和教育场景（E）	住宅场景（R）	绿地、广场和名胜风景区（P）
商业和办公场景（C）	26	0	4	0
科研和教育场景（E）	2	23	5	0
住宅场景（R）	2	0	28	0
绿地、广场和名胜风景区（P）	3	0	5	22

通过表 6.13 可得，在城市场景的 4 种功能类型识别中，商业和办公场景及住宅场景识别较好，但设计的模型在确定科研和教育场景，绿地、广场和名胜风景区方面的表现较差。

首先，这两类场景的训练样本相对较少，造成场景特征表达及模型学习能力较弱。其次，科研和教育场景及绿地、广场和名胜风景区通常包括或毗邻研究区内的商业和办公场景及住宅场景（图 6.54）。NSGCN 模型更侧重于局部邻居场景之间的相互关系。相比之下，城市场景被其他类型场景包围或包围其他类型场景，使其与邻近场景相似性较低[图 6.54（b）]。这将导致支持其特征显著的高维特征信息较少被传递。相反，科研和教育场景与商业和办公场景或住宅场景之间的局部区域空间关系较少，导致该类型相邻场景的局部区域模型的学习能力较弱[图 6.54（a）]。

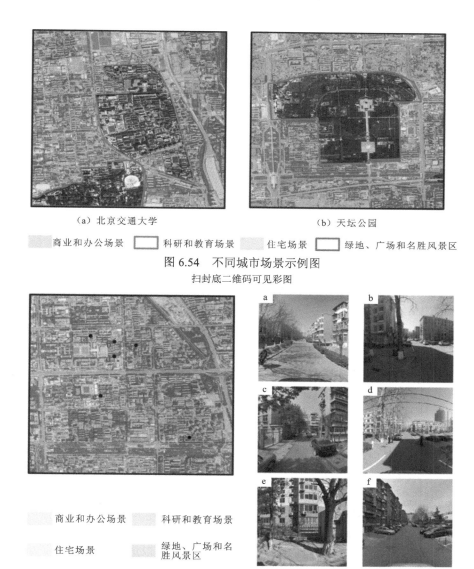

（a）北京交通大学　　　　　　　　（b）天坛公园

　　商业和办公场景　□科研和教育场景　　住宅场景　□绿地、广场和名胜风景区
图 6.54　不同城市场景示例图
扫封底二维码可见彩图

　　商业和办公场景　　科研和教育场景

住宅场景　　　　绿地、广场和名
胜风景区

图 6.55　大学校园内部环境
扫封底二维码可见彩图

表 6.13 的混淆矩阵表明，科研和教育场景部分被识别为商业和办公场景。绿地、广场和名胜风景区部分被识别为住宅场景。此外，大学校园内部在视觉特征上与商业和办公场景或住宅场景存在较高的相似性，特别是大学宿舍，如图 6.55 所示。因此，部分科研和教育场景被划分为住宅场景。

6.3.2　顾及空间交互关系的城市空间场景功能分类识别

前文介绍了如何通过构建场景空间关系，利用静态数据融合识别城市场景功能，但顾及邻域支持的城市场景研究并未考虑场景空间交互模式。因此，针对 POI 数据蕴含的空间分布信息无法被充分挖掘的问题，结合图结构具有良好的空间拓扑关系表达效果及图卷积操作可聚集邻域信息的优点，本小节基于图卷积神经网络、空间交通交互信息和空间上下文关系挖掘场景 POI 空间拓扑关系，提出融合静、动态数据，顾及空间交互关系的城市场景识别方法，以提高城市场景分类识别的效率和准确率。本小节方法主要包含：①空间关系表达；②空间关系提取；③空间交互关系提取；④模型构建与场景功能识别。

1. 场景空间信息提取

1）城市道路交通交互信息分析

利用城市人口流动模式提取城市隐藏信息是当前城市研究的挑战之一。近年来，城市出租车轨迹数据成为揭示城市人类活动模式和城市功能的热门数据源。然而，很少有研究充分利用隐藏在人类流动模式中的交通交互信息来表达城市路段中隐含的城市功能。为解决这一问题，本小节建立道路轨迹语料库，考虑路段空间上下文关系从而得到城市路段语义嵌入向量表示。

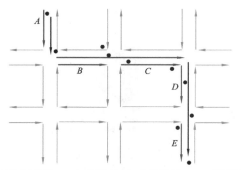

- 原始GPS记录 ⟹ 路段 ⟶ 匹配轨迹 ⟶ 匹配路段
图 6.56 映射原始 GPS 记录到路段序列

在自然语言处理领域，为达到挖掘潜在语义表示或关系的目的，通常利用大规模语料库有效地训练语言模型。语料库通常包含多个文档，每个文档由多个单词组成。同样地，在地理语义挖掘研究领域也可以建立地理语境语料库（Hu et al.，2020）。本小节方法假设交通互动模式能够反映城市人口出行活动特征，并且这种模式与城市内部空间结构密切相关。根据道路网络中的重要交通节点（如十字路口和丁字路口）将城市的主要道路划分为路段，并以此构建道路轨迹语料库。将研究区域类比为语料库，研究区域内的出租车轨迹（或路线）类比为文档，该文档由城市路段所表示的"词"类比得到。通过地图匹配算法，将全球定位系统记录映射到城市路段。每个出租车行驶路线可以表示为不重复的连续路段序列（图 6.56），使用这些序列，构建地理语义训练区域的道路轨迹语料库。

引入 Word2vec 模型用于空间实体元素语义表达，即以道路轨迹语料库为输入，通过训练基于 Skip-gram 的 Word2vec 模型，研究上下文信息和交通交互模式，将每个路段表示为一个高维特征向量。Skip-gram 模型的似然函数如下：

$$L(\theta) = \prod_{i=1}^{N} \prod_{-m<s<m, j\neq0} p(r_i|r_{i-s}^{i+s}) \tag{6.91}$$

式中：N 为路段数量；s 为窗口大小（设窗口大小为 6）；r_{i-s}^{i+s} 为目标路段 r_i 的上下文路段；$p(r_i|r_{i-s}^{i+s})$ 为给定目标路段生成上下文路段的条件概率，可通过执行 softmax 操作获得：

$$p(r_i|r_{i-s}^{i+s}) = \frac{\exp(r_i, r_{i-s}^{i+s})}{\frac{1}{N}\sum_{i=1}^{N}\exp(r_i, r_{i-s}^{i+s})} \tag{6.92}$$

将道路网络中的每个路段描述为一个高维地理语义嵌入向量，该向量隐含了深层的城市街道交通交互信息。

如图 6.57 所示，出租车轨迹通过地图匹配算法得到匹配路段 $A \to B \to C \to D \to E$，其对应路段编号的轨迹文档为 [29,35,118,63,79]。依赖 Python 中 Genism 的工具实现

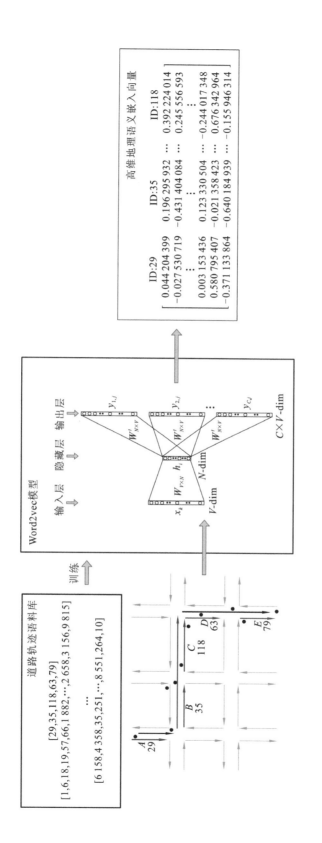

图 6.57　城市路段地理语义嵌入向量表达

Word2vec 模型，利用道路轨迹语料库训练该模型，最终得到所有路段输出维度为 128 的高维地理语义嵌入向量。

利用城市路段语义特征，将 POI 最近邻路段空间上下文信息映射到 POI 点位进行特征描述，并通过融合 POI 空间交互信息及 POI 空间分布模式进行场景功能类型识别。

2）城市功能要素空间格局分布分析

从高德地图服务（https://amap.com）提供的 POI 中提取城市场景空间实体分布特征。利用高德地图应用程序接口，共获得研究区 14 个一级类别 POI 记录（表 6.14）、128 个二级类别的 POI 记录。每条 POI 记录都包含多个字段值，如名称、类别、经度、纬度、地址、省、市、县（地区）及街区。

为定量表达场景的空间实体分布特征，将每个 POI 定义为一个用 One-Hot 表示的向量，为充分表达各 POI 实体自身信息，使用 POI 二级类别描述。例如，三种不同的类别 POI：A、B 和 C，可分别表示为 [1,0,0]、[0,1,0] 和 [0,0,1]。

表 6.14　POI 类型目录

一级类别	二级类别	一级类别	二级类别	一级类别	二级类别
餐饮服务	中餐厅 外国餐厅 快餐厅 休闲餐饮场所 咖啡厅 茶艺馆 冷饮店 糕饼店 甜品店	生活服务	旅行社 信息咨询中心 售票处 邮局 物流速递 电信营业厅 事务所 人才市场 自来水营业厅 电力营业厅 美容美发店 维修站点 摄影冲印店 洗浴推拿场所 洗衣店 中介机构 搬家公司 彩票彩券销售点 丧葬设施 婴儿服务场所 共享设备	科教文化服务	博物馆 展览馆 会展中心 美术馆 图书馆 科技馆 天文馆 文化宫 档案馆 文艺团体 传媒机构 学校 科研机构 培训机构 驾校
购物服务	商场 便民商店/便利店 家电电子卖场 超级市场 花鸟鱼虫市场 家居建材市场 综合市场 文化用品店 体育用品店 特色商业街 服装鞋帽皮具店 专卖店 特殊买卖场所 个人用品/化妆品店			交通设施服务	机场相关 火车站 港口码头 长途汽车站 地铁站 轻轨站 公交车站 班车站 停车场 国境口岸 出租车 轮渡站 索道站 上下客区
体育休闲服务	运动场馆 高尔夫场所 娱乐场所 度假疗养场所 休闲场所 影剧院	医疗保健服务	综合医院 专科医院 诊所 急救中心 疾病预防机构 医药保健销售店 动物医疗场所		

一级类别	二级类别	一级类别	二级类别	一级类别	二级类别
住宿服务	宾馆酒店 旅馆招待所	政府机构及 社会团体	政府机关 外国机构 民主党派 社会团体 公检法机构 交通车辆管理 工商税务机构	金融保险服务	银行 银行相关 自动提款机 保险公司 证券公司 财务公司
公共设施	报刊亭 公用电话 公共厕所 紧急避难场所				
商务住宅	产业园区 楼宇 住宅区	公司企业	知名企业 公司 工厂 农林牧渔基地	风景名胜	公园广场 风景名胜

2. 场景空间关系表达

使用基于图的数据结构来描述场景实体空间分布模式,利用 Delaunay 三角剖分构建场景 POI 点位的空间关系。在城市场景功能识别中,利用图来描述城市场景是十分有效的。

本方法考虑实体间连接关系构建邻接矩阵。如图 6.58 所示,在场景 Z 中,存在 $A \sim I$ 共计 9 个实体,利用 Delaunay 三角剖分可构建场景 Z' 实体的空间关系。利用场景 Z' 可构建邻接矩阵 A 为

$$A = \begin{bmatrix} 0 & 1 & 0 & 1 & 0 & 0 & 0 & 1 & 0 \\ 1 & 0 & 1 & 1 & 1 & 1 & 0 & 0 & 0 \\ 0 & 1 & 0 & 0 & 0 & 1 & 0 & 0 & 0 \\ 1 & 1 & 0 & 0 & 1 & 0 & 0 & 1 & 0 \\ 0 & 1 & 0 & 1 & 0 & 1 & 1 & 0 & 0 \\ 0 & 1 & 1 & 0 & 1 & 0 & 1 & 0 & 1 \\ 0 & 0 & 0 & 0 & 1 & 1 & 0 & 1 & 1 \\ 1 & 0 & 0 & 1 & 0 & 0 & 1 & 0 & 1 \\ 0 & 0 & 1 & 0 & 0 & 1 & 1 & 1 & 0 \end{bmatrix} \tag{6.93}$$

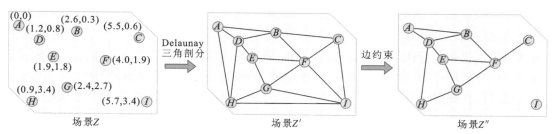

图 6.58　顾及空间边连接属性的空间关系构建

图是表征 POI 空间分布模式的关键。本方法利用图的边属性,重新构造加权邻接矩

阵。考虑边属性时，无向连通图 G 概念为 $G = (V, E, W)$，即图由顶点、边及边属性构成，其中 $V = (v_1, v_2, \cdots, v_n)$ 和 $E \in n \cdot n$ 是 $|V| = n$ 的节点和边的有限集合，W 则是图 G 的加权邻接矩阵。节点 V_i 和 V_j 的加权元素 w_{ij} 表达为

$$w_{ij} = \begin{cases} \exp\left(-\dfrac{|X_{ij}|^2}{\sigma^2}\right), & i \neq j \text{ 且 } \exp\left(-\dfrac{|X_{ij}|^2}{\sigma^2}\right) > \in \\ 0, & \text{其他} \end{cases} \qquad (6.94)$$

式中：σ^2 和 $\in$ 分别为 10 和 0.5，用于控制 W 的分布和稀疏度的阈值（Yu et al.，2017）；$|X_{ij}|$ 为 POI 点 i 和 j 间的欧几里得距离，可由下式计算：

$$|X_{ij}| = |X_{ji}| = \sqrt{(x_i - x_j)^2 + (y_i - y_j)^2} \qquad (6.95)$$

式中：x 和 y 分别为二维空间中节点的横坐标和纵坐标。

对于图 6.58 所示的场景 Z''，利用邻接矩阵 A［式（6.93）］和式（6.94）、式（6.95），可以计算出其空间实体对应的加权邻接矩阵 W：

$$W_{ij} = w_{ij} \cdot A_{ij} \qquad (6.96)$$

即

$$W = \begin{bmatrix} 0 & 0.5041 & 0 & 0.8122 & 0 & 0 & 0 & 0 & 0 \\ 0.5041 & 0 & 0 & 0.8017 & 0.7603 & 0.6364 & 0 & 0 & 0 \\ 0 & 0 & 0 & 0 & 0 & 0.6744 & 0 & 0 & 0 \\ 0.8122 & 0.8017 & 0 & 0 & 0.8616 & 0 & 0 & 0.6035 & 0 \\ 0 & 0.7603 & 0 & 0.8616 & 0 & 0.6428 & 0.7305 & 0 & 0 \\ 0 & 0.6364 & 0.6744 & 0 & 0.6428 & 0 & 0.5993 & 0 & 0 \\ 0 & 0 & 0 & 0 & 0.7305 & 0.5993 & 0 & 0.7914 & 0 \\ 0 & 0 & 0 & 0.6035 & 0 & 0 & 0.7914 & 0 & 0 \\ 0 & 0 & 0 & 0 & 0 & 0 & 0 & 0 & 0 \end{bmatrix} \qquad (6.97)$$

3. 空间信息传递及场景识别

本小节介绍的方法引入图卷积聚合节点的空间上下文信息。每个场景的标签表示城市场景类型，其中节点和图结构表示场景内空间实体 POI 及其空间分布。为了对图中所描述的城市场景进行分类，本方法设计了一个图卷积神经网络模型（图 6.59），其中包含两个卷积层和一个作为最终分类器的 softmax( ) 层。选择 Adam 算法，以优化损失并为每个单独的图预测其标签。该算法根据预测标签与实际标签的差异，采用反向传播算法对网络模型权重进行优化，直到得到预测结果最好的权值参数。对于训练集中的图，节点数不确定但图中节点特征的维度为 256。首先通过两层图卷积层提取空间上下文信息，然后通过线性映射将其维度降为 4，随后每个维度的属性通过池化聚合为全连接层节点，最终的分类结果由 softmax( ) 分类器得到。

为了识别场景功能类别，本方法通过构建城市路段语义特征，利用 POI 最近邻路段空间上下文信息描述 POI 点位特征，并通过表达 POI 空间分布模式进行场景功能类型识

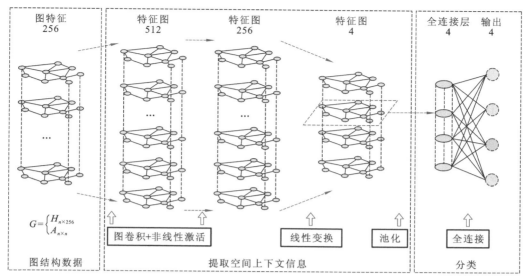

图 6.59 图卷积神经网络模型结构

别。本方法利用图分类任务的图卷积神经网络，如图 6.59 所示，其中图卷积层用来提取场景空间上下文特征。

对于 G 中的节点 v，$\boldsymbol{h}(v)$ 是节点 v 的属性向量，$\tilde{h}(v)$ 是节点 v 在 l 层进行的卷积操作。本方法为图卷积模型使用了一阶切比雪夫谱图卷积。其正向传播模型为

$$\hat{y} = \mathrm{softmax}\left(\mathrm{ReLU}\left(\tilde{D}^{-\frac{1}{2}}\tilde{A}\tilde{D}^{-\frac{1}{2}}\mathrm{ReLU}\left(\tilde{D}^{-\frac{1}{2}}\tilde{A}\tilde{D}^{-\frac{1}{2}}H^{(0)}\boldsymbol{W}^{(0)} \right)\boldsymbol{W}^{(1)} \right) \right) \tag{6.98}$$

式中：$\boldsymbol{W}^{(0)} \in \mathbf{R}^{C \times H}$ 为输入层到隐藏层的权重矩阵；H 为隐藏层的通道数；$\boldsymbol{W}^{(1)} \in \mathbf{R}^{H \times F}$ 为隐藏层到输出层的权重矩阵。矩阵 $\tilde{A}_w$ 可由权重矩阵 $\boldsymbol{W}$、邻接矩阵 $\boldsymbol{A}$ 及单位矩阵 $\boldsymbol{I}$ 计算得到。

$$\tilde{A}_w = \boldsymbol{W}(\boldsymbol{A} + \boldsymbol{I}) \tag{6.99}$$

经过图卷积操作后，图中每个节点的向量被更新。对图中节点属性向量取均值，表达被更新后的图特征，记为 $\boldsymbol{h}_G$：

$$\boldsymbol{h}_G = \frac{1}{|V|}\sum_{v \in V}\boldsymbol{h}_v \tag{6.100}$$

softmax( ) 为输出层分类器，其定义如下：

$$\boldsymbol{P} = \mathrm{softmax}(\boldsymbol{h}_G * \boldsymbol{W}), \quad \mathrm{softmax}(x_i) = \frac{\mathrm{e}^{x_i}}{\sum\limits_{j=0}^{F-1}\mathrm{e}^{x_j}} \tag{6.101}$$

最终，模型将维度为 $\boldsymbol{h}_G$ 的图输出为与分类类型 F 相同维度的预测值向量 $\boldsymbol{P} = \{p_i\}_{i=0}^{M-1}$，其中 p_i 表示预测值向量 $\boldsymbol{P}$ 中的第 i 个元素，将预测值向量中最大值处的索引位置视为模型最终的预测结果。

模型训练效果的评价指标可由损失函数 $J(y, \hat{y})$ 定量表达，函数中 y 为模型预测值，$\hat{y}$ 为真实标签。本方法解决的多分类问题的 softmax( ) 函数可由交叉熵损失函数表达，

定义为

$$J = -\sum_{i=0}^{M-1} y_i \log(p_i) \qquad (6.102)$$

4. 实验区域和数据

利用开放街道地图获取的路网建立北京五环内部区域的 TAZs。这里选取其中第一级别、第二级别和第三级别的路网数据，选取的路网数据将城市研究区域划分为 1 282 个研究单元。所有汽车可通行的道路数据被用于匹配出租车 GPS 轨迹点，并构建道路轨迹语料库；此外，筛选去除语料库中频数小于 5 的路段，因为这些路段对场景功能的支持度是很小的。

城市场景提取来自 POI 的语义特征由高德地图服务提供。利用高德地图应用程序接口，在研究区内获得 14 个一级类别、128 个二级类别的 POI 记录。每条 POI 记录都包含多个字段值，如名称、类别、经度、纬度、地址、省、市、县（地区）及街区。由于一级类别在表达类别信息时较为模糊，选取二级类别进行 One-Hot 表示。

出租车在北京市内交通中扮演着重要的角色。本研究收集了 2011 年 11 月 1 日至 11 月 30 日期间北京 12 000 多辆出租车的 GPS 轨迹数据。GPS 记录的内容包括出租车 ID、经度、纬度、时间戳、方向、速度和状态（是否载客）。GPS 轨迹采样频率约为 30 s。

基于《北京城市总体规划（2016 年—2035 年）》中提供的公共规划，城市场景被标记为商业和办公场景、科研和教育场景、住宅场景及绿地、广场和名胜风景区。为了满足训练设计模型的需要，对划分的城市场景进行功能类型标注。

5. 实验结果与分析

1）分类结果

利用城市路网将研究区域划分为 1 282 个城市场景，研究区内的路网被划分为 5 326 个路段。通过输入道路轨迹语料库训练 Word2vec 模型，每个路段表示为一个包含重要交通交互信息的高维向量，根据 POI 与其最邻近的路段关系，以 POI 点位信息为节点位置，将 POI 二级类型信息与其最近邻道路信息融合，得到一组融合特征。模型学习率设为 0.001，批训练为 30，采用 Adam 算法训练，以优化损失函数。结果表明，顾及场景内部要素空间分布关系，利用多源社会感知数据表达场景空间特征的方法可获得较好的城市场景功能类型识别效果（图 6.60）。

2）分类结果分析

将获得的两种来源的场景语义特征融合并作为图卷积神经网络（GCN）的输入，通过包含 1 082 个场景的数据集进行训练，其中商业和办公场景（C）、科研和教育场景（E）、住宅场景（R）、绿地、广场和名胜风景区（P）分别包含 473 个、22 个、530 个和 57 个场景。此外，利用包含 200 个场景的测试数据集（每类场景各包含 50 个）对模型进行评估，最终模型评估 Kappa 系数和测试精度分别为 0.807 和 0.855。测试集混淆矩阵如表 6.15 所示。

图 6.60　城市场景功能类别识别结果

扫封底二维码可见彩图

表 6.15　测试集混淆矩阵

城市场景功能类型	商业和办公场景 （C）	科研和教育场景 （E）	住宅场景 （R）	绿地、广场和名胜风景区 （P）
商业和办公场景（C）	42	2	5	1
科研和教育场景（E）	5	40	4	1
住宅场景（R）	4	2	44	0
绿地、广场和名胜风景区（P）	3	0	2	45

　　由表 6.15 可知，4 类场景功能的识别精度均保持在 80%～90%，模型整体性能表现良好。其中，科研和教育场景的识别精度最低，为 80%（40/50）。科研和教育场景识别能力较低的原因主要有两点：第一，此类场景的训练样本数量较少，仅使用了 22 个训练样本，导致科研和教育场景特征表达和模型学习能力都比较弱；第二，科研和教育场景主要错分为商业和办公场景或住宅场景，这主要是因为该类场景更广泛地与住宅场景或与商业和办公场景相邻，造成了被错判（图 6.61）。

　　模型对商业办公场景和住宅场景的识别精度分别为 84%（42/50）和 88%（44/50）。由表 6.15 可知，两种类型场景相互错分的原因为以下两点：第一，住宅场景内包含众多性质为商业用途的公司企业或办公用途的社区医院、居委会等，并且多数住宅场景有性质为商业的小型购物商场；第二，部分商业和办公场景同时具有住宅功能，从而使得二

☐ 商业和办公场景　　☐ 住宅场景　　■ 科研和教育场景

图 6.61　科研和教育场景毗邻局部图
扫封底二维码可见彩图

者相互误判。该模型对绿地、广场和名胜风景区类型场景的识别精度为 90%（45/50）。这是由于绿地、广场和名胜风景区类型场景的识别度较为清晰，通常情况下，场景内 POI 密度较为分散，且场景内含有特有的"风景" POI 类型。表 6.15 中显示，存在少量绿地、广场和名胜风景区类型场景被错误识别为商业和办公场景及住宅场景。如图 6.62 所示，随着混合功能场景不断地发展，商业和办公场景及住宅场景中通常会建设公园、广场等公共基础设施以满足居民需求。

■ 商业和办公场景　　　住宅场景　☐ 绿地、广场和名胜风景区

图 6.62　城市绿地广场空间分布
扫封底二维码可见彩图

第7章　地理空间场景语义分类展望

7.1　地理空间场景语义分类的发展趋势

在矢量空间场景分类方面，其未来的发展总体有两个趋势，一是分类技术的智能化，二是分类数据的多元化，两者相辅相成，优越的技术支撑多样化的数据应用，多样化的数据同样推动技术的不断发展。未来，矢量空间场景分类的应用势必能更好地服务于人类世界。

在分类技术层面，持续火热的深度学习在未来一段时间内仍将引领众多领域发展，对矢量空间数据的研究也不例外。但目前适用于矢量空间数据的深度学习类方法并不多，相关研究主要通过图卷积网络模型展开，图卷积网络是现阶段最适用于地理空间场景这一类非规范性数据特征抽象与表达的模型，它将图像、音频、自然语言等规范性数据处理，进一步延伸拓展到更广泛、更通用的图结构数据，因此吸引了诸多领域学者的关注与支持。目前相关研究成果已尝试处理社交媒体数据、大脑生物连接网络数据、化学分子结构数据、人体医学数据等非欧几里得结构数据，同时在交通预测、3D形状识别、空间模式表达等领域中也被用于欧几里得结构数据的分析。总体而言，未来图卷积网络仍有很大的潜在应用空间。而除图卷积网络之外，深度学习能否向其他方向延伸，构建出更适合地理空间数据的表达模型也值得探索。

在分类数据层面，随着基于位置的服务（location based services，LBS）技术的快速发展，位置服务已成为人类生活中越来越有影响力的一部分，智能终端提供了位置服务，也收集了大量位置信息。这些与人们生活密切相关的位置信息对挖掘人类行为规律、研究区域发展规律有着重要意义。将具有人类、社会属性信息的位置数据与地理空间数据结合，通过多样化地理数据间的互补，形成对区域信息的充分表达，结合更高效智能的分类方法，获得对空间场景更准确的语义分类，形成对区域兴趣信息更精细化的描述，进而为人类社会生活与发展规划提供准确的决策支撑，形成良性循环。由此，未来矢量空间场景分类将会融入多元化的地理位置数据，包括结合社会属性（如POI）、时间属性的位置信息，实现更全面的矢量空间语义探索。

在遥感影像场景分类方面，深度学习极大推动了遥感影像分类的智能化发展，也将引领遥感影像分类的未来发展。尽管从数据组织结构而言，遥感影像数据比矢量空间数据的组织结构更简单、规律，但遥感影像中蕴含的多样地物类型与复杂空间关系仍给遥感影像场景的特征表达与分类带来极大挑战。尤其在深度学习背景下，影响深度学习发展的三大要素即标注数据、网络模型、计算力，无疑也成为影响遥感影像场景分类的关键因素。但不同于自然图像数据，遥感影像数据的标记成本非常高昂，对先验专家知识有很高要求。因此，目前最大的遥感影像场景数据集样本量仅达到数万张，而经典的自然图像数据集如 ILSVRC 分类竞赛数据集样本量达 120 万张。对大规模标注数据的依赖成为目前基于深度学习的遥感影像分类方法亟须克服的困难。此外，深度学习的不透明性、不可解释性也成为制约其发展的阻碍。"理解"与"解释"是后深度学习时代的核心任务，而知识图谱为"可解释的人工智能"提供了全新的视角和机遇。

目前遥感领域已将知识图谱应用于滑坡预警、灾害预测、影像分类、地物提取等多个方面。总体上，基于知识图谱的遥感影像解译认知理解可分为地理知识图谱主动引导式理解和地理知识图谱参与式理解，它们构建的遥感影像解译知识图谱能够关联遥感语义信息，表现出诸多优点（张继贤 等，2021）。例如：可以深入了解数据来源、地理环境，查找语义信息，评估结果是否符合应用目的；可以形式化表达影像解译任务，集成异构的解译产品；有助于解译知识的管理，以及遥感领域与其他领域（生态、农业、城市等）的知识共享与重用。这些都使知识图谱有望成为下一代推动遥感影像场景语义分类发展的最佳技术。

7.2　地理空间场景语义分类的应用前景

在信息化时代，地理空间场景语义信息的发展和应用已成为必然的趋势。与传统数据信息相比，地理空间场景语义信息具有海量的数据规模、多源的数据类型、动态的时空属性、低价值密度和快速的处理速度等优势和特点。这为地理空间场景语义分类提供了新的数据来源、方法论和思维方式，也为其发展带来了新的机遇和挑战。

在自然资源领域，随着遥感、传感器和网络拟态环境信息技术的发展，数据资源的采集、挖掘和应用水平不断深化。结合新兴技术对密集型数据进行比较、聚类，找出庞大数据集里隐藏的多要素、多过程和多规律，对森林绿地环境、大气质量、水体污染等进行更加精细化监督，在海岛、海洋等大尺度和偏远区域实现全方位规划管理，有助于将新发现纳入已有的知识体系中。

在摄影测量与遥感等测绘活动中，对道路网的提取、地物的精细分类、车牌和交通标志的识别等，早已普遍通过机器自动提取以提高作业效率和准确度。对自动驾驶而言，自动驾驶车辆需要通过各类传感器不间断自动采集车辆周边各类地理信息，并通过云端实时的大数据分析、处理和分发，以极高现势性和新鲜度的地理信息确保安全、高效的自动驾驶。在将来的完全自动驾驶时代，每一辆自动驾驶车同时也是一辆移动测量车，这种智能化的采集方式具有成本低、效率高、时效性好的优势，能够真正做到自动驾驶所需地理信息的动态实时更新。

此外，社交网络数据或空间定位数据，可以以更高的精度、粒度和维度揭示社会的发展轨迹和微观个体行为背后的规律。大量"人"数据的涌现，尤其在以人为根本的城市，可以打破传统的数据搜集、时空表述与分析方法，从新视角关注"人"。以"大"数据分析诸如个人情绪、空间感知、行为理解等"微"事物，有助于在城市计算的基本框架下精确地提高人们的生活品质、保护环境并提高城市运转效率，建立智慧城市。交易数据、人为数据、移动数据、传感器数据等个体和空间信息类型众多，而地理空间场景语义分类技术则有助于建立弹性可扩展的存储资源平台，提高数据价值密度，挖掘其繁杂的时空数据意义。

总体而言，地理空间场景语义分类与各领域、各行业息息相关，在国土、交通、城市管理、农业、林业、水利、环保、统计、国防等领域均得到了广泛应用，在国民经济和社会发展中发挥着越来越重要的作用，并且随着与时空大数据的深度融合，其应用领域不断丰富，推动了行业在技术、产业、业态、模式等方面的发展。

参 考 文 献

艾廷华, 帅赟, 李精忠, 2009. 基于形状相似性识别的空间查询. 测绘学报, 38(4): 356-362.

安晓亚, 2011. 空间数据几何相似性度量理论方法与应用研究. 郑州: 中国人民解放军战略支援部队信息工程大学.

安晓亚, 孙群, 肖强, 等, 2011. 一种形状多级描述方法及在多尺度空间数据几何相似性度量中的应用. 测绘学报, 40(4): 495-501, 508.

宝音图, 2021. 基于深度学习的光学遥感图像场景分类与语义分割. 郑州: 中国人民解放军战略支援部队信息工程大学.

陈佳丽, 易宝林, 任艳, 2007. 基于对象匹配方法的多重表达中的一致性处理. 武汉大学学报(工学版), 40(3): 115-119.

陈占龙, 冯齐奇, 吴信才, 2015a. 复合面状对象拓扑关系的表达模型. 测绘学报, 44(4): 438-444.

陈占龙, 周林, 龚希, 2015b. 基于方向关系矩阵的空间方向相似性定量计算方法. 测绘学报, 44(7): 813-821.

陈占龙, 龚希, 吴亮, 2016a. 顾及尺度差异的复合空间对象方向相似度定量计算模型. 测绘学报, 45(3): 362-371.

陈占龙, 覃梦娇, 吴亮, 等, 2016b. 利用多级弦长弯曲度复函数构建复杂面实体综合形状相似度量模型. 测绘学报, 45(2): 224-232.

陈占龙, 吕梦楼, 吴亮, 等, 2017. 基于特征矩阵和关联图的空间场景相似性度量方法. 武汉大学学报(信息科学版), 42(7): 956-962.

陈占龙, 张丁文, 谢忠, 等, 2018. 利用多等级相关性反馈进行空间场景匹配. 武汉大学学报(信息科学版), 43(9): 1422-1428.

池娇, 焦利民, 董婷, 等, 2016. 基于POI数据的城市功能区定量识别及其可视化. 测绘地理信息, 41(2): 68-73.

邓敏, 2011. 空间聚类分析及应用. 北京: 科学出版社.

丁鹏, 2019. 基于深度卷积神经网络的光学遥感目标检测技术研究. 长春: 中国科学院大学(中国科学院长春光学精密机械与物理研究所).

杜世宏, 郭泺, 2010. 基于拓扑关系的不确定区域方向关系推理. 武汉大学学报(信息科学版), 35(4): 388-393.

杜晓初, 黄茂军, 2007. 不确定线-面拓扑关系的描述与判别. 测绘学报, 36(3): 340-344.

高昂, 郑建勇, 梅飞, 等, 2022. 基于三元组孪生网络的窃电检测算法. 中国电机工程学报, 42(11): 3975-3986.

龚希, 吴亮, 谢忠, 等, 2019. 融合全局和局部深度特征的高分辨率遥感影像场景分类方法. 光学学报, 39(3): 19-29.

巩现勇, 2014. 城市建筑群典型空间分布模式的识别方法研究. 郑州: 中国人民解放军战略支援部队信息工程大学.

郭庆胜, 丁虹, 2004. 基于栅格数据的面状目标空间方向相似性研究. 武汉大学学报(信息科学版), 29(5): 447-450, 465.

郭仁忠, 2001. 空间分析. 2 版. 北京: 高等教育出版社.

Haile Y A, 2020. 基于 SincNet 与孪生 LSTM 网络的说话人确认方法研究. 哈尔滨: 哈尔滨工业大学.

何建华, 刘耀林, 2004. GIS 中拓扑和方向关系推理模型. 测绘学报, 33(2): 156-162.

黄文骞, 1999. 数字地图符号的形状描述与识别. 测绘学报, 28(3): 233-238.

江天碧, 2018. 基于深度特征的高分辨率遥感图像检索. 武汉: 武汉大学.

李德仁, 童庆禧, 李荣兴, 等, 2012. 高分辨率对地观测的若干前沿科学问题. 中国科学: 地球科学, 42(6): 805-813.

李学亮, 王维, 2019. 基于 CNN 和 SIFT 特征的遥感图像变化检测. 电子测量技术, 42(21): 87-91.

李娅, 刘亚岚, 任玉环, 等, 2019. 城市功能区语义信息挖掘与遥感分类. 中国科学院大学学报, 36: 56-63.

刘芳, 路丽霞, 黄光伟, 等, 2018. 基于离散余弦变换和深度网络的地貌图像分类. 光学学报, 38(6): 274-282.

刘万增, 2005. GIS 数据库更新中空间冲突自动检测方法研究. 徐州: 中国矿业大学.

刘晓红, 李树军, 2005. 矢量数据压缩的角度分段道格拉斯算法研究. 四川测绘, 28(2): 51-52.

刘晓洁, 2005. GIS 中矢量与栅格数据模型比较. 吉林地质(1): 89-91.

刘远刚, 郭庆胜, 孙雅庚, 等, 2015. 地图目标群间骨架线提取的算法研究. 武汉大学学报 (信息科学版), 40(2): 264-268.

刘远刚, 郭庆胜, 蔡永香, 等, 2017. 基于 CDT 骨架线的地图目标邻近冲突识别. 测绘工程, 26(8): 10-13.

刘远刚, 李少华, 蔡永香, 等, 2021. 移位安全区约束下的建筑物群移位免疫遗传算法. 测绘学报, 50(6): 812-822.

闾国年, 俞肇元, 袁林旺, 等, 2018. 地图学的未来是场景学吗? 地球信息科学学报, 20(1): 1-6.

欧阳继红, 霍林林, 刘大有, 等, 2009. 能表达带洞区域拓扑关系的扩展 9-交集模型. 吉林大学学报(工学版), 39(6): 1595-1600.

申世群, 刘大有, 王生生, 等, 2010. 基于草图的空间数据检索研究. 电子学报, 38(8): 1819-1824.

宋雪涛, 蒲英霞, 刘大伟, 等, 2015. 利用行人轨迹挖掘城市区域功能属性. 测绘学报, 44(S1): 82-88.

隋远, 段然, 朱德理, 2022. 基于深度孪生网络的船舶名称匹配方法. 指挥信息系统与技术, 13(3): 32-35, 51.

孙运达, 万雪, 李盛阳, 等, 2021. 基于孪生网络的航天器部件追踪. 光学精密工程, 29(12): 2915.

田泽宇, 门朝光, 汤亚楠, 2016. 基于形状及空间关系的场景相似性检索. 电子学报, 44(8): 1892-1898.

田泽宇, 门朝光, 刘咏梅, 等, 2017. 一种应用三角形划分的空间对象形状匹配方法. 武汉大学学报(信息科学版), 42(6): 749-755.

王斌, 舒华忠, 施朝健, 等, 2008. 一种基于轮廓线的形状描述与匹配方法. 电子与信息学报(4): 949-952.

王家耀, 2001. 空间信息系统原理. 北京: 科学出版社.

王涛, 刘文印, 孙家广, 等, 2002. 傅立叶描述子识别物体的形状. 计算机研究与发展, 39(12): 1714-1719.

吴立新, 史文中, 2003. 地理信息系统原理与算法. 北京: 科学出版社.

闫浩文, 2022. 空间相似关系. 北京: 科学出版社.

闫浩文, 褚衍东, 2009. 多尺度地图空间相似关系基本问题研究. 地理与地理信息科学, 4(25): 42-44.

杨春成, 2004. 空间数据挖掘中聚类分析算法的研究. 郑州: 中国人民解放军战略支援部队信息工程大学.

袁贞明, 吴飞, 庄越挺, 2006. 基于草图内容的空间拓扑数据检索方法. 浙江大学学报(工学版), 40(10): 1663-1668.

张继贤, 顾海燕, 杨懿, 等, 2021. 高分辨率遥感影像智能解译研究进展与趋势. 遥感学报, 25(11): 2198-2210.

张剑清, 佘琼, 潘励, 2008. 基于 LBP/C 纹理的遥感影像居民地变化检测. 武汉大学学报(信息科学版)(1): 7-11.

张铮, 王艳平, 薛桂香, 2014. 数字图像处理与机器视觉: Visual C++与 MATLAB 实现. 2 版. 北京: 人民邮电出版社.

郑宇, 2015. 城市计算概述. 武汉大学学报(信息科学版), 40(1): 1-13.

郑卓, 方芳, 刘袁缘, 等, 2018. 高分辨率遥感影像场景的多尺度神经网络分类法. 测绘学报, 47(5): 620-630.

Abdollahi B, Nasraoui O, 2016. Explainable restricted Boltzmann machines for collaborative filtering. arXiv: 1606. 07129.

Allen J F, 1983. Maintaining knowledge about temporal intervals. Communications of the ACM, 26(11): 832-843.

Amir G, Roweis S, 2005. Metric learning by collapsing classes//Proceedings of the 18th International Conference on Neural Information Processing Systems: 451-458.

Baatz M, Schape A, 2000. Multiresolution segmentation: An optimization approach for high quality multi-scale image segmentation. Angewandte Geographische Information Sverarbeitung, 12: 12-23.

Bansal M, Daniilidis K, Sawhney H, 2016. Ultrawide baseline facade matching for geo-localization//Zamir A, Hakeem A, Van Gool L. Large-scale visual geo-localization. Cham: Springer: 77-98.

Basu S, Ganguly S, Mukhopadhyay S, et al., 2015. DeepSat: A learning framework for satellite imagery// Proceedings of the 23rd SIGSPATIAL International Conference on Advances in Geographic Information Systems, 37: 1-10.

Belkin M, Niyogi P, 2001. Laplacian eigenmaps and spectral techniques for embedding and clustering// Proceedings of the 14th International Conference on Neural Information Processing Systems: Natural and Synthetic. Cambridge: MIT Press: 585-591.

Bhagavathy S, Manjunath B S, 2006. Modeling and detection of geospatial objects using texture motifs. IEEE Transactions on Geoscience & Remote Sensing, 44(12): 3706-3715.

Blei D M, Ng A Y, Jordan M I, 2003. Latent dirichlet allocation. Journal of machine Learning Research, 3: 993-1022.

Bo D, Wei X, Jia W, et al., 2017. Stacked convolutional denoising auto-encoders for feature representation. IEEE Transactions on Cybernetics, 47(4): 1017-1027.

Breiman L, 2001. Random forests. Machine Learning, 45(1): 5-32.

Bruna J, Zaremba W, Szlam A, et al., 2013. Gated graph sequence neural networks. arXiv: 1511. 05493.

Bruns H T, Egenhofer M J, 1996. Similarity of spatial scenes//Kraak M J, Molenaar M. Seventh International

Symposium on Spatial Data Handling, Delft, The Netherlands: 31-42.

Castelluccio M, Poggi G, Sansone C, et al., 2015. Land use classification in remote sensing images by convolutional neural networks. Acta Ecologica Sinica, 28(2): 627-635.

Celebi M E, Kingravi H A, Vela P A, 2013. A comparative study of efficient initialization methods for the k-means clustering algorithm. Expert Systems with Applications, 40(1): 200-210.

Chan S H, Donner R V, Mmer S L A, 2011. Urban road networks: Spatial networks with universal geometric features? The European Physical Journal B, 84(4): 563-577.

Chang S, Shi Q, Yan C, 1987. Iconic indexing by 2-D strings. IEEE Transactions on Pattern Analysis and Machine Intelligence(3): 413-428.

Chen G, Zhang X, Tan X, et al., 2018. Training small networks for scene classification of remote sensing images via knowledge distillation. Remote Sensing, 10(5): 719.

Chen S, Tian Y, 2014. Pyramid of spatial relatons for scene-level land use classification. IEEE Transactions on Geoscience and Remote Sensing, 53(4): 1947-1957.

Chen Y, Zhou X S, Huang T S, 2001. One-class SVM for learning in image retrieval//Proceedings 2001 International Conference on Image Processing, 1: 34-37.

Chen Y, Zhao X, Jia X, et al., 2015. Spectral-spatial classification of hyperspectral data based on deep belief network. IEEE Journal of Selected Topics in Applied Earth Observations and Remote Sensing, 8(6): 2381-2392.

Chen Z, Zhu R, Xie Z, et al., 2017. Hierarchical model for the similarity measurement of a complex holed-region entity scene. ISPRS International Journal of Geo-Information, 6(12): 388.

Cheng G, Xie X, Han J, et al., 2020. Remote sensing image scene classification meets deep learning: Challenges, methods, benchmarks, and opportunities. IEEE Journal of Selected Topics in Applied Earth Observations and Remote Sensing, 13: 3735-3756.

Chopra S, Hadsell R, Lecun Y, 2005. Learning a similarity metric discriminatively, with application to face verification//IEEE Computer Society Conference on Computer Vision and Pattern Recognition (CVPR'05), 1: 539-546.

Clementini E, Di Felice P, 1995. A comparison of methods for representing topological relationships. Information Sciences: Applications, 3(3): 149-178.

Clementini E, Di Felice P, Van Oosterom P, 1993. A small set of formal topological relationships suitable for end-user interaction. International Symposium on Spatial Databases, 692: 277-295.

Cockcroft S, 1997. A taxonomy of spatial data integrity constraints. GeoInformatica, 1(4): 327-343.

Cristianini N, Shawe-Taylor J, Elisseeff A, et al., 2001. On kernel-target alignment//Proceedings of the 14th International Conference on Neural Information Processing Systems: Natural and Synthetic (NIPS'01). Cambridge: MIT Press: 367-373.

Dalal N, Triggs B, 2005. Histograms of oriented gradients for human detection//2005 IEEE Computer Society Conference on Computer Vision and Pattern Recognition (CVPR'05), 1: 886-893.

Daszykowski M, Walczak B, Massart D L, 2001. Looking for natural patterns in data: Part 1. Density-based approach. Chemometrics and Intelligent Laboratory Systems, 56(2): 83-92.

Davis J V, Kulis B, Prateek J, et al., 2007. Information-theoretic metric learning//Proceedings of the

Twenty-Fourth International Conference on Machine Learning: 209-216.

Deng M, Liu Q, Cheng T, et al., 2011. An adaptive spatial clustering algorithm based on Delaunay triangulation. Computers & Geosciences, 35: 320-332.

Dosovitskiy A, Beyer L, Kolesnikov A, et al., 2020. An image is worth 16×16 words: Transformers for image recognition at scale. arXiv: 2010. 11929.

Du B, Xiong W, Wu J, et al., 2016. Stacked convolutional denoising auto-encoders for feature representation. IEEE Transactions on Cybernetics, 47(4): 1017-1027.

Duan Y, Tao X, Xu M, et al., 2018. GAN-NL: Unsupervised representation learning for remote sensing image classification. 2018 IEEE Global Conference on Signal and Information Processing (GlobalSIP), Anaheim: 375-379.

Dube M P, Egenhofer M J, 2012. An ordering of convex topological relations. International Conference on Geographic Information Science, 7478: 72-86.

Egenhofer M J, Clementini E, Felice P D, 1994. Topological relations between regions with holes. International Journal of Geographical Information Science, 8(8): 129-142.

Egenhofer M J, Mark D M, 1995. Modeling conceptual neighborhoods of topological relations. Geographical Information Systems, 9(5): 555-565.

Egenhofer M J, Vasardani M, 2007a. Spatial reasoning with a hole. Berlin: Springer.

Egenhofer M J, Franzosa O D, 2007b. Point-set topological spatial relations. International Journal of Geographical Information System, 5(2): 164-174.

Fang J, Yuan Y, Lu X, et al., 2019. Robust space-frequency joint representation for remote sensing image scene classification. IEEE Transactions on Geoscience and Remote Sensing, 57(10): 7492-7502.

Flouvat F, Van Soc J N, Desmier E, et al., 2015. Domain-driven co-location mining. GeoInformatica, 19(1): 147-183.

Fovell R G, Fovell M Y C, 1993. Climate zones of the conterminous United States defined using cluster analysis. Journal of Climate, 6(11): 2103-2135.

Ghazouani F, Farah I R, Solaiman B, 2019. A multi-level semantic scene interpretation strategy for change interpretation in remote sensing imagery. IEEE Transactions on Geoscience and Remote Sensing, 57(11): 8775-8795.

Goldstone R, 1994. Similarity, interactive activation, and mapping. Journal of Experimental Psychology: Learning, Memory, and Cognition, 20(1): 3-28.

Goldstone R, Medin D, Gentner D, 1991. Relational similarity and the nonindependence of features in similarity judgments. Cognitive Psychology, 23(2): 222-262.

Goldberger J, Roweis S, Hinton G, et al., 2004. Neighbourhood components analysis//Proceedings of the 17th International Conference on Neural Information Processing Systems (NIPS'04). Cambridge: MIT Press: 513-520.

Gomez-Chova L, Tuia D, Moser G, et al., 2015. Multimodal classification of remote sensing images: A review and future directions. Proceedings of the IEEE, 103(9): 1560-1584.

Gong C, Zhou P, Han J, 2016a. Learning rotation-invariant convolutional neural networks for object detection in VHR optical remote sensing images. IEEE Transactions on Geoscience and Remote Sensing, 54(12):

7405-7415.

Gong C, Zhou P, Yao X, et al., 2016b. Object detection in VHR optical remote sensing images via learning rotation-invariant HOG feature// 2016 4th International Workshop on Earth Observation and Remote Sensing Applications (EORSA), Guangzhou: 433-436.

Goodfellow I, Pouget-Abadie J, Mirza M, et al., 2020. Generative adversarial networks. Communications of the ACM, 63(11): 139-144.

Goyal R K, 2000. Similarity assessment for cardinal directions between extended spatial objects. Maine: The University of Maine.

Guesgen H W, 1989. Spatial reasoning based on Allen's temporal logic. International Computer Science Institute Berkeley, CA. https: //www1. icsi. berkeley. edu/pubs/techreports/tr-89-049. pdf. 1989-8-16.

Haar R, 1976. Computational models of spatial relations. Technical Report: TR-478, MSC-72-03610, Computer Science. College Park, MD: University of Maryland.

Hadsell R, Chopra S, Lecun Y, 2006. Dimensionality reduction by learning an invariant mapping// 2006 IEEE Computer Society Conference on Computer Vision and Pattern Recognition (CVPR'06), New York: 1735-1742.

Han X, Zhong Y, Zhao B, et al., 2017. Scene classification based on a hierarchical convolutional sparse auto-encoder for high spatial resolution imagery. International Journal of Remote Sensing, 38(2): 514-536.

Haralick R M, Shanmugam K, Dinstein I, 1973. Textural features for image classification. Studies in Media and Communication, 3(6): 610-621.

Harel J, Koch C, Perona P, 2006. Graph-based visual saliency// Proceedings of the 19th International Conference on Neural Information Processing Systems: 545-552.

He K, Zhang X, Ren S, et al., 2016. Deep residual learning for image recognition// 2016 IEEE Conference on Computer Vision and Pattern Recognition (CVPR), Las Vegas: 770-778.

He N, Fang L, Li S, et al., 2019. Skip-connected covariance network for remote sensing scene classification. IEEE Transactions on Neural Networks and Learning Systems, 31(5): 1461-1474.

He X, Niyogi P, 2003. Locality preserving projections// Proceedings of the 16th International Conference on Neural Information Processing Systems (NIPS'03): 153-160.

He X, Cai D, Yan S, et al., 2005. Neighborhood preserving embedding// IEEE International Conference on Computer Vision, Beijing: 1208-1213.

Heinrich G, 2005. Parameter estimation for text analysis. https: //www2. cs. uh. edu/~arjun/courses/advnlp/ text-est_heinrich. pdf. 2005-5.

Hillier F S, Lieberman G J, Lieberman G, 1995. Introduction to mathematical programming. New York: McGraw-Hill Science.

Hinton G E, Salakhutdinov R R, 2006. Reducing the dimensionality of data with neural networks. Science, 313(5786): 504-507.

Hofmann T, 2001. Unsupervised learning by probabilistic latent semantic analysis. Machine Learning, 42(1-2): 177-196.

Hong J, Egenhofer M J, Frank A U, 1970. On the robustness of qualitative distance- and direction-reasoning. Proceedings of AutoCarto, 12.

Hu F, Xia G, Hu J, et al., 2015. Transferring deep convolutional neural networks for the scene classification of high-resolution remote sensing imagery. Remote Sensing, 7(11): 14680-14707.

Hu S, He Z J, Wu L, et al., 2020. A framework for extracting urban functional regions based on multiprototype word embeddings using points-of-interest data. Computers, Environment and Urban Systems, 80: 101442.

Huang F, Lin Z, Yan L, 2014. Study on the remote sensing image classification based on SVM and GLCM// Proceedings of the 9th International Symposium on Linear Drives for Industry Applications, 4: 767-778.

Huang Y, Shekhar S, Xiong H, 2004. Discovering colocation patterns from spatial data sets: A general approach. IEEE Transactions on Knowledge and Data Engineering, 16(12): 1472-1485.

Imai H, Iri M, 1988. Polygonal approximations of a curve: Formulations and algorithms. Computational Morphology, 6: 71-86.

Itti L, Koch C, Niebur E, 1998. A model of saliency-based visual attention for rapid scene analysis. IEEE Transactions on Pattern Analysis and Machine Intelligence, 20(11): 1254-1259.

Jain A K, Ratha N K, Lakshmanan S, 1997. Object detection using gabor filters. Pattern Recognition, 30(2): 295-309.

Jolliffe I T, 1986. Principal components in regression analysis. Berlin: Springer.

Kaplansky I, 1968. Rings of operators. New York: W. A. Benjamin Inc.

Karypis G, Vinpin K, 1998. A fast and high quality multilevel scheme for partitioning irregular graphs. SIAM Journal of Scientific Computing, 20(1): 318-336.

Kerninghan B W, 1970. An efficient heuristic procedure for partitioning graphs. The Bell System Technical Journal, 49(2): 291-307.

Kettig R L, Landgrebe D A, 1976. Computer classification of remotely sensed multi-spectral image data by extraction and classification of homogenous object. IEEE Transactions on Geoscience Electronics, 14(1): 19-26.

Kononenko I, 1994. Estimating attributes: Analysis and extensions of RELIEF//Bergadano F, De Raedt L. Machine learning: ECML-94. Lecture Notes in Computer Science. Berlin: Springer.

Krizhevsky A, Sutskever I, Hinton G E, 2017. ImageNet classification with deep convolutional neural networks. Communications of the ACM, 60(6): 84-90.

Kuhn H W, 2010. The Hungarian method for the assignment problem. Naval Research Logistics, 52(1-2): 7-21.

Kulldorff M, Nagarwalla N, 1995. Spatial disease clusters: Detection and inference. Statistics in Medicine, 14(8): 799-810.

Kurozumi Y, Davis W A, 1982. Polygonal approximation by the minimax method. Computer Graphics and Image Processing, 19(3): 248-264.

Lazebnik S, Schmid C, Ponce J, 2006. Beyond bags of features: Spatial pyramid matching for recognizing natural scene categories// IEEE Computer Society Conference on Computer Vision and Pattern Recognition (CVPR'06), New York: 2169-2178.

Lee D D, Seung H S, 1999. Learning the parts of objects by non-negative matrix factorization. Nature, 401(6755): 788-791.

Lewis J A, Dube M P, Egenhofer M J, 2013. The topology of spatial scenes in R^2// Proceedings of the 11th International Conference on Spatial Information Theory, 8116: 495-515.

Li B, Fonseca F, 2006. TDD: A comprehensive model for qualitative spatial similarity assessment. Spatial Cognition and Computation, 6(1): 31-62.

Li H, Gu H, Han Y, et al., 2010. Object-oriented classification of high-resolution remote sensing imagery based on an improved colour structure code and a support vector machine. International Journal of Remote Sensing, 31(6): 1453-1470.

Li K, Cheng G, Bu S, et al., 2017. Rotation-insensitive and context-augmented object detection in remote sensing images. IEEE Transactions on Geoscience and Remote Sensing, 56(4): 2337-2348.

Li Z, Itti L, 2011. Saliency and gist features for target detection in satellite images. IEEE Transactions on Image Processing, 20(7): 2017-2029.

Lienou M, Maitre H, Datcu M, 2009. Semantic annotation of satellite images using latent dirichlet allocation. IEEE Geoscience and Remote Sensing Letters, 7(1): 28-32.

Lin D, Fu K, Wang Y, et al., 2017. MARTA GANs: Unsupervised representation learning for remote sensing image classification. IEEE Geoscience and Remote Sensing Letters, 14(11): 2092-2096.

Lin M, Chen Q, Yan S, 2013a. Network in network. arXiv preprint arXiv: 1312. 4400.

Lin T Y, Belongie S, Hays J, 2013b. Cross-view image geolocalization. IEEE Conference on Computer Vision and Pattern Recognition, Portland: 891-898.

Lin T Y, Cui Y, Belongie S, et al., 2015. Learning deep representations for ground-to-aerial geolocalization// 2015 IEEE Conference on Computer Vision and Pattern Recognition (CVPR), Boston: 5007-5015.

Liu W, Anguelov D, Erhan D, et al., 2016. SSD: Single shot multibox detector. Berlin: Springer.

Liu X, Zhou J, Zhao R, et al., 2019. Siamese convolutional neural networks for remote sensing scene classification. IEEE Geoscience and Remote Sensing Letters, 16(8): 1200-1204.

Liu Y, Zhong Y, Qin Q, 2018a. Scene classification based on multiscale convolutional neural network. IEEE Transactions on Geoscience and Remote Sensing, 56(12): 7109-7121.

Liu Y, Suen C Y, Liu Y, et al., 2018b. Scene classification using hierarchical Wasserstein CNN. IEEE Transactions on Geoscience and Remote Sensing, 57(5): 2494-2509.

Longbotham N, 2012. Very high resolution multiangle urban classification analysis. IEEE Transactions on Geoscience & Remote Sensing, 50(4): 1155-1170.

Lowe D, 2004. Distinctive image features from scale-invariant key points. International Journal of Computer Vision, 20: 91-110.

Lv Z Y, Shi W, Zhang X, et al., 2018. Landslide inventory mapping from bitemporal high-resolution remote sensing images using change detection and multiscale segmentation. IEEE Journal of Selected Topics in Applied Earth Observations and Remote Sensing, 11(5): 1520-1532.

Ma D, Tang P, Zhao L, 2019. SiftingGAN: Generating and sifting labeled samples to improve the remote sensing image scene classification baseline in vitro. IEEE Geoscience and Remote Sensing Letters, 16(7): 1046-1050.

Maheshwary S, Misra H, 2018. Matching resumes to jobs via deep siamese network. Companion Proceedings of the The Web Conference 2018 (WWW'18)// International World Wide Web Conferences Steering

Committee, Republic and Canton of Geneva, CHE: 87-88.

Mandelbrot B B, 1976. How long is the cost of Britain? Statistical self-similarity and fractional dimension. Science, 156: 3775.

MarthaT R, Kerle N, Van Westen C, et al., 2011. Segment optimization and data-driven thresholding for knowledge-based landslide detection by object-based image analysis. IEEE Transactions on Geoscience & Remote Sensing, 49(12): 4928-4943.

Meinecke F C, Ziehe A, Kawanabe M, et al., 1994. Independent component analysis, a new concept? Signal Processing, 36(3): 287-314.

Mekhalfi M L, Melgani F, Bazi Y, et al., 2015. Land-use classification with compressive sensing multifeature fusion. IEEE Geoscience & Remote Sensing Letters, 12(10): 2155-2159.

Michalewicz Z, Janikow C Z, Krawczyk J B, 1992. A modified genetic algorithm for optimal control problems. Computers & Mathematics with Applications, 23(12): 83-94.

Midhun M E, Nair S R, Prabhakar V, et al., 2014. Deep model for classification of hyperspectral image using restricted boltzmann machine. International Conference on Interdisciplinary Advances in Applied Computing, 35: 1-7.

Mikael H, Joan B, Yann L, 2015. Deep convolutional networks on graph-structured data. arXiv: 1506. 05163v1.

Mikolov T, Sutskever I, Chen K, et al., 2013. Distributed representations of words and phrases and their compositionality// Proceedings of the 26th International Conference on Neural Information Processing Systems, 2: 3111-3119.

Milošević P, Petrović B, Jeremić V, 2017. IFS-IBA similarity measure in machine learning algorithms. Expert Systems with Applications, 89: 269-305.

Mishchuk A, Mishkin D, Radenovic F, et al., 2017. Working hard to know your neighbor's margins: Local descriptor learning loss// Proceedings of the 31st International Conference on Neural Information Processing Systems, Red Hook: 4829-4840.

Monti F, Boscaini D, Masci J, et al., 2016. Geometric deep learning on graphs and manifolds using mixture model CNNs// Proceedings of the IEEE Conference on Computer Vision and Pattern Recognition (CVPR), Honolulu: 5115-5124.

Moreira-Matias L, Gama J, Ferreira M, et al., 2012. A predictive model for the passenger demand on a taxi network// International IEEE Conference on Intelligent Transportation Systems, Anchorage: 1014-1019.

Movshovitz-Attias Y, Toshev A, Leung T K, et al., 2017. No fuss distance metric learning using proxies// Proceedings of the IEEE International Conference on Computer Vision (ICCV), Venice: 360-368.

Ojala T, Pietikainen M, Maenpaa T, 2002. Multiresolution gray-scale and rotation invariant texture classification with local binary patterns. IEEE Transactions on Pattern Analysis and Machine Intelligence, 24(7): 971-987.

Oliva A, Torralba A, 2001. Modeling the shape of the scene: A holistic representation of the spatial envelope . International Journal of Computer Vision, 42(3): 145-175.

Othmana E, Bazi Y, Alajlan N, et al., 2016. Using convolutional features and a sparse autoencoder for land-use scene classification. International Journal of Remote Sensing, 37(10): 2149-2167.

Pan S, Wu J, Zhu X, et al., 2016. Task sensitive feature exploration and learning for multitask graph classification. IEEE Transactions on Cybernetics, 47(3): 744-758.

Papadias D, 2001. Processing fuzzy spatial queries: A configuration similarity approach. International Journal of Geographical Information Science, 13: 93-118.

Papadias D, Sellis T, Theodoridis Y, et al., 1995. Topological relations in the world of minimum bounding rectangles: A study with R-trees. ACM SIGMOD Record, 24(2): 92-103.

Pedro R, 2004. Bioinformatics: Sequence and genome analysis. Briefings in Bioinformatics, 5(4): 393-396.

Pei T, Sobolevskye S, Ratti C, et al., 2014. A new insight into land use classification based on aggregated mobile phone data. International Journal of Geographical Information Science, 28(9): 1988-2007.

Penatti O A V A, Nogueira K, Dos Santos J A, 2015. Do deep features generalize from everyday objects to remote sensing and aerial scenes domains?//2015 IEEE Conference on Computer Vision and Pattern Recognition Workshops (CVPRW), Boston: 44-51.

Qi Y, SongY Z, Zhang H, et al., 2016. Sketch-based image retrieval via siamese convolutional neural network//2016 IEEE International Conference on Image Processing (ICIP), Phoenix: 2460-2464.

Regmi K, Shah M, 2019. Bridging the domain gap for ground-to-aerial image matching//2019 IEEE/CVF International Conference on Computer Vision (ICCV), Seoul: 470-479.

Risojevic V, Babic Z, 2013. Fusion of global and local descriptors for remote sensing image classification. IEEE Geoscience and Remote Sensing Letters, 10(4): 836-840.

Roweis S T, Saul L K, 2001. Nonlinear dimensionality reduction by locally linear embedding. Science, 290(5500): 2323-2326.

Rubner Y, 1998. Code for the Earth movers distance (EMD). http://ai.stanford.edu/~rubner/emd/default.htm. 1999-1-28.

Rubner Y, Tomasi C, Guibas L, 1998. A metric for distributions with applications to image databases//Sixth International Conference on Computer Vision, Bombay: 59-66.

Ruas A, 1995. Multiple paradigms for automating map generalization: Geometry, topology, hierarchical partitioning and local triangulation. AGSM/ASPRE Annual Convention and Exposition, 4: 69-78.

Rui Y, Huang T, 2000. Optimizing learning in image retrieval//Proceedings IEEE Conference on Computer Vision and Pattern Recognition, Hilton Head: 236-243.

Rui Y, Huang T S, Ortega M, et al., 1998. Relevance feedback: A power tool for interactive content-based image retrieval. IEEE Transactions on Circuits and Systems For Video Technology, 8(5): 644-655.

Russell E J, 1969. Extension of Dantzig's algorithm to finding an initial near-optimal basis for the transportation problem. Operations Research, 1(17): 187-191.

Sandler M, Howard A, Zhu M, et al., 2018. MobileNetV2: Inverted residuals and linear bottlenecks. 2018 IEEE/CVF Conference on Computer Vision and Pattern Recognition, Salt Lake City: 4510-4520.

Schneider M, Behr T, 2006. Topological relationships between complex spatial objects. ACM Transactions on Database Systems, 31: 39-81.

Schroff F, Kalenichenko D, Philbin J, 2015. FaceNet: A unified embedding for face recognition and clustering//Proceedings of the IEEE Conference on Computer Vision and Pattern Recognition (CVPR), Boston: 815-823.

Servigne S, Ubeda T, Puricellie A, et al., 2000. A methodology for spatial consistency improvement of geographic databases. GeoInformatica, 4: 7-34.

Sester M, Feng Y, Thiemann F, 2018. Building generalization using deep learning. International Archives of the Photogrammetry, Remote Sensing and Spatial Information Sciences XLII-4: 565-572.

Shan Q, Wu C, Curless B, et al., 2014. Accurate geo-registration by ground-to-aerial image matching//2014 2nd International Conference on 3D Vision, Tokyo: 525-532.

Shekhar S, Huang Y, 2001. Discovering spatial co-location patterns: A summary of results// Jensen C S, Schneider M, Seeger B. Advances in spatial and temporal databases. Lecture Notes in Computer Science, 2121. Berlin: Springer.

Sheng G, Yang W, Xu T, et al., 2012. High-resolution satellite scene classification using a sparse coding based multiple feature combination. International Journal of Remote Sensing, 33(8): 2395-2412.

Shi Y, Liu L, Yu X, et al., 2019. Spatial-aware feature aggregation for image based cross-view geo-localization//Proceedings of the 33rd International Conference on Neural Information Processing Systems. Red Hook: 905, 10090-10100.

Simonyan K, Zisserman A, 2014. Very deep convolutional networks for large-scale image recognition. arXiv preprint arXiv: 1409. 1556.

Sinan C, Melih B, Dirk B, 2015. Proximity-based grouping of buildings in urban blocks: A comparison of four algorithms. Geocarto International, 30(6): 618-632.

Sohn K, 2016. Improved deep metric learning with multi-class N-pair loss objective//Proceedings of the 30th International Conference on Neural Information Processing Systems, Red Hook: 1857-1865.

Song H O, Xiang Y, Jegelka S, et al., 2016. Deep metric learning via lifted structured feature embedding//Proceedings of the IEEE Conference on Computer Vision and Pattern Recognition: 4004-4012.

Song H O, Jegelka S, Rathod V, et al., 2017. Deep metric learning via facility location//Proceedings of the IEEE Conference on Computer Vision and Pattern Recognition, Las Vegas: 2206-2214.

Stockman G, Shapiro L G, 2001. Computer Vision. Upper Saddle River: Prentice Hall.

Strayer J K, 2012. Linear programming and its applications. Berlin: Springer Science & Business Media.

Sun Y, Guo S, Liu Y, et al., 2016. An immune genetic algorithm to buildings displacement in cartographic generalization. Transactions in GIS, 20(4): 585-612.

Swain M J, Ballard D H, 1991. Color indexing. International Journal of Computer Vision, 7(1): 11-32.

Tenenbaum J B, De Silva V, Langford J C, 2000. A global geometric framework for nonlinear dimensionality reduction. Science, 290(5500): 2319-2323.

Tong S, Koller D, 2001. Support vector machine active learning with applications to text classification. Journal of Machine Learning Research, 2: 45-66.

Viswanathan A, Pires B R, Huber D, et al., 2014. Vision based robot localization by ground to satellite matching in GPS-denied situations//2014 IEEE/RSJ International Conference on Intelligent Robots and Systems, Chicago: 192-198.

Vo N N, Hays J, 2016. Localizing and orienting street views using overhead imagery//Leibe B, Matas J, Sebe N. Computer Vision-ECCV 2016, Lecture Notes in Computer Science, 9905. Cham: Springer: 494-509.

Wang S, Jin R, 2009. An information geometry approach for distance metric learning//Proceedings of the 12th

International Conference on Artificial Intelligence and Statistics, PMLR 5: 591-598.

Wang W, Du S, Guo Z, et al., 2015. Polygonal clustering analysis using multilevel graph-partition. Transactions in GIS, 19(5): 716-736.

Wang Z, Xu Z, Liu S, et al., 2014. Direct clustering analysis based on intuitionistic fuzzy implication. Applied Soft Computing, 23: 1-8.

Weinberger K Q, Saul L K, 2009. Distance metric learning for large margin nearest neighbor classification. Journal of Machine Learning Research, 10: 207-244.

Wen Y, Zhang K, Li Z, et al., 2016. A discriminative feature learning approach for deep face recognition// Leibe B, Matas J, Sebe N. Computer Vision-ECCV 2016, Lecture Notes in Computer Science. Cham: Springer.

Williams C K, 2002. On a connection between kernel PCA and metric multidimensional scaling. Machine Learning, 46: 11-19.

Wu C, Zhang L, Zhang L, et al., 2016. A scene change detection framework for multi-temporal very high resolution remote sensing images. Signal Processing: The Official Publication of the European Association for Signal Processing (EURASIP), 124: 184-197.

Wu Z, Pan S, Chen F, et al., 2021. A comprehensive survey on graph neural networks. IEEE Transactions on Neural Networks and Learning Systems, 32: 4-24.

Xi L, Li G, Gong Y, et al., 2015. Revealing travel patterns and city structure with taxi trip data. Journal of Transport Geography, 43: 78-90.

Xin W, Rostoker C, Hamilton H J, 2012. A density-based spatial clustering for physical constraints. Journal of Intelligent Information Systems, 38(1): 269-297.

Xing H, Meng Y, 2018. Integrating landscape metrics and socioeconomic features for urban functional region classification. Computers, Environment and Urban Systems, 72: 134-145.

Xu N, Luo J, Wu T, et al., 2021. Identification and portrait of urban functional zones based on multisource heterogeneous data and ensemble learning. Remote Sensing, 13(3): 373.

Xu Y, Chen Z, Xie Z, et al., 2017a. Quality assessment of building footprint data using a deep autoencoder network. International Journal of Geographical Information Science, 31(10): 1929-1951.

Xu Y, Xie Z, Chen Z, et al., 2017b. Shape similarity measurement model for holed polygons based on position graphs and Fourier descriptors. International Journal of Geographical Information Systems, 31(2): 253-279.

Yan H, 2010. Fundamental theories of spatial similarity relations in multi-scale map spaces. Chinese Geographical Science, 20(1): 18-22.

Yang L, Jin R, Sukthankar R, et al., 2006. An efficient algorithm for local distance metric learning// Proceedings of the 21st National Conference on Artificial Intelligence, 1: 543-548.

Yang Y, Newsam S, 2010. Bag-of-visual-words and spatial extensions for land-use classification//Sigspatial International Conference on Advances in Geographic Information Systems, New York: 270-279.

Yang Y, Newsam S, 2011. Spatial pyramid co-occurrence for image classification. IEEE: 1465-1472.

Yao X, Han J, Cheng G, et al., 2016a. Semantic annotation of high-resolution satellite images via weakly supervised learning. IEEE Transactions on Geoscience and Remote Sensing, 54(6): 3660-3671.

Yao Y, Li X, Liu X, et al., 2016b. Sensing spatial distribution of urban land use by integrating points-of-interest and Google Word2Vec model. International Journal of Geographical Information Science, 31(4): 825-848.

Yi Y, Newsam S, 2008. Comparing SIFT descriptors and gabor texture features for classification of remote sensed imagery// 15th IEEE International Conference on Image Processing, San Diego: 1852-1855.

Yi Y, Newsam S, 2011. Spatial pyramid co-occurrence for image classification// IEEE International Conference on Computer Vision, Barcelona: 1465-1472.

Yin J, Li H, Jia X, 2015. Crater detection based on gist features. IEEE Journal of Selected Topics in Applied Earth Observations & Remote Sensing, 8: 23-29.

Yu B, Yin H, Zhu Z, 2017. Spatio-temporal graph convolutional networks: A deep learning framework for traffic forecasting. arXiv preprint arXiv: 1709. 04875.

Yu B, Liu H, Wu J, et al., 2010. Automated derivation of urban building density information using airborne LiDAR data and object-based method. Landscape and Urban Planning, 98(3-4): 210-219.

Yu H, Yang W, Xia G, et al., 2016. A color-texture-structure descriptor for high-resolution satellite image classification. Remote Sensing, 8(3): 259.

Yu Y, Li X, Liu F, 2019. Attention GANs: Unsupervised deep feature learning for aerial scene classification. IEEE Transactions on Geoscience and Remote Sensing, 58: 519-531.

Yuan J, Zheng Y, Xie X, 2012. Discovering regions of different functions in a city using human mobility and POIs// Proceedings of the 18th ACM SIGKDD International Conference on Knowledge Discovery and Data Mining, New York: 186-194.

Yuan Y, Fang J, Lu X, et al., 2018. Remote sensing image scene classification using rearranged local features. IEEE Transactions on Geoscience and Remote Sensing, 57(3): 1779-1792.

Zahn C T, Roskies R Z, 1972. Fourier descriptors for plane closed curves. IEEE Transactions on Computers, C-21(3): 269-281.

Zaliapin I, Ben-Zion Y, 2013. Earthquake clusters in southern California I: Identification and stability. Journal of Geophysical Research: Solid Earth, 118(6): 2847-2864.

Zhai M, Bessinger Z, Workman S, et al., 2017. Predicting ground-level scene layout from aerial imagery// 2017 IEEE Conference on Computer Vision and Pattern Recognition (CVPR), Honolulu: 4132-4140.

Zhang F, Du B, Zhang L, 2014a. Saliency-guided unsupervised feature learning for scene classification. IEEE Transactions on Geoscience and Remote Sensing, 53(4): 2175-2184.

Zhang T, Huang X, 2018. Monitoring of urban impervious surfaces using time series of high-resolution remote sensing images in rapidly urbanized areas: A case study of Shenzhen. IEEE Journal of Selected Topics in Applied Earth Observations & Remote Sensing, 11(8): 2692-2708.

Zhang X, Ai T, Stoter J, et al., 2014b. Data matching of building polygons at multiple map scales improved by contextual information and relaxation. ISPRS Journal of Photogrammetry and Remote Sensing, 92: 147-163.

Zheng H, Gong M, Liu T, et al., 2022. HFA-Net: High frequency attention siamese network for building change detection in VHR remote sensing images. Pattern Recognition, 129: 108717.

Zheng Z, Zheng L, Yang Y, 2017. A discriminatively learned CNN embedding for person reidentification. ACM Transactions on Multimedia Computing, Communications, and Applications (TOMM), 14: 1-20.

Zhao B, Zhong Y, Xia G S, et al., 2016. Dirichlet-derived multiple topic scene classification model for high spatial resolution remote sensing imagery. IEEE Transactions on Geoscience & Remote Sensing, 54(4): 2108-2123.

Zhao P, Kwan M, Qin K, 2017. Uncovering the spatiotemporal patterns of CO_2 emissions by taxis based on Individuals' daily travel. Journal of Transport Geography, 62: 122-135.

Zhao X, Wang H, Wu J, et al., 2020. Remote sensing image segmentation using geodesic-kernel functions and multi-feature spaces. Pattern Recognition, 104: 107333.

Zhao Y, Zhang L, Li P, 2005. Texture feature fusion for high resolution satellite image classification// International Conference on Computer Graphics, Imaging and Visualization (CGIV'05), Beijing: 19-23.

Zhong Y, Zhu Q, Zhang L, 2015. Scene classification based on the multifeature fusion probabilistic topic model for high spatial resolution remote sensing imagery. IEEE Transactions on Geoscience & Remote Sensing, 53(11): 6207-6222.

Zhou B, Zhao H, Puig X, et al., 2019. Semantic understanding of scenes through the ADE20K dataset. International Journal of Computer Vision, 127(3): 302-321.

Zhou W, Shao Z, Diao C, et al., 2015. High-resolution remote-sensing imagery retrieval using sparse features by auto-encoder. Remote Sensing Letters, 6(10): 775-783.

Zhou X S, Huang T S, 2001. Small sample learning during multimedia retrieval using BiasMap// Proceedings of the 2001 IEEE Computer Society Conference on Computer Vision and Pattern Recognition, Kauai: I-I.

Zhu Q, Zhong Y, Bei Z, et al., 2016. The bag-of-visual-words scene classifier combining local and global features for high spatial resolution imagery// International Conference on Fuzzy Systems & Knowledge Discovery, Zhangjiajie: 717-721.

Zou J, Li W, Chen C, et al., 2016. Scene classification using local and global features with collaborative representation fusion. Information Sciences, 348: 209-226.